计算机科学 经典译丛

C++
语言的设计和演化
The Design and Evolution of C++

[美] 本贾尼 · 斯特劳斯特卢普（Bjarne Stroustrup）著
裘宗燕 译

人 民 邮 电 出 版 社
北 京

图书在版编目（CIP）数据

C++语言的设计和演化 / (美) 本贾尼·斯特劳斯特卢普 (Bjarne Stroustrup) 著 ; 裘宗燕译. -- 北京 : 人民邮电出版社, 2020.9(2021.11重印)
ISBN 978-7-115-49711-6

Ⅰ. ①C… Ⅱ. ①本… ②裘… Ⅲ. ①C语言—程序设计 Ⅳ. ①TP312.8

中国版本图书馆CIP数据核字(2018)第234868号

◆ 著　　[美] 本贾尼·斯特劳斯特卢普（Bjarne Stroustrup）
　译　　裘宗燕
　责任编辑　吴晋瑜
　责任印制　王　郁　焦志炜

◆ 人民邮电出版社出版发行　北京市丰台区成寿寺路 11 号
　邮编 100164　电子邮件 315@ptpress.com.cn
　网址 http://www.ptpress.com.cn
　固安县铭成印刷有限公司印刷

◆ 开本：800×1000　1/16
　印张：26.5　　2020 年 9 月第 1 版
　字数：560 千字　　2021 年 11 月河北第 4 次印刷

著作权合同登记号　图字：01-2017-9039 号

定价：99.00 元

读者服务热线：(010)81055410　印装质量热线：(010)81055316

反盗版热线：(010)81055315

广告经营许可证：京东市监广登字 20170147 号

内容提要

本书是 C++的设计者 Bjarne Stroustrup 关于 C++语言的最主要著作之一（另一本是《C++程序设计语言》）。在这本书中，作者全面论述了 C++ 的历史和发展，C++中各种重要机制的本质、意义和设计背景，这些机制的基本用途和使用方法，讨论了 C++所适合的应用领域和未来发展前景。本书在帮助人们深入理解 C++ 语言方面的地位无可替代，值得每个关心、学习和使用 C++ 语言的专业工作者、科研人员、教师和学生阅读。在这本书中，作者还从实践的角度出发，讨论了许多与程序设计语言、系统程序设计、面向对象的技术和方法、软件系统的设计和实现技术等有关的问题，值得每一个关心这些领域及相关问题的计算机工作者和学生们阅读参考。

译者序

这是一本独特的书，是由C++语言的设计师本人写就的，描述C++语言的发展历史、设计理念及技术细节的著作。在计算机发展历史上，这种从多方面、多角度描述一种主流语言各个方面的综合性著作，至今我还只看到这一本。阅读本书，不仅可以了解有关C++语言的许多重要技术问题和细节，还可以进一步理解各种 C++特征的设计出发点，设计过程中所考虑的方方面面问题，以及语言成形过程中的各种权衡和选择。每个学习和使用 C++语言的人，一定能由此加深对自己所用工具的认识，进一步理解应该如何用好这个语言。此外，还能看到作者对于复杂系统程序设计的许多观点和想法。如果一个人想深入理解 C++ 语言，想使 C++ 成为自己得心应手的工具，想在复杂的系统程序设计领域中做出有价值的工作，想了解面向对象程序设计语言各方面的一般性问题，想了解程序设计语言的发展现状、问题和前景，本书都是最值得阅读的书籍之一。

C++语言的设计目标是提供一种新的系统开发工具，希望能在一些方面比当时的各种工具语言有实质性的进步。今天看，C++最重要的作用就是使那时的阳春白雪（数据抽象、面向对象的理论和技术等）变成了普通系统开发人员可以触及、可以接受使用、可以从中获益的东西。这件事在计算科学技术发展的历史记录上必定会留下明显的痕迹。本书从一个最直接参予者的角度，记述了 C++语言的起源和发展，记录了它怎样成长为今天的这个语言，怎样使语言研究的成果变成了程序员手中的现实武器。

从来都没有一种完美的程序设计语言。C++ 语言由于其出身（出自 C 语言），由于其发展过程中各种历史和现实因素的影响，也带着许多瑕疵和不和谐，尤其是在作为 C++基础的 C 语言的低级成分与面向数据抽象的高级机制之间。对于一个目标是支持范围广泛的、复杂系统实现的语言来说，这类问题也很难避免。为了系统的效率和资源的有效利用，人们希望有更直接的控制手段（低级机制）；而为能将复杂的功能组织成人们易于理解和把握的系统，又需要有高级的机制和结构。在使用一个同时提供了这两方面机制的语言时，应该如何合理而有效地利用它们，使之能互为补充而不是互相冲突，本书中许多地方讨论到这些问题，也提出了许多建议。这些，对于正确合理地使用 C++语言都是极其重要的。

C++ 并不是每个人都喜欢的语言（没有任何语言可能做到这一点），但不抱畸见的人都会承认，C++ 语言取得了极大成功。C++ 语言的工作开始于一个人（本书作者）

的某种很合理、很直观的简单想法（为复杂的系统程序设计提供一种更好的工具），由于一个人始终不渝的努力，一小批人的积极参与，在一大批人（遍及世界的系统开发人员）的热心关注、评论和监督下，最终造就出了一项重要的工作。这个工作过程本身非常耐人寻味，它也是在现代信息环境（主要是互联网络）下，开展全球范围的科学技术研究的一个最早演练。在这个成功中，商业的考虑、宣传和炒作从来没有起过任何实质性作用，起作用的仍然是理性的思维、严肃的科学态度、无休止的踏踏实实的实际工作。这些，与今天在信息科学技术领域中常见的浮躁情绪和过分的利益追求形成了鲜明对比。许多事实给了我们一种警示：时尚转眼就可能变成无人理睬的烂泥，只是博人眼球的东西很快就会被忽视，炒作最凶的东西往往也消失得最快，而真正有价值的成果往往起源于人们最基本的需求和向往。

作为C++ 语言的创造者，作者对于自己的作品自然是珍爱有加。针对某些对 C++ 语言的批评，本书中也有一些针锋相对的比较尖锐的观点。但通观全书，作者的论点和意见还是比较客观的，并没有什么过于情绪化的东西。在前瞻性讨论中，作者提出了许多预见。经过这五六年时间，其中一些已经变成了现实，也有些，特别有效的开发环境，还在发展之中。这些可能也说明了语言本身的一些性质：C++是一种比较复杂的语言，做好支持它的工具绝不是一件容易的事情，在这些方面还有许多发展余地。

作者在讨论 C++ 的设计和发展的过程中，还提出了许多人文科学领域的问题，提出了他在从事科学技术工作中的人文思考，这些认识和观点也是 C++ 成长为今天这样一个语言的基础。作者的这些想法也可以供我们参考。

今天，作为一种通用的系统程序设计语言，C++ 已经得到了广泛的认可。许多个人和企业将 C++ 作为软件系统的开发工具，许多计算机专业课程用它作为工具语言。近十年来，国外的一些计算机教育工作者也一直在探索将 C++ 作为 CS1（计算机科学的第一门课程）的工作语言的可行性，国内学习和使用 C++ 的人也越来越多。在这种情况下，由 C++语言设计师 Bjarne Stroustup 本人撰写的有关 C++ 的两部重要著作，本书和《C++程序设计语言》，都在中国出版，这当然是非常有意义的事情。为此我非常感谢相关出版社的管理和编辑人员（相信许多计算机工作者也会如此），感谢他们在国内出版界更多关注热门计算机图书的浪潮中，愿意付诸努力，出版一些深刻的、影响长远的重要著作。我祝愿这种工作能获得丰厚的回报，对于整个社会，也包括出版社自身。

作为译者，我希望作为自己的这个中译本能给学习 C++ 语言、用这个语言从事教学、从事程序设计工作和复杂系统程序设计的人们提供一点帮助，使这本有关 C++ 语言的最重要著作中阐释的事实和思想能够被更多人所了解。虽然我始终将这些铭记在心，但译文中仍难免出现差错和疏漏，在此也恳请有见识的读者不吝赐教。

裘宗燕

2001 年 6 月于北大

2012 年版注记：本书的中文版 2002 年由机械工业出版社出版。承蒙那里朋友的理解和支持，以及科学出版集团科海新世纪书局的帮助，本书得以再次出版。本版保持了原版的基本文字，但也根据情况和读者意见做了全面的修改和润色，并保留了原版的译者序，特此说明。

2020 年版注记：感谢人民邮电出版社，使得本书得以重新出版，满足国内读者的长期需求。这次出版前，译者仔细检查了全书，更正了一些错误，修改了不少叙述和说法，以能更好满足读者的需要。原书译者序保留，特此说明。

译者简介

裘宗燕，北京大学数学学院信息科学系教授。关注的主要学术领域包括计算机软件理论、形式化方法，程序设计方法学、程序设计语言等。已出版多部著作和译著，包括《程序设计语言基础》（译）、《从问题到程序——程序设计与C语言引论》《程序设计实践》（译）、《C++程序设计语言》（译）、《从规范出发的程序设计》（译）、《B方法》（译）、《C++ 基本程序设计》《程序设计语言——实践之路》（译）、《编程原本》（译）、《编程的修炼》《数据结构和算法：Python 语言描述》《从问题到程序：用 Python 学编程和计算》等。

E-mail：qzy@math.pku.edu.cn

前言

一个人，如果不耕作，就必须写作。

——Martin A. Hansen

ACM 关于程序设计语言历史的 HOLP-2 会议要我写一篇关于 C++ 历史的文章。这看起来是个很合理的想法，还带着点荣誉性质，于是我就开始写了。为了对 C++的成长有一个更全面、更公平的观点，我向一些朋友咨询了他们对 C++的早期历史的印象。这就使得关于这个工作的小道消息不胫而走。有关故事逐渐变了味，有一天，我忽然接到一个朋友的来函，问我在哪里可以买到我关于 C++ 设计的新书。这封电子邮件就是本书的真正起源。

在传统上，关于程序设计和程序设计语言的书都是在解释某种语言究竟是什么，还有就是如何去使用它。但无论如何，有许多人也很想知道某个语言为什么会具有它现在的这个样子，以及它是怎样成为这个样子的。本书就是想针对 C++ 语言，给出对后面这两个问题的解释。在这里要解释 C++ 怎样从它的初始设计演化到今天的这个语言，要描述造就了 C++ 的各种关键性的问题、设计目标、语言思想和各种约束条件，以及这些东西又是如何随着时间的推移而变化的。

当然，C++ 语言和造就它的设计思想、编程思想自身不会演化，真正演化的是 C++ 用户们对于实际问题的理解，以及他们对于能够帮助解决这些问题的工具的理解。因此，本书也将追溯人们用 C++ 去处理的各种关键性问题，以及实际处理那些问题的人们的认识，这些都对 C++ 的发展产生了重要影响。

C++ 仍然是一个年轻的语言，许多用户对这里将要讨论的一些问题还不知晓。这里所描述的各种决策的进一步推论，可能还需要一些年才能变得更清晰起来。本书要展示的是我个人关于 C++ 如何出现、它是什么以及它应该是什么的观点。我希望这些东西能帮助人们理解怎样才能最好地使用 C++，理解 C++ 的正在继续进行的演化进程。

书中特别要强调的是整体的设计目标、现实的约束以及造就出 C++ 的那些人们。有关各种语言特征的关键性设计决策的讨论被放到了相应的历史环境里。这里追溯了 C++

的演化过程，从 C with Classes 开始，经过 Release 1.0 和 2.0，直到当前 ANSI/ISO 的标准化工作，讨论了使用、关注、商业行为、编译器、工具、环境和库的爆炸性增长，还讨论了 C++ 与 C、Simula 之间关系的许多细节。对于 C++ 与其他语言的关系只做了简短讨论。对主要语言功能的设计，例如类、继承、抽象类、重载、存储管理、模板、异常处理、运行时类型信息和名字空间等，都在一定细节程度上进行了讨论。

本书的根本目的，就是想帮助 C++ 程序员更好地认识他们所用的语言，该语言的背景和基本概念；希望能激励他们去试验那些对他们而言全新的 C++ 使用方式。本书也可供有经验的程序员和程序设计语言的学生阅读，有可能帮助他们确定使用 C++ 是不是一件值得做的事情。

鸣谢

我非常感谢 Steve Clamage、Tony Hansen、Lorraine Juhl、Peter Juhl、Brian Kernighan、Lee Knight、Doug Lea、Doug McIlroy、Barbara Moo、Jens Palsberg、Steve Rumsby 和 Christopher Skelly。感谢他们完整地阅读了本书的手稿，他们建设性的指教使本书的内容和组织都发生了重要变化。Steve Buroff、Martin Carroll、Sean Corfield、Tom Hagelskjoer、Rick Hollinbeck、Dennis Mancl 和 Stan Lippmann 通过对一些章节的评论提供了帮助。还要感谢 Archie Lachner 在我还没有想到这本书之前就提出了对本书的要求。

自然，我还应该感谢那些帮助创造出 C++ 语言的人们。从某种意义上说，本书就是献给他们的礼物，他们中一部分人的名字可以在各个章节和索引中找到。如果要我点出一些个人来，那就必然是 Brian Kernighan、Andrew Koenig、Doug McIlroy 和 Jonathan Shopiro。他们中的每一个都在过去十多年间一直支持和鼓励我，都是提供各种想法的源泉。还要感谢 Kristen Nygaard 和 Dennis Ritchie 作为 Simula 和 C 的设计师，C++ 从它们那里借用了一些关键性的成分。经过这些年，我已经逐渐认识到，他们不仅是才华横溢的讲究实际的语言设计师，而且也是真正的绅士和绝对亲切的人。

Bjarne Stroustrup

Murray Hill, New Jersey

资源与支持

本书由异步社区出品，社区（https://www.epubit.com/）为您提供相关资源和后续服务。

提交勘误

作者和编辑尽最大努力来确保书中内容的准确性，但难免会存在疏漏。欢迎您将发现的问题反馈给我们，帮助我们提升图书的质量。

当您发现错误时，请登录异步社区，按书名搜索，进入本书页面，单击“提交勘误”，输入勘误信息，单击“提交”按钮即可。本书的作译者和编辑会对您提交的勘误进行审核，确认并接受后，将赠予您异步社区的 100 积分（积分可用于在异步社区兑换优惠券、样书或奖品）。

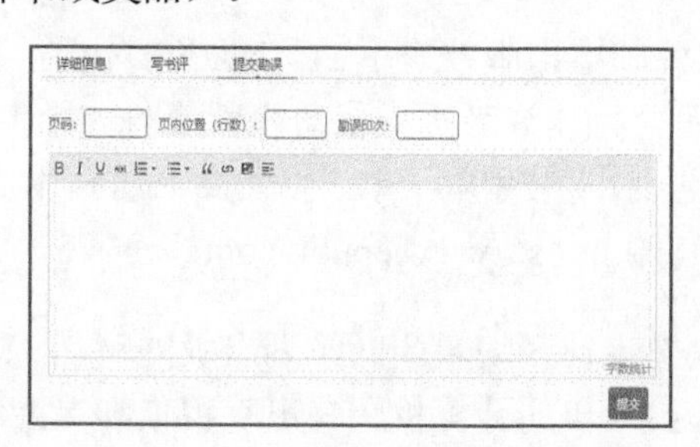

扫码关注本书

扫描下方二维码，您将会在异步社区微信服务号中看到本书信息及相关的服务提示。

与我们联系

我们的联系邮箱是 contact@epubit.com.cn。

如果您对本书有任何疑问或建议，请您发邮件给我们，并请在邮件标题中注明本书书名，以便我们更高效地做出反馈。

如果您有兴趣出版图书、录制教学视频，或者参与图书翻译、技术审校等工作，可以发邮件给我们；有意出版图书的作者也可以到异步社区在线提交投稿（直接访问 www.epubit.com/selfpublish/submission 即可）。

如果您来自学校、培训机构或企业，想批量购买本书或异步社区出版的其他图书，也可以发邮件给我们。

如果您在网上发现有针对异步社区出品图书的各种形式的盗版行为，包括对图书全部或部分内容的非授权传播，请您将怀疑有侵权行为的链接发邮件给我们。您的这一举动是对作者权益的保护，也是我们持续为广大读者提供有价值的内容的动力之源。

关于异步社区和异步图书

“异步社区”是人民邮电出版社旗下 IT 专业图书社区，致力于出版精品 IT 技术图书和相关学习产品，为作译者提供优质出版服务。异步社区创办于 2015 年 8 月，提供大量精品 IT 技术图书和电子书，以及高品质技术文章和视频课程。更多详情请访问异步社区官网 https://www.epubit.com。

“异步图书”是由异步社区编辑团队策划出版的精品 IT 专业图书的品牌，依托于人民邮电出版社近 30 年的计算机图书出版积累和专业编辑团队，相关图书在封面上印有异步图书的 LOGO。异步图书的出版领域包括软件开发、大数据、AI、测试、前端、网络技术等。

异步社区

微信服务号

目录

00

第0章　致读者

写作是仅有的一种只有通过写才能习得的艺术。

——佚名

本书的主题——怎样读这本书——C++的时间表——C++与其他程序设计语言——参考文献

引言

C++语言的设计就是希望为系统程序设计提供 Simula 的程序组织功能，同时又提供 C 语言的效率和灵活性。当时希望在有了这些想法之后的半年之内就能把这种语言用于实际项目。最终，成功实现了。

在那个时候，1979 年中期，这个目标的朴实性或是荒谬性都还没有被认识清楚。之所以说这个目标是朴实的，是因为它并不涉及任何创新。然而无论从时间的长短还是对效率和灵活性的苛求看，这个目标都又显得荒谬。这些年里也确实出现了一些的创新，而效率和灵活性得到维持，没做什么妥协。这些年里，随着时间推移，C++的目标进一步精化，经过仔细推敲，变得更清晰了。今天使用的 C++非常直接地反映了它的初始目标。

本书的宗旨就是想把这些目标见诸于文字，追溯其演化过程，描述 C++如何从许多人为建立一种语言而做的努力中逐渐浮现出来，并按照这些目标为其用户服务。为能做到这一点，我将试着在历史事实（例如名字、地点和事件）与语言设计、实现和使用的技术事项之间寻找一种平衡。列出每个小事件并不是我的目的，但也需要关注一些对 C++的定义产生了实际影响，或者可能影响其未来发展和使用的重要事件、思想和趋势。

在描述这些事件时，我将试着按当时发生的情况去描述它们，而不是按我或者其他人可能更喜欢它们发生的样子。只要合理，我都用取自文献的引文来说明有关的目标、原理和特征，就像在它们出现的时候那样。我也试着不对事件表现出某种事后聪明；反之，我总把回顾性的注述和有关某决策所蕴涵的东西的注述单独写出，并明确标明这些属于回顾。简单说，我非常厌恶修正主义的历史学，想尽量避免它。例如，当我提到“我那时就发现 Pascal 的类型系统比没有更坏——它是一种枷衣，产生的问题比解决的更多。它迫使我扭曲自己的设计，以适应一个面向实现的人造物。”这也就是说，我认为在那个时候这是事实，而且是一个对 C++的演化有重要影响的事实。这种对 Pascal 的苛刻评价是否公平，或者今天（在十几年之后）我是否还会做出同样评价，与此并无干系。我如果删掉这个事实（比如说为了不伤害 Pascal 迷的感情，或为免除自己的羞愧，或为避免争论），或者修改它（提供一个更完全和调整后的观点），那就是包装了 C++的历史。

我试着提及那些对 C++的设计和演化做出了贡献的人，也试着特别提出他们的贡献以及事情发生的时间。这样做在某种意义上说是很冒险的。因为我没有完美的记忆，很可能会忽略了某些贡献，我在此表示歉意。我一定要提一下做出与 C++有关的某个决策的人的名字。不可避免，这里提出的有可能并不都是第一个遇到某特定问题的人，或者第一个想出某种解决方案的人。这当然很不幸，但含含糊糊或者干脆避免提起人名将更糟糕。请毫不犹豫地给我提供信息，这样做可能有助于澄清某些疑点。

在描述历史事件时总存在一个问题：我的描述是否客观。我尽可能试着去矫正自己不可避免的倾向性，设法获得我没有参与的各种事件的信息，与涉足有关事件的人交谈，并请一些参与了 C++演化过程的人们读这本书。他们的名字可以在前言的最后找到。此外，在《程序设计语言的历史》（*HOPL-2，History of Programming Languages*）会议论文 [Stroustrup，1993] 中包含了取自这本书的核心历史事件，它经过了广泛审阅，被认为并不包含不适当的倾向性。

怎样阅读这本书

本书第一部分大致是按时间顺序审视 C++的设计、演化、使用和标准化过程。我选择这种组织方式，是因为在前面一些年里，主要的设计决策可以排成一个整洁且有逻辑的序列，映射到一个时间表里。第 1~3 章描述了 C++的起源，以及它从 C with Classes 到 Release 1.0 的演化。第 4 章描述在这期间以及后来指导 C++成长的一些原则。第 5 章提供了一个 1.0 之后的历史年表。第 6 章描述了 ANSI/ISO 标准化的努力。第 7 章和第 8 章讨论了应用、工具和库。最后，第 9 章给出了一个回顾和一些面向未来的思考。

第二部分描述的是 Release 1.0 之后 C++的发展。这个语言成长起来了，但还是在 Release 1.0 前后建造起来的框架之内。这个框架包括了一集所需特征，如模板和异常处理，还有指导着它们的设计的一组规则。在 Release 1.0 之后，年代排列对 C++的发展就不那么重要了，在 1.0 之后的那些扩充，即使按年代排列的情况与实际有所不同，C++的定义在实质上还会是目前这个样子。因此，解决各种问题、提供各种特征的实际顺序，只有历史研究的价值了。严格按时间顺序进行描述会干扰思想的逻辑流程，所以第二部分是围绕着重要语言特征组织的。第二部分的各章都是独立的，可以按任意顺序阅读：第 10 章，存储管理；第 11 章，重载；第 12 章，多重继承；第 13 章，类概念的精炼；第 14 章，强制；第 15 章，模板；第 16 章，异常处理；第 17 章，名字空间；第 18 章，C 语言预处理器。

不同的人，对一本有关程序设计语言的设计和演化的书所抱的期望大相径庭。特别的，对于应该以怎样的细节程度讨论这个题目，任意两个人的意见很可能都不相同。我收到的有关我 HOPL-2 论文不同版本的每份评审意见（大大超过 10 份）的形式都是“这篇文章太长……请在论题 X、Y 和 Z 方面增加一些信息”。更糟的是，大约三分之一的意见里有这样的见解：“请删掉那些有关哲学/信仰的废话，给我们提供真正的技术细节。”另外三分之一的见解则是：“让那些无趣的细节饶了我吧，请增加有关你的设计哲学方面的信息。”

为了摆脱这种两难局面，我实际上在一本书里写了另一本书。如果你对各种细节不感兴趣，那么请首先跳过所有的小节（以 x.y.z 形式编号的节，其中 x 是章编号、y 是节编号），而后再去读那些看起来有兴趣的节。你也可以按顺序读这本书，从第一页开始一直读到结尾。但在这样做时，你就有可能陷进去，被某些细节缠住。这样说并不意味着细节不重要。正相反，如果只考虑原则和普遍性，根本就不可能真正理解一个程序设计语言。具体实例是最基本的东西。但无论如何，在查看各种细节时，如果没有能将它们匹配其中的整体画面，人也很容易深深地陷入迷途。

为进一步提供一些帮助，在第二部分里，我将主要讨论集中在新特征和公认的高级特征方面，这也使第一部分能够集中于基础方面。几乎所有关于 C++演化的非技术性信息都可以在第一部分找到，对“哲学讨论”缺乏耐心的人可以跳过第 4 章到第 9 章，直接转到第二部分去看有关语言特征的技术细节。

我设想某些人会将本书作为参考文献使用，也有许多人可能只读一些独立的章而不管前面那些章。为了使这种使用也可行，我已经把许多章做成对有经验的 C++程序员而言是自足的，并通过交叉引用和索引项目（本译本未录，可参考其他中文译本）使读者能更自由。

请注意，我并没有试图在这里定义 C++的各种特征，而只是陈述了足够多的细节，提供了关于这些特征缘何而来的自足的描述。我也不想在这里教 C++编程或者设计，如果要找一本教科书，请看[2nd]。

C++时间表

下面的C++时间表可能帮助你看清这个故事将把你带到哪个地方：

1979年	5月	开始 C with Classes 的工作
	10月	第一个 C with Classes 实现投入使用
1980年	4月	第一篇有关 C with Classes 的贝尔实验室内部报告[Stroustrup，1980]
1982年	1月	第一篇有关 C with Classes 的外部论文[Stroustrup，1982]
1983年	8月	第一个 C++实现投入使用
	12月	C++命名
1984年	1月	第一本 C++手册
1985年	2月	第一次 C++外部发布（Release E）
	10月	Cfront Release 1.0（第一个商业发布）
	10月	*The C++ Programming Language*[Stroustrup，1986]
1986年	8月	有关“什么是”的文章 [Stroustrup，1986b]
	9月	第一次 OOPSLA 会议（集中于 Smalltalk 的 OO 宣传开始）
	11月	第一个商业的 C++ PC 移植（Cfront 1.1，Glockenspiel）
1987年	2月	Cfront Release 1.2
	11月	第一次 USENIX C++会议（圣菲，新墨西哥州）
	12月	第一个 GNU C++发布（1.13）
1988年	1月	第一个 Oregon Software C++发布
	6月	第一个 Zortech C++发布
	10月	第一次 USENIX C++实现者工作会议（Estes Park，科罗拉多州）
1989年	6月	Cfront Release 2.0
	12月	ANSI X3J16 组织会议（华盛顿，DC）
1990年	5月	第一个 Borland C++发布
	3月	第一次 ANSI X3J16 技术会议（Somerset，新泽西州）
	5月	*The Annotated C++ Reference Manual*[ARM]
	7月	模板被接受（西雅图，华盛顿州）
	11月	异常被接受（Polo Alto，加利福尼亚州）
1991年	6月	*The C++ Programming Language*（第2版）[2nd]
	6月	第一次 ISO WG21 会议（Lund，瑞典）
	10月	Cfront Release 3.0（包括模板）
1992年	2月	第一个 DEC C++发布（包括模板和异常）
	3月	第一个 Microsoft C++发布
	5月	第一个 IBM C++发布

续表

1993年	3月	运行时类型识别被接受（Portland，俄勒冈州）
	7月	名字空间被接受（慕尼黑，德国）
1994年	8月	ANSI/ISO委员会草案登记
1997年	7月	*The C++ Programming Language*(第3版)
	10月	ISO标准通过表决被接受
1998年	11月	ISO标准被批准

关注使用和用户们

本书是为C++用户而写的，也就是说，为那些程序员和设计师而写。我试图（无论你相信与否）在给出一种有关C++语言、它的功能和它的演化过程的用户观点时，尽量避免那些真正晦涩的深奥论题。有关语言的纯粹技术性讨论，只有在它们确实阐释了某些对用户有重要影响的问题时，才在这里展开。有关模板中的名字检索（15.10节）和临时量生存期的讨论都是这方面的例子。

程序设计语言的专家们、语言律师们以及实现者们可能在本书中发现许多珍闻，但本书的目标更多的是想展现出一幅大范围的图景，而不是精确详尽的点点细节。如果你希望的是精确技术细节的话，C++的定义可以从 *The Annotated C++ Reference Manual* [ARM]、*The C++ Programming Language*（第2版）[2nd] 以及ANSI/ISO标准化委员会的工作文件中找到。当然，如果没有对语言用途的一种认识，一个语言的定义细节是根本无从详尽理解的。这个语言（无论其细节还是全部）的存在，就是想有助于程序的构造。我写这本书的意图也就是希望提供一种洞见，能对这方面的努力有所帮助。

程序设计语言

几个审稿人都要求我做一些C++语言与其他语言的比较。关于这件事，我已经决定不做了。在此我要重申自己长期且强烈持有的一个观点：语言的比较很少是有意义的，更少是公平的。对重要的语言做出一个很好的比较，需要付出许多精力，实际上大大超出了大部分人所愿意的付出，超出了他们所具有的在广泛应用领域中的经验。为做好这件事，还需要严格维持一种超然的不偏不倚的观点和一种平和的理性。我没有时间，而且作为C++的设计者，我的不偏不倚将永远不能得到足够的信任。

我还为自己反复看到的，在企图做语言之间的公允比较时所发生的一种现象感到忧虑。作者们常常很努力地希望能不偏不倚，但却毫无希望地偏向于关注某个特定的应用领域、某种风格的程序设计或者程序员中的某种文化。更坏的是，当某种语言明显地比另外的语言更广为人知时，在看法上一种微妙转移就会发生了：这个知名语言的瑕疵将被认为不那么重要了，简单的迂回处理方法被给了出来；而其他语言中类似的瑕疵却被认定是根本性的。常见情况是，做比较或者提出指责的人，根本就不知道那些不那么有名的语言里常用的迂回解决方法，因为在他们更熟悉的语言里这些方法行不通。

与此类似，有关知名语言的信息总倾向于是最新的，而对那些不那么有名的语言，作者依靠的则常常是几年以前的信息。对那些值得去做比较的语言，拿语言 X 3 年前定义的样子与语言 Y 最近的试验性实现的情况去比较，这样做既不公平，也无法提供有价值的信息。因此我把对 C++之外其他语言的见解限制在泛义上和极其特殊的看法上。这是一本有关 C++的书，讨论它的设计，以及促成它的演化的各种因素。这里并不试图拿 C++的特征与可以在其他语言里找到的东西做对照或比较。

为了把 C++融进历史的大环境中，这里有一个关于许多语言第一次出现的图表，在讨论 C++时常常会与这些语言不期而遇。

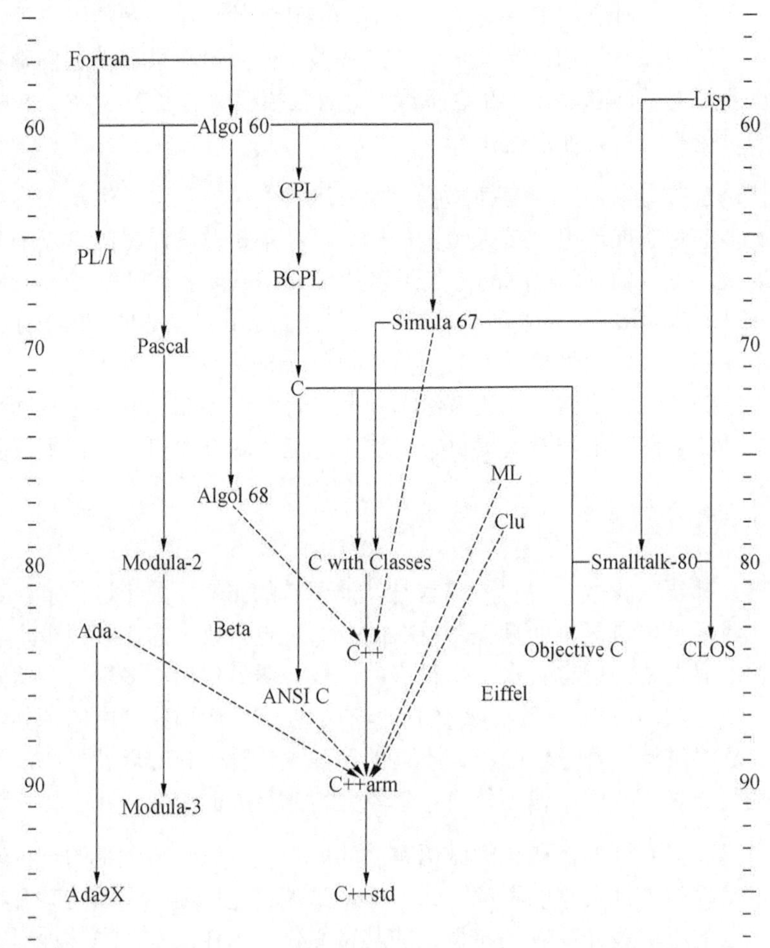

这个图表并不想做得尽善尽美，除了那些对 C++产生了重要影响的方面。特别的，

这个图对于 Simula 类观念的影响强调得很不够；Ada [Ichbiah，1979] 和 CLU [Liskov，1979] 也受到了 Simula [Birtwistle，1979] 的一些影响；而 Ada 9X [Taft，1992]、Beta [Madsen，1993]、Eiffel [Meyer，1988] 和 Modula-3 [Nelson，1991] 受到了它的很大影响。C++对其他语言的影响也搁在一旁，没有提。图中的实线表明的是在语言结构方面的影响；点线表示在一些特征上的影响。再多加一些线，说明每个语言间的各种关系，将会使这个图变得太难看，而不可能使其更有用。语言的时间指明了第一个能用的实现出现的时间。例如，Algol 68 [Woodward，1974] 标出的是 1977，而不是 1968。

我从对于我的 HOLP-2 文章的极其发散的评论里——还有其他许多来源——得到了一个结论：对于一个程序设计语言实际上是什么，它被认定的主要用途是什么，都不存在某种统一意见。程序设计语言是一种指挥机器的工具？一种程序员之间交流的方式？一种表述高层设计的媒介？一种算法的记法？一种表述观念间关系的方式？一种试验工具？一种控制计算机化设备的途径？我的观点是，一个通用程序设计语言必须同时是所有这些东西，这样才能服务于它缤纷繁杂的用户集合。但也有唯一的一种东西，语言绝不能是——那将使它无法生存——它不能仅仅是一些“精巧”特征的汇集。

在这里观点的不同，实际上反映了有关计算机科学是什么，以及语言应该如何设计等方面的许多不同看法。计算机科学应该是数学的一个分支？或者工程的？或者建筑学的？或者艺术的？或者生物学的？或者社会学的？或者哲学的？换个说法，它是否从所有这些领域中借用了某些技术或者方法？我认为正是这样。

这也就意味着，语言的设计已经脱离了“纯粹的”和更抽象的学科，例如数学和哲学。为了更好地为其用户服务，一种通用程序设计语言必须是折中主义的，需要考虑到许多实践性的和社会性的因素。特别的，每种语言的设计都是为了解决一个特定问题集合里的问题，在某个特定时期，依据某个特定人群对问题的理解。由此产生了初始的设计。而后它逐渐成长，去满足新的要求，反映对问题以及对解决它们的工具和技术的新理解。这个观点是实际的，然而也不是无原则的。我始终不渝的信念是，**所有**成功的语言都是逐渐成长起来的，而不是仅根据某个第一原则设计出来的。原则是第一个设计的基础，也指导着语言的进一步演化。但无论如何，即使原则本身也同样是会发展的。

参考文献

[2nd] see [Stroustrup,1991].

[Agha,1986] Gul Agha: *An Overview of Actor languages.* ACM SIGPLAN Notices. October 1986.

[Aho,1986] Alfred Aho, Ravi Sethi, and Jeffrey D. Ullman: *Compilers: Principles, Techniques, and Tools.* Addison-Wesley, Reading, MA. 1986. ISBN

0-201-10088-6.

[ARM] see [Ellis, 1990].

[Babcisky, 1984] Karel Babcisky: *Simula Performance Assessment.* Proc. IFIP WG2.4 Conference on System Implementation Languages:Experience and Assessment. Canterbury, Kent, UK. September 1984.

[Barton,1994] John J. Barton and Lee R. Nackman: *Scientific and Engineering C++: An Introduction with Advanced Techniques and Examples.* Addison-Wesley, Reading, MA. 1994. ISBN 0-201-53393-6.

[Birtwistle, 1979] Graham Birtwistle, Ole-Johan Dahl, Björn Myrhaug, and Kristen Nygaard: *SIMULA BEGIN.* Studentlitteratur, Lund, Sweden. 1979. ISBN 91-44-06212-5.

[Boehm, 1993] Hans-J. Boehm: *Space Efficient Conservative Garbage Collection.* Proc. ACM SIGPLAN'93 Conference on Programming Language Design and Implementation. ACM SIGPLAN Notices. June 1993.

[Booch, 1990] Grady Booch and Michael M. Vilot: *The Design of the C++ Booch Components.* Proc.OOPSLA' 90. October 1990.

[Booch, 1991] Grady Booch: *Object-Oriented Design.* Benjamin Cummings, Redwood City, CA. 1991. ISBN 0-8053-0091-0.

[Booch, 1993] Grady Booch: *Object-oriented Analysis and Design with Applications, 2nd edition.* Benjamin Cummings, Redwood City,CA. 1993. ISBN 0-8053-5340-2.

[Booch, 1993b] Grady Booch and Michael M. Vilot: *Simplify the C++ Booch Components.* The C++ Report. June 1993.

[Budge, 1992] Ken Budge, J.S. Perry, and A.C. Robinson: *High-Performance Scientific Computation using C++.* Proc. USENIX C++ Conference.Portland, OR. August 1992.

[Buhr, 1992] Peter A. Buhr and Glen Ditchfield: *Adding Concurrency to a Programming Language.* Proc. USENIX C++ Conference.Portland, OR. August 1992.

[Call,1987] Lisa A. Call, et al.: *CLAM - An Open System for Graphical User Interfaces.* Proc. USENIX C++ Conference. Santa Fe, NM. November 1987.

[Cameron, 1992] Don Cameron, et al.: *A Portable Implementation of C++ Exception Handling*. Proc. USENIX C++ Conference. Portland,OR. August 1992.

[Campbell, 1987] Roy Campbell, et al.: *The Design of a Multiprocessor Operating System*. Proc. USENIX C++ Conference. Santa Fe, NM.November 1987.

[Cattell, 1991] Rich G.G. Cattell: *Object Data Management: Object-Oriented and Extended Relational Database Systems*. Addison-Wesley,Reading, MA. 1991. ISBN 0-201-53092-9.

[Cargill, 1991] Tom A. Cargill: *The Case Against Multiple Inheritance in C++*. USENIX Computer Systems. Vol 4, no 1, 1991.

[Carroll, 1991] Martin Carroll: *Using Multiple Inheritance to Implement Abstract Data Types*. The C++ Report. April 1991.

[Carroll, 1993] Martin Carroll: *Design of the USL Standard Components*. The C++ Report. June 1993.

[Chandy, 1993] K. Mani Chandy and Carl Kesselman: *Compositional C++:Compositional Parallel Programming*. Proc. Fourth Workshop on Parallel Computing and Compilers. Springer-Verlag. 1993.

[Cristian, 1989] Flaviu Cristian: *Exception Handling*. Dependability of Resilient Computers, T. Andersen, editor. BSP Professional Books, Blackwell Scientific Publications, 1989.

[Cox,1986] Brad Cox: *Object-Oriented Programming: An Evolutionary Approach*. Addison-Wesley, Reading, MA. 1986.

[Dahl,1988] Ole-Johan Dahl: Personal communication.

[Dearle, 1990] Fergal Dearle: *Designing Portable Applications Frameworks for C++*. Proc. USENIX C++ Conference. San Francisco, CA. April 1990.

[Dorward, 1990] Sean M. Dorward, et al.: *Adding New Code to a Running Program*. Proc. USENIX C++ Conference. San Francisco, CA. April 1990.

[Eick, 1991] Stephen G. Eick: *SIMLIB - An Object-Oriented C++ Library for Interactive Simulation of Circuit-Switched Networks*. Proc. Simulation Technology Conference. Orlando, FL. October 1991.

[Ellis,1990] Margaret A. Ellis and Bjarne Stroustrup: *The Annotated C++ Reference Manual*. Addison-Wesley, Reading, MA. 1990.ISBN 0-201-51459-1.

[Faust, 1990] John E. Faust and Henry M. Levy: *The Performance of an Object-Oriented Threads Package.* Proc. ACM joint ECOOP and OOPSLA Conference. Ottawa, Canada. October 1990.

[Fontana, 1991] Mary Fontana and Martin Neath: *Checked Out and Long Overdue:Experiences in the Design of a C++ Class Library.* Proc.USENIX C++ Conference. Washington, DC. April 1991.

[Forslund, 1990] David W. Forslund, et al.: *Experiences in Writing Distributed Particle Simulation Code in C++.* Proc. USENIX C++ Conference.San Francisco, CA. April 1990.

[Gautron, 1992] Philippe Gautron: *An Assertion Mechanism based on Exceptions.* Proc. USENIX C++ Conference. Portland, OR. August 1992.

[Gehani, 1988] Narain H. Gehani and William D. Roome: *Concurrent C++:Concurrent Programming With Class(es).* Software—Practice & Experience. Vol 18, no 12, 1988.

[Goldberg, 1983] Adele Goldberg and David Robson: *Smalltalk-80, The Language and its Implementation.* Addison-Wesley, Reading, MA.1983. ISBN 0-201-11371-6.

[Goodenough, 1975] John Goodenough: *Exception Handling: Issues and a Proposed Notation.* Communications of the ACM. December 1975.

[Gorlen,1987] Keith E. Gorlen: *An Object-Oriented Class Library for C++ Programs.* Proc. USENIX C++ Conference. Santa Fe, NM.November 1987.

[Gorlen,1990] Keith E. Gorlen, Sanford M. Orlow, and Perry S. Plexico: *Data Abstraction and Object-Oriented Programming in C++.*Wiley. West Sussex. England. 1990. ISBN 0-471-92346-X.

[Hübel,1992] Peter Hübel and J.T. Thorsen: *An Implementation of a Persistent Store for C++.* Computer Science Department. Aarhus University, Denmark. December 1992.

[Ichbiah,1979] Jean D. Ichbiah, et al.: *Rationale for the Design of the ADA Programming Language.* SIGPLAN Notices Vol 14, no 6,June 1979 Part B.

[Ingalls,1986] Daniel H.H. Ingalls: *A Simple Technique for Handlingh Multiple Polymorphism.* Proc. ACM OOPSLA Conference. Portland,OR. November 1986.

[Interrante,1990] John A. Interrante and Mark A. Linton: *Runtime Access to Type Information.* Proc. USENIX C++ Conference. San Francisco 1990.

[Johnson, 1992] Steve C. Johnson: Personal communication.

[Johnson, 1989] Ralph E. Johnson: *The Importance of Being Abstract.* The C++ Report. March 1989.

[Keffer, 1992] Thomas Keffer: *Why C++ Will Replace Fortran.* C++ Supplement to Dr. Dobbs Journal. December 1992.

[Keffer, 1993] Thomas Keffer: *The Design and Architecture of Tools.h++*.The C++ Report. June 1993.

[Kernighan, 1976] Brian Kernighan and P.J. Plauger: *Software Tools.* Addison-Wesley, Reading, MA. 1976. ISBN 0-201-03669.

[Kernighan,1978] Brian Kernighan and Dennis Ritchie: *The C Programming Language.* Prentice-Hall, Englewood Cliffs, NJ. 1978. ISBN 0-13-110163-3.

[Kernighan, 1981] Brian Kernighan: *Why Pascal is not my Favorite Programming Language.* AT&T Bell Labs Computer Science Technical Report No 100. July 1981.

[Kernighan, 1984] Brian Kernighan and Rob Pike: *The UNIX Programming Environment.* Prentice-Hall, Englewood Cliffs, NJ. 1984. ISBN 0-13-937699-2.

[Kernighan, 1988] Brian Kernighan and Dennis Ritchie: *The C Programming Language (second edition).* Prentice-Hall, Englewood Cliffs, NJ. 1988. ISBN 0-13-110362-8.

[Kiczales,1992] Gregor Kiczales, Jim des Rivieres, and Daniel G. Bobrow: *The Art of the Metaobject Protocol.* The MIT Press. Cambridge, Massachusetts. 1991. ISBN 0-262-11158-6.

[Koenig, 1988] Andrew Koenig: *Associative arrays in C++.* Proc. USENIX Conference. San Francisco, CA. June 1988.

[Koenig, 1989] Andrew Koenig and Bjarne Stroustrup: *C++: As close to C as possible - but no closer.* The C++ Report. July 1989.

[Koenig,1989b] Andrew Koenig and Bjarne Stroustrup: *Exception Handling for C++.* Proc. "C++ at Work" Conference. November 1989.

[Koenig,1990] Andrew Koenig and Bjarne Stroustrup: *Exception Handling for C++ (revised).* Proc. USENIX C++ Conference. San Francisco,CA. April 1990.

Also, Journal of Object-Oriented Programming.July 1990.

[Koenig, 1991] Andrew Koenig: *Applicators, Manipulators, and Function Objects.* C++ Journal, vol. 1, #1. Summer 1990.

[Koenig,1992] Andrew Koenig: *Space Efficient Trees in C++.* Proc. USENIX C++ Conference. Portland, OR. August 1992.

[Krogdahl,1984] Stein Krogdahl: *An Efficient Implementation of Simula Classes with Multiple Prefixing.* Research Report No 83. June 1984.University of Oslo, Institute of Informatics.

[Lea, 1990] Doug Lea and Marshall P. Cline: *The Behavior of C++ Classes.* Proc. ACM SOOPPA Conference. September 1990.

[Lea, 1991] Doug Lea: Personal Communication.

[Lea, 1993] Doug Lea: *The GNU C++ Library.* The C++ Report. June 1993.

[Lenkov,1989] Dmitry Lenkov: *C++ Standardization Proposal.* #X3J11/89-016.

[Lenkov, 1991] Dmitry Lenkov, Michey Mehta, and Shankar Unni: *Type Identification in C++.* Proc. USENIX C++ Conference. Washington,DC. April 1991.

[Linton,1987] Mark A. Linton and Paul R. Calder: *The Design and Implementation of InterViews.* Proc. USENIX C++ Conference. Santa Fe, NM. November 1987.

[Lippman, 1988] Stan Lippman and Bjarne Stroustrup: *Pointers to Class Members in C++.* Proc. USENIX C++ Conference. Denver, CO.October 1988.

[Liskov,1979] Barbara Liskov, et al.: *CLU Reference manual.* MIT/LCS/TR-225. October 1979.

[Liskov,1987] Barbara Liskov: *Data Abstraction and Hierarchy.* Addendum to Proceedings of OOPSLA'87. October 1987.

[Madsen, 1993] Ole Lehrmann Madsen, et al.: *Object-Oriented Programming in the Beta Programming Language.* Addison-Wesley, Reading,MA. 1993. ISBN 0-201-62430.

[McCluskey, 1992] Glen McCluskey: *An Environment for Template Instantiation.* The C++ Report. February 1992.

[Meyer,1988] Bertrand Meyer: *Object-Oriented Software Construction.*Prentice-Hall, Englewood Cliffs, NJ. 1988. ISBN 0-13-629049.

[Miller, 1988] William M. Miller: *Exception Handling without Language Extensions.* Proc. USENIX C++ Conference. Denver CO.October 1988.

[Mitchell, 1979] James G. Mitchell, et.al.: *Mesa Language Manual.* XEROX PARC, Palo Alto, CA. CSL-79-3. April 1979.

[Murray, 1992] Rob Murray: *A Statically Typed Abstract Representation for C++ Programs.* Proc. USENIX C++ Conference. Portland,OR. August 1992.

[Nelson, 1991] Nelson, G. (editor): *Systems Programming with Modula-3.* Prentice-Hall, Englewood Cliffs, NJ. 1991. ISBN 0-13-590464-1.

[Rose, 1984] Leonie V. Rose and Bjarne Stroustrup: *Complex Arithmetic in C++.* Internal AT&T Bell Labs Technical Memorandum. January 1984. Reprinted in AT&T C++ Translator Release Notes.November 1985.

[Parrington, 1990] Graham D. Parrington: *Reliable Distributed Programming in C++.* Proc. USENIX C++ Conference. San Francisco, CA.April 1990.

[Reiser, 1992] John F. Reiser: *Static Initializers: Reducing the Value-Added Tax on Programs.* Proc. USENIX C++ Conference. Portland,OR. August 1992.

[Richards, 1980] Martin Richards and Colin Whitby-Strevens: *BCPL - the language and its compiler.* Cambridge University Press, Cambridge,England. 1980. ISBN 0-521-21965-5.

[Rovner,1986] Paul Rovner: *Extending Modula-2 to Build Large, Integrated Systems.* IEEE Software Vol 3, No 6, November 1986.

[Russo, 1988] Vincent F. Russo and Simon M. Kaplan: *A C++ Interpreter for Scheme.* Proc. USENIX C++ Conference. Denver, CO. October 1988.

[Russo, 1990] Vincent F. Russo, Peter W. Madany, and Roy H. Campbell: *C++ and Operating Systems Performance: A Case Study.*Proc. USENIX C++ Conference. San Francisco, CA. April 1990.

[Sakkinen,1992] Markku Sakkinen: *A Critique of the Inheritance Principles of C++.* USENIX Computer Systems, vol 5, no 1, Winter 1992.

[Sethi, 1980] Ravi Sethi: *A case study in specifying the semantics of a programming language.* Seventh Annual ACM Symposium on Principles of Programming Languages. January 1980.

[Sethi, 1981] Ravi Sethi: *Uniform Syntax for Type Expressions and Declarators.*

Software - Practice and Experience, Vol 11. 1981.

[Sethi, 1989] Ravi Sethi: *Programming Languages - Concepts and Constructs.* Addison-Wesley, Reading, MA. 1989. ISBN 0-201-10365-6.

[Shopiro, 1985] Jonathan E. Shopiro: *Strings and Lists for C++.* AT&T Bell Labs Internal Technical Memorandum. July 1985.

[Shopiro, 1987] Jonathan E. Shopiro: *Extending the C++ Task System for Real-Time Control.* Proc. USENIX C++ Conference. Santa Fe,NM. November 1987.

[Shopiro,1989] Jonathan E. Shopiro: *An Example of Multiple Inheritance in C++: A Model of the Iostream Library.* ACM SIGPLAN Notices. December 1989.

[Schwarz,1989] Jerry Schwarz: *Iostreams Examples.* AT&T C++ Translator Release Notes. June 1989.

[Snyder, 1986] Alan Snyder: *Encapsulation and Inheritance in Object-Oriented Programming Languages.* Proc. OOPSLA'86. September 1986.

[Stal,1993] Michael Stal and Uwe Steinmüller: *Generic Dynamic Arrays.* The C++ Report. October 1993.

[Stepanov,1993] Alexander Stepanov and David R. Musser: *Algorithm-Oriented Genric Software Library Development.* HP Laboratories Technical Report HPL-92-65. November 1993.

[Stroustrup,1978] Bjarne Stroustrup: *On Unifying Module Interfaces.* ACM Operating Systems Review Vol 12 No 1. January 1978.

[Stroustrup,1979] Bjarne Stroustrup: *Communication and Control in Distributed Computer Systems.* Ph.D. thesis, Cambridge University, 1979.

[Stroustrup,1979b] Bjarne Stroustrup: *An Inter-Module Communication System for a Distributed Computer System.* Proc. 1st International Conf. on Distributed Computing Systems. October 1979.

[Stroustrup,1980] Bjarne Stroustrup: *Classes: An Abstract Data Type Facility for the C Language.* Bell Laboratories Computer Science Technical Report CSTR-84. April 1980. Revised, August 1981.Revised yet again and published as [Stroustrup, 1982].

[Stroustrup, 1980b] Bjarne Stroustrup: *A Set of C Classes for Co-routine Style Programming.* Bell Laboratories Computer Science Technical Report CSTR-90.

November 1980.

[Stroustrup,1981] Bjarne Stroustrup: *Long Return: A Technique for Improving The Efficiency of Inter-Module Communication.* Software Practice and Experience. January 1981.

[Stroustrup,1981b] Bjarne Stroustrup: *Extensions of the C Language Type Concept.* Bell Labs Internal Memorandum. January 1981.

[Stroustrup,1982] Bjarne Stroustrup: *Classes: An Abstract Data Type Facility for the C Language.* ACM SIGPLAN Notices. January 1982. Revised version of [Stroustrup, 1980].

[Stroustrup,1982b] Bjarne Stroustrup: *Adding Classes to C: An Exercise in Language Evolution.* Bell Laboratories Computer Science internal document. April 1982. Software: Practice & Experience, Vol 13. 1983.

[Stroustrup,1984] Bjarne Stroustrup: *The C++ Reference Manual.* AT&T Bell Labs Computer Science Technical Report No 108. January 1984. Revised, November 1984.

[Stroustrup,1984b] Bjame Stroustrup: *Operator Overloading in C++.* Proc. IFIP WG2.4 Conference on System Implementation Languages: Experience & Assessment. September 1984.

[Stroustrup,1984c] Bjarne Stroustrup: *Data Abstraction in C.* Bell Labs Technical Journal. Vol 63, No 8. October 1984.

[Stroustrup,1985] Bjarne Stroustrup: *An Extensible I/O Facility for C++.* Proc. Summer 1985 USENIX Conference. June 1985.

[Stroustrup,1986] Bjarne Stroustrup: *The* C++ *Programming Language.* Addison-Wesley, Reading, MA. 1986. ISBN 0-201-12078-X.

[Stroustrup,1986b] Bjarne Stroustrup: *What is Object-Oriented Programming?* Proc. 14th ASU Conference. August 1986. Revised version in Proc. ECOOP'87, May 1987, Springer Verlag Lecture Notes in Computer Science Vol 276. Revised version in *IEEE Software Magazine.* May 1988.

[Stroustrup,1986c] Bjarne Stroustrup: *An Overview of C++.* ACM SIGPLAN Notices. October 1986.

[Stroustrup,1987] Bjarne Stroustrup: *Multiple Inheritance for C++.* Proc. EUUG Spring Conference, May 1987. Also, USENIX Computer Systems, Vol 2 No 4.

Fall 1989.

[Stroustrup,1987b] Bjarne Stroustrup and Jonathan Shopiro: *A Set of C classes for Co-Routine Style Programming*. Proc. USENIX C++ Conference. Santa Fe, NM. November 1987.

[Stroustrup,1987c] Bjarne Stroustrup: *The Evolution of C++: 1985-1987*. Proc. USENIX C++ Conference. Santa Fe, NM. November 1987.

[Stroustrup,1987d] Bjarne Stroustrup: *Possible Directions for C++*. Proc. USENIX C++ Conference. Santa Fe, NM. November 1987.

[Stroustrup,1988] Bjarne Stroustrup: *Type-safe Linkage for C++*. USENIX Computer Systems, Vol 1 No 4. Fall 1988.

[Stroustrup,1988b] Bjarne Stroustrup: *Parameterized Types for C++*. Proc. USENIX C++ Conference, Denver, CO. October 1988. Also, USENIX Computer Systems, Vol 2 No 1. Winter 1989.

[Stroustrup,1989] Bjarne Stroustrup: *Standardizing C++*. The C++ Report. Vol 1 No 1. January 1989.

[Stroustrup,1989b] Bjarne Stroustrup: *The Evolution of C++: 1985-1989*. USENIX Computer Systems, Vol 2 No 3. Summer 1989. Revised version of [Stroustrup, 1987c].

[Stroustrup,1990] Bjarne Stroustrup: *On Language Wars*. Hotline on Object-Oriented Technology. Vol 1, No 3. January 1990.

[Stroustrup,1990b] Bjarne Stroustrup: *Sixteen Ways to Stack a Cat*. The C++ Report. October 1990.

[Stroustrup,1991] Bjarne Stroustrup: *The C++ Programming Language (2nd edition)*. Addison-Wesley, Reading, MA. 1991. ISBN 0-201-53992-6.

[Stroustrup,1992] Bjarne Stroustrup and Dmitri Lenkov: *Run-Time Type Identification for C++*. The C++ Report. March 1992. Revised version:Proc. USENIX C++ Conference. Portland, OR. August 1992.

[Stroustrup,1992b] Bjarne Stroustrup: *How to Write a C++ Language Extension Proposal*. The C++ Report. May 1992.

[Stroustrup,1993] Bjarne Stroustrup: *The History of C++: 1979-1991*. Proc. ACM History of Programming Languages Conference (HOPL-2). April 1993. ACM

SIGPLAN Notices. March 1993.

[Taft, 1992] S. Tucker Taft: *Ada 9X: A Technical Summary.* CACM. November 1992.

[Tiemann, 1987] Michael Tiemann: *"Wrappers:" Solving the RPC problem in GNU C++.* Proc. USENIX C++ Conference. Denver, CO. October 1988.

[Tiemann, 1990] Michael Tiemann: *An Exception Handling Implementation for C++.* Proc. USENIX C++ Conference. San Francisco, CA. April 1990.

[Weinand, 1988] Andre Weinand, et al.: *ET++ – An Object-Oriented Application Framework in C++.* Proc.OOPSLA'88. September 1988.

[Wikström, 1987] Åke Wikström: *Functional Programming in Standard ML.* Prentice-Hall, Englewood Cliffs, NJ. 1987. ISBN 0-13-331968-7.

[Waldo,1991] Jim Waldo: *Controversy: The Case for Multiple Inheritance in C++.* USENIX Computer Systems, vol 4, no 2, Spring 1991.

[Waldo, 1993] Jim Waldo (editor): *The Evolution of C++.* A USENIX Association book. The MIT Press, Cambridge, MA. 1993. ISBN 0-262-73107-X.

[Wilkes, 1979] M.V. Wilkes and R.M. Needham: *The Cambridge CAP Computer and its Operating System.* North-Holland, New York. 1979. ISBN 0-444-00357-6.

[Woodward, 1974] P.M. Woodward and S.G. Bond: *Algol 68-R Users Guide.* Her Majesty's Stationery Office, London. 1974. ISBN 0-11-771600-6.

第一部分

第一部分记述C++的渊源，以及它从C with Classes到Release 1.0的演化过程。这里还要阐释在这个阶段以及后来指导着C++ 成长的各种规则，给出Release 1.0之后的语言开发的编年史，叙述C++ 的标准化努力的一些情况。为了提供一幅透视图，在这里也要讨论C++的使用。最后是回顾和对未来的一些思考。

章目录

01

第 1 章　C++的史前时代

在过去的日子里，邪恶当道！

——Kristen Nygaard[①]

Simula 和分布式系统——C 和系统程序设计——数学、历史、哲学和文学的影响

1.1　Simula 和分布式系统

C++的史前时代非常重要——在那些年里，将类似 Simula 的特征加进 C 语言的想法还没有出现在我的头脑中。但也正是在那个时期，我逐渐认识到后来造就出 C++ 的那些准则和思想。我当时在英国剑桥大学计算实验室做博士论文，工作的目标是研究分布式系统的系统软件组织方式的其他可能途径。有关概念框架得到高性能的(capability-based)剑桥 CAP 计算机及其试验性的，并一直在发展中的操作系统 [Wilkes，1979] 的支持。这个工作的细节及其结果 [Stroustup，1979] 与 C++ 没有太大关系。而有关的是，当时我把注意力主要集中在如何用隔离良好的模块组合成软件，所用主要实验工具是我写的一个相当大的细节繁杂的模拟器，用于模拟分布式系统上的软件运行。

这个模拟器的初始版本是用 Simula [Birtwistle，1979] 写的，运行在剑桥大学计算机中心的 IBM/360 185 主机上。写这个模拟器是一件很令人愉悦的工作，Simula 的特征非常适合这种用途，语言提供的概念对我思考自己面对的应用问题很有帮助，给我留下了特别的印象。类的概念使我能把应用中的概念直接映射到语言结构，使做出的代码比我见过的用其他任何语言写的代码更可读。Simula 的类能以协程（co-routine）的方式活动，这使我很容易清晰地表述应用的内在并发性。例如，很容易要求 `computer` 类的一个对象和该类的其他对象以伪并行（pseudo-parallel）的方式工作。类的层次结构可用于表述应用中的各种分层概念。例如，不同类型的计算机可以表述为类 `computer` 的各种派生

① Kristen Nygaard（1926—2002）是 Simula 语言的设计者，2001 年由于 Simula 和面向对象基础方面的开创性工作和 Ole-Johan Dahl 一起获图灵奖，2002 年因心脏病发作去世。——译者注

类，模块之间的各种通信机制可以表述为类 IPC 的不同派生类。在这个工作中，类分层结构的使用并不很多，而用类描述并发性，在我的模拟器组织中有着更重要的地位。

在写程序和初始的调试工作中，我对 Simula 类型系统的表达能力和它的编译器捕捉类型错误的能力非常钦佩。我发现，类型错误反映出的几乎总是两种情况：或者是愚蠢的编程错误，或者是设计中的概念缺陷。后者当然更重要得多。在使用其他更原始的“强”类型系统时，我从来也没有感受过这种帮助。相反，我甚至发现 Pascal 的类型系统比没有还要坏——它是一种枷衣，造成的问题比解决的更多。它迫使我扭曲自己的设计，以适应一个面向实现的人造物。我感受到了 Pascal 的僵硬和 Simula 的灵活性，这种对比对于后来 C++ 的开发至关重要。我把 Simula 的类概念看作是最关键的不同点，从那时起我就把类看作程序设计中最需要关注的问题了。

我原来曾经用过 Simula（在丹麦 Aarhus 大学学习时），但这时仍然很惊喜地看到，随着程序规模扩大，Simula 语言的机制也变得更有帮助了。类和协程机制，以及广泛而深入的类型检查，保证问题和错误不会随着程序规模而非线性地增长（如我猜测的那样，我想大部分人也这样想）。相反，整个程序的活动更像是许多小程序的组合，而不像一个整体的大程序，因而就更容易写，更容易理解，其中的错误也更容易排除。

然而，Simula 的实现完全不是同一回事，结果使整个项目几乎变成一场大灾难。我在那时的结论是，Simula 的实现（与 Simula 语言相对立）实际上只是为小程序打造的，从根本上说就不适合大程序 [Stroustrup，1979]。将分别编译的类连接起来，需要的时间完全让人莫名其妙，对程序的三十分之一做编译，而后将它与已经编译过的其他程序部分连接起来，花费的时间比一下子完成整个编译和连接还要长。对这种情况，我相信问题更多是在主机的连接器，而不是 Simula 本身，但这仍然是一个障碍。在此之上，运行性能如此之低，以至于几乎无法从模拟器得到任何有用的数据。这种糟糕的运行性能应该是语言及其实现的责任，而不是应用的责任。所有这些问题对 Simula 都是根本性的和无法修缮的。高代价来自一些最基本的语言特征和它们的相互作用：运行中的类型检查，变量的初始化保证，对并发的支持，对用户创建对象和过程活动记录所做的废料收集。例如，测试数据说明，超过 80%的时间花在废料收集上，虽然实际上这个模拟系统有自己的资源管理器，因此根本就不会产生废料。15 年之后（1994 年）Simula 实现已经好得多了，但是其运行性能仍然没有实现数量级的提高（根据我的了解）。

为了不放弃这个项目——以至拿不到博士学位而离开剑桥——我用 BCPL 重写了这个模拟器，并在实验性的 CAP 计算机上运行。在 BCPL [Rechards，1980] 里写代码、调试程序的亲身经历真是令人毛骨悚然。与 BCPL 相比，C 就是一种很高级的语言了。BCPL 没提供任何类型检查机制，没有任何运行时支持。当然，作为结果，新模拟器运行得确实快了很多，给出了大量有用的结果，澄清了我的许多问题，也使我能写出几篇有关操作系统的论文 [Stroustrup，1978，1979b，1980]。

在离开剑桥时我发誓，在没有合适工具情况下绝不去冲击一个问题，就像我在设计和实现模拟器时所遭遇的那样。这对于 C++也非常重要，因为我有了一个概念：对于像写一个模拟器、一个操作系统，或者类似的系统程序设计工作项目，什么样的东西才能算是一个“合适的工具”。

[1] 好工具应该具有 Simula 那样的对程序组织的支持——也就是说，类，某种形式的类分层结构，对并发的某种形式的支持，以及对基于类的类型系统的强（也就是说，静态）检查。这就是我当年认识到的（今天仍然继续这样认识的）在发明程序的过程中需要的支持，对于设计程序（而不仅是实现程序）的支持。

[2] 好工具产生的程序应该能运行得像 BCPL 一样快，在把通过分别编译得到程序单元组合成整个程序方面，也应该像 BCPL 那样简单、高效。如果需要把用几种语言，例如 C、Algol68、Fortran、BCPL、汇编等，写成的单元组合成一个完整程序，某种简单连接规则是极端重要的，这样才能避免程序员被某一语言的内在弱点所束缚。

[3] 好工具应该允许高度可移植的实现。我的经验是：我所需要的“好”实现总是要等到下一年才能使用，而且是在一种我无法负担的计算机上。这意味着一种好工具必须有多个实现来源（没有垄断，也就是充分尊重了那些使用“不常见的”机器的用户，或者没有钱的研究生们），移植时不需要复杂的运行支持系统，在工具和它的宿主操作系统之间应该只有非常有限的集成。

在我离开剑桥时，这些评价准则实际上还没有完全形成。某些东西后来逐渐成熟起来，正是反映了我对自己在模拟器上以及在后来几年里写程序中得到的经验，以及通过讨论和阅读代码得到的其他人的经验。直到 Release 2.0 时 C++才严格地遵循了这些准则；为 C++设计模板和异常处理机制的基本压力，也源自需要校正某些违背这些准则的问题。我认为，这些准则中最重要的方面，就在于它们几乎与程序设计语言的任何特定特征都没什么关系。相反，它们只是提出了对解决方案的一些约束条件。

我在剑桥期间，那里的计算实验室由 Maurice Wilkes 领导。对我的主要技术指导来自我的导师 David Wheeler 以及 Roger Needham。我在操作系统领域的知识基础，以及对模块化和通信的兴趣对于 C++ 有持续性的影响。例如，C++的保护模型就来自于访问权限许可和转让的概念；初始化和赋值的区分，根源在于对转让能力的思考；C++ 的 `const` 概念是从读写保护机制中演化从来的；而 C++异常处理机制的设计则受到 Newcastle 大学 Brian Randle 的小组在 20 世纪 70 年代有关容错系统工作的影响。

1.2　C 与系统程序设计

在 1975 年我曾简单地接触过 C 语言，并为它在与同类的其他系统程序设计语言、机器语言、汇编语言比较中的表现而对它颇为欣赏。关于这一类语言，我熟悉 PL360、Coral、Mary 以及其他一些东西，而对这种语言的经验主要还是在 BCPL。除了作为 BCPL 的用户外，我还曾用它的中间代码形式（O-代码）做过微程序设计，实现过 BCPL，因此对这类语言的底层效率有很深入的理解。

在剑桥完成了博士论文之后，我在贝尔实验室找到了一个工作，而后用 [Kernighan，1978]（重新）学习了 C 语言。所以，在那个时候我不是一个 C 语言专家，不过是把 C 看成系统程序设计语言的一个最时髦和最卓越的例子。只是到了后来，我基于个人经验以及通过与 Stu Feldman、Steve Johnson、Brian Kernighan 和 Dennis Ritchie 等人的讨论，才对 C 语言有了更深入的理解。除了 C 语言的特殊语言技术细节外，其中有关系统程序设计语言的普遍性思想对 C++的成长至少也产生了同样深刻的影响。

我在剑桥参加的一个小项目里使用过 Algol 68，因此对它了解得很多。我很理解其结构与 C 里对应概念的关系。我有时发现，如果把 C 的结构看作 Algol 68 中更具普遍意义的概念的特殊情况，对人可能很有帮助。很奇怪，我始终没把 Algol 68 看成一种系统程序设计语言（虽然曾经用过一种 Algol 68 写的操作系统）。我觉得可能是由于自己更强调可移植性，很容易与用其他语言写的代码连接，以及运行效率。我曾经多次把自己所梦想的语言描述为一个带有 Simula 那样的类的 Algol 68。然而，就构造一个实际的工具而言，选择 C 语言，看起来比选择 Algol 68 更合适些。

1.3 一般性的背景

人们常说，一个系统的结构反映了创建它的那个组织的结构。在合理的范围内，我赞成这种看法。随之而来的是，当一个系统基本上是一个人的工作时，它应该就反映了这个人的个人观点。回顾历史我认为，对于 C++ 语言的整体结构的塑造，我个人的一般性的“世界观”确实产生了很大影响，其作用至少等同于造就其细节的那些计算机科学概念，而正是这些概念构成了这个语言里的各个部分。

我原来学习纯数学和应用数学，因此我在丹麦的“硕士学位”（Cand.Scient 学位）是数学和计算机科学。这使我非常崇尚数学之美，但也带着一种将数学作为解决实际问题的工具的倾向，而不是将它作为一种具有抽象的真与美的没有明确用途的纪念碑。学生欧几里德因为提问“那么数学又是为什么呢？”而被驱逐，我非常同情他。与此类似，我对计算机和程序设计语言的兴趣也完全是务实的。计算机和程序设计语言可以被当作一种艺术性工作，但审美主义因素应该是辅佐或提升其有用性，而不是取代或损伤它。

我的长期（持续了至少 25 年）爱好是历史。在大学里和毕业以后，我还花了许多时间研究哲学。对于究竟应该把自己理性的怜悯放在哪里以及为什么，这些学习给了我一种非常自觉的观念。经过这样长时期的思考训练，较之理想主义者而言，我觉得自己更喜欢实用主义者，而对神秘主义我更是无法赞成。因此，我喜欢亚里士多德胜过柏拉图，休姆[1]胜过笛卡儿，对帕斯卡我只能表示失望。我发现，虽然宽泛完整的“系统”（像柏拉图或者康德的那些）非常奇妙，但我却完全无法对它们感到满意，因为在我看来，它们是非常危险地远离了我们的日常经验和个人的基本特性。

我发现了克尔凯戈尔[2]对个人的几乎狂热的关心以及敏锐的心理洞察力，这些比黑格尔抽象的宏伟蓝图和对人性的关心更具感染力。尊重人群而不尊重人群中的个体，实际上就是什么也不尊重。C++ 的许多设计决策根源于我对强迫人按某种特定方式行事的极度厌恶。历史上一些最坏的灾难就起因于理想主义者们试图强迫人们“做某些对他们最好的事情”。这种理想主义不仅导致了对无辜者的伤害，也迷惑和腐化了施展权利的理想主义者自身。我还发现，当经验和实验与其教义或理论出现不寻常的冲突时，理想主义者往往有忽略它们的倾向。在理想出问题的地方，甚至权威人士也准备赞成的时候，我则趋向于提供一些支持，使程序员有自己选择的权力。

对文学的热爱增强了我的认识：仅根据理论和逻辑做决策是没有希望的。从这个意义上说，C++从小说家和散文家那里得到的东西也很多，例如马丁·汉森[3]、阿尔伯特·加缪[4]以及乔治·奥威尔[5]等。他们根本没有见过计算机，但对 C++的贡献却与计算机科学家，如大卫·格里斯、唐纳德·克努特、罗杰·尼达姆一样大。经常遇到这种情况，如果我试图去取缔一个我个人不喜欢的语言特征时，我总是抑制住自己这样做的欲望，因为我不认为自己有权把个人的观点强加给别人。我知道通过强有力地推行逻辑，毫无同情心地谴责“思想中坏的、过时的、混乱的习惯”，有可能在相对更短的时间里取得更多的建树。但是，人的代价总是最高的。不同的人们确实会按不同的方式思考，喜欢按不同的方式做事情，对于这些情况的高度容忍和接受是我最愿意的事情。

我的希望是慢慢地——经常是令人痛苦的慢——推动人们去试验一些新技术，去接受那些适合他们的需要或者口味的东西。确实存在着更有效的技术去达到一种信仰的转变，但是我极端厌恶这类技术，从根本上怀疑它们在长时期和大范围上的作用。我们经常看到的情况是，如果一个人可以很容易地转变到相信“信仰”X，那么进一步转变到相信“信仰”Y 也是很可能的。这样的收获总是短暂的。我喜欢怀疑论者而不是“真诚的信徒”。我把一点点实在的证据看得比许多理论更有价值，把实际经验的结果看得比许多逻辑论述更重要。

然而，这些观点也很容易走向宿命地接受现状。此外，一个人如果不打破几个鸡蛋

---

① David Hume，1711—1776，苏格兰哲学家和历史学家。——译者注

② Søren Aabye Kierkegaard，1813—1855，丹麦哲学家和神学家。——译者注

③ Martin A. Hansen，1909—1955，丹麦小说和散文作家。——译者注

④ Albert Camus，1913—1960，法国小说家、散文家和剧作家，1957 年获诺贝尔文学奖。——译者注

⑤ George Orwell，1903—1950，英国作家和社会批评家。——译者注

是做不出鸡蛋饼的，而且实际上大部分人确实不希望变化——至少“不是在现在”，不是以某种可能搅乱了他们日常生活的方式。这就是需要尊重事实，而且需要一点理想主义出现的地方。在程序设计领域里，一般地说在世界上，事情并不总是处在很好的状态，要改进它们，有许多事情是可以做的。我设计 C++ 只是为了解决一个问题，而不是想证明一种观点，而它的成长又能够服务于它的使用者。这里的基本观点是，完全有可能通过逐步改变而达到一种进步。最理想的情景是保持最大的变化速率，而这种变化又确实增加了它所涉及的那些个人的福祉。最主要的困难在于确定是什么构成了真正的进步，开发出一些技术以实现平滑的转变，还要避免由于过度狂热而导致的暴行。

我愿意努力去工作，去采纳那些我确信能够对人们有所帮助的想法。事实上，我认为，科学家和知识分子的责任就是保证他们的思想可以被公众接受，从而使自己对社会有用，而不是为了做出一些专家们的玩物。当然，我并不想让人作为思想的牺牲品。特别是，我绝不愿意通过一种很有局限性的程序设计语言定义，去推行某种唯一的设计理念。人的思维方式是如此丰富多彩，企图推行一种唯一理念总是弊多于利的。这样，C++被有意地设计成能支持各种各样的风格，而不是强调“一条真理之路”。

第 4 章论述了指导 C++ 设计的更多细节的和实际的规则。在那些规则里，你可以发现上面所谈到的普遍性思想和理想的回响。

一个程序设计语言可能成为程序员日常生活中最重要的一个因素。但是无论如何，一个程序设计语言只是这个世界中微乎其微的一部分，因此也不应该把它看得太重了。要保持一种平衡的心态，特别重要的是应该维持自己的幽默感。在各种重要的程序设计语言里，C++是俏皮话和玩笑最丰富的源泉，这并不是偶然的。

哲学性的讨论，比如有关语言特征的讨论，总倾向于过分严肃，过分富有说教的意味。对于这些我也很遗憾，但是我仍然愿意感谢自己智慧的根源，而且相信这些是无害的——好吧，至少几乎是无害的。不，我在文学方面的偏爱并不只限于那些强调哲理性和社会论题的作家，但他们确实在 C++的丰富色彩中留下了最明显的痕迹。

02

第2章 C with Classes

小人物有专攻。

——R.A.Heinlein

C++ 的直接前驱，C with Classes——关键设计原则——类——运行的时间与空间效率——连接模型——静态(强)类型检查——为什么是 C——语法问题——派生类——没有虚函数和模板的日子——访问控制机制——构造函数与析构函数——我的工作环境

2.1 C with Classes 的诞生

最终导致 C++诞生的工作开始于我们企图去分析 UNIX 的内核，设法确定怎样才能把它分布到由局部网络连接起来的计算机网络上。这一工作开始于 1979 年 4 月，在新泽西州 Murry Hill 的贝尔实验室计算科学研究中心进行。有两个子问题很快浮现出来：怎样分析由于内核分布而造成的网络流量，怎样将内核模块化。这两个问题都要求提供一种描述方式，以描述复杂系统的模块结构和模块间的通信模式。这正好是我曾经决定过的，如果没有合适工具就绝不会再去碰的那一类问题。因此我就决定根据自己在剑桥形成的一套准则，去开发一种合适的工具。

1979 年 10 月，我完成了一个可运行的预处理程序——称为 Cpre。它为 C 增加了类似 Simula 的类机制。到 1980 年 3 月，这个预处理程序已经得到很大改进，能支持一个实际项目和若干试验。根据我的记录，先后有 16 个项目使用了这个预处理系统。第一个关键的 C++库，即支持以协程方式编程的作业系统 [Stroustrup，1980b] [Stroustrup，1987b] [Shopiro，1987]，对这些项目非常重要。这个预处理器接受的语言称为“C with Classes”。

在从 4 月到 10 月的这个阶段里，从思考一个**工具**向思考一种**语言**的转变也开始了。但是，C with Classes 仍然基本上被看作是为了描述模块化和并发而做的一种 C 语言扩充。当然，这时已经做了一个关键性的决定：虽然支持并发和 Simula 风格的模拟是设计 C with Classes 的初衷，但这个语言里并没有任何描述并发的原语。相反，这里采用两种机制的

结合来支持所需的并发风格，其一是通过（类分层中）继承性，其二是通过定义预处理程序可识别的具有特殊意义的类成员函数。请注意，这里的“风格”是复数，我当时认为这是至关重要的，现在仍然持同样观点：一方面，这个语言应该能表述多种并发性概念。实际中存在着许多应用，对它们而言并发性的支持是必须的。但另一方面，并不存在一种处于主导地位的并发模型。这样，在需要这类支持时，就应该通过库或者特定的扩充来做这件事，只有这样，才不会出现支持一种特定形式的并发而排斥其他形式的问题。

C with Classes 就这样提供了一套服务于程序组织的一般性机制，但又不专门支持特殊应用领域。正是这一点使得 C with Classes ——以及后来的 C++ ——成为一种通用程序设计语言，而不是变成为支持某类特殊应用而扩充的 C 语言变形。后来，在是为特殊应用提供支持，还是提供通用抽象机制之间做选择的情况又一再出现，而所做的每次决策都改进了抽象机制。这样，C++ 一直没提供内部的复数、字符串或者矩阵类型，也没有对并发性、持续性（persistence）、分布式计算、模式匹配、文件系统操作等提供直接支持。这些不过是最经常提出的许多扩展要求中的几个。支持这些的库当然早就存在了。

对 C with Classes 的早期描述作为贝尔实验室技术报告发表在 1980 年 4 月 [Stroustrup，1980] 以及 SIGPLAN Notices [Stroustrup，1982]。更详细的贝尔实验室技术报告，《给 C 语言增加类功能：语言演化的一个练习》（*Adding Classes to the C Language: An Exercise in Language Evolution*）[Stroustrup，1982b] 发表在《软件：实践和经验》杂志。这些文章是很好的例子，其中只描述已经完全实现并已经被使用的特征。这也是贝尔实验室计算科学实验室的一个传统。这种政策后来有所改变，因为确实需要给 C++的未来提供更多开放性，也为保证 C++ 的许多非 AT&T 用户能对 C++ 的发展进行一场自由而开放的辩论。

很明显，C with Classes 的设计使人能更好地组织程序，“计算”仍看作是需要 C 语言解决的问题。我当时很担心，害怕不能在运行代价与 C 语言相近的情况下真正改善程序结构。当时最明确的目标就是在运行时间、代码紧凑性和数据紧凑性方面能与 C 媲美。例如，有一次某人证明，由于 C with Classes 预处理器在函数返回机制中不适当地引进了一个临时变量，导致程序的整体运行效率（与 C 相比）下降了 3%。这是完全不能接受的，这个额外开销很快就被清除了。与此类似，为保证在数据布局方面与 C 兼容，也为了避免额外的空间代价，在类对象里没有放任何“簿记数据（housekeeping data）”。

避免 C with Classes 有使用领域的限制是那时最关注的另一个问题。基本设想是——后来也确实做到了——C with Classes 应该能用到可以使用 C 的一切地方。这还意味着需要取得与 C 相当的执行效率，C with Classes 不应该为了消除 C 语言的“危险”或“丑陋”特性而付出效率的代价。我不得不经常对人们重复这种观点/原则（很少是对 C with Classes 的用户们），这些人希望能通过加入类似早期 Pascal 那样的静态类型检查，把 C with Classes 弄得更安全。另一种提供“安全性”的方法是为所有可能不安全的操作增加运行时检查，对调试环境（debugging environment）而言，这样做很合理，但语言不可能在保证这种检查的同时又不丢掉 C 语言在运行时间和空间效率方面的最大优势。所以 C with Classes 没提供这些检查，虽然某些 C++环境为调试提供了这类检查。当然，如果用户需要并且也负担得起，可以自己加入各种运行时检查（参见 16.10 节和[2nd]）。

C 语言提供了许多低级操作，例如位操作和选择不同大小的整数。还有些机制支持有意地突破基本类型系统，如显式的不加检查的类型转换。C with Classes 和后来的 C++追循着同一条路，维持了 C 的低级操作和不安全特征。与 C 不同的是，C++ 系统地消减了使用这类操作的必要性，只是在必须使用的地方，而且只在程序员明确要求时，才使用不安全的操作。我坚持认为（现在依然如此），写每个程序时都不存在某种唯一的正确途径。作为程序设计语言的设计者，没有理由**强迫**程序员使用某种特定的风格。但另一方面，他们也确实有义务去鼓励和支持各种已被证明行之有效的风格和实践，并且提供适当的语言特性和工具，帮助程序员避免那些众所周知的圈套和陷阱。

2.2 特征概览

1980 年年初的实现提供的特征可以总结如下：

[1] 类（2.3 节）；

[2] 派生类（但是还没有虚函数，2.9 节）；

[3] 公用/私用[①]的访问控制（2.10 节）；

[4] 构造函数和析构函数（2.11.1 节）；

[5] 调用和返回函数（后来删除了，2.11.3 节）；

[6] `friend` 类（2.10 节）；

[7] 函数参数的检查和类型转换（2.6 节）。

1981 年又加入了三个特征：

[1] inline 函数（2.4.1 节）；

[2] 默认参数（2.12.2 节）；

[3] 赋值运算符的重载（2.12.1 节）。

---

① public/private，一般被译为公有或公用/私有或私用。两个词描述的是访问控制问题：类中某种功能是/否提供给外界使用，因此是关于使用权，而不是所有权（所有权原本就非常清楚，不必另行描述）。据此，本书中将它们一律翻译为“公用”和“私用”，这样更符合原意。——译者注

因为C with Classes是通过一个预处理程序实现的，所以只需要描述新特征（也就是说，那些C语言里没有的特征），用户可以使用C的全部能力。这两个方面在那时都受到了称赞。以C作为子集，大大减少了所需要的技术支持和文档的重写工作。这些非常重要，因为在一些年里我除了做试验、设计和实现外，还要完成有关C with Classes和C++的所有文档和技术支持。由于C的所有特征都能继续用，进一步保证了不会由于我这方面的偏见或缺乏远见而导致的限制，使用户不能享用某些C中已有的特性。自然，移植到所有支持C语言的机器上也是有保证的。C with Classes最初在一台DEC的PDP/11上实现和使用，不久它就被移植到许多机器上，例如DEC VAX和基于Motorola 68000的机器等。

当时C with Classes仍被看作是C的一种方言，而不是另一语言。进而，类也只说成是“一种抽象数据类型机制”[Stroustrup，1980]。当时还没有提出对面向对象程序设计的支持，这种情况一直延续到1983年，在那时C++ 提供了虚函数 [Stroustrup，1984]。

2.3 类

很清楚，C with Classes最重要的特征——后来的C++ 也一样——就是类的概念。C with Classes中的类概念的许多方面都可以从下面的简单例子中看到[Stroustrup，1980]①：

```
class stack {
  char   s[SIZE];     /* array of characters */
  char*  min;         /* pointer to bottom of stack */
  char*  top;         /* pointer to top of stack */
  char*  max;         /* pointer to top of allocated space */
  void   new();       /* initialize function (constructor) */
public:
  void   push(char);
  char   pop();
};
```

一个类是一个用户定义数据类型，它刻画了类成员的类型，定义了这种类型的变量（这个类的对象）的表示形式，定义了一集处理这些对象的操作（函数），以及这个类的用户对这些成员的访问方式。成员函数通常在“其他地方”定义：

```
char stack.pop ( )
{
    if (top <= min) error("stack underflow");
    return *(--top);
}
```

现在可以定义和使用类stack的对象了：

---

① 在这些例子里，我保留了C with Classes原来的语法和风格。与C++现在的风格不同的地方不会对理解造成任何问题，但可能有些读者对这一点很感兴趣。我已经（无论如何）修正了某些明显的错误，并添加了注释作为补充，这是原来的正文中所没有的。

```
class stack s1, s2;           /* two stack variables */
class stack * p1 = &s2;       /* p1 points to s2 */
class stack * p2 = new stack; /* p2 points to stack object
                                 allocated on free store */

s1.push('h');    /* use object directly */
p1->push('s');   /* use object through pointer */
```

一些关键设计决策已经在这里有所反映。

[1] C with Classes 遵循 Simula 的方式，让程序员去描述类型，通过这些类型建立变量（对象）。这里没有采用例如 Modula 的方式，允许描述汇集了对象和函数的模块。在 C with Classes 中（C++ 也是一样），一个类就是一个类型（2.9 节），这是 C++ 最关键的概念。既然 C++ 里的 `class` 意味着用户定义类型，为什么我不直接称它为 `type` 呢？选择用 `class` 这个词的基本原因是我不想发明新术语。此外，我也觉得对大多数情况而言，Simula 的术语都是很合适的。

[2] 这里把用户定义类型的对象表示作为类定义的一个部分。这样做带来了非常深远的影响（2.4 节和 2.5 节）。例如，这实际上意味着可以不使用自由存储区（也称为堆存储或动态存储）以及废料收集机制，还能实现真正的用户定义类型的局部变量。这也意味着，如果函数直接使用的某个对象的表示形式改变了，这个函数必须重新编译。参见 13.2 节，那里说明的描述接口的 C++ 机制可以避免这种重新编译。

[3] 用编译时的访问控制限制对实际表示的访问。按默认方式，只有在类声明中给出的函数才能使用类成员的名字（2.10 节）。在公用接口中描述的成员（写在 `public` 后面的那些声明，通常是函数成员）可供其他代码使用。

[4] 对函数成员，需要描述其完整类型（既包括返回类型，也包括参数类型）。静态（编译时）类型检查依赖于这种类型规范描述（2.6 节）。这一点也与那时的 C 不同。那时 C 的接口不要求描述参数类型，调用时也不做任何检查。

[5] 函数定义通常被写在“其他地方”，以使类声明看起来更像一个接口描述，而不像是为了组织代码而提供的一种语法结构。这也意味着更容易进行分别编译，传统的为 C 所用的连接技术足以支持 C++（2.5 节）。

[6] 函数 `new()` 是构造函数，该函数对于编译器有特殊意义。这种函数为类提供了一种保证（2.11 节），构造函数（那时称为 `new` 函数常使人感到疑惑）保证一定会被调用，初始化它所属的类的每个对象，该工作一定在对象的其他使用之前完成。

[7] 同时提供了指针和非指针类型（就像 C 和 Simula 一样）。同时允许指向用户定义类型和内部类型的指针，这一点更像 C 而不像 Simula。

[8] 像 C 语言一样，对象分配有三种方式：在栈上（作为自动对象），在固定地址（静

态对象），或在自由存储区（在堆，或者说在动态存储区）。与 C 语言不同的是，C with Classes 为自由存储区的分配和释放提供了专用运算符 new 和 delete（2.11.2 节）。

C with Classes 和后来 C++ 的许多发展，都可以看作是在进一步探索这些设计选择的逻辑推论，继续开发这些设计选择的好的一面，并设法弥补由其缺点一面带来的问题。这些设计选择的许多（并不是全部）内涵在那时就已经认识到了，[Stroutrup，1980] 发表的日期是 1980 年 4 月 3 日。本节就是想说明我们那时已经理解了些什么，并指明在哪些小节里将进一步解释有关的推论和后来的实现。

2.4 运行时的效率

Simula 不允许“类类型[①]”的局部变量或全局变量，也就是说，所有类对象必须通过 new 操作在自由存储区分配。我在剑桥对所做模拟器的测试表明，这是低效的一个主要根源。后来挪威计算机中心的 Karel Babcisky 给出了一些 Simula 执行情况的数据，也证实了我的猜测[Babcisky，1984]。仅仅由于这个原因，我就希望能有类类型的局部变量和全局变量。

此外，对内部类型和用户定义类型采用不同创建规则和作用域规则也很不雅致。由于 Simula 里缺乏类的局部变量和全局变量，有时使我感到自己的程序设计风格受到了束缚。与此类似，我也曾希望 Simula 里能有指向内部类型的指针，因此我希望有 C 的指针概念，统一地作用于用户定义类型和内部类型。这就是后来成长为 C++ 的一条经验性设计规则的初始概念。该规则说：用户定义类型和内部类型与各语言规则的关系应该相同，应能从语言及其相关工具方面得到同样程度的支持。在这一想法形成时，内部类型得到的支持要多得多，但 C++ 越过了这个目标，其内部类型现在得到的支持反而比用户定义类型稍微弱一点。

C with Classes 的初始版本没提供 inline 函数，无法利用这种表示形式。当然，不久我们就提供了 inline 函数。引进 inline 函数有一个普适的理由：人们不愿意用类去隐藏表示细节，常常是因为越过保护屏障有代价。特别是，[Stroustrup，1982b] 观察到人们总把数据成员定义为公用的，以避免调用简单类的构造函数带来的开销，初始化这些类的对象可能只需要一两个赋值。把 inline 函数引进 C with Classes 的直接原因是一个具体项目，项目中的某些类与实时处理有关，无法接受函数调用的开销。为了使类机制能在这个应用中真正有用，就要求在跨越保护屏障时不付出任何代价。只有在类声明中提供可用的表示，并能把公用（接口）函数的调用都 inline，才有可能达到这一目标。

这些年里，沿着这条线索的思考逐渐演变为一条 C++ 设计规则：只提供一个特征是

① 类类型，class types，指用户定义的类形成的类型，在本书中常有这种说法。——译者注

不够的，还必须以一种实际**可以负担**的形式提供它。在这里，“可以负担”意味着“使用常见硬件的开发者可以负担”，而不是“使用高端设备的研究者可以负担”或者“若干年之后，当硬件变得更便宜之后就可以负担”，这几乎被作为定义。C with Classes 始终被作为一种需要在**当时**和**下个月**使用的东西，而不是在几年之后可能发布某种东西的研究项目。

inline 机制

对于类的使用，inline 被认为是非常重要的机制。这样，问题就不是**要不要**提供这种机制，而更多的是**如何**提供它。有两个论据在那时取得了胜利，导致了由程序员决定编译器应该把哪些函数 inline 的设计。有些语言把 inline 问题留给编译器去做，因为“编译器对事情了解得最清楚”。我曾有过对这种语言的亲身体验，很糟糕。只有程序里写了 inline 要求，而且编译器对时间/空间优化的概念与我的看法相符时，才能做得最好。我对其他语言的经验是，只有“下一个版本”才能实际做 inline，而且那个版本将根据一种程序员无法有效控制的内部逻辑完成这个工作。有些情况使这个问题更困难，C（以及 C with Classes 和后来的 C++）有真正的分别编译机制，这使编译器只能访问程序中很小一部分（2.5 节）。要将某个函数 inline 但又不知其源代码，这件事不是不可能，但却需要高级的连接系统和优化技术。而这种技术在当时并不存在（至今在大部分环境里仍然不存在）。进一步说，采用全局分析一类的技术，在没有用户支持下自动 inline，通常不可能适应大程序。在设计 C with Classes 时，我们希望能在传统系统上生成高效代码，并能给出简单而且易移植的实现。提出了这些要求之后，就需要程序员的帮助了。在今天看，这个选择仍然是正确的。

在 C with Classes 中只有成员函数能做 inline，而要求函数成为 inline 只有一种方式，那就是把它的体放进类的声明里。例如：

```
class stack {
    /* ... */
    char pop()
    {   if (top <= min) error("stack underflow");
        return *--top;
    }
};
```

事实上，那时也认识到这种东西将使类声明显得比较杂乱。另一方面，这看起来又是个好东西，因为它不鼓励 inline 函数的过度使用。关键字 `inline` 和允许非成员 inline 函数的功能都是后来 C++ 提供的。例如，在 C++ 里可以写下面这种代码：

```
class stack {  // C++
    // ...
    char pop();
};

inline char stack::pop() // C++
{
```

```
    if (top <= min) error("stack underflow");
    return *--top;
}
```

inline 指示字只是一种提示，编译器可以去做，但也常常忽略它们。这在逻辑上是必需的，因为某人可能写出一个递归的 inline 函数，编译时无法证明它不会导致无穷递归，试图将这类东西 inline 就会引起无穷的编译。让 inline 作为提示在实践中也有优势，因为可以使写编译器的人更容易处理各种“病态”情况，遇到它们就简单地不做 inline 处理。

C with Classes 要求——其后继者也一样——inline 函数在整个程序里必须具有唯一的定义。如果在不同编译单元里定义了上面那样的 pop() 函数，就会因为扰乱类型系统而引起巨大的混乱。由于分别编译的存在，要想在一个大系统里保证绝不出现这种灾难性情况，是极端困难的。C with Classes 没有做这种检查，大多数 C++实现也没想去保证所有分别编译的单元里定义的 inline 函数都互相不同。无论如何，这个理论问题还没有作为实际问题浮现出来。出现这种情况，主要是由于 inline 函数通常都与类一起定义在头文件里，而类声明也需要在整个程序里具有唯一性。

2.5 连接模型

如何将分别编译的程序片段连接在一起，这个问题对任何程序设计语言都非常重要，它也在一定程度上决定了这个语言能提供的所有特征。对开发 C with Classes 和 C++ 语言影响最大的事情之一就是有关下面问题的决策：

[1] 分别编译应该能用传统的 C/Fortran、UNIX/DOS 风格的连接器；

[2] 连接应该具有类型安全性；

[3] 连接过程不要求有任何形式的数据库（当然可以借助这种东西来改善实现）；

[4] 应能很容易并且高效地与采用其他语言，如 C、汇编或 Fortran，写出的程序片段连接到一起。

C 语言用头文件来保证分别编译的一致性。数据结构布局、函数、变量和常量的声明被放在头文件里。在典型的情况下，这样的头文件被以文本形式包含进每个需要这些声明的源文件。保证一致性的方式就是把适当的信息放入头文件，并保证能够一致地包含这些头文件。C++ 在一定程度上沿袭了这种模式。

布局信息可以放在 C++ 的类声明中（虽然**不必**这样做，13.2 节），这样做的原因就是为了能非常有效地声明和使用真正的局部变量。例如：

```
void f()
{
    class stack s;
```

```
    int c ;
    s.push('h');
    c = s.pop();
}
```

使用 2.3 节和 2.4 节的 stack 类声明，即使 C with Classes 的最简单实现也能保证这个例子不使用自由存储区。这里对 pop() 的调用是 inline 的，不会带来函数调用开销；非 inline 的 push() 可以被分别编译的函数去调用。在这里 C++ 与 Ada 类似。

当时我觉得需要权衡下面两种方式：是采用互相分离的接口和实现声明（像 Modula 里那样），再加一个匹配它们的工具（连接器）；还是只用一个类声明加上一个工具（依赖关系分析器），该工具把接口部分与实现细节分开考虑，以便完成分别编译。看起来，我当时已经理解了后者的复杂性，而主张前一途径则说明我那时低估了它的代价（无论从移植还是从运行时开销的角度看）。

那时我还把事情弄得更糟糕，没能在 C++ 社团里给出适当的解释，说明通过派生类就能得到接口与实现的分离。我曾经试过（参见例如 [Stroustrup，1986，7.6 节），但不知什么缘故却从来没有把这个消息发出去。我想，这个失误的根本原因是我和许多（大部分？）C++ 程序员从来都没有想到这件事。而那些非 C++ 程序员则看着 C++ 想，因为你**可能**把表示直接放进描述接口的类声明里，你**就是必须**那样做。

我没有企图去为 C with Classes 提供强制性的类型安全连接的工具，这种东西要等到 C++的 Release 2.0。但是，我记得与 Dennis Retchie 和 Steve Johnson 谈过，应该把越过编译边界的类型安全性看作 C 的一部分。只是由于我们缺少处理实际程序的强制手段，所以才要依赖于例如 Lint [Kernighan，1984] 一类的工具。

特别是，Steve Johnson 和 Dennis Retchie 肯定地说，C 的意图就是采用按名字等价而不是按结构等价。例如：

```
struct A { int x, y; };
struct B { int x, y; };
```

定义的是两个互不相容的类型 A 和 B。进一步说：

```
struct C { int x, y; }; // in file 1
struct C { int x, y; }; // in file 2
```

定义了两个不同的类型，它们都叫作 C。如果一个编译器能做跨越编译单元边界的检查，它应该给出一个“重复定义”错误。采用这一规则的原因是为了使维护问题减到最少。这种完全相同的声明通常不大会出现，除非是简单的拷贝。而一旦这种声明被拷贝到另一个源文件之后，通常不会保持原样而不改变。而当一个声明被改变的时候——但另一个却没有变，程序就会非常奇怪地无法正常工作了。

作为一个实践性问题，C 语言以及后来的 C++ 都保证，上面 A 和 B 这样的类似结构具有类似的布局，就允许在它们之间转换，以明显的方式使用它们：

```
extern f(struct A* ) ;

void g(struct A* pa, struct B* pb)
{
    f(pa);  /* fine */
    f(pb);  /* error: A* expected */

    pa = pb;              /* error: A* expected */
    pa = (struct A*)pb;   /* ok: explicit conversion */

    pb->x = 1;
    if (pa->x != pb->x) error("bad implementation");
}
```

按名字等价是 C++ 类型系统的基石，另一方面，布局相容性规则保证了可以使用显式转换，以便能提供低级的转换服务。在其他语言里，只能通过结构等价规则来提供这类东西。与结构等价规则相比，我更喜欢按名字等价，因为我认为它是最安全、最清晰的等价模型。由此，我也非常高兴地看到，这个决定并没有使我陷入与 C 语言的相容性问题，也没有把提供低级服务搞得更麻烦。

这一认识后来成长为“唯一定义规则”：每个函数、变量、类型、常量等，在 C++ 里都应该恰好只有一个定义。

2.5.1 纯朴的实现

需要考虑纯朴的实现，一方面是由于开发 C with Classes 的时候极端缺乏资源，另一方面是由于我不信任那些要求奇巧技术的语言和机制。有关 C with Classes 最早形成的设计目标中有一个要求是“不应该使用比线性检索更复杂的算法”。当这个粗略的规则被违背时，例如在处理函数重载时（11.2 节），出现了使我感到很不舒服的复杂语义。这种情况通常会导致非常复杂的实现。

那时确定的目标是基于我使用 Simula 的经验，也就是要设计一种语言，由于它很容易理解而能够吸引用户，由于它也很容易实现，因而能吸引实现者。一种相对简单的实现必须能生成出在正确性、运行速度和代码规模诸方面都能与 C 代码媲美的代码。使相对初级的用户在相对缺乏帮助的程序设计环境中，能用这个实现去完成实际项目。只有当这两条准则都能满足时，C with Classes 以及后来的 C++ 才能在与 C 语言的竞争中生存。这个原则的一个早期叙述是：“C with Classes 必须是像 C 或 Fortran 那样的野草，因为我们没能力去承担照看 Algol 68 或者 Simula 那类玫瑰的任务。如果我们发布了一个实现，而后离开一年，我们希望回来时还能看到几个仍然在运行的系统。如果一个系统需要复杂的维护，或者简单地把它移植到一台新机器上需要的时间超过一个星期，这种情景就不大可能出现了。”

这是在用户中培养满足感的某种哲学的一个主要部分。我们的目标是始终一贯的、明确的，那就是希望在使用 C++ 所有方面开发出各种专业知识。大多数组织必然会循着另一种与之相反的策略：它们希望让用户依赖于自己提供的服务，通过服务产生收益去支持一种集中式的支撑组织或者一批顾问，或者两者皆备。按我的观点，这种对照正是 C++ 和许多其他语言之间的一种本质性差异。

决定使用一种相对基本，同时又几乎是普遍可用的 C 连接框架，这一决策带来了一个根本性的问题：C++ 编译器必须在只能使用部分程序信息的情况下完成工作。关于一个程序的某个假定，很可能明天被用其他语言（例如 C、Fortran 或者汇编）写出后连接进来的另一个程序破坏，这个连接甚至可能出现在程序开始执行之后。这种问题可能在许多上下文中表现出来。一个实现很难做出如下的保证：

[1] 某种东西具有唯一性；

[2] 信息是一致的（特别的，类型信息是一致的）；

[3] 某个东西已经初始化过。

此外，C 语言只为名字空间的隔离提供了最弱的支持，这样，通过分别写出程序中各个片段来防止名字空间污染就成了一个问题。在随后很多年里，C++ 一直试着去面对所有这些挑战性问题，但又不想偏离其基本模型和技术，因为正是这些支持着可移植性和执行效率。但是在 C with Classes 的年代，我们只能简单地依赖于 C 的头文件技术。

让 C 连接器可接受又成了开发 C++ 的另一条经验规则：C++ 只是一个系统里的一个语言，而不是一个完整的系统。换句话说，C++ 应该扮演的是传统程序设计语言的角色，它与语言、操作系统，或者程序员世界中的其他部分有着根本性的区别。这也就限制了语言所扮演的角色，不让它去做那些语言不容易做的事，不像 Smalltalk 和 Lisp 那样去扮演完整的系统或者环境。这又导致了一些基本要求：一个 C++ 的程序片段应能调用其他语言写的另一片段，而 C++ 程序片段同样也能被用别的语言写的程序片段所调用。“只是一个语言”还使 C++的实现很容易利用其他语言写出的工具。

需要一种程序设计语言，并希望用它写出的代码能像一台大机器里的齿轮，对于大多数企业界用户而言，这些都是最重要的事情。然而，能与其他语言和系统共生的问题，很明显，至今还不是大多数理论家、所谓的完美主义者、学术界用户们的主要关注点。而我却相信，这是 C++ 成功的一个主要原因。

C with Classes 与 C 语言几乎是代码兼容的。当然，它并不是百分之百的兼容。例如，像 `class` 或者 `new` 这样的单词在 C 里是完全正常的标识符，但在 C with Classes 和它的后继语言里则成了关键字。两者是连接兼容的，C 的函数可以在 C with Classes 里调用，C with Classes 的函数也可以在 C 里调用。`struct` 在两个语言里的布局也完全一样，所以，在这两个语言之间传递简单对象或组合对象都是简单而且高效的操作。这种连接兼容性也一直维持到 C++（除了几个简单而明显的例外，如果需要的话，程序员很容易避免它们（3.5.1 节））。按照这些年我和我的同事们的经验，这种连接兼容性要比代码的兼容性重要得多。这种情况至少说明，同样的代码在 C 和 C++里，或者能够给出同样的结果，或者是在某个语言里无法完成编译或者连接。

2.5.2 对象连接模型

从某种意义上说，基本对象模型是 C with Classes 设计中最基本的问题。我对于对象在存储器里应该是什么样子，总持有一种很清晰的观点，也总在考虑语言特征将怎样影响到对这种对象的操作。对象模型的进化也是 C++语言进化的最基本部分。

C with Classes 里的一个对象也就是一个 C 结构。这样，

```
class stack {
    char s[10];
    char* min;
    char* top;
    char* max;
    void new();
public:
    void push();
    char pop();
};
```

的布局与下面的结构完全一样。

```
struct stack { /* generated C code */
    char s[10];
    char* min;
    char* top;
    char* max;
};
```

也就是

```
char s   [10]
 char*   min
 char*   top
 char*   max
```

为了某些对齐的需要，编译器可能将一些“填充字”加进对象之间或者加到最后。除了这种因素之外，对象的大小也就是成员的大小之和。这也使存储的使用达到最小。

与此类似，通过把对成员函数的调用，例如：

```
void stack.push(char c)
{
    if (top>max) error("stack overflow");
    *top++ = c;
}

void g(class stack* p)
{
    p->push('c');
```

```
}
```

直接映射到在所生成的代码里的等价的 C 函数调用：

```
void stack_push(this,c) /* generated C code */
struct stack* this;
char c;
{
    if ((this->top)>(this->max)) error("stack overflow");
    *(this->top)++ = c;

}

void g(p) struct stack* p; /* generated C code */
{
    stack_push(p, 'c');
}
```

也使运行中的时间开销达到最小。在每个成员函数里有一个称为 this 的指针，它引用的就是调用成员函数的那个对象。Stu Feldman 还记得，在 C with Classes 的最早实现里，程序员不能直接访问 this。在他指出这一点之后，我立刻纠正了这个问题。如果没有 this 或者其他与此等价的机制，成员函数将无法用到链接表的操作中。

C++的 this 指针是 Simula 里 THIS 引用的翻版。有时人们会问这个问题：为什么 this 是一个指针，而不是一个引用？为什么它被叫作 this 而不是 self？当 this 被引进 C with Classes 时，这个语言里没有引用的概念。对后一个问题，C++ 是从 Simula 而不是 Smalltalk 那里借用的术语。

在把 stack.push()说明为 inline 之后，生成的代码看起来应该是这个样子：

```
void g(p) /* generated C code */
struct stack* p;
{
    if ((p->top)>(p->max)) error("stack overflow");
    *(p->top)++ = 'c';
}
```

这当然就是程序员在 C 语言里应该写的代码。

2.6 静态类型检查

对静态（“强”）类型检查如何引进 C with Classes，我没有相关讨论的任何记忆，没有任何设计记录，也没有有关实现问题的记忆。C with Classes 语法和规则中直接取自 ANSI C 语言标准的东西，都以完整的形式直接出现在第一个 C with Classes 实现中。在此之后，一系列小试验导致了 C++ 目前的（更严格的）规则。在经历过 Simula 和 Algol 68 的经验之后，对我而言，静态类型检查已经是**必需品**，唯一的问题只是如何把它加进来。

为避免排斥 C 代码，我决定允许调用未声明的函数，对未声明函数不做检查。这当然是类型系统的一个大漏洞。后来做了许多努力，设法减少由这种设计带来的程序设计错误，直到最后在 C++ 里完全堵住了这个漏洞：在那里调用未声明函数是非法的。一个简单观察排除了所有折中企图：程序员学过 C with Classes 以后，竟然丧失了寻找由简单类型错误造成的运行时错误的能力。由于逐渐习惯于依赖 C with Classes 提供的类型检查和类型转换，他们甚至丧失了快速发现某些愚蠢错误的能力，而正是因为缺乏检查使这些错误混进了 C 程序。进而，他们也不能为避免这种愚蠢错误采取预防措施，而好的 C 程序员会把这些看作理所当然的事情。总之，“这种错误根本不会出现在 C with Classes 里”。这样，随着未捕获的参数类型错误引起的运行错误的频率下降，其严重性和为排除它们而耗费的时间却增加了。这种情况严重困扰着程序员，导致他们要求进一步收紧语言的类型系统。

关于这种“不完全检查”，最有趣的经验是一种技术：允许调用未声明函数，但是却关注其中使用的参数类型，再次遇到有关调用时进行一致性检查。多年后，Walter Bright 独立发现这种技巧之后，将其命名为**自动原型**，采用的是 ANSI C 对函数声明使用的术语**原型**。经验说明，自动原型能捕捉到许多错误，一开始能增强程序员对这个类型系统的信任。但是，如果错误本身具有统一性，或者出现在只调用了一次的函数，它们就不会被编译捕获。自动原型最终将破坏程序员对类型系统的信任，导致一种偏执，比我在 C 或 BCPL 那里看到的情况还要糟糕。

C with Classes 引进了概念 `f(void)`，这把 `f` 声明为一个无参函数。相对的是 C 里的 `f()`，它声明一个函数可以有任意多个任意类型的参数，不做任何类型检查。不久用户就使我确信，`f(void)` 的记法不优雅，声明为 `f()` 的函数接受参数也不符合直观。随后试验的结果是用 `f()` 表示无参函数，正如许多初学者所期待的那样。由于 Doug McIlroy 和 Dennis Ritchie 的支持，我斗胆认可了在这里与 C 分道扬镳。在他们用**可憎**去指责 `f(void)` 之后，我才斗胆给 `f()` 规定了它最明显的意义。然而，到今天为止，C 的类型规则还是比 C++ 宽松得多，而且 ANSI C 从 C with Classes 里借去了“可憎的 `f(void)`”。

2.6.1 窄转换

在收紧 C with Classes 的类型规则方面，早期的另一个想法是不允许“破坏信息的”隐式类型转换。我也和别人一样，对下面这种例子感到非常震惊（这种东西在实际程序中当然很难看到）：

```
void f( )
{
    long int lng = 65000;
    int i1 = lng;      /* i1 becomes negative (-536)   */
                       /* on machines with 16 bit ints */
    int i2 = 257;
    char c = i2;       /* truncates: c becomes 1       */
                       /* on machines with 8 bit chars */
```

```
    }
```

我决定要试着禁止所有不能保持值不变的转换，也就是说，要想把一个大的对象存入一个较小的对象里，就要求明显地写出转换运算符：

```
void g(long lng, int i)  /* experiment */
{
    int il = lng;      /* error: narrowing conversion */
    il = (int)lng;     /* truncates for 16 bit ints   */

    char c = i;        /* error: narrowing conversion */
    c = (char)i;       /* truncates                   */
}
```

这个试验失败得很惨。我检查的每个 C 程序都包含大量从 int 到 char 变量的赋值。自然，因为都是正在工作的程序，这种赋值中的绝大多数必然是安全的。也就是说，或者有关的值本来就足够小，实际上没有真正的截断；或者有关截断本来就是人们需要的，至少是在当时的上下文里无害的。在 C with Classes 的团体中，没人希望这样背离 C 语言。我现在还在寻找弥补这类问题的方法（14.3.5.2 节）。

2.6.2 警告的使用

我还考虑了在运行中检查所赋的值，但这样做将会带来在时间和代码规模方面的极大代价，而且按我的看法，这个时候再去检查问题也太晚了。这样，运行中对转换的检查，或者更重要，一般性检查，都归入"与调试系统支持有关的想法"范畴。我用了另一种技术去处理 C 语言里一些我认为极端严重的、不能不管的弱点，而这些弱点在 C 语言的结构里根深蒂固，因此无法去除。这种技术后来也变成了一种标准做法。我让 C with Classes 的预处理器（以及后来的 C++ 编译器）发出警告：

```
void f(long lng, int i)
{
    int il = lng;       // implicit conversion: warning
    il = (int)lng;      // explicit conversion: no warning

    char c = i;         // too common to repair: no warning
}
```

对 long->int 以及 double->int 转换，总是无条件地发出警告（现在也一样），因为我看不出有什么道理说这种转换是合法的。这种转换不过是历史上某些偶然事件的简单后果，就是因为 C 语言是在引进显式转换之前引进了浮点数算术。关于这类警告，我没收到过任何抱怨，我和其他人都无数次被这种功能所拯救。对转换 int->char，我感到没办法做任何事情。至今为止这种转换还是能通过 AT&T C++编译器，没有任何警告。

在这样做时，我决定只将无条件警告的功能用在那些"有超过 90%的可能是捕捉到实际错误"的情况。这也反映了人们在使用 C 编译器和 Lint 上的经验。在这些系统中，警告经常并不是“错误”，而是在某种意义上反对某些东西，虽然它们实际上不会导致程序的错误行为。这种做法反而使程序员们倾向于忽略C编译器产生的警告，或者只是很不情愿地去注意它们。我的意图则是设法保证，忽略C++的警告可能是一种危险的愚蠢行为。我认为我是成功了。这种警告实际上被用作一种补充手段，如果为保持与C语言的兼容性而导致某些问题无法通过修改语言来解决，那么就使用这种手段。这也是一条路，它能使从C语言到C++的转换变得更容易些。例如：

```
class X {
  // ...
}
g(int i, int x, int j)
        // warning: class X defined as return type for g()
        // (did you forget a ';' after ' } ' ?)
        // warning: j not used
{
  if (i = 7) {  // warning: constant assignment
                // in condition
    // ...
  }
    // ...
  if (x&077 ==0) {  // warning: == expression
                    // as operand for &
    // ...
  }
}
```

甚至第一个 Cfront 版本（3.3 节）就能产生这些警告。这些都是设计决策的结果，而不是一种事后的高见。

到了很久以后，这些警告中才有一个被改成了错误：禁止在返回值类型和参数类型的位置定义新类型。

2.7 为什么是 C

对于 C with Classes，人们经常提的一个问题是“为什么用C？为什么你不将它构造在例如 Pascal 之上？”我的一种答案可以在 [Stroustrup，1986c] 中看到：

“很明显，C不是已经设计出来的语言中最清晰的一种，也不是最早使用的，那么为什么还有这么多人使用它呢？

[1] C是**很灵活的**。可以把C用到几乎所有应用领域，可以在C中使用几乎所有程序设计技术。这个语言没什么内在限制，不排斥用于写任何特殊种类的程序。

[2] C是**高效的**。C的语义是‘低级的’，也就是说，C语言的基本概念直接反映了传统计算机的基本概念。因此，如果想让编译器和/或程序员有效利用硬件资源，采用C语言相对来说更容易一些。

[3] C 是**可用的**。有了一台计算机，无论是最小的微型机还是最大的超级计算机，情况都一样：那里有可用的、具有可接受质量的 C 编译器，而且这个编译器能支持比较完全（可以接受）的 C 语言和库，并基本符合标准。还有一些可以用的库和工具，这就使程序员不需要从空白开始去设计一个新系统。

[4] C 是**可移植的**。C 程序通常不能自动地从一种机器（或者一个操作系统）移植到另一种机器，通常这种移植也不是很容易做的事。但是不管怎样，这件事通常是可以做到的，即使软件中某些重要部分具有内在的机器依赖性，移植工作的困难程度（从技术的角度或经济的角度）都是可以接受的。

与这些一等的优点相比，那些二级缺陷，如 C 语言的‘古怪’语法，某些语言结构缺乏安全性等，都变得不那么重要了。设计一个‘更好的 C’，就意味着要在**不损害 C 语言优点**的情况下，对编写调试和维护 C 程序中出现的重要缺陷做一些矫正。C++ 保留了所有这些优点以及与 C 语言的兼容性，代价是不再可能做到完美，以及编译器和语言的复杂性。无论如何，从空白出发设计语言也不能保证完美，而 C++ 编译器具有令人满意的运行效率、更好的错误检查和报告能力，在代码质量上也与 C 编译器相当。”

与我在 C with Classes 的早期考虑的东西相比，上面的说法经过了很多琢磨。但它也确实也反映了我在考虑 C 时所认识到的最基本的东西，以及我不希望 C with Classes 丧失的东西。Pascal 被认为是一种玩具语言 [Kernighan，1981]，所以，与给 Pascal 加入系统程序设计必需的特征相比，给 C 加入类型检查应该更容易也更安全。那时我对自己作为设计师而犯错误有一种恐惧，担心由于自己的家长式误导或简单疏漏，使设计出的语言不能用于某些重要领域的实际系统。随后的十年已经清楚地说明，选择 C 语言为基础，使我能站在系统程序设计的主流中，这正是我所期望的。语言复杂性的代价相当大，但还能接受。

那时我考虑过用 Modula-2、Ada、Smalltalk、Mesa [Mitchell，1979] 以及 Clu 代替 C 作为 C++ 思想的源泉 [Stroustrup，1984c]，以免忽视了某些灵感。但是只有 C、Simula、Algol 68，以及在一种情况下 BCPL，在 1985 年发布的 C++ 里留下了明显的痕迹。Simula 提供的是类，Algol 68 留下了运算符重载（3.6 节）、引用（3.7 节），以及在块里任何地方声明变量的能力，而 BCPL 贡献的是 // 注释形式（3.11.1 节）。

避免远离 C 的风格有一些理由。我已经看到，要把 C 作为系统程序设计语言的力量和 Simula 在组织程序方面的力量结合起来，本身就是一项重大挑战。如果再从其他来源引进大量重要特征，那就很容易产生出一种“购物单式”的语言，还可能破坏最终语言的完整性。下面的话引自 [Stroustrup，1986]:

“一个程序设计语言要服务于两种目的：它为程序员提供了一种载体，使他们能描述需要执行的动作；它还要提供了一组概念，供程序员借助它们去思考什么东西是能做的。第一方面的理想是要求一种‘接近机器’的语言，使机器的所有重要方面都能简单而有效地处理，而且是以某种程序员比较容易看清楚的方式。C 语言的设计主要就是遵循了这种想法。第二方面的理想是一种'接近需要解决的问题'的语言，这将使求解领域的概念可以直接而简洁地描述。加入到 C 里从而创造出 C++ 的那些机制的设计着眼点也就在这个方面。"

同样，与我在设计 C with Classes 早期所考虑的东西相比，这里的描述也经过许多琢磨，但其中的普遍性想法在那时就已经很清楚了。要脱离 C 和 Simula 里那些已知的、已经得到证明的技术，还要等待 C with Classes 和 C++ 的更多经验和更多试验。我坚定地相信——而且一直相信——语言设计并不是从某个第一性原理出发的设计，而是一种需要经验、试验和有效工程折中的艺术。给语言加入一个主要特征或者概念，也不应该只是信念的一跃，而应该是基于经验的、经过深思熟虑的行动，应该考虑怎样才能使它很好地与其他特征构成的框架相互配合，以及作为结果的语言应该如何使用等。C++语言在 1985 年之后的革命，就说明了来自 Ada（模板，第 15 章；异常，第 16 章；名字空间，第 17 章），Clu（异常，第 16 章），以及 ML（异常，第 16 章）的思想的影响。

2.8 语法问题

我是否在 C++ 能够广泛使用之前，已经"修正"了 C 语言的语法和语义中最使人讨厌的缺陷？我是否在做这些事时没有删掉任何有用的特征（在 C with Classes 用户的现实环境里，而不是在某种理想中）？是否引进了某些不兼容性，而这些东西对那些想转到 C with Classes 这边来的 C 程序员而言是不可接受的？我想答案都是没有。我对某些情况做过一些试探，但在接到受损害的用户的抱怨之后，我就退了回来。

2.8.1 C 声明的语法

在 C 语言的语法中，我最不喜欢的就是声明的语法。同时带有前缀的和后缀的声明描述符带来了太多混乱。例如：

```
int *p[10]; /* array of 10 pointers to int, or */
            /* pointer to array of 10 ints?    */
```

允许省略类型描述符（并默认为是 int）也带来了许多复杂的情况，例如：

```
            /* C style (proposed banned):    */

static a; /* implicit: type of 'a' is int */
f();      /* implicit: returns int        */

            // proposed C with Classes style:
static int a;
int f();
```

要是在这个领域中作修改，用户的否定性反应是非常强烈的。他们把作为 C 精神的"简练性"推崇到如此地步，以至于拒绝使用要求他们写多余的类型描述符的任一"法西斯"

语言。我从这种修改退了回来，是因为没有其他选择。允许隐含的 int 今天仍然是 C++ 语法中许多最恼人的问题的根源。请注意，这个压力是来自用户，而不是来自管理者或者坐在扶手椅上的语言专家。十年后 C++ 的 ANSI/ISO 标准化委员会决定反对隐含的 int（第 6 章）。这意味着我们还需要十年左右才可能摆脱这种东西。有了工具和编译警告的帮助，作为个人的用户现在就可以保护他们自己，防止由于隐含 int 而造成的混乱了。例如：

```
void f(const T ) ; // const argument of type T, or
                   // const int argument named T?
                   // (it's a const argument of type T)
```

C with Classes 和 C++ 都采用了在函数括号里写参数类型的函数定义语法，这种方式后来也被 ANSI C 所采纳：

```
f(a,b) char b;   /* K&R C style function definition */
{
    /* ... */
}

int f(int a, char b)   // C++ style function definition
{
    // ...
}
```

与此类似，我还考虑了引进线性形式的声明的可能性。C 采用的诡计是让名字的声明去模仿其使用，这就使声明既难读又难写，使人和程序都容易把声明和表达式弄混。许多人都发现，C 语言声明的问题在于声明符 *（“指向”）是前缀，而 [] （“数组”）和 ()（“函数返回”）是后缀。这些迫使人们在出现歧义时使用括号，例如：

```
                  /* C style:                  */
int* v[10];       /* array of pointers to ints  */
int (*p) [10];    /* pointer to array of ints   */
```

与 Doug McIlroy、Andrew Koenig、Jonathan Shopiro 以及其他人一起，我考虑引进后缀的“指向”声明符 -> 作为前缀声明符 * 的替代品：

```
                  // radical alternative:
v: [10]->int ;    // array of pointers to ints
p: ->[10]int;     // pointer to array of ints

                  // less radical alternative:
int v[10]->;      // array of pointers to ints
int p->[10];      // pointer to array of ints
```

这种不太激烈的修改有很大优点，它允许后缀的->声明符与前缀的 * 声明符在转变期间同时存在，在这个转变期结束后，就可以把 * 声明符和多余的括号从语言里去掉了。这种方式的另一显著好处是使括号只用于描述“函数”，这样就能去除造成混乱和语法上的微细问题的一种可能性（参见 [Sethi，1981]）。把所有声明符都变成后缀形式，还能保证这些声明都可以从左向右读，例如：

```
int f(char)->[10]->(double)->;
```

这表示函数 f 返回一个指针，该指针指向数组，而这是一种指针数组，其指针指向一个返回 int 指针的函数。请试试在 C/C++ 直截了当写出这个类型。不幸的是，我把这个想法漏掉了，甚至没有发布过实现。与此对应的是，人们开始用 typedef 逐步构造复杂的类型：

```
typedef int* DtoI(double); // function taking a double and
                           // returning a pointer to int
typedef DtoI* V10[10];     // array of 10 pointers to DtoI
V10* f(char);              // f takes a char and returns
                           // a pointer to V10
```

我最后还是理智地让事情保持原样，因为任何新语法将进一步（至少是临时性地）增加一个已知的烂泥潭的复杂性。还有，老风格的东西对喜欢唠叨琐碎事情的教师，或者喜欢嘲弄 C 的人都是最好的赏赐，对 C 程序员而言也不是什么重要问题。在这种情况下，我不清楚是否真的做了正确的事。乖僻的语法给我和其他 C++ 实现者，写文档的人，以及工具的构造者们带来非常严重的苦恼。用户当然可以自己摆脱这类问题，其方式就是只使用 C/C++ 声明中的一个小而清楚的子集（7.2 节），他们也确实这样做了。

2.8.2 结构标志与类型名

C++ 引进了一项能给用户带来益处的重要的语法简化，代价是实现语言的人们要多做些工作，还有与 C 的一些不兼容问题。在 C 语言里，在结构的名字（结构标志）之前必须出现关键字 struct，例如：

```
struct buffer a; /* 'struct' is necessary in C */
```

在 C with Classes 里，这件事让我苦恼了很久，因为这将使用户定义类型在语法上变成了二等公民。由于我清理语法的其他企图都没有成功，在这里也很犹豫。后来，在 Tom Cargill 的鼓励下，才在 C with Classes 向 C++ 演化的时候做了修改。在 C++ 里，struct、union 和 class 的名字本身就是类型名，不再需要特定的语法标识符：

```
buffer a;    // C++
```

由此造成的与 C 兼容性的斗争持续了很多年（3.12 节）。例如，下面这样的东西在 C 里是合法的：

```
struct S { int a; };
int S;
void f(struct S x)
{
    x.a = S; // S is an int variable
}
```

它在 C with Classes 和 C++ 里也是合法的。然而，在这许多年里我们一直在努力想到找到一种方式，以便允许上面这种（几近怪诞，然而也无害的）东西出现在 C++里，只是为了兼容性。而允许上面这类例子就意味着必须拒绝：

```
void g(S x)   // error: S is an int variable
{
    x.a = S;    // S is an int variable
}
```

处理这一特殊问题的实际需求来自这样的事实：某些标准 UNIX 头文件，特别是 `stat.h`，就依赖于让 `struct` 与某个变量或者函数取同样的名字。这类兼容性问题对那些语言律师们非常重要，正是他们的爱好。不幸的是，在找到一种令人满意的、一般而言又极端简单的解决方案之前，这类问题将消耗掉我们无穷无尽的时间和精力。一旦找到了一个解决方案，这里的兼容性问题就会变得极端无聊，因为它没有任何内在的智力价值，所具有的不过是实践中的某些重要性。C++ 对于 C 的多名字空间的解决办法是：一个名字可以指称一个类，同时也可以指称一个函数或者一个变量。如果某个名字真的同时指称着两种不同的东西，那么这个名字本身指称的就是那个非类的东西，除非在其前面明显加上了关键字 `struct`、`union` 或者 `class`。

因为需要对付倔强的守旧的 C 语言用户和所谓的 C 专家，纯粹的 C/C++ 兼容性问题是 C++ 的开发过程中最困难也是最受挫折的领域。现在依然如此。

2.8.3 语法的重要性

我一直持这种观点：多数人过分关注语法的问题而损害了类型方面的问题。在 C++ 的设计中，最关键的问题总是与类型、歧义性、访问控制等有关，而不是语法。

这并不是说语法不重要。语法确实很重要，因为它基本上就是人们可以看到的表面上的东西。良好选择的语法能对程序员学习新概念大有裨益，帮助避免愚蠢的错误，使他们除了想把东西写正确外，还会更努力地去表述它们。当然，语言的语法设计应该跟着语言的语义概念走，而不是偏离它们。这就意味着，有关语言的讨论应该集中在它能表述什么，而不是怎样去表述。对于**什么**的回答常常能带来一个有关**怎么办**的回答，而把注意力集中到语法上，常常会堕入一种只与个人口味有关的争论之中。

在有关 C 兼容性的讨论中，有一个非常微妙的方面，那就是守旧的 C 程序员总是习惯用老方式做事情，因此，他们完全不能容忍为支持某些程序设计方式所需要的不兼容性，而 C 本来的设计并不支持这些程序设计方式。与此相对的是，非 C 程序员通常总会低估 C 语言的语法对于 C 程序员的价值。

2.9 派生类

派生类是 Simula 的前缀类的 C++ 版本，因此也是 Smalltalk 中子类概念的兄弟。选用**派生**（drived）和**基**（base）作为名字，是因为我总是记不住到底哪个是**子**（sub）哪个是**超**（super），而且我也不是唯一遇到这种特别问题的人。我也注意到，许多人认为子类比它的超类信息**更多**是与直觉相矛盾的。在发明术语派生类和基类时，我实际上背离了自己的一贯原则：只要存在老的术语就不去发明新名字。作为给自己的辩护，我注意到至今还没看到 C++程序员出现弄不清哪个是派生类、哪个是基类的问题。这些术语也很容易学习，即使是对那些没什么数学基础的人。

在提供 C with Classes 的概念时，并没有任何形式的运行支持。特别是这里还不存在 Simula（以及后来的 C++）的虚函数概念。产生这种情况的原因是我——我想是有很好的理由——怀疑自己是否有能力教会人们如何去使用它。更进一步说，是怀疑自己是否有能力使人们相信，在典型的使用中，虚函数在时间和空间方面都与常规函数同样高效。一般而言，有过 Simula 或者 Smalltalk 经验的人一直都不太相信这一点，直到我们把 C++实现的细节解释给他们。即使这样，许多人还是抱着很不合理的怀疑态度。

即使没有虚函数概念，在 C with Classes 里的派生类也很有用，可以用于从老的类构造出新的数据结构，用于将操作与结果类型关联起来等。特别是它们使人能定义出各种表类和作业类 [Stroustrup，1980，1982b]。

2.9.1 没有虚函数时的多态性

在不存在虚函数的情况下，用户可以使用派生类的对象而把基类当作实现细节。例如，如果有一个向量类，它带有从 0 开始的下标而且没有范围检查（range checking）：

```
class vector {
    /* ... */
    int get_elem(int i);
};
```

我们可以构造出一个带范围检查的向量，要求元素在某个特定范围中：

```
class vec : vector {
    int hi, lo;
public:
    /* ... */
    new(int lo, int hi);
    get_elem(int i);
};
int vec.get_elem(int i)
{
    if (i<lo || hi<i) error("range error");
    return vector.get_elem(i-lo);
}
```

换种方式，也可以显式地在基类里引进一个类型域，并同时显式地使用类型强制。在用户只看到特殊的派生类而“系统”只看到基类时，应该采用第一种方式。第二种方式适用于另一些应用类，其中，基类的作用就是为一集派生类实现一种变体记录。

例如，[Stroustrup，1982b] 给出了下面这段很难看的代码，这里要做的是从一个表里提取一个对象，并基于一个类型域去使用它：

```
class elem { /* properties to be put into a table */ };
class table { /* table data and lookup functions */ };

class cl_name * cl;    /* cl_name is derived from elem */
class po_name * po;    /* po_name is derived from elem */
class hashed * table; /* hashed is derived from table */

elem * p = table->look("carrot");

if (p) {
  switch (p->type) { /* type field in elem objects */
    case PO_NAME:
      po = (class po_name *) p; /* explicit type conversion */
      ...
      break;
    case CL_NAME:
      cl = (class cl_name *) p; /* explicit type conversion */
      ...
      break;
    default:
      error("unknown type of element");
  }
}
else
  error("carrot not defined");
```

C with Classes 和 C++ 的许多努力，就是为了使程序员不再需要去写这种代码。

2.9.2 没有模板时的容器类

那时，在我的思想和我自己的代码里，最重要的就是希望通过基类的组合、显式的类型强制和（偶然使用）宏机制，来提供各种泛型容器类。例如，[Stroustrup，1982b] 展示了可能怎样从 `link` 的表出发，构造出一种保存单一类型对象的表：

```
class wordlink : link
{
    char word[SIZE];
public:
    void clear(void);
    class wordlink * get(void)
        { return (class wordlink *) link.get(); };
    void put(class wordlink * p) { link.put(p); };
};
```

通过 `wordlink` 而 `put()` 到这种表里的每个 `link` 必然是一个 `wordlink`，这样，从表中用 `get()` 取出一个 `link` 时，将它强制回到 `wordlink` 总是安全的。请注意，这里采用的是私用继承（在描述基类时不写关键字 `public` 就默认为私用继承，2.10 节）。允许把 `wordlink` 当作一个普通 `link` 使用，就会损害类型安全性。

宏被用于提供泛型类型。下面一段话引自 [Stroustrup，1982b]：

“在引言中，类 stack 的例子明确地将这个栈定义为字符的栈。这种东西太特殊了。如果同时又需要一个长整数的栈怎么办？如果是在某个库里需要一个栈类，因此无法知道实际的栈元素类型，那么又该怎么办呢？对于这些情况，类 stack 的声明和与之关联的函数声明都应该写成某种样子，使我们可以在建立栈时像实参一样为之提供元素类型，就像有关栈大小的实参那样。

这里并没有服务于上述目标的直接的语言支持，而有关效果却可以通过标准的 C 预处理程序得到，例如：

```
class ELEM_stack {
    ELEM * min, * top, * max;
    void new(int), delete(void);
public:
    void push(ELEM);
    ELEM pop(void);
};
```

这个声明可以放进一个头文件，只需要对每个具体的 ELEM 类型做一次宏展开：

```
#define ELEM long
#define ELEM_stack long_stack
#include "stack.h"
#undef ELEM
#undef ELEM_stack

typedef class x X;
#define ELEM X
#define ELEM_stack X_stack
#include "stack.h"
#undef ELEM
#undef ELEM_stack

class long_stack ls(1024);
class long_stack ls2(512);
class X_stack xs(512);
```

这样做当然不完美，但是却很简单。”

这是一种最早和最粗糙的技术。对实际使用而言，它已被证明太容易引进错误。所以不久我就定义了几个“标准的”单词粘接（token-pasting）宏，并建议，对泛型类，总采用基于这些宏的特定风格的使用方式 [Stroustrup，1986，7.3.5 节]。这些技术最终成长为 C++ 语言的模板机制，以及一些通过模板类和基类去表述实例模板中各种共性的技术（第 15 章）。

2.9.3 对象的布局模型

派生类的实现就是简单地将基类成员和派生类成员并置。例如，给定了：

```
class A {
    int a;
public:
```

```
    /* member functions */
};

class B : public A {
    int b;
public:
    /* member functions */
};
```

类B的一个对象将采用一个结构来表示：

```
struct B { /* generated C code */
    int a;
    int b;
} ;
```

这也就是

```
int a
int b
```

基成员与派生成员之间的名字冲突交由编译器处理，它将在内部给各成员赋以互不冲突的名字。函数调用就像根本没有派生一样处理。与C语言相比，时间或空间开销也没增加。

2.9.4 回顾

在C with Classes里回避虚函数合理吗？是的，没有它们这个语言也很有用。进一步说，这类东西的缺位也推迟了有关其用途、正确使用方法和效率的耗费时日的争论。缺乏这种功能也推动人们开发各种语言机制和技术，这些东西都已经被证明是很有用的，即使是有了更强大的继承机制之后。这种情况还可以对某些程序员一概使用继承，完全排除了其他程序设计技术，形成一种制衡力量（14.2.3节）。特别是，类被广泛用于实现实在的类型，例如complex或string。与此同时接口类也流行起来了。把stack类当作到另一个更一般的dequeue类的接口，也是没有虚函数的继承的一个例子。

那么，C with Classes真的需要虚函数来服务于它的目标吗？当然，因此这种机制才被加了进来，作为第一个主要扩充，从而造就了C++。

2.10 保护模型

在开始着手C with Classes的工作之前，我一直在操作系统领域工作。来自剑桥CAP计算机和其他类似系统的保护概念——而不是程序设计语言方面的任何工作——启迪并造就了C++的保护机制。类被作为保护的单位，基本规则是你不能授予自己访问某个类的权力，只有安放在类声明内部的声明（假定是由类的拥有者放置的）可以授予你访问权。按默认规则，所有信息都是私用的。

访问权的授予方式就是把一个成员的声明放在类声明的公用部分，或是把某个特定函数或者类声明为一个 friend。例如：

```
class X {
    /* representation */
public:
    void f();              /* member function with access    */
                           /* to representation              */

    friend void g();       /* global function with access    */
                           /* to representation              */
};
```

开始时，只有类可以作为 friend，这样做就把访问的权力赋予了该类的所有成员函数。后来发现能把访问权（友关系）授予个别函数也很有用。特别的，人们发现能把访问权授予全局函数常常很有用，另参见 3.6.1 节。

友关系声明被看作一种机制，作为类声明中明显写出来的特定部分，与一个保护域将读写权授予另一个的情况类似。因此我从来都不认同有关 friend 声明“侵犯了封装机制”的说法，这类说法反复出现，不过是用非 C++ 的术语表达无知和混乱。

即使是在 C with Classes 的第一个版本中，保护模型既适用于成员也适用于基类。这样，一个类可以按公用或者私用方式从另一个类派生。区分基类的私用和公用，也化解了延续大约五年的关于实现性继承和接口性继承的争论 [Snyder, 1986][Liskov, 1987]。如果你只想继承一个实现，那么就应该用 C++的私用派生。公用派生允许派生类的使用方访问基类所提供的接口，而私用派生则把基类留作实现的细节。即使是私用基类的公用成员也是不可访问的，除非派生类通过自己的接口明确地提供了某种方式。

为了能提供“半透明的作用域”，这里也提供了一种机制，使人能一个一个地把私用基类中公用名字暴露出来 [Stroustrup，1982b]：

```
class vector {
    /* ... */
public:
    /* ... */
    void print(void);
};


class hashed : vector /* vector is private base of hashed */
{
    /* ... */
public:
    vector.print;       /* semi-transparent scope */
                        /* other vector functions cannot */
                        /* be applied to hashed objects */
    /* ... */
};
```

要想把一个按常规方式无法访问的名字转为可访问，形式上就是简单地写出这个名字。

这是具有完美逻辑的、最简单的无歧义语法的一个例子。但它又有着某种不必要的模糊性，几乎任何其他语法形式都可能成为对它的改进。这个语法问题现在已经解决了，方法就是引进**使用声明**（17.5.2 节）。

[ARM] 总结了 C++的保护概念：

[1] 保护通过编译时的机制提供，目标是防止意外，而不是防止欺骗或有意侵犯；

[2] 访问权由类本身授予，而不是单方面获取；

[3] 访问权控制通过**名字**实行，并不依赖于被命名事物的种类；

[4] 保护的单位是类，而不是个别的对象；

[5] 受控制的是访问权，而不是可见性。

虽然后来有些术语发生了变化，但在 20 世纪 80 年代，所有这些已经到位了。这其中的最后一点可以像下面这样解释：

```
int a;      // global a

class X {
private:
    int a;  // member X::a
};

class XX : public X {
    void f() { a = 1 ; }    // which a?
};
```

如果受控的是可见性，那么，因为 X::a 在这里不可见，XX::f()就会引用全局的 a。实际上，C with Classes 和 C++ 都认为全局的 a 已经被不可访问的 X::a 遮蔽，因此 XX::f()将产生一个编译错误，因为它企图去访问不可访问的变量 X::a。为什么我这样定义呢？这是正确的选择吗？我对这一点的回忆已经很模糊了，留下的记录也不能说明问题。有一点我确实记得，那时的讨论里给出了上面这个例子，采纳的规则能保证 f()对 a 的引用将总引用同一个 a，不管 X::a 的访问权声明怎么样。如果让 public/private 控制可见性（而不是访问权），那么从公用到私用的一个修改就会不动声色地改变程序的意义，从一种合法解释（访问 X::a）变成了另一种（访问全局的 a）。现在，我不再认为这个论据具有排他性（如果我过去这样认为的话），但是以前做出的这种决策已经被证明很有用，因为它允许程序员在调试时加上或去掉 public 或 private 描述，而又不会在暗地里改变程序的意义。我确实怀疑，C++ 定义的这个方面是不是一个真正的设计决策的结果。很可能这只是因为采用预处理器技术实现 C with Classes，而引出的一个简单的自然后果，而后在用更合适的编译技术实现 C++ 时（3.3 节），也没再仔细审查。

C++ 保护机制的另一个方面也受到操作系统的影响：这里的规则具有容忍欺骗的趋

向。我假定任何有能力的程序员都可以欺骗所有不是被硬件强制设定的规则，因此，在这里也不需要防范欺骗 [ARM]：

> “C++的访问控制是为了防止意外而**不是**防止欺骗。任何程序设计语言，只要它支持对原始存储器的访问，那么就会使数据处于一种开放状态，有意按某种违反数据项原类型的规则描述的方式去触动它，总是可行的。”

保护系统的职责就是保证所有违反类型系统的操作都只能显式地进行，并且尽量减少这类操作的必要性。

操作系统中读/写保护的概念还融入了C++的 const 概念（3.8 节）。

这些年来也出现了许多建议，希望提供对小于整个类的单元保护，例如：

```
grant X::f(int) access to Y::a, Y::b, and Y::g(char);
```

我一直在抗拒这类建议。我的基本想法是这种小粒度控制不会增加任何保护：一个类里的任何成员函数都能修改这里的任一个数据成员。所以，如果一个函数将控制权授予另一个函数成员，就可以间接地修改每个成员。那时我就认为（现在依然），由更多显式控制得到的利益抵不上它所带来的在描述、实现和使用方面的复杂性。

2.11 运行时保证

上面介绍的访问控制机制都是为了防止未经授权的访问。第二类保证则通过由编译器识别和调用的“特殊成员函数”提供，例如构造函数。基本想法就是使程序员能建立起某种保证，有时也称为**不变式**，其他成员函数都能依赖这些保证（16.10 节）。

2.11.1 构造函数与析构函数

我常用下面的方式解释有关概念：有一个是“新建函数”（构造函数，constructor），它建立起其他成员函数去操作的环境基础；另有一个是“删除函数”（析构函数，distructor），它用来销毁这个环境，并释放以前获得的所有资源。例如：

```
class monitor : object {
    /* ... */
public:
    new()    { /* create the monitor's lock */ }
    delete() { /* release and delete lock */ }
    /* ... */
};
```

另见 3.9 节和 13.2.4 节。

构造函数的概念从何而来？我怀疑这个词是自己发明的。我过去就熟悉 Simula 里的类对象初始化机制，但无论如何，我是把类声明主要看成一个接口定义，因此希望能避免把代码放入其中。由于 C with Classes 与 C 语言一样有三种存储类型，几乎必然需要有某种由编译器识别的初始化函数形式（2.11.2 节）。观察发现，允许定义多个构造函数是很有价值的，因此，这也就成为 C++ 重载机制的一个重要应用方面（3.6 节）。

2.11.2　存储分配和构造函数

与在 C 语言里一样，对象分配有三种方式：在栈上（在自动存储区）、在固定地址（静态存储区），以及在自由空间里（在堆里，或说在动态空间）。所有这些情况下都必须调用构造函数，以便建立这个对象。在 C 语言里，在自由空间分配一个对象时，只需要对某个分配函数做一次调用。例如：

```
monitor* p = (monitor*)malloc(sizeof(monitor));
```

对 C with Classes 而言，这显然是不够的，因为这样做不能保证程序员一定调用构造函数。因此我引进了一个运算符，以保证分配和初始化都能完成：

```
monitor* p = new monitor;
```

这个运算符称为 new，也因为这就是 Simula 里相应运算符的名字。new 将调用某种分配函数以获得存储，而后调用一个构造函数去初始化这些存储。这种组合操作常被称为实例化，或者简单地称为对象创建，它从原始的存储区建立起一个对象。

运算符 new 的记法规定也很重要（3.9 节）。但是，把分配和初始化组合为一个操作，又没有一种显式的错误报告机制，带来了一些实际问题。很少需要在构造函数中处理和报告错误，引进异常机制（16.5 节）为这个问题提供了一种具有普遍意义的解决办法。

为尽量减少重新编译，如果对一个带构造函数的类使用 new 运算符，Cfront 将其实现为简单地调用相应构造函数，让这个构造函数去完成分配和初始化工作。这意味着，如果在某个翻译单元里对类 X 的所有对象都用 new 分配，而且没有调用 X 的任何 inline 函数，那么即使 X 的大小或表示形式改变了，这个翻译单元也不必重新编译。**翻译单元**是 ANSI C 的术语，意指预处理之后的源程序文件，也就是在一次分别编译中提供给编译器的那些信息。我发现，组织好自己的模拟程序，尽可能地减少重新编译，是非常有用的技术。但是，尽量减少重新编译的问题并没有得到 C with Classes 和 C++ 社团的普遍重视，这种情况一直延续了很长时间（13.2 节）。

运算符 delete() 被引进来，作为 new 的对应物，就像释放函数 free() 是与 malloc() 对应的东西一样（3.9 节和 10.7 节）。

2.11.3　调用函数和返回函数

在 C with Classes 的最初实现里，有一种特征是 C++所没有提供的，也是人们经常需要的。这件事也许有些奇怪。人们可能需要定义一个函数，在各成员函数（除构造函数外）的每次调用时都应隐含地调用这个函数；也可能需要定义另一个函数，在各成员函数（除析构函数外）的每次调用返回时都需要调用它。它们被称作调用函数（call）和返回函数（return）。原始的作业库管程类用这两个函数提供同步 [Stroustrup，1908b]。

```
class monitor : object {
    /* ... */
    call()   { /* grab lock */ }
    return() { /* release lock */ }
    /* ... */
};
```

从意图上看，这两个函数与 CLOS①里的:before 和:after 方法类似。后来调用函数和返回函数被我从语言里去掉了，因为除了我没人用。也因为我感到，很难使人们都相信 call()和 return()非常有用。1987 年 Mike Tiemann 提出了另一个解决方案，称为“包装（Wrapper）” [Tiemann，1987]，但 Estes Park 举行的 USENIX 实现者工作会议认为这种思想存在的问题太多，不能接收到 C++ 里。

2.12 次要特征

还有两个次要特征，赋值的重载和缺省参数，也被引进了 C with Classes。它们是 C++ 语言中重载机制（3.6 节）的前辈。

2.12.1 赋值的重载

人们很快就注意到一个情况：具有非平凡表示的类（如 string 或 vector）都不能成功地拷贝，因为对于这些类型，C 语言赋值的语义（按位拷贝）都是不正确的。这种默认的拷贝语义建立的实际上是一种共享表示，而不是真正的副本。我对这个情况的反应就是允许程序员自己描述拷贝的意义[Stroustrup，1980]。

> “很不幸，标准的结构赋值方式经常不符合需要。典型情况是，一个类对象本身只是一棵信息树的根，简单地拷贝这个树根而不关心任何分支，往往不能得到希望的效果。与此类似，简单地复写一个类对象也很可能造成混乱。
>
> 允许为一个类的对象改变赋值的意义，为处理这类问题提供了一种方法。做这件事的方式就是声明一个称为 operator= 的类成员函数。例如：

```
class x {
public:
   int   a ;
   class y * p;
   void operator = (class x * ) ;
};

void x.operator = (class x * from)
{
    a = from->a;
    delete p;
```

① CLOS，Common Lisp Object System，是 Lisp 语言的一种面向对象的扩充。——译者注

```
        p = from->p;
        from->p = 0;
    }
```

这里为类 X 的对象定义了一个解构式的读操作[1]，与标准语义的隐含拷贝操作是完全不同的。”

在 [Stroustrup，1982] 的版本里用的是另一个例子，其中检查了 this==from，以便能正确处理自拷贝问题。很明显，我学会这种技术也不容易。

一旦定义，这个赋值运算符就会被用于实现所有显式的和隐含的拷贝操作。对于初始化，最早的处理方式是先用不带参数的 new 函数（构造函数）将对象初置为默认值，然后再赋值。认识到这种方式太低效，后来的 C++ 引进了拷贝构造函数（14.4.1 节）。

2.12.2 默认实参

用户定义的赋值运算符蕴涵着对默认构造函数的大量使用，这一情况很自然地引出了默认实参的问题 [Stroustrup，1980]：

“默认实参表是很晚才加到类机制里的，加上它是为了抑制一类情况：为了用类对象作为函数的实参，或者为处理实际是其他类的成员的类对象，或者是为了处理基类的实参，都可能出现大量完全相同的‘标准实参表’。在所有这些情况里提供实参表，已经被证明是大家都很讨厌的事情。为避免这种麻烦，就需要引进另一种‘特征’，它能用于把 class 对象的声明弄得更简洁些，更像 struct 声明。”

这里是一个例子：

“完全可以为一个 new 函数声明一个默认的实参表，一旦需要建立这个被声明类的对象，而又没有提供实参的时候，就使用这个表：

```
class char_stack
{
        void new(int=512);
        ...
} ;
```

这就使声明：

```
class char_stack s3;
```

成为合法的，初始化 s3 时调用的是 s3.new(512)。”

给出了一般的函数重载（3.6 节和第 11 章）之后，默认实参在逻辑上已经变成多余

① 注意，在这个读（和赋值）操作中，修改了被读的 from 对象的 p 成分（赋值为 0），还对调用对象的 p 成员原引用的对象做了 delete。因此作者称其为解构式的（destructive）读操作。——译者注

的东西了，或说至多不过是一种次要的记法规则。当然，在一般性的重载出现在 C++ 里之前，默认参数已经在 C with Classes 里使用了许多年。

2.13 考虑过，但是没提供的特征

早期还考虑许多语言特征，其中一些后来出现在 C++ 里，有的仍然在讨论中。这其中包括了虚函数、`static` 成员、模板和多重继承等。

> "所有这些推广都有它们的用处，但是，语言里的每一种'特征'都需要时间，并要耗费精力去设计、实现、写文档，还有学习……基类的概念是一种工程折中，就像 C Class 概念[①] [Stroustrup，1982b]。"

我现在还希望那时就能明确地提出需要更多经验，只有依靠它才能抵抗形式主义，并使这种讲究实际的方法更为完整。

在 1985 年之前的一段时间里，我也考虑过自动废料收集的可能性，但后来还是相信，对一个已经被用在实时处理和硬核心系统（如设备驱动程序）的语言而言，这种特征并不合适。那时的废料收集还没有今天这样复杂，而且与今天的系统相比，一般计算机的处理能力和存储容量也是相当低的。我自己使用 Simula 的个人经验，以及其他有关基于废料收集的系统的报告，都使我相信，对于我和我的同事要写的这类应用系统而言，废料收集是无法承受的东西。如果 C with Classes（甚至是 C++）被定义成需要自动废料收集的语言，它一定会更优雅些，但也会是一个死胎。

还考虑过直接支持并发的问题，但我也拒绝了，因为更喜欢基于库的方式（2.1 节）。

2.14 工作环境

C with Classes 是作为一个研究项目，由我在贝尔实验室的计算科学研究中心设计和实现的。这个中心提供了（并仍然提供着）对做这种工作的绝好环境，可能是唯一的。当我加入这里的时候，人们告诉我的是"做点什么有趣的事情"，提供了合适的计算机资源，并鼓励我去与有兴趣并且有能力的人们交谈。还给了我一年时间，在此之后再正式展示自己的工作并接受评估。

在这里有一种文化倾向，那就是反对需要许多人参加的"伟大项目"；也反对"伟大的计划"，例如要求其他人去实现的未经测试的论文式设计；还反对在设计者和实现者之间的阶级划分。如果你喜欢上面那些东西，在贝尔实验室和其他许多地方，你都可以沉溺于那些爱好之中。但是，计算科学研究中心则总是要求你（如果你不是做理论的话）个人去实现一些融入了你自己的想法的东西，并能设法找到一些用户，使他们能从你构

---

① 写该文章时，作者用 C class 指其设计的语言，实际上就是 C with Classes。——译者注

造出的东西中获益。这里的环境对于做这类工作是非常合适的。在这个实验室里有一大批人，他们都有许许多多的思想和问题需要去挑战，愿意去测试构造出来的任何东西。正因为如此，我才会在 [Stroustrup，1986] 中写道：

> “从来都没有一个论文式的 C++ 设计，即设计、文档和实现是同时进行的。很自然，C++的前端也是用 C++ 写的。从来就没有一个‘C++ 项目’，或者一个‘C++ 设计委员会’。C++ 自始至终一直在发展之中，现在还在继续发展，通过作者与他的朋友和同事的讨论，去克服用户遇到的问题。”

只是到了 C++ 已经成为一个建立起来的语言之后，某些常见的组织结构才开始出现了。即使在这之后，我还是正式地负责参考手册，并掌握着将什么东西放进去的最后决定权。这种状况一直持续到 1990 年，那时有关的事项才移交给了 ANSI 的 C++ 委员会。作为标准化委员会中扩展小组的主席，我一直对进入 C++的每个特征直接负责。然而，从另一个角度讲，在这一工作开始的几个月之后，我就再也没有设计的自由了。例如，我不能为了把某些东西搞得更美妙一点而去更改设计，或者随意对当时的语言做一些修改。每个语言特征都要求一个实现，使之变成现实的东西。而任何改动或扩充都需要得到 C with Classes，以及后来 C++ 的关键用户们的同意，通常是笃信。

因为不存在用户群一定能扩大的保证，这个语言及其实现要想生存，就必须以最好的方式服务于其用户的需要，这样才能抵御已有语言的有组织的拉力，以及市场上有关最新语言的各种宣传。特别的，即使要引进某个不大的不兼容性，也必须给用户带来某种大得多的利益。因此，即使在语言开发早期，也没有经常引进较大的不兼容性。对用户而言，几乎每个不兼容性都可能被认为是很重要的，因此我一直尽可能少地引进不兼容性，只有在从 C with Classes 到 C++ 的转移时，才有意打破了许多程序。

虽然缺乏正式的组织结构，缺乏大规模的资金、人力、“牢牢拴住的”用户和市场的支持，但是，我得到的那些非正式的帮助，计算科学研究中心同事们的见识，以及中心管理方面提供的非技术的需求和开发组织上的保护，足以弥补前面的那些缺欠。如果没有中心成员们的见识和与社会喧嚣的隔离，C++ 的设计肯定会向各种时尚和特殊利益妥协，它的实现也会陷入官僚主义的泥潭中。同样重要的是，贝尔实验室提供了一个环境，在那里不需要为个人升迁而隐藏起自己的思想。相反，讨论在过去能够也确实一直在自由地进行，现在依然如此。这就使人们能从其他人的思想和观点中汲取营养。不幸的是，计算科学研究中心的这种情况并不很典型，即使是在贝尔实验室内部。

C with Classes 就是在与计算科学研究中心的人们的讨论中成长起来的，其早期用户分布在实验室里的各个地方。C with Classes 以及后来的 C++ 的大部分东西，都是在某些人的黑板上做出来的，其他东西是在我的黑板上做出来的。大部分想法都被否定了，因为过于精巧，使用上太受限制，太难实现，太难教会人们用到实际项目里，在空间或者时间上的效率太低，与 C 语言太不兼容，或者简单的就是太离奇。很少的一些想法通过了这种过滤，毫无疑问地要经过与至少两个人的讨论，然后我再去实现。典型情况是，想法的成熟要通过实现和测试两方面的努力，而后是我和另外几个人的使用。这样得到的结果版本在一个更大的受众群里试验，通常在更成熟一点之后，才被放进“正式的” C with Classes 里，由我发布。一般说，在此期间还要写出一个教材。写教材也被看作一种最基本的设计工具，因为如果某个特性很难有简单的解释，支持它就会是一项沉重的负担。这一点也与我个人密切相关，因为在早期的那些年里，我就是那个支撑组织。

在这一工作的早期，Sandy Fraser（那时我所在部门的负责人）的影响非常大。例如，我认为他就是那个人，促使我脱离了 Simula 的类定义风格（其中包含着完整的函数定义），转而采纳了另一种风格，典型情况下是把函数定义放在其他地方，以强调类声明作为一个接口的角色。C with Classes 的许多设计是为了构造模拟器，以便能用在 Sandy Fraser 有关网络设计的工作中。C with Classes 最早的实际应用就是这种网络模拟器。Sudhir Agrawal 是另一个早期用户，他也通过自己在网络模拟方面的工作影响了 C with Classes 的开发。Jonathan Shopiro 基于他有关“数据流数据库机器”的模拟工作，对 C with Classes 的设计和实现提出了许多反馈意见。

如果要讨论有关程序设计语言更一般的问题，而不是寻找应用或确定哪些问题需要解决，我就转去找 Dennis Ritchie、Steve Johnson，特别是 Doug McIlroy。Doug 对 C 和 C++ 开发的影响无论怎么估计也不过分。我不记得有任何一个关于 C++ 的重要设计决策没与 Doug 讨论过。当然，我们的意见并不总是一致的，但是我对做一个与 Doug 观点相反的决策总是非常不情愿。他有把握正确观点的特质，还有看起来无穷无尽的经验和耐性。

由于 C with Classes 和 C++ 的主要设计是在黑板上做出来的，有关思考倾向于集中在对“典范问题”的求解上，将一个小例子看作是刻画了一大类问题的基本特性。这样，对这种小问题的一种好的解决方案，将会为写解决与此类似的实际问题的程序提供很大帮助。通过我在自己的文章、书籍和讲演中用这些东西作为实例，许多这样的问题已经进入了 C++的文献和民间传说之中。对于 C with Classes，考虑过的最关键的例子是 `task` 类，它是一个作业库的基础，支持完成一种具有 Simula 风格的模拟。其他关键的类是 `queue`、`list` 和 `histogram`。`queue` 和 `list` 类都基于由 Simula 借来的一种思想，提供了一个 `link` 类，让用户基于这个类派生自己的类。

这种途径也隐含着一个危险：这样做有可能构造出一个语言和工具，对一些小的经过精心选择的例子，它们能提供很优雅的解，但却无法扩张，无法用于构造完整的系统或者大的程序。这个问题被简单地解决了，事实是，C with Classes（以及后来的 C++）在其早期就必须用于完成自己的实现。这保证了 C with Classes 不会演变为某种貌似优雅，但实际上毫无用处的东西。

作为一个与用户保持密切联系的个人工作，它也给了我一种自由，只许诺自己实际上能提供的东西，而不必把我的许诺扩大到某种程度，以便使它看起来能对某个组织具有经济意义，以便能得到为开发、支持以及市场化一个“产品”所需要的各种重要资源。像所有语言一样，C++ 也需要为了生存而在其儿童时代就开始参加工作，在它成熟的时候带着一条实践和现实主义的绶带，也带着累累伤痕。基于作业库的对网络、电路板布局、芯片、网络规程等的模拟，这些就是在早期年代里我的面包和黄油。

03

第3章 C++的诞生

任何纽带的连接力都比不上遗传链。

——Stephen Jay Gould

从 C with Classes 到 C++——Cfront，C++的初始实现——虚函数和面向对象的程序设计——运算符重载和引用——常量——存储管理——类型检查——C++ 与 C 的关系——动态初始化——声明的语法——C++ 的描述和评价

3.1 从 C with Classes 到 C++

到 1982 年时，有一件事我已经很清楚了：C with Classes 只是一个“中等的成功”，它也能保持这种状态直到死亡。我把中等成功定义为某一种东西，它很有用，能支付其本身和开发者的开销，但又没有足够的吸引力和有用性，不足以负担起一个支持和开发组织。这样，如果继续与 C with Classes 和它的 C 预处理器实现共存下去，也就是宣判我去无穷无尽地支持 C with Classes。我当时只看到两条摆脱这种两难境地的路径：

[1] 停止支持 C with Classes，使那些用户必须转到其他地方去（于是我得到了自由，可以去做其他事情了）；

[2] 基于我在 C with Classes 上的经验，开发一种新的更好的语言，使它能服务于一个足够大的用户群，能支撑一个支持和开发组织（这也就使我得到自由，可以去做其他事情）。那时我估计 5000 个工业用户是必需的最小值。

通过市场方式（广告宣传）增加用户人数，这样的第三条途径从来也没有出现在我的考虑之中。实际发生的事情是 C++（新语言后来的名字）的爆炸性成长，使我一直如此繁忙，以至到今天还没能从这里脱身去做别的什么重要事情。

我认为，C with Classes 的成功是其设计目标的自然推理：C with Classes 确实能帮助人把一大类程序组织得比 C 语言好得多，而且又没损失运行效率。它也没有因为要求剧

烈的文化转变，而使各种不希望发生重要转变的组织认为不可接受。也存在一些制约它成功的因素，一方面是它所提供的超越 C 的新功能集合太有限，还有就是在实现 C with Classes 时使用的是预处理器技术。对于准备向重要方向投资，以便能获得相当收获的人而言，C with Classes 不能给他们足够的支持。C with Classes 是向着正确方向迈出的重要一步，但它只不过是一小步。作为这种分析的结果，我开始设计一个 C with Classes 的后继语言，做一些清理和扩充，而且要用传统的编译技术去实现它。

这样得到的语言一开始还是叫 C with Classes。为满足管理部门提出的一个很有礼貌的要求，它被重新命名为 C84。这样命名的原因是人们已经开始把 C with Classes 称为“新的 C”，而后直接称之为 C。这种简称又使 C 语言被称作“简单的 C”“直接的 C”以及“老的 C”。特别是这最后一个名字被认为是侮辱性的。所以，无论是作为一般性的礼貌，还是希望避免混乱，都促使我去寻找一个新名字。

名字 C84 也只用了几个月，一方面是因为这个名字太丑，太习以为常；另一方面是因为如果人们丢掉 84 还是会引起混乱。同时，Larry Rosler（负责 C 语言标准化的 X3J11 ANSI 委员会的编辑）也请我另外找个名字。他解释说：“标准化语言的常见称呼方式就是用它们的名字，而后是标准的年份。如果有一个超集（C84，原来的 C with Classes，而后是 C++）的编号比它的子集（C，可能是 C85，而后是 ANSI C）更小，是很使人为难的，也是迷惑人的。”这个说法绝对合理。虽然 Larry 后来对 C 标准的发布日期有了更乐观的态度，我还是开始在 C with Classes 的用户团体里征求对新名字的想法。

我采用了 C++是因为它很短，有一种很好的解释，而且不是那种“形容词+C”的形式。在 C 语言里，++（根据上下文）可以读作“下一个”“后继者”或者“增加”，虽然它总是被读作“加加”。名字 C++ 与其竞争者 ++C 一直是玩笑和双关语的丰富源泉，在这个名字被确定之前，所有这些都是已经大家所熟知并非常欣赏的。C++ 的名字是 Rick Mascitti 的建议。它的第一次使用是在 1983 年 12 月，那时这个名字被编辑进 [Stroustrup，1984] 和 [Stroustrup，1984b] 的最后拷贝中。

C++ 里的 C 有很长的历史。当然它是 Dennis Ritchie 设计的语言的名字。C 的直接前驱是 BCPL 类语言的一个解释性后代：由 Ken Thompson 设计的 B。BCPL 是剑桥大学的 Martin Richard 在访问位于另一个剑桥的 MIT 期间设计的，BCPL 反过来又是 Basic CPL，这其中的 CPL 是另一个更大（在那时）而且很优雅的程序设计语言的名字，这个语言由剑桥大学和伦敦大学合作开发。在伦敦的人们参加这个项目之前，“C”表示剑桥。后来“C”正式的说法是 Combined（结合）。而按照非正式的说法，“C”表示 Christopher，因为 Christopher Strachey[①]是 CPL 背后的主要动力。

---

① Christopher Strachey（1916—1975），英国计算机科学家，牛津大学的第一位计算机科学教授。他对程序设计语言的发展有非常重要的贡献，是程序的指称语义学的奠基人之一。——译者注

3.2 目标

从 1982 年到 1984 年的这段时间里，C++ 的目标逐渐变得更野心勃勃，也更加确定了。我已经开始把 C++ 看成 C 语言之外的另一种语言，库和工具也作为工作领域开始出现。因为这些情况，因为在贝尔实验室内部的工具开发者们已经开始表现出对 C++ 的兴趣，也因为我已经在着手一个完整的新实现 Cfront（它将成为 C++ 编译器的前端），这时我必须回答下面这几个问题。

[1] 用户将是哪些人？

[2] 他们将使用哪些种类的系统？

[3] 我怎样才能避免提供工具的工作？

[4] 对于[1]、[2]、[3] 的回答将会怎样影响语言的定义？

我对问题[1]，“用户将是哪些人？”的回答是：首先是我在贝尔实验室的朋友和我将使用它；而后是在 AT&T 内部更广泛的使用，以便能提供更多的经验；再往后是一些大学会取走有关的思想和工具，最后，AT&T 和其他人将能销售那些成形的工具集合。而到了某个时候，我将要做出的初始的试验性实现将逐渐淡出，让位于由 AT&T 或别的什么地方开发的更具工业强度的实现。

从实际上和经济上，这些看法都很有道理。初始的（Cfront）实现将是缺少工具的、可移植的和廉价的，因为这是我、我的同事和许多大学的用户们所需要的，也能负担得起。再往后应该有更好的工具和更专业化的环境的丰富来源。这种更好工具的目标主要是工业用户，因此就不必继续是廉价的，因此就能够负担起为大规模使用这个语言所需要的支持组织。这就是我对问题 [3]，“我怎样才能避免去提供工具的工作？”的回答。简单说，这种策略最后也行通了，但是实际上所有细节都是以当时未预料到的方式发生的。

为得到对问题[2]，“他们将使用哪些种类的系统？”的回答，我简单地环顾四周，观察 C with Classes 的用户们实际使用的是哪些种类的系统。他们用着各种系统里的所有东西。有的系统可能非常小，以至于无法运行一个为主机或者超级计算机而做的编译器。他们使用的操作系统比我听说过的还多。由此我总结出需要最强的可移植性和交叉编译的能力，也不能对运行结果代码的机器的大小和速度有任何假定。为了构造一个编译器，无论如何我也需要对人们用于开发程序的系统的情况做些假设。我假定有一个 MIPS 加上一兆字节可用。我认为这个假设是有点危险的，因为在那时我预期的大部分用户还在共用着 PDP11 机器，或者其他能力相对低端的系统以及/或者分时系统。

我没有预料到 PC 革命，但是为了超过为 Cfront 所设定的性能目标，我碰巧做出了一个编译器，它（勉强）能在 IBM PC/AT 上运行。这就提供了一个现成的证据，说明

C++能成为 PC 上的高效语言，同时也激励商品软件的实现者去超过它。

作为对[4]，“这些回答会怎样影响语言的定义？”的回答，我的结论是不能带有需要特别复杂的编译器或运行支持的特征，必须能使用原来可用的连接器，而且要求产生的代码一开始就应该是高效的（与 C 比较）。

3.3 Cfront

C84 语言的 Cfront 前端是我在 1982 年春天到 1983 年夏天这段时间里设计和实现的。计算机科学研究中心之外的第一个用户是 Jim Coplien，他在 1983 年 7 月收到自己的一个拷贝。Jim 当时在伊利诺依州 Naperville 的贝尔实验室的一个组里工作了一段时间，用 C with Classes 做试验性的开关网络。

在同一时期，我设计了 C84，我撰写的参考手册在 1984 年 1 月 1 日出版 [Stroustrup，1984]，我设计了 `complex` 复数库，并和 Leonie Rose [Rose，1984] 一起实现了这个库，和 Jonathan Shopiro 一起设计并实现了 `string` 库，维护和移植 C with Classes 实现，为 C with Classes 用户提供支持，并帮助他们转为 C84 的用户。这一年半真是非常忙。

Cfront 是一个传统的编译器前端，它执行对语言的语法和语义的完全检查，构造起一个对应于输入的内部表示，分析并重构这个表示，最后产生出适合某个代码生成器的输出结果。这里用的内部表示是一个图，对每个作用域有一个符号表。一般策略是从源文件里一次读入一个全局声明，直到分析完一个完整的全局声明时才产生输出。

在实践中，这样做，实际上意味着编译器需要有足够的内存去保存所有全局名字和类型的表示，再加上对应于一个函数的完整的图。几年后我对 Cfront 做了些定量测试，发现在 DEC VAX 上它的存储使用量稳定在大约 600KB 的水平，几乎与提供给它的实际程序无关。由于这个事实，我在 1986 年很容易地把 Cfront 移植到 PC/AT 上。在 1985 年的 Release 1.0 时 Cfront 大约包含 12000 行 C++ 代码。

Cfront 的组织方式很传统，特殊之处是它可能使用多个符号表（未必是一个符号表）。Cfront 最初是用 C with Classes 写的（还能用什么呢？），不久就转到用 C84 描述，所以很早的能工作的 C++ 编译器本身就是用 C++ 写的。甚至在 Cfront 的第一个版本里就已经大量使用了类和派生类。它没有用虚函数，因为在项目开始时还没有这种机制。

Cfront（只）是一个编译前端，只有它是无法做实际程序设计的。还需要有一个驱动程序，先让源程序通过 C 语言预处理器 Cpp，而后让 Cpp 的输出通过 Cfront，最后让 Cfront 的输出经过一个 C 编译器：

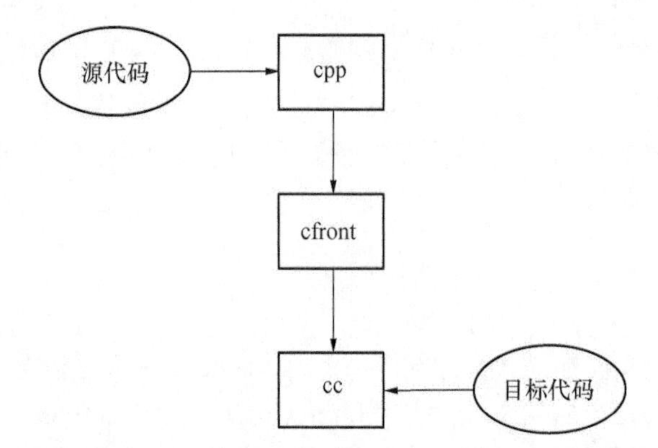

还有，这个驱动程序必须保证（动态的）初始化一定能完成。到了 Cfront 3.0 时驱动程序也变得更复杂了，因为其中实现了自动的模板实例化（15.2 节）[McCluskey，1992]。

3.3.1 生成 C

Cfront 最不平常的方面（在那个时候）就是它生成 C 语言代码。这带来了无穷的困惑。让 Cfront 生成 C 代码，是因为我希望这个初始实现具有最强的可移植性，而我认为 C 是环顾四周可以看到的最可移植的汇编语言。我很容易从 Cfront 生成某种内部的后端格式的东西，或者生成汇编代码，但这些都不是我的用户所需要的。没有任何一种汇编器或编译器后端能够为我的用户团体中多于四分之一的人服务，也不存在一种方式使我能生成（例如）所需要的六种不同后端形式，以便能满足这个团体中 90%的人的需要。为对付这样的需求，我的结论是用 C 作为一种公共输入形式，供各种代码生成程序使用，这是唯一合理的选择。这种把编译器做成 C 代码生成系统的方法后来变得很流行，许多语言，如 Ada、Eiffel、Module-3、Lisp、Smalltalk 都用这种方法做过实现。这样做，使我得到了高度的可移植性，编译时付出的额外代价也是合适的。有关代价的来源包括：

[1] Cfront 把作为中间表示的 C 代码写出来所需要的时间；

[2] C 编译器为读入中间的 C 代码所需要的时间；

[3] C 编译器分析中间的 C 代码所“浪费”的时间；

[4] 控制整个过程所用的时间。

这里的代价主要是读写中间形式的 C 表示所花的时间，而这又主要依赖于系统的磁盘读写策略。在这些年里，我在多种系统上测量过这方面开销的情况，发现它大致是编译的“必需时间”的 25%到 100%的样子。我也看到过，有些不采用 C 语言作为中间形式的 C++编译器比用 Cfront 再加上 C 编译器还要慢。

请注意，这里的 C 编译器**仅仅**用作一个代码生成器。如果 C 语言编译器产生任何错误信息，所反映的或者是 C 编译器本身的错误，或者就是 Cfront 的错误，但绝不会是

C++源代码的错误。所有的语法或语义错误，原则上都应该由 C++的前端 Cfront 捕捉。在这方面，C++ 及其 Cfront 实现不同于那些基于预处理器的语言，例如 Ratfor [Kernighan，1976] 和 Objective C [Cox，1986]。

我强调这些，是因为人们对 Cfront 是什么的认识很混乱，而且持续了很长时间。因为 Cfront 产生 C 代码，有人就说它是一个预处理器。那些在 C 团体里（或者其他地方）的人们以此为据，说 Cfront 实际上是一个相当简单的程序——就像一个宏预处理器。人们还据此（错误地）“推论”说从 C++ 到 C 的逐行翻译是可能的，使用 Cfront 时不可能在 C++ 语言层面上做符号调试，Cfront 生成的代码必然不如“真正的编译器”生成的代码，C++不是一个“真正的语言”，如此等等。很自然，我早就厌倦了这些毫无根据的论断——特别是当它们被用来批判 C++ 语言时。有几个 C++ 编译器现在还用 Cfront 加一个本地代码生成器，而不是再经过一个 C 前端。对用户而言，这样做的明显差异只是编译速度快一些。

我绝对不喜欢大部分形式的预处理器和宏。C++ 的一个目标就是使 C 语言预处理器变成多余的东西（4.4 节和第 18 章），因为我认为这种操作有产生错误的倾向。Cfront 的基本目标是让 C++ 具有合理的语义，而这种语义是不能用那时的 C 语言编译器实现的：这类编译器对类型和作用域知道的很不够，无法完成 C++ 所需的解析工作。C++ 的设计非常强地依赖于传统编译技术，而不是依赖于运行时支持或者程序员对表达式的细节解析（就像你用没有重载的语言时面临的情况）。因此，C++ 不可能用任何传统的预处理技术进行翻译。我当时也曾考虑过为语言提供语义的这种方式以及翻译技术，后来拒绝了它们。Cfront 的直接前辈 Cpre 就是一个相当传统的预处理器，它完全不懂 C 的语法、作用域或者类型规则，这些成为语言定义和实际使用中许多问题的根源。我后来就决定不在修订后的语言和新的实现里再看到这些问题。C++ 和 Cfront 是一起设计的，语言定义和编译技术确实互相影响，但却不是那些按简单方式思维的人所设想的情况。

3.3.2　分析 C++

1982 年，我刚开始计划 Cfront 时，曾设想用一个递归下降分析器。一方面是因为过去有写这种东西和维护它们的经验，也因为我喜欢这种分析程序，它们具有良好的错误信息生成能力；另一方面是因为我在考虑哪些东西必须做在分析器里的时候，喜欢这种可以利用通用程序设计语言的完整能力的想法。但是，作为一个认真的年轻计算机科学家，我还是想到去问问专家。Al Aho 和 Steve Johnson 当时在计算机科学研究中心。他们，特别是 Steve，使我确信手工写分析程序已经大大落后于时代了，简直就是浪费时间，而且可能导致结果不太系统化，以至不可靠，产生许多错误。正确的方式是用一个 LALR(1) 分析程序生成器，因此我使用了 Al 和 Steve 的 YACC [Aho，1986]。

对大多数项目而言，这应该是一个正确选择；对几乎所有的从空白起步的试验性语言项目而言，这应该是一个正确选择；对大多数人而言，这也应该是个正确选择。回过头看，对于我和 C++而言这个选择却是一个严重的错误。C++ 不是一种新的试验性语言，它几乎是一个与C语言兼容的C的超集。而那时还没有人能够为C写一个LALR(1) 文法。ANSI C所用的LALR(1) 语法是大约一年半后由Tom Pennello构造出来的——太晚了，我和C++ 都无法从其中受益。即使是Steve Johnson的PCC（这是那个时候最前卫的C编译器），也在一些对写C++ 分析器的人们真正是麻烦事的地方耍了些小花招。例如，PCC不能正确处理多余的括号，因此`int(x);` 就不能被接受为x的声明。更坏的情况是，看起来有的人特别擅长于某些分析策略，而另一些人则在另外一些策略上更好些。我的个人爱好是自上而下分析，历年中多次以某种构造性的形式使用它，而这种东西很难装进一个YACC语法里。至今Cfront还是用着一个YACC分析器，以许多基于递归下降技术的词法分析技巧作为补充。从另一方面看，为C++写一个高效的、具有合理美感的递归下降分析器是完全可能的，一些时髦的C++ 编译器采用了递归下降技术。

3.3.3 连接问题

前面提过，我已经决定在传统连接器的限制内活动。但是在这里也有一个限制，我虽然能忍，但是它实在太愚蠢了。现在与它斗争的机会来了，只要我有足够的耐心。大部分传统连接器都把外部名能用的字符数限制到非常少，只允许8个字符的限制很常见。K&R C里只保证可以用具有同样大小写形式的6个字符的外部名，ANSI C也接受了这个限制。成员函数的名字需要包括它所在的类的名字，而重载函数的类型也必须以这种或那种方式反映到连接过程中（11.3.1节），我确实没有其他办法。

考虑：

```
void task::schedule() { / * ... * / } // 4+8 characters

void hashed::print() { /* ... */ }  // 6 + 5 characters

complex sqrt(complex);    // 4 character plus 'complex'
double sqrt(double);      // 4 character plus 'double'
```

要用至多6个大写字符表示这种名字，就必须做某种形式的压缩，这将使工具的构造进一步复杂化，也可能涉及某种形式的散列，这样就需要用一个基本的“程序数据库”来解决散列溢出问题。前一种方式很令人生厌，而后一种方式也会引起一个严重问题，因为，在传统的C/Fortran连接模型中并没有“程序数据库”的概念。

因此，我开始（在1982年）鼓动在连接器里使用更长的名字。我不知道自己的活动是否有效，但在这段时间里，大部分连接器确实给出了更大些的字符数限制，而这正是我需要的。Cfront以某种编码方式实现类型安全的连接，对于这种方式，32个字符还是显得太少，使用不方便，甚至256有时也觉得紧张（11.3.2节）。在此期间，对于老式连接器，临时用了一个长标识符的散列编码系统，但这样做总不能令人完全满意。

3.3.4 Cfront发布

第一个C with Classes实现和第一个C++ 实现，很早的版本就跨出了贝尔实验室，一些大学系科的人直接向我要。基于这种途径，几十个教育单位的人们开始使用 C with Classes。例如斯坦福大学（1981 年 12 月，第一个 Cpre 发布）、加州伯克莱大学、麦迪逊的威斯康星大学、加州理工、查伯海尔的北卡罗来纳大学、麻省理工、悉尼大学、卡内基-梅隆大学、厄尔巴纳-琛佩恩的伊利诺伊大学、哥本哈根大学、卢瑟福实验室（牛津）、IRCAM、INRIA 等。在 C++ 的设计和实现之后，继续进行了这种对个别教育单位的发布活动。例如加州伯克莱大学（1984 年 8 月，第一个 Cfront 发布）、华盛顿大学（圣路易斯）、奥斯汀的得克萨斯大学、哥本哈根大学、新南威尔士大学等。此外，学生们也显示出他们避免纸面工作的创造性。以至到后来，处理这种个别发行变成了我的一个负担，也成了大学中等待 C++的人们的烦恼。因此，我所在部门的负责人 Brian Kernighan、AT&T 生产主管 Dave Kallman 和我达成了一个想法，就是做出 Cfront 的一种更一般的发布。其想法是尽量避免商业问题，如确定价格、写合同、提供支持、做广告、取得学生证明文件等。采用的方法是按发行所用的磁带价格给大学的人们提供 Cfront 和几个库。这被称为 Release E，其中的 E 是指教育。第一批磁带于 1985 年 1 月发给了有关机构，如卢瑟福实验室（牛津）。

Release E 打开了我的眼界。事实上，Release E 是翻了车。我曾希望对 C++ 的兴趣能在大学里掀起狂风大浪，但是 C++用户的增长还是按照正常的曲线（7.1 节），我们看到的不是新用户的洪水，而是来自大学教授的抱怨的洪水，因为 C++ 不是商业上可用的东西。我一次次接触并听到“是的，我想使用 C++，我也知道可以免费得到 Cfront。但不幸的是我无法用它，因为我需要某种可以用在我的咨询里的东西，需要某种我的学生可以用在工业中的东西”。为了推动学习的纯粹学术工作做得太多了。Steve Johnson（后来是负责 C++ 的部门负责人）、Dave Kallman 和我又回到图板，回到为商业发布的 Release 1.0 计划。但无论如何，将“几乎免费”的 C++实现（带着源程序和库）提供给教育机构的政策（原来是用 Release E）的方式还一直保持着。

C++ 语言的版本一直用 Cfront 的发布编号命名。Release 1.0 是《C++ 程序设计语言》（*The C++ Programming Language*）[Stroustrup，1986] 定义的语言。Release 1.1（1986 年 6 月）和 1.2（1987 年 2 月）基本上只是修正了一些错误的更新版本，但也加上了指向成员的指针和保护成员（13.9 节）。

1989 年 7 月的 Release 2.0 是一个大清理，还引进了多重继承（12.1 节）。这个版本被广泛认为是一个重要进步，无论是在功能上还是在质量上。Release 2.1（1990 年 4 月）基本上是一个修正错误的版本，它也使 C++进入了《带标注的 C++ 参考手册》（*The Annotated C++ Reference Manual*）[ARM] 定义的轨道（5.3 节）。

Release 3.0（1991 年 9 月）加上了在 ARM 里描述的模板机制（第 15 章）。3.0 的一个能支持 ARM 所描述的异常处理机制（第 16 章）的变形是 Hewlett-Packard 公司的产品 [Cameron，1992]，在 1992 年后期开始发行。

我写了 Cfront 的第一个版本（1.0、1.1、1.2）并维护它们。Steve Dewhurst 在 1985 年的 Release 1.0 之前和我一起做了几个月。Laura Eaves 在 Release 1.0、1.1、2.1 和 3.0 的 Cfront 分析程序上做了许多工作。我还做了 Release 1.2 和 2.0 的很大一部分程序设计，从 Release 1.2 开始，Stan Lippman 在 Cfront 上面花掉了他的大部分时间。Stan Lippman、George Logothetis、Judy Ward 和 Nancy Wilkinson 做了 Release 2.1 和 3.0 的大部分工作。1.2、2.0、2.1 和 3.0 是由 Babara Moo 管理的。Andrew Koenig 组织了 Cfront 2.0 的测试。从 Object Design Inc. 来的 Sam Haradhvala 在 1989 年做了模板的初始实现，Lippman 为 1991 年的 Release 3.0 扩充了这个实现。Cfront 里的异常处理机制是 Hewlett-Packard 公司在 1992 年做的。除了这些人所做的代码最后进入了 Cfront 的主要版本，还有许多人从它出发做了一些局部的 C++ 编译器。在这些年里，许多公司，包括 Apple、Centerline（以前的 Saber）、Comeau Computing、Glockenspiel、ParcPlace、Sun、Hewlett-Packard 和其他公司也都发布了一些产品，其中包括 Cfront 的本地化修改版本。

3.4 语言特征

在 C with Classes 基础上扩充从而造就了 C++ 的重要特征包括：

[1] 虚函数（3.5 节）；

[2] 函数名和运算符重载（3.6 节）；

[3] 引用（3.7 节）；

[4] 常量（3.8 节）；

[5] 用户可控制的自由空间存储区控制（3.9 节）；

[6] 改进的类型检查（3.10 节）。

此外，调用和返回函数（2.11 节）被去掉了，因为它们没什么用。还修改了许多细节，以产生出一个更清晰的语言。

3.5 虚函数

虚函数是 C++ 最明显的新特征，它也必然对人们用这个语言进行程序设计的风格产生最大的影响。虚函数的思想借鉴自 Simula，以适当的形式出现在这里，希望能比较容易做出简单而且有效的实现。需要虚函数的理由已经在 [Stroustrup，1986] 和 [Stroustrup，1986b] 里阐述，为了强调虚函数在 C++ 程序设计中的核心作用，我在这里要从 [Stroustrup，1986] 引证一些细节：

> “一个抽象数据类型定义了一种黑盒子。一旦定义完成，它就不再实际地与程序其他部分交互作用了。除非修改定义，否则就没有任何方法能为了某些新用途而调整它。

这可能带来非常严重的灵活性问题。考虑一个为了在图形系统里使用而定义的 shape 类型。假定目前情况下系统必须支持圆、三角形和矩形，再假定你已经有了一些类：

```
class point{ /* ... */ };
class color{ /* ... */ } ;
```

你可能把 shape 类定义成下面的样子：

```
enum kind { circle, triangle, square };

class shape {
    point center;
    color col;
    kind k;
    // representation of shape
public:
    point where()          { return center; }
    void move(point to)    { center = to; draw(); }
    void draw();
    void rotate(int);
    // more operations
};
```

这里“表示种类的域” k 是必需的，以便 draw() 和 rotate() 等函数能确定它们当时正在处理的形状（shape）的种类（在 Pascal 语言里，可以用一个带标志 k 的变体记录）。函数 draw() 的定义可能是下面的样子：

```
void shape::draw()
{
    switch (k) {
    case circle:
        // draw a circle
        break;
    case triangle:
        // draw a triangle
        break;
    case square:
        // draw a square
        break;
    }
}
```

这可真是一个烂泥潭。如 draw() 一类的函数必须“理解”现存的所有形状。这样，每当把一种新形状加入系统时，所有这类函数的代码都必须扩充。如果你定义了一个新形状，必须检查处理形状的每个操作，并完成所需的修改。如果无法接触所有这些操作的源代码，你就不可能把一个新形状加入系统。加入一个新形状牵涉“触及”各种与形状有关的重要操作的代码，这里需要高超的技艺，也很可能在处理其他形状的代码里引进潜藏的错误。为特定形状选择表示方式也受到极大的束缚，因为它们的表示（至少其中一部分）必须能放到由通用类型 shape 定义所规定的固定框架里面。

问题是这里没区分任意形状的普遍性质（例如一个形状有一种颜色，它可以被画出等）和与某种特定形状相关的属性（例如圆是有圆心的形状，应该由一个画圆的函数来画等）。面向对象的程序设计就是要表达这种差异并从中获益。如果某种语言里存在能用于表述和利用这种差异的结构，它就能支持面向对象程序设计。其他语言不行。

Simula 的继承机制提供了一种解决方案，我把它移植到了 C++ 里。首先需要描述一个类，用它定义所有形状的普遍性质：

```
class shape {
    point center;
    color col;
    // ...
public:
    point where() { return center; }
    void move(point to) { center = to; draw(); }
    virtual void draw();
    virtual void rotate(int);
    //...
};
```

所有在这里只能给出调用接口定义，但必须针对特定类型专门定义的函数，都需要标明为 virtual（按 Simula 和 C++的说法，“可以在将来从这个类派生的类里重新定义”）。有了这个定义之后，我们就可以写出能对各种形状完成操作的通用函数了：

```
void rotate_all(shape** v, int size, int angle)
     // rotate all members of vector "v"
     // of size "size" "angle" degrees
{
     for (int i = 0; i < size; i++) v[i]->rotate(angle);
}
```

如果现在要定义一个特殊类型，我们必须先说明它是一个形状，而后再描述它的特殊性质（包括那些虚函数）。

```
class circle : public shape {
    int radius;
public:
    void draw() { /* ... */ };
    void rotate(int) {}     // yes, the null function
};
```

在 C++ 里，类 circle 说成是由类 shape **派生**的。而 shape 称为 circle 的**基类**。另一套说法是分别把 shape 和 circle 称作子类和超类。”

关于虚函数和面向对象程序设计的进一步讨论，参见 13.2 节、12.3.1 节、13.7 节、13.8 节和 14.2.3 节。

我不记得那时人们对虚函数有多大兴趣，可能是由于我没把其中涉及的概念解释清楚，我从周围的人得到的主要反应是忽视和怀疑。有一种常见观点，说虚函数不过是某种蹩脚的函数指针，因此完全多余。更糟的是有时人们争辩说，设计良好的程序根本不需要虚函数所提供的那些可扩充性和开放性，所以，只要通过正确的分析，总能弄清楚应该调用哪个非虚函数。随后有关意见又有了进一步发展，说虚函数只不过是一种低效的形式。我当然不同意这些，还是把虚函数加了进来。

我有意不在C++里提供一种显式获取对象类型的机制：

“没有把 Simula 67 的 INSPECT 语句引进 C++ 中是有意而为。这样做的原因就是为了鼓励通过虚函数的使用去实现模块化 [Stroustrup，1986]。”

Simula 的 INSPECT 语句是一种基于系统提供的类型域的开关语句。我已经看到过太多由于使用这种机制而产生的错误，因此确定应该尽可能依靠静态的类型检查和 C++ 的虚函数。一种运行时的类型获取机制最后还是被加进了 C++（14.2 节），我希望这种机制的形式将使它不像 INSPECT 语句在 Simula 里那样吸引人。

3.5.1 对象布局模型

实现中最关键的想法就是将一个类里的虚函数集合定义为一个指向函数的指针数组，这样，对虚函数的调用就变成通过该数组做一次简单的间接函数调用。每一个包含虚函数的类都有一个这样的数组，通常称为虚函数表或者 vtbl。这些类的每个对象都包含一个隐式指针，一般称为 vprt，指向该对象的类的虚函数表。如果有了：

```
class A {
    int a ;
public:
    virtual void f();
    virtual void g(int);
    virtual void h(double);
};

class B : public A {
public:
    int b ;
    void g(int);  // overrides A::g()
    virtual void m(B*);
};

class C : public B {
public:
    int c ;
    void h(double); // overrides A::h()
    virtual void n(C*);
};
```

类 C 的一个对象看起来大致是下面的样子：

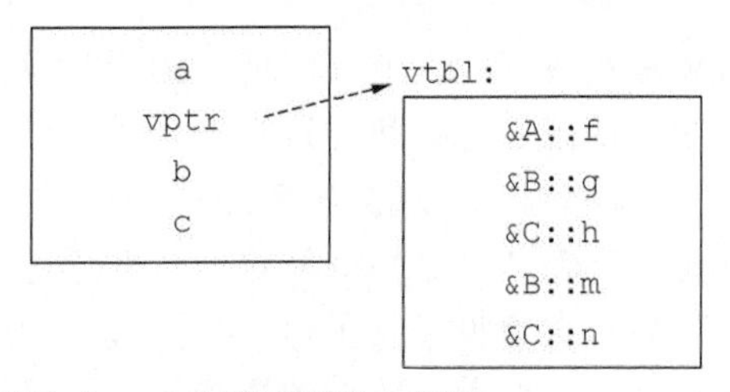

编译器把虚函数的调用翻译成一个间接调用。例如：

```
void f(C* p)
{
    p->g(2);
}
```

变成类似下面的东西：

```
(*(p->vptr[1]))(p,2); /* generated code */
```

这不是唯一可能的实现方式。这种方式的优点是简单，运行效率高；它的问题是，如果修改了一个类的虚函数集合，所有使用它的代码都必须重新编译。

到这时，从某种意义上说，对象模型已经成为实在的东西了，因为其中的对象已不再是其类的数据成员的简单汇集。带有虚函数的 C++ 类对象已经与 C 语言简单的 struct 完全不同了。然而，为什么那时我没做出选择，把结构和类看成不同的概念呢？

我的意图是只有一个概念：一个统一的布局规则集合、一个统一的检索规则集合、一个统一的解析规则集合，如此等等。我们或许也可以在两集规则下生活，但是，用一个概念能更平滑地把有关的特征与更简单的实现集成为一体。我当时就确信，如果 struct 对用户意味着“C 和兼容性”，而 class 则是“C++ 和高级特征”，那么整个团体就会分裂成两个阵营，而且很快停止互相交流。在设计类的时候，能根据自己的需要选用尽可能多或尽可能少的语言特征，这种思想对我一直很重要。只有采用一个概念，才能支持我的想法，得到一种从“传统的 C 程序设计”，通过数据抽象达到面向对象程序设计的平稳而渐进的过渡。只有采用一个概念，才能支持“你只为你所用的东西付出代价”的理想。

回过头来看，我认为对于 C++ 能成为一种成功的实际工具，这些概念都非常重要。这些年里，几乎每个人都产生过某种代价沉重的想法，希望实现一套“专门为类所用的服务”，而把低代价和低级特征留给 struct。我认为，让 struct 和 class 始终作为同一个概念，实际上也拯救了我们，使我们没有去把类实现为一种支持高代价、多样化、具有与目前非常不同特征的东西。换句话说，正是“struct 就是 class”的概念使 C++ 没有随波逐流，没有变成另一种带着一个没有紧密联系的低级子集的更高级的语言。有些人可能非常希望发生这种事情。

3.5.2 覆盖和虚函数匹配

虚函数只能被派生类里具有同样名字、同样参数和返回类型的函数覆盖。这样就避免了任何形式的运行时参数类型检查，也不需要在运行时保存大量类型信息。例如：

```
class Base {
public:
    virtual void f();
    virtual void g(int);
};

class Derived : public Base {
public:
    void f();      // overrides Base::f()
    void g(char);  // doesn't override Base::g()
};
```

当然，这也为不谨慎的人留下了一个陷阱——非虚的 Derived::g()实际上与 Base::g()无关，但却覆盖了它。如果你用的编译器不能对这类问题提供警告，这个情况就可能真成为一个问题。当然，编译器很容易检查这种问题，对于能提供警告的实现，问题就不存在了。Cfront 1.0 不能提供警告，因此带来一些麻烦。Cfront 2.0 和更高版本都能做出这种警告。

对覆盖函数，原来的规则是要求完全准确的类型匹配，后来对返回值的类型有所放松，参见 13.7 节。

3.5.3 基成员的遮蔽

派生类里的名字将遮蔽基类中同名的任何对象或函数。这是不是好的设计决策？这些年里有许多争议。这个规则最先由 C with Classes 引进，我把它看作是常规作用域规则的一个必然推理。在有关争论中，我一直认为相反的意见——将派生类和基类的名字合并到同一个作用域里——至少也会带来同样多的问题。特别是对于子对象，有可能错误地调用改变状态的函数：

```
class X {
    int x;
public:
    virtual void copy(X* p) { x = p->x; }
};

class XX: public X {
    int xx;
public:
    virtual void copy(XX* p) { xx = p->xx; X::Copy(p); }
};

void f(X a, XX b)
{
    a.copy(&b);  // ok: copy X part of b
    b.copy(&a);  // error: copy(X*) is hidden by copy(XX*)
}
```

如果合并了基类和派生类的作用域，那么就会做第二个 copy 操作，从而部分地更改 b 的状态。在许多实际情况中，这将导致对 XX 对象的操作出现很奇怪的行为。我确实看到过人们被这种方式套住，他们使用的是 GNU 的 C++编译器（7.1.4 节），该编译器允许这种重载。

如果 copy()是虚函数，可以认为 XX::copy()覆盖了 X::copy()，而这时必须通过运行时检查才能捕捉到 b.copy(&a)的问题，程序员也必须按防御方式编程，以便能在运行中捕捉这种错误（13.7.1 节）。当时我已经理解了这种情况，但仍然害怕还有什么自己尚未理解的问题，因此选择了现在这种最严格、最简单和最有效的规则。

回过头再看，我也怀疑 2.0 中引进的覆盖规则（11.2.2 节）或许就能处理这类情况。考虑调用 b.copy(&a)，变量 b 在类型上正好与 XX::copy()的隐含参数完全匹配，但却需经过一个标准转换才能与 X::copy()匹配。变量 a 则是另一种情况，它正好与 X::copy()的显式参数类型匹配，但需要经过一个标准转换才能与 XX::copy()匹配。这样看，如果允许这种覆盖，那么这个调用就是错误的，因为它有歧义性。

另见 17.5.2 节，那里给出了一种显式地要求基类函数和派生类函数重载的方法。

3.6 重载

一些人很早就提出要求，希望有重载运算符的功能。运算符重载“看起来很舒服”，而我根据自己在 Algol 68 上的经验，也知道如何让这种想法能够工作。但是我对于把这种重载引进 C++还是很犹豫的，因为：

[1] 人们普遍认为重载很难实现，可能导致编译器规模的可怕膨胀；

[2] 人们普遍认为重载很难进行教学，也很难精确地定义。这样，手册和教材就可能膨胀到可怕的规模；

[3] 人们普遍认为使用运算符重载方式写出的代码的效率比较低；

[4] 人们普遍认为重载会使代码阅读比较困难。

如果[3]和[4]是对的，那么 C++ 不提供重载反而会更好一些。如果[1]和[2]是对的，我将没有资源去提供重载机制。

但是，上面这些推测都是错误的，重载确实能帮助 C++ 用户解决很多实际问题。也确实存在这样的用户，他们希望 C++ 里有复数、矩阵、APL 语言里那样的向量。存在这样的用户，他们希望有检查范围的数组、多维数组以及字符串。至少出现过两个不同应用，其中人们希望能重载逻辑运算符，如 |（或）、&（与）和 ^（不相交或）[1]。我这样看这件事情：随着 C++ 用户人数规模增长和多样化，上面这种举例的表将变得更长、更大。我对问题 [4]（重载会使代码难以阅读）的回答来自我的几个朋友，我非常敬重

① 我们都知道这些是按位运算运算符，这里应该是将它们看成二进制位上的逻辑运算符。——译者注

他们的观点，他们的经验是以十年计算的。他们说，如果有了重载，他们的代码就会变得更清晰。那么，如果有人能用重载写出难读的代码又怎样呢？在任何语言里都可以写出很难读的代码。一种特征能够怎样被用好，要比它可能怎样被用错更重要得多。

下一步，我也使自己确信了重载并不是固有的低效率 [Strousrup，1984b] [ARM，§ 12.1c]。关于重载机制的细节，大部分是在我的黑板和 Stu Feldman、Doug McIlroy 和 Jonathan Shopiro 的黑板上做出来的。

这样，在做出了一个对 [3]（用重载写出的代码是低效的）的回答之后，我还需要关注 [1] 和 [2]，即编译器和语言的复杂性问题。我首先研究了带重载运算符的类（例如 `complex` 和 `string`）的使用情况，用起来相当容易，不会给程序员带来很大负担。而后我写出了手册中有关的几节，证明所增加的复杂性不是严重问题，手册增加了不到一页半（整个手册是 42 页）。最后，我用了两个小时就做出了第一个实现，Cfront 里只增加了 18 行代码。这时我觉得这些已经证明了，人们过去对定义和实现的复杂性方面的恐惧是过分夸大了。但无论如何，第 11 章还将说明重载确实会带来一些问题。

当然，所有这些问题实际上并不是严格按照上面的顺序处理的，这里只是想强调相关工作如何从使用的问题逐渐转移到实现的问题。重载机制的细节在 [Stroustrup，1984b] 描述，使用这种机制的一些类的例子出现在 [Rose，1984] 和 [Stroustrup，1985]。

重新审视这些情况，我认为运算符重载是 C++语言里最主要的一种财富。除了在各种数值应用中算术运算符（+、*、+=、*=等）重载的明显使用方式外，[]下标、()函数应用、= 赋值常被用于控制访问，而<<和>>变成了标准的 I/O 运算符（8.3.1 节）。

3.6.1　基本重载

这里是一个展示有关基本技术的例子：

```
class complex {
    double re, im;
public:
    complex(double);
    complex(double,double);

    friend complex operator+(complex,complex);
    friend complex operator*(complex,complex) ;
    // ...
};
```

这将使简单的复数表达式可以被解析为函数调用：

```
void f(complex z1, complex z2)
{
    complex z3 = z1+z2; // operator+(z1,z2)
}
```

赋值和初始化也不需要显式定义。它们被默认定义为按成员逐个拷贝，参见 11.4.1 节。

我设计的重载机制，可以依靠转换减少所需要的重载函数个数。例如：

```
void g(complex z1, complex z2, double d)
{
    complex z3 = z1+z2;  // operator*(z1,z2)
    complex z4 = z1+d;   // operator+(z1,complex(d))
    complex z5 = d+z2;   // operator+(complex(d),z2)
}
```

这就是说，依靠从 double 到 complex 的隐式转换，只用一个复数的加函数就能支持各种“混合模式算术”。当然也可以引进额外的函数，以改进效率或者数值精度等。

原则上说，即使没有隐式类型转换，也完全可以处理：或者是显式地要求转换，或者是提供完全的复数加运算集合：

```
class complex {
    // ...
public:
    // n o implicit double->complex conversion
    // ...
    friend complex operator+(complex,complex);
    friend complex operator+(complex,double);
    friend complex operator+(double,complex);
    // ...
};
```

假如没有隐式转换，我们能否做得更好呢？如果没有隐式转换，语言可以变得简单一些；此外，隐式转换必定会被人过度使用；还有，一个涉及转换函数的调用，在典型情况下必定比一个准确匹配的调用的效率稍微低一些。

让我们考虑四个基本算术运算。定义有关 double 和 complex 的完整混合运算符集，需要写 12 个算术函数，与之相对的是，采用隐含转换只需要 4 个函数再加一个转换函数。如果应用中涉及的操作和类型数目更多，一边是通过使用转换而得到的函数数目的线性增长，另一边是由于需要所有组合而出现的平方式的爆炸，差异是极其显著的。我看到过这样的例子，因为不能安全地定义转换，在那里只能提供完整的运算符集合，结果是超过 100 个定义运算符的函数。我认为，对于一些极其特殊的情况，这样做还是可以接受的，但这种东西不应该成为实践中的一种标准做法。

当然，我也认识到，并不是所有构造函数都定义了一种有意义的、不会使人感到意外的隐式转换。例如，vector 类型通常会有这样一个构造函数，其中用一个整数参数指明元素的个数。这个函数就会有一种非常不幸的副作用：v=7 将会构造出一个 7 个元素的 vector 并把它赋值给 v。虽然我并不认为这个问题非常急迫，C++标准化委员会的一些成员，特别是 Nathan Myers，则认为必须提出一个解决办法。到了 1995 年，这个问题被解决了，采用的方法是允许给构造函数声明加上前缀 explicit。凡是声明为 explicit 的构造函数都只能用于显式的对象构造，不能用于隐式转换。例如，把 vector 的构造函数声明为 explicit vector(int);，就会导致 v=7 产生一个错误，而显式的 v=vector(7) 则仍旧是普通的构造和给 v 的赋值。

3.6.2 成员和友元

请注意，上面定义的 operator+ 是一个全局函数（一个友元函数），而没有定义为成员函数。这样做，是为了保证 + 的运算对象能够对称地处理。如果定义为成员函数，我们将需要做一次下面形式的解析：

```
void f(complex z1, complex z2, double d)
{
    complex z3 = z1+z2;  // z1.operator+(z2);
    complex z4 = z1+d;   // z1.operatort(complex(d))
    complex z5 = d+z2;   // d.operator+(z2)
}
```

这要求我们给出将 complex 加到内部类型 double 上的定义。这样做，不仅需要更多函数，也将要求在不同的地方修改代码（在类 complex 的定义里和内部类型 double 的定义里）。这些肯定不是我们所希望的。我考虑过允许为内部类型定义额外新运算的问题，但后来还是拒绝了这种想法，因为我不想改变规则：任何类型——无论是内部的还是用户定义的——都不能在其定义完成后再增加操作。这里还有另一个原因：C 内部类型之间的转换定义已经够肮脏了，绝不能再往里面添乱。从本质上看，与我们采用全局函数加转换函数的方式相比，通过成员函数提供混合模式算术的方式更肮脏。

采用全局函数，使我们定义的运算符的参数具有逻辑对称性。与此相对应，把运算定义为成员函数，能保证调用时对第一个（最左的）运算对象不出现转换。这使我们能模拟那种要求以左值作为左运算对象的运算符，例如赋值运算符：

```
class String {
    // ...
public:
    String(const char*);
    String& operator=(const String&);
    String& operator+=(const String&); // add to end
    // ...
};

void f(String& s1, String& s2)
{
    s1 = s2;
    s1 = "asdf"; // fine: s1.operator=(String("asdf"));
    "asdf" = s2; // error: String assigned to char*
}
```

Andrew Koenig 后来注意到，如 *= 的一类赋值运算符更为基本，它们也比其常规是算术运算符兄弟 + 等的效率更高。最好是先把 +=、*= 一类赋值运算符函数定义为成员函数，而后再把常规运算符如 +、* 定义为全局函数：

```
String& String::operator+=(const String& s)
{
    // add s onto the end of *this
```

```
    return *this;
}

String operator+(const String& s1, const String& s2)
{
    String sum = s1;
    sum+=s2;
    return sum;
}
```

注意，这里不再需要友元关系，二元运算符的定义也非常简单，风格统一。实现对 += 的调用时不需要临时变量，用户需要考虑的，作为临时变量管理的只有局部变量 sum，其余问题都能由编译器简单而有效地处理（3.6.4 节）。

我原来的想法是让每个运算符或者是成员的，或者是全局的。特别是我发现，很方便的做法是把简单的访问函数定义为成员函数，而后让用户把他们自己的运算符实现为全局函数。对 + 或 - 一类运算符，我的方法都有效，但是对运算符 = 则不行。因此，Release 2.0 要求运算符 = 必须是成员。这是一个不兼容的修改，它打破了以前的某些程序，所以这个决定不能小觑。这里的问题是，除非 = 是成员，否则就可能由于在源代码里出现的位置，在一个程序里得到对 = 的两种不同解释。例如：

```
class X {
    //no operator=
};

void f(X a, X b)
{
    a = b; // predefined meaning of =
}

void operator=(X&,X); // disallowed by 2.0

void g(X a, X b)
{
    a = b; // user-defined meaning of =
}
```

这可能造成很大混乱，特别是当这样两个赋值出现在分别编译的不同源文件里的时候。因为对于类没有预设的 += 的意义，所以+=不会出现类似问题。

另一方面，甚至在 C++ 的初始设计里，我就把 []、() 和 -> 限制为必须是成员。这些运算符通常总要修改它们左运算对象的内部状态，因此这应该是一种无害的限制，能消除出现隐晦错误的一些可能性。当然，这样规定也可能是不必要的谨小慎微。

3.6.3 运算符函数

既然已经决定支持隐式转换以及由它们支持的混合模式运算，我就需要一种方法去描述这类转换。只有一个参数的构造函数提供了这样一种机制。有了

```
class complex {
```

```
    // ...
    complex(double); // converts a double to a complex
    // ...
};
```

我们就可以显式或隐式地把一个 double 转换到 complex。当然，只有类的设计者能定义以这个类为目标的转换。在定义一个新类时，希望它能融入某个已有的框架，也是很常见的事情。例如，C 语言标准库里有数十个以字符串为参数的函数，也就是说，它们的参数类型都是 char*。当 Jonathan Shopiro 第一次写一个功能完全的 String 类时，他发现，或是需要去重写 C 库里所有以字符串为参数的函数：

```
int strlen(const char*);    // original C function
int strlen(const Strings); // new C++ function
```

或是需要在 C++ 里提供一个从 String 到 char*的转换运算符函数。

由于这种情况，我在 C++ 里加入了转换运算符的概念：

```
class String {
    // ...
    operator const char*();
    // ...
};

int strlen(const char*);   // original C function

void f(String& s)
{
    // ...
    strlen(s); // strlen(s.operator const char*())
    // ...
}
```

在实际使用中，有些情况确实能证明隐式转换是有些诡异的机制，但提供混合模式的完整运算符集合，也不更漂亮。我当然也希望能有一种更好的解决办法，但在我知道的所有方法里，隐式转换就是“无奈的拙中取优”的方法。

3.6.4 效率和重载

与（人们经常表现出的）朴素迷信不同，把操作表示为函数调用，或是把操作表示为运算符，这两种方式之间并没有根本性的差别。与重载有关的效率问题主要是（现在依然是）inline 问题和避免多余的临时变量。

为了使自己能确认这些情况，我首先注意到，例如，由 a+b 或 v[i]生成的代码，与由形如 add(a, b)或 v.elem(i)的函数调用生成的代码完全一样。

然后，我又观察到，程序员可以通过 inline 去保证简单操作不会带来函数调用的开销（无论是在时间上还是在空间上的）。最后我又观察到，为了有效支持对大型对象做这种风格的程序设计，引用调用机制是必需的（在 3.7 节有更多讨论）。剩下的问题，就是

如何避免对例如 a=b+c 中生成多余的临时变量。生成语句

```
assign(add(b,c),t); assign(t,a);
```

当然比不上

```
add_and_assign(b,c,a);
```

编译器对内部类型可以生成这样的代码，程序员也可以直接写出这种代码。最后，我在[Stroustrup，1984b] 里展示了如何生成出

```
add_and_initialize(b,c,t); assign(t,a);
```

这里还剩下一个“多余的”拷贝操作，只有 + 和 = 操作都不实际地依赖于被赋的值时（没有别名时），这个拷贝动作才能去掉。有关这种优化，最容易找到的参考材料见 [ARM]。直到 Cfront 的 Release 3.0 才实现了这种优化。我相信，第一个采用这种技术的 C++ 实现是 Zortech 的编译器。1990 年一次 C++ 标准会议后，在西雅图的天针[1]顶上吃水果奶油冰淇淋时，我把这个问题解释给 Walter Bright，他随后很容易地实现了这种优化。

我认为，这种稍微差一点的优化模式也是可以接受的，因为有更明确的运算符，如+=，借助于它们可以对最常见的情况进行手工优化。此外，做初始化时可以假定不存在别名问题。从 Algol 68 借来了一个观念是声明可以出现在任何需要的地方（不仅是在分程序的开始），这支持了一种“仅做初始化的”或“只做一次赋值的”程序设计风格。与反复给变量赋值的传统方式相比，该风格内在地高效，也更不容易出错。例如，你可以写

```
complex compute(complex z, int i)
{
    if {/*...*/} {
        //...
    }
    complex t = f(z,i);
    //...
    z += t;
    //...
    return t;
}
```

而不是更啰嗦也更低效的：

```
complex compute(complex z, int i)
{
    complex t;
    if (/*...*/ ) {
        //...
    }
    t = f (z,i);
```

① Space Needle，指西雅图的电视塔。——译者注

```
    //...
    z = z + t;
    //...
    return t;
}
```

11.6.3 节讨论了另一种努力消除临时变量，提高运行效率的想法。

3.6.5　变化和新运算符

我认为重要的问题是把重载操作作为一种语言扩展机制，而**不是**改变语言的机制。也就是说，应该能定义在用户定义类型（类）上工作的运算符，而不是修改内部类型的原有运算符的意义。进一步说，我也不想允许程序员引进新运算符。我害怕像密码似的记法，也害怕采用非常复杂的语言分析策略（像 Algol 68 所需要的那样）。正因为这些，我认为自己的限制是合理的（11.6.1 节和 11.6.3 节）。

3.7　引用

引入引用机制主要也是为了支持运算符的重载。Doug McIlroy 还记得，有一次我向他解释某个预示了目前运算符重载模式的问题。他用的术语**引用**挑起了我的思绪，我嘟囔了一声谢谢就离开了。第二天，我再出现在他的办公室时，就带着已经基本完成的目前模式。Doug 的话使我想起了 Algol 68。

C 语言对所有函数参数都采用值传递，如果通过值传递的效率太低或者不合适，用户可以传一个指针。有了运算符重载，这种策略就不行了。在这种情况下，写法方便是最本质的。对于大型对象，我们也不能指望使用者加进所需的取地址运算符。例如：

```
a = b - c;
```

是可以接受的（也就是说，是方便的）写法，但

```
a = &b - &c;
```

就不行。当然，`&b-&c` 在 C 语言里已有意义，我不想去改变它。

初始化后，被一个引用所引用的东西不能改变。也就是说，一旦一个 C++ 引用被初始化，你就再也无法使它去引用另一个对象；或者说，它不能被重新约束。我曾经被 Algol 68 的引用刺痛过，在那里写 `r1=r2` 或是通过 `r1` 给被引用的对象赋值，或是给 `r1` 赋一个新引用值（重新约束 `r1`），具体情况要看 `r2` 的类型。我希望在 C++ 里避免这种问题。

如果希望在 C++ 里做更复杂的指针操作，那么可以用指针。因为 C++ 里同时有指针和引用，所以就不需要区分对引用本身的操作和对被引用对象的操作（像在 Simula 里那样），也不需要 Algol 68 的那一类推理机制。

在这里我犯过一个严重错误，那就是允许用非左值去初始化非 `const` 引用。例如：

```
void incr(int& rr) { rr++; }

void g()
{
    double ss = 1;
    incr(ss);     // note: double passed, int expected
                  // (fixed: error in Release 2.0)
}
```

由于类型不同，int& 不能直接引用传来的 double，因此这里需要生成一个临时变量，把与 ss 值对应的 int 值保存在里面。这样，incr() 修改的将是这个临时变量，这一修改的结果不会反映到执行调用的那个函数里。

允许用非左值去初始化引用，原意是想把按值传递和按引用传递的差别变成被调函数的描述细节，调用方不需要关心。这种考虑对 const 引用是合适，而对非 const 引用就不行了。C++的 Release 2.0 在这里做了些修改，反映了这个认识。

对 const 引用，允许用需要转换类型的非左值和左值进行初始化，也非常重要。特别是，这使我们可以用常量去调用 Fortran 的函数：

```
extern "Fortran" float sqrt(const float&);

void f()
{
    sqrt(2); // call by reference
}
```

除引用参数这种最明显的使用方式，能以引用作为返回类型也是非常重要的。这将使我们能为字符串类定义非常简单的下标运算符：

```
class String {
    // ...
    char& operator[](int index);    // subscript operator
                                    // return a reference
};

void f(String& s, int i)
{
    char c1 = s[i];    // assign operator[]'s result
    s[i] = c1;         // assign to operator[]'s result
    // ...
}
```

返回一个到 String 的内部表示的引用，实际上假定了用户对所做的事情是负责任的。在许多情况下，这种假设是合理。

左值和右值

通过重载 operator[]() 使其返回引用，定义 operator[]() 的人也不能通过下标，为指定元素的读操作或写操作提供不同语义。例如对于：

```
s1[i] = s2[j] ;
```

不能对被写的字符串（s1）做一种操作，对被读的字符串（s2）做另一种操作。Jonathan Shopiro 和我都认为，允许程序员为读访问和写访问分别提供语义，是一种基本需要，当时考虑的问题是带有共享表示的字符串和数据库访问。在这两种情况中，读都是简单且廉价的操作，而写则是具有潜在高代价的复杂操作，有可能牵涉到数据结构的拷贝。

我们当时考虑了两种可能方式：

[1] 针对使用左值和使用右值分别定义函数；

[2] 要求程序员使用一个辅助性数据结构。

最后还是选择了后一种方式，因为它能避免语言扩充，也因为我们认为，在更普遍的情况下，这里所需要的技术就是返回一个对象，指明某个容器（例如 String）里的一个位置。这里的基本想法是构造一个辅助类，使它能像引用一样标识出容器类里的一个位置，但却能对读和写分别提供语义，例如：

```
class char_ref { // identify a character in a String
friend class String;
    int i ;
    String* s;
    char_ref(String* ss, int ii) { s=ss; i=ii; }
public:
    void operator=(char c);
    operator char();
};
```

对 char_ref 的赋值被实现为对被引用字符的直接赋值，而从 char_ref 的读操作则实现为一个到 char 的转换，返回指定的字符值：

```
void char_ref::operator=(char c) { s->r[i]=c; }
char_ref::operator char() { return s->r[i]; }
```

请注意，只有 String 能创建 char_ref，而实际赋值也是由 String 实现的：

```
class String {
friend class char_ref;
    char* r;
public:
    char_ref operator[](int i)
        { return char_ref(this,i); }
    // ...
};
```

有了这些定义，

```
s1[i] = s2[j] ;
```

的意思就是

```
s1.operator[](i) = s2.operator[](j)
```

这里 s1.operator[](i)和 s2.operator[](j)都返回类 char_ref 的一个临时对象，这个语句转而又意味着

```
s1.operator[](i).operator=(s2.operator[](j).operator char())
```

inline 机制使这种技术的性能适用于大多数情况，而通过友关系限制 char_ref 的创建，能保证我们不会遇到临时对象的生存时间问题（6.3.2 节）。举例说，这种技术被成功用于实现了一些 String 类。当然，对于简单访问个别字符之类的使用，这种技术看起来还是复杂了一点，也太沉重了。因此我一直在考虑其他方法，特别是寻找一种效率更高的方法，又能适合一般性的使用。组合运算符（11.6.3 节）是一种可能。

3.8 常量

在操作系统里，常能看到人们用两个二进制位控制一块存储区的直接或间接访问，一个位指明某用户能否在这里写，另一个指明该用户能否从这里读。我觉得这种想法可以直接用到 C++ 里，因此考虑过允许把一个类型描述为 readonly 或者 writeonly。有一个内部备忘录 [Stroustrup，1981b] 描述了这种想法，时间是 1981 年 1 月：

“直到现在，在 C 语言里还不能规定一个数据元素是**只读的**，也就是说，它的值必须保持不变。也没有任何办法去限制函数对传给它的参数的使用方式。Dennis Ritchie 指出，如果 readonly 是一个类型运算符，我们就很容易得到这些能力。例如：

```
readonly char table[1024];    /* the chars in "table"
                                 cannot be updated */

int f(readonly int * p)
{
    /* "f" cannot update the data denoted by "p" */
    /* ... */
}
```

这种 readonly 运算符可用于防止对某些位置的更新。它说明，在常规的所有访问这个位置的合法手段中，只有那些不改变保存在这里的值的手段才是真正合法的。”

该备忘录进一步指出：

“这种 readonly 运算符也可以用在指针上。*readonly 解释为‘对于所指向的只读’，例如：

```
readonly int * p;   /* pointer to read only int */
int * readonly pp;  /* read only pointer to int */
readonly int * readonly ppp;   /* read only pointer
                                  to read only int */
```

在这里，给 p 赋新值是合法的，但却不能给*p 赋新值；给*pp 赋值是合法的，但

不能给 pp 赋值；给 ppp 和*ppp 赋值都是非法的。”

最后，该备忘录还引进了 writeonly：

“另外还可以有类型运算符 writeonly，它的使用与 readonly 一样，但是它阻止读而不是写，例如：

```
struct device_registers {
    readonly int    input_reg, status_reg;
    writeonly int   output_reg, command_reg;
};
void f(readonly char * readonly from,
    writeonly char * readonly to)
/*
    "f" can obtain data through "from",
    deposit results through "to",
    but can change neither pointer
*/
{
    /*...*/.
}

int * writeonly p;
```

在这里，++p 是非法的，因为它涉及读 p 的原值，而 p=0 则是合法的。”

这个建议所关注的是接口描述，而不是为 C 语言提供符号常量。很清楚，一个 readonly 值就是一个符号常量，但是这个建议的范围却大得多了。一开始我只提出了指向 readonly 变量的指针，而没有提出 readonly 指针。与 Dennis Retchie 的一个简短讨论把这种想法发展为 readonly/writeonly 机制。我实现了这种机制，并把它提交给贝尔实验室内部一个由 Larry Roster 领导的 C 标准小组。这是我第一次在标准化方面的经验。我离开这次会议时得到的是同意（通过投票）把 readonly 引进 C 语言（而不是 C with Classes 或者 C++），但是却把它另外命名为 const。不幸的是，这个决议并没有执行，因此我们的 C 编译器里什么也没改变。后来 ANSI C 委员会（X3J11）成立了，有关 const 的建议又出现在那里，最后变成了 ANSI/ISO C 的一部分。

在此期间，我在 C with Classes 里取得了许多有关 const 的经验，发现用 const 表示常数，可以有效地替代那些代表常量的宏，条件是全局 const 隐含地只在其所在编译单元内部起作用。只有在这种情况下，编译器才能很容易推导出这些东西的值确实没有改变。知道这些，就能简单地在常量表达式里使用 const，避免为这种常量分配空间。C 语言没采纳这个规则。例如，在 C++里我们可以写：

```
const int max = 14;

void f(int i)
{
    int a[max+1]; // const 'max' used in constant expression

    switch (i) {
    case max:     // const 'max' used in constant expression
```

```
        // ...
    }
}
```

而即使到了今天，在 C 语言里我们还是必须写：

```
#define max 14
// ...
```

因为 C 语言里的 const 不能用在常量表达式里，这就使 const 在 C 语言里远没有在 C++里有用。这也使 C 语言还要依赖预处理程序，而 C++ 程序员则能使用具有完好的类型和作用域的 const。

3.9 存储管理

在写出第一个 C with Classes 程序之前很久，我就已经知道，对于自由存储区（动态存储区），有类的语言里的使用比大部分 C 程序里更频繁得多。这就是把 new 和 delete 运算符引进 C with Classes 的原因。new 运算符从自由存储区中分配存储，并调用一个构造函数以确保初始化，这种想法也是从 Simula 借来的。delete 函数是必要的补充，因为我不希望 C with Classes 依赖于一个废料收集系统（2.13 节和 10.7 节）。有关 new 运算符的论据可以这样总结，你是希望写：

```
X* p = new X(2);
```

还是写

```
struct X * p = (struct X *) malloc(sizeof(struct X) ) ;
if (p == 0) error("memory exhausted");
p->init(2);
```

按哪种写法更可能弄错呢？请注意，两种情况中都检查了存储区耗尽的情况。使用 new 运算符时有一个隐含检查，并且可能调用用户提供的 new_handler 函数，见 [2nd，9.4.3 节]。反对的论点——那个时候这种声音总是很多——包括，“但是我们并不**真正**需要它”“但是将来总会有人把 new 用作标识符”。当然这些意见也都对。

引进 new 运算符，使自由空间的使用更方便，更不容易出错。这样就能进一步扩大其使用。这也使在许多实际系统里，用于实现 new 的 C 语言自由空间分配函数 malloc()变成了执行瓶颈。这种情况不会令人感到吃惊，下面的问题是如何处理这个问题。让实际系统把 50%或者更多时间花在 malloc()上，也是无法让人接受的。

我发现采用按类的分配程序和释放程序效率很高。这里的基本想法是，主导自由空间存储区使用的，通常只是很少的几个类，它们需要分配和释放大量的小对象。把这些对象的分配问题抽取出来，通过另一个独立的分配程序来处理，你就可以在这些对象上节约时间和空间，同时也减少了通用自由空间里的碎片量。

有关如何为用户提供这种机制的最早讨论的情况，我已经完全不记得了。但是确实记得向 Brian Kernighan 和 Doug McIlroy 提出了“给 this 赋值”的技术（见下面的描述），并总结说“它丑陋得就像是犯罪，但是还能用。如果你能想出一个能用的更好办法，我就会按你的方法做”，或者类似的话。他们没有做到，因此我们只好等到 Release 2.0。在目前的 C++ 语言里，已经有了另一种更清晰的解决办法（10.2 节）。

这个想法是：按默认方式，对象的存储“由系统”分配，不要求用户做任何特殊操作。为覆盖这种默认方式，程序员可以简单地给 this 指针赋值。按照定义，this 指针就指向作为成员函数调用出发点的对象本身。例如：

```
class X {
    // ...
public:
    X(int i ) ;
    // ...
};

X::X(int i)
{
    this = my_alloc(sizeof(X));
    // initialize
}
```

无论何时，只要调用构造函数 X::X(int)，相关存储分配工作就由 my_alloc()完成。对于这里的需要以及一些其他情况，这种机制都足够强大了，但就是太低级，很难处理好它与堆栈分配和继承的关系。这种机制也容易包藏错误。如果一个重要的类里有很多构造函数（这种情况很典型），那么就需要重复地写上面这样的东西。

请注意，静态的和自动的（在堆栈上分配的）对象总是可能的，最有效的存储管理技术必须依靠这些对象。字符串类是个典型例子。String 对象常被分配在栈上，这里没有显式的存储管理问题，而它们所依赖的自由空间则由 String 的成员函数管理，与用户无关，也是用户不可见的。

这里用的构造函数记法在 3.11.2 节和 3.11.3 节中讨论。

3.10 类型检查

C++ 的类型检查规则也来自于从 C with Classes 中取得的经验。所有函数调用都在编译时进行检查，可以通过函数声明中的特殊描述形式，抑制对最后一些参数的检查。对于 C 语言的 printf()而言，这一条也是必需的：

```
int printf(const char* ...) ;   // accept any argument after
                                // the initial character string

// ...

printf("date: %s %d 19%d\n",month,day,year); // maybe right
```

这里还提供了一些机制，以缓和人们的退缩征兆：许多 C 程序员在第一次遭遇严格类型检查时都出现过这种想法。用省略号阻止类型检查是其中最激烈的也是最不推荐的东西。函数名覆盖（3.6.1 节）和默认参数 [Stroustrup，1986]（2.12.2 节）能给人一种印象，好像一个函数可以取不同的参数表，但同时又不会损害类型安全性。

除此之外，我还设计了流式 I/O 系统，以说明，即使是对于 I/O 系统，也没有必要减弱类型检查（8.3.1 节）：

```
cout<<"date: "<<month<<' '<<day<<" 19"<<year<<'\n';
```

这是上面例子的类型安全的改进版。

我当时是把类型检查看作一种有实际意义的工具，其本身并不是目标，现在依然这样看。从根本上说，应该认识到，清除一个程序里的所有违反类型规则的东西，并不意味着结果程序就是正确的，甚至不意味着该程序不会因为某对象的使用不符合定义而垮台。例如，一个天电脉冲可能导致某关键存储器二进制位的值改变，这种方式不可能符合程序语言的定义。把类型的不安全性等同于程序垮台，把程序垮台等同于灾难性的失效，如飞机失事、电话系统崩溃或者原子能反应堆熔芯，都是不负责任的和带有误导性的。

认为会产生这种效果的人，实际上是错误地认为系统的可靠性依赖于它的所有部件。把一个错误归咎到整个系统的某个特定部件，只是简单地确定错误。我们希望能够设计出这样的生命攸关的系统，使其中出现一个甚至多个错误也不会导致系统“垮台”。系统完整性的责任还是在于构造系统的人，而不是系统的任何部分。特别是，类型安全性并不想代替测试，虽然它非常有助于使系统能为测试做好准备。为了某个特定的系统错误（即使是纯粹的软件错误）去抱怨程序设计语言，那完全是搞错了问题，参见 16.2 节。

3.11 次要特征

在从 C with Classes 到 C++ 的转变过程中，也加进了一些次要特征。

3.11.1 注释

最容易看到的次要变化是引进了 BCPL 风格的注释：

```
int a; /* C-style explicitly terminated comment */
int b; // BCPL-style comment terminated by end-of-line
```

因为同时允许这两种注释风格，人们可以选用自己喜欢的形式。从个人角度说，我喜欢用 BCPL 风格写一行注释。引进 `//` 形式直接带来的一个情况是我有时会犯愚蠢的错误，忘记写 C 注释的结束，或发现我原来用于结束 `/*` 注释的三个多余字符有时使一行返到了屏幕左边。我还注意到，对注释掉一小段代码来说，`//` 比用 `/*` 更方便。

不久人们发现，加入 `//` 也不是与 C 语言 100%兼容的。比如存在下面的例子：

```
x = a/ /*  divide */b
```

这一行在 C++里的意思是 x=a，而在 C 里是 x=a/b。那时大部分 C++程序员都认为这种例子没什么实际价值。现在人们也这样看。

3.11.2　构造函数的记法

把构造函数称作“new-函数”常常造成混乱，因此就引进了命名的构造函数。与此同时，这个概念又得到了进一步扩充，允许将构造函数显式用在表达式里。例如，

```
complex i = complex(0,1);

complex operator+(complex a, complex b)
{
    return complex(a.re+b.re,a.im+b.im);
}
```

形如 complex(x,y)的表达式是显式调用类 complex 的构造函数。

为了尽量减少新关键词，我没有采用下面的更明确的语法：

```
class X {
    constructor();
    destructor();
    // ...
};
```

而是选择了能更好地反映构造函数使用形式的声明方式：

```
class X {
    X() ;     // constructor
    ~X();     // destructor (~ is the C complement operator)
    // ...
};
```

这样做也可能是过于轻巧了。

允许在表达式里显式调用构造函数，已经被证明是一种很有用的技术，但它也是 C++的语法分析问题的一个主要根源。在 C with Classes 里，new()和 delete()函数都默认为永远是 public。C++ 去掉了这种不规范的情况，让构造函数和析构函数都遵循与其他函数一样的访问控制规则。例如：

```
class Y {
    Y(); // private constructor
    // ...
};

Y a; // error: cannot access Y::Y(): private member
```

这种规定也带来了一些有用的技术，其基本思想就是通过把执行操作的函数隐蔽起来，达到控制操作的目的，参见 11.4 节。

3.11.3 限定

在 C with Classes 里，圆点除了用于描述类的成员关系，也用于描述从某个对象选择一贯成员。这带来了一些小的混乱，可以用它构造出有歧义的例子。考虑：

```
class X {
    int a ;
public:
    void set(X);
};

void X.set(X arg) { a = arg.a; };    // so far so good

class X X;     // common C practice:
               // class and object with the same name

void f()
{
    // ...
    X.a;  // now, which X do I mean?
          // the class or the object?
    // ...
}
```

为了化解这种问题，C++ 引进了用 :: 表示类的成员关系，而将 . 保留为专用于对象的成员关系。这样，上面的例子就变成：

```
void X::set(X arg) { a = arg.a; };

class X X;

void g()
{
    // ...
    X.a;   // object.member
    X::a;  // class::member
    // ...
}
```

3.11.4 全局变量的初始化

我的一个目标是让用户定义类型具有与内部类型同样的可用性。过去在 Simula 里，我也经历过由于不允许类类型的全局变量而导致的性能问题。所以，C++ 允许类类型的全局变量。这个决定带来一些重要的，但多少有点意外的后果。考虑：

```
class Double {
    // ...
    Double(double);
};

Double s1 = 2;          // construct s1 from 2
Double s2 = sqrt(2);    // construct s1 from sqrt(2)
```

一般说，这种初始化无法在编译时或连接时做完，需要做动态初始化。这种动态初始化在编译单元内部按声明的顺序进行。对于出现在不同编译单元里的对象，没有规定初始化的顺序，只要求所有静态初始化都必须在开始动态初始化之前完成。

3.11.4.1　动态初始化的问题

我曾假设全局的对象都相当简单，其初始化也不复杂。特别是我曾期望，一个全局变量的初始化依赖于其他编译单元里的全局变量很罕见。我当时认为这种依赖性就是设计拙劣，因此不打算为解决这种问题提供特殊语言机制，不想承担任何责任。对于很简单的例子，如上面的那些例子，我的看法是对的。这种例子很有用处，也不会造成什么问题。不幸的是，我后来发现了动态初始化全局对象的另一些更有意思的应用。

在一个库的组成部分能使用之前，常需要执行一些操作。换句话说，一个库可能需要提供一些对象，它们被假定已经过预先的初始化，用户可以直接使用它们，不必先去做相关的初始化工作。例如，你不必去初始化 C 语言的 `stdin` 和 `stdout`，C 语言的启动例行程序已经为你做好了准备。与此类似，C 语言的 `exit()` 能为你关闭 `stdin` 和 `stdout`。这是一类很特殊的处理，其他库中都没有提供与此等价的能力。在设计流 I/O 库时，我也希望它能与 C 语言的 I/O 机制相媲美，并不希望把某些专用的赘瘤引进 C++。这样，我就简单地让 `cout` 和 `cin` 依赖于动态初始化机制。

这种方式一直工作得很好，但是我需要依赖于一些实现细节，以保证在用户代码开始运行之前，`cout` 和 `cin` 能已经构造好了，而且能在用户最后的代码完成之后自动撤销。其他实现者很可能没有想这么多，或者是不够小心。结果导致人们发现，由于在 `cout` 的构造完成之前使用了它而导致内存卸载（dump core），或者因为 `cout` 被过早撤销（或者刷新），导致自己程序的一些输出丢失了。换句话说，我们被顺序依赖性咬伤了，而我以前认为这是“不大可能出现的拙劣设计”。

3.11.4.2　绕过顺序依赖性

幸好，这个问题并不是不可逾越的。存在着两种解决办法：一种最明显的办法，是给每个成员函数加上一个第一次调用开关。这种方法依赖于一个被默认地初始化为 0 的全局数据。例如：

```
class Z {
    static int first_time;
    void init();
    // ...
public:
    void f1();
    // ...
    void fn() ;
};
```

把各个成员函数都写成下面的样子：

```
void Z::f1()
{
```

```
    if (first_time ==0) {
        init() ;
        first_time = 1;
    }
    // ...
}
```

这种做法非常令人讨厌。即使对很简单的函数，例如就是输出单个字符的函数，这样做的开销也可能变得非常可观。

在重新设计流 I/O 时（8.3.1 节），Jerry Schwarz 采用了上述方法的一个聪明的变形 [Schwarz，1989]。在`<iostream.h>`头文件里包含下面这样的东西：

```
class io_counter {
    static int count;
public:
    io_counter()
    {
        if (count++ == 0) { /* initialize cin, cout, etc. */ }
    }

    ~io_counter()
    {
        if (--count == 0) { /* clean up cin, cout, etc. */ }
    }
};

static io_counter io _ init ;
```

现在每个包含 `iostream` 头文件的文件都会创建了一个 `io_counter`，对它初始化的效果就是增加 `io_counter::count` 的值。这件事第一次发生时将初始化有关的库对象。由于库的头文件总是出现在库函数的任何使用之前，这样就能保证正确初始化。由于析构按与构造的相反顺序进行，这一技术也能保证在库的最后使用之后的清理工作。

这一技术以一种具有普遍意义的方式解决了顺序依赖问题，付出的代价微乎其微，只要求库的提供者多写几行高度程式化的代码。不幸的是，这样做带来的性能问题也可能很严重。在采用了这种诡计的地方，大部分 C++ 对象文件都包含着一些动态初始化代码（假定用的是常规连接器），这也就意味着动态初始化的例行程序将散布在进程的整个地址空间里。在采用虚拟存储器的系统里，这又意味着在程序的初启阶段和最后的清理阶段，它的大部分页面都需要再次装进基本存储器。这可不是使用虚拟存储器的良好行为方式，可能使某些重要应用的启动拖延许多秒的时间。

某实现者倡议采用的另一种简单解决办法是修改连接器，将动态初始化的代码集中到一个地方。另外，只要系统不支持某种将程序动态装入基本存储器的操作，上述问题也不会出现。但是，对于受到这种问题困扰的 C++用户而言 [Reiser，1992]，上面这些都不过是敷衍人的安慰罢了。因为相关做法从根本上违背了 C++ 的格言：一个特征不仅应该有用，而且应该能负担得起（4.3 节）。这个问题能通过增加一个特征而得到解决吗？

从表面上看似乎不可能，因为无论语言设计或官方的标准化委员会都不会为效率而立法。我看到过的建议都是针对顺序问题提出的——该问题早已被Jerry的初始化“诡计”解决了——而不是针对它们所隐含的效率问题。据我猜测，真正的解决办法是要找到某种方式，去鼓励实现者避免动态初始化例行程序“蹂躏虚拟存储器”。已经知道一些能达到这个目的的技术，但是在标准里明显地写出一些东西，鼓励这些正确做法，非常有必要。

3.11.4.3 内部类型的动态初始化

在C语言里，要初始化静态对象，只能采用稍加扩充的常量表达式显式。例如：

```
double PI = 22/7;          /* ok */
double sqrt2 = sqrt(2);    /* error in C */
```

而C++ 则允许用任何表达式做类对象的初始化。例如：

```
Double s2 = sqrt(2); //ok
```

这样就使内部类型反而变成了“二等公民”，因为为类提供的支持已经发展到超过了为内部类型提供的支持。这种反常现象很容易解决，但直到Release 2.0之后，这种能力才成为普遍可用的东西：

```
double sqrt2 = sqrt(2); // ok in C++ (2.0 and higher)
```

3.11.5 声明语句

我从Algol 68借来的另一个概念，就是允许把声明写在需要它的任何地方（而不是必须在某些块的头部）。这样，我就允许了一种“只做初始化的”或说是“单赋值的”程序设计风格，与传统风格相比，这一做法更不容易出错。对于引用和常量而言，这种风格更是根本性的，因为它们都不能赋值。而对于那些采用默认初始化方式的代价特别高的类型，从本质上说这种风格的效率更高。例如：

```
void f(int i, const char* p)
{
    if (i<=0) error("negative index");
    const int len = strlen(p);
    String s(p);
    // ...
}
```

为了尽量减少由未经初始化的变量带来的问题，我们的另一方面努力就是利用构造函数来保证初始化（2.11节）。

3.11.5.1 for语句里的声明

需要在块的中间引进新变量，最常见的原因之一就是为循环提供一个变量。例如：

```
int i ;
for (i=0; i<MAX; i++) // ...
```

为了避免变量声明与它的初始化分离，我允许把声明移到 for 的后面：

```
for (int i=0; i<MAX; i++) // ...
```

不幸的是，然而，我没有抓住机会改变语义，把以这种方式引进的变量的定义域限制到 **for 语句**的范围内。忽视了这个问题的原因，从根本上说是为了避免给一般规则增加一种特殊情况，一般规则是“一个变量的作用域从它声明点一直延伸到它所在块的结束”。

这个规则后来成为许多讨论的题目，最后也做了修改，以便与条件语句中声明的规则（3.11.5.2 节）互相一致。也就是说，在一个 **for 语句**的初始化部分引进的名字，其作用域只延伸到这个 **for 语句**的结束。

3.11.5.2 条件语句里的声明

人们一直在谨慎地努力避免未初始化的变量，剩下的还有：

[1] 用于输入的变量：

```
int i ;
cin>>i;
```

[2] 在条件语句里使用的变量：

```
Tok* ct ;
if (ct = gettok()) { /* ... */ }
```

在 1991 年设计运行时类型识别机制时（14.2.2.1 节），我认识到，如果允许将声明作为条件，就可以消除掉后一种产生未初始化变量的情况。例如：

```
if (Tok* ct = gettok()) {
    // ct is in scope here
}

// ct is not in scope here
```

这一特征不只是一种减少打字的小窍门，也是局部化思想的一个直接推论。通过把一个变量的声明、其初始化，以及对初始化结果的测试组合到一起，得到了一种紧凑的表达方式，帮助我们清除由于变量未初始化就使用而产生的错误。通过把这种变量的作用域限制到有关条件控制的语句里，我们也解决了重新赋予这些变量其他用途的问题，以及已经认为它们不再存在之后又不经意地使用的问题。这样也就清除了另一个较小的错误根源。

允许在表达式里写声明的灵感来自表达式语言——特别是 Algol 68。我“记得”Algol 68 的声明产生值，所以就基于这点做了我的设计。后来我才发现自己的记忆是错误的，实际上，声明是 Algol 68 仅有的几种不产生值的结构之一。我向 Charles Lindsey 提出这个问题，得到的回答是“即使 Algol 68 也有瑕疵，在某些地方它不是完全正交的”。我想这正好证明了，一个语言不必无愧于其理想，照样可以为人们提供灵感。

如果我是从一张白纸出发去设计语言，就会遵循 Algol 68 的方式，让每个语句或声明都是表达式，都产生一个值。我将禁止未初始化的变量，并抛弃在一个声明里说明多个变量的思想。当然事情很清楚，这些想法已经远远超出了能被 C++ 接受的范围。

3.12　与经典 C 的关系

由于引进了 C++ 这个名字，写出了 C++ 的参考手册 [Stroustrup，1984]，与 C 语言的兼容性问题就变成了一个最重要的问题，而且也成为争论的焦点。

还有，到 1983 年后期，贝尔实验室里负责开发和支持 UNIX、生产 AT&T 的 3B 系列计算机的分支机构开始对 C++ 感兴趣，它已经希望为 C++ 工具的开发投入一些资源。不幸的是对于使 C++ 的发展由一个人独舞转变为一个公司的支持关键性项目所用的语言，这种发展情况确实非常有必要。然而，这同时意味着在开发管理层也要考虑 C++ 了。

开发管理层发出的第一个命令就是要求与 C 的 100%兼容性。与 C 语言兼容的想法非常明显，也很合理。但程序设计的现实则不那么简单。作为第一步，C++ 到底应该与哪个 C 兼容？到处都是 C 语言的方言，虽然 ANSI C 已开始出现，但是得到它的稳定版本还需要时日。ANSI C 的定义也同样允许方言存在。我记得那时计算过——不过是作为玩笑——存在 3^{42} 个严格符合 ANSI C 标准的方言。得到这个数字的基本方法，就是列出所有未定义的或要求实现去定义的方面，用它作为算式的指数，底则采用不同可能性的平均数。

很自然，一个普通用户所希望的与 C 兼容，指的是 C++ 与其使用的局部 C 方言兼容。这是很重要的实际问题，也是我和我的朋友特别关注的。业界的经理或者销售商对这方面的关心就差多了，他们或是对技术细节不甚了了，或者不过是想用 C++ 把用户绑到自己的软件和/或硬件上。而贝尔实验室的 C++ 开发者们则不同，他们独立于自己为之工作的机构，“把从感情上承担起兼容性的义务作为一个观念 [Johnson，1992]”，努力抵抗着管理层的压力，设法把一种特殊的 C 方言隐藏在 C++ 的定义中。

兼容性问题的另一个方面更紧迫：“C++ 应该以什么方式与 C 不同，以便能达到自己的目标？”还有“C++ 应该以什么方式与 C 兼容，才能达到其目标？”问题的这两个方面同样重要，在从 C with Classes 转变到 C++ Release 1.0 的过程中，这两个方向上都做了一些修正。很缓慢的，也是充满痛苦的，一个共识逐渐浮现：在 C++和 ANSI C（当它成为标准后）之间不应该存在无故的不兼容性 [Stroustrup，1986]，而确实应该有一些不兼容性，只要它不是无故的。很自然，“无故的不兼容性”这个概念成为许多争论的话题，它耗费了我太多太多的时间和精力。这个原则后来被广泛理解为“C++：尽可能地与 C 靠近，但又不过分近”，这是到了 Andrew Koenig 和我一篇以此为名的文章之后。

这种策略是成功的，一个标志就是 K&R2 [Kernighan，1988] 里的所有例子都是用 C++ 的 C 子集写出来的。Cfront 就是做 K&R2 里例子代码的基本测试时所使用的编译器。

关于模块化，如何通过组合起一些分别编译部分的方式做出一个程序，在最初的 C++ 参考手册 [Stroustrup，1984] 里已经有明确的反映：

[a] 名字是私用的，除非显式将其声明为公用的；

[b] 名字局部于其所在的文件，除非显式地从文件里导出；

[c] 总是做静态的类型检查，除非显式地抑制这种检查；

[d] 一个类是一个作用域（这意味着类可以完美地嵌套）。

观点 [a] 不会影响与 C 的兼容性，但是 [b]、[c] 和 [d] 却隐含着不兼容性：

[1] 按默认方式，C 的非局部函数和变量可以在其他编译单位里访问；

[2] 在使用之前不必有 C 函数的声明，按默认方式，C 函数调用不检查类型；

[3] 在 C 语言里，结构的名字不能嵌套（即使它们在词法上嵌套）。

此外，

[4] C++ 只有一个名字空间，而 C 语言中“结构标志”有独立的名字空间（2.8.2 节）。

这种“有关兼容性的战争”现在看起来是琐碎而无趣的，但还是留下一些基本问题，至今仍未解决，我们还在 ANSI/ISO 标准化委员会里为它们而斗争。我非常执着地认为，使兼容性战争发生而且使它出奇地范围广泛，原因就在于我们从来没有直面关于 C 和 C++ 语言不同目标的深刻内涵，而一直把兼容性看作一些单独的需要个别解决的问题。

作为一个典型情况，在最不具根本性的问题 [4]“名字空间”上花了最多的时间，最后是通过 [ARM] 的一种妥协解决了。

在把类作为作用域的观念（[3]）上，我也不得不做了一些折中，在发布 Release 1.0 时接受了 C 的“解决办法”。我原来一直没认识到一个实际问题——在 C 语言里，一个 struct 并不构成一个作用域，因此下面的例子：

```
struct outer {
    struct inner {
        int i ;
    };
    int j ;
};

struct inner a = { 1 };
```

在 C 语言里完全合法。不仅如此，这样的代码甚至可以在标准的 UNIX 头文件里找到。在有关兼容性的斗争接近结束时，这个问题被提了出来，而我已经没有时间再去领会有关的 C 语言“解决方案”到底会带来什么，表示同意比与之斗争要容易得多。后来，在遇到了许多技术问题，并且接到来自用户的许多不满之后，嵌套的类作用域才在 1989 年被重新引进 C++ [ARM]（13.5 节）。

经过了许多激烈的辩论之后，C++ 对于函数调用的强类型检查才被接受了（没有修改）。对静态类型系统的隐含破坏是 C/C++ 之间不兼容性的一种根本性例子，但是这绝不是无故的。ANSI C 委员会在这个问题上采纳了一种比 C++规则和概念稍微弱一点方式，其中声明说：那些不符合 C++ 的用法都是过时的用法。

我不得不接受 C 的规则：在默认情况下，全局名字在其他编译单位里也是可以访问的。因为没人支持更严格的 C++ 规则。这也就意味着在 C++里（与 C 类似），在类和文件的层次之上，再也没有有效的模块化描述机制了。这导致了一系列的指责，直到 ANSI/ISO 委员会接受名字空间（第 17 章）作为避免名字污染的机制。Doug McIlroy 和其他人争辩说，不管怎样，如果在一个语言里，为了让一个对象或函数可以从其他编译单元里访问，就必须显式声明，C 程序员不可能接受这个语言。他们在当时可能是对的，也使我避免了一个大错误。我现在也认识到，原来的 C++ 解决方案也不是足够优美的。

与兼容性有关的另一问题是，在这里总能看到两条战线，两条战线的人都对自己的观点坚信不疑，认为必须为自己的情况辩护。一条战线要求 100% 的兼容性——通常并没有理解这样做究竟意味着什么。例如，许多要求 100% 兼容性的人在了解到这实际上意味着与现存 C++ 的不兼容，并将导致千百万行 C++ 代码无法编译时，会感到大吃一惊。在许多情况下，强调 100% 兼容性的基本假设是 C++ 只有不多的用户。另一种情况也常常见到，强调 100% 兼容性的背后隐藏的是一些人对 C++ 的忽视和对新特征的反感。

另一条战线也可能同样使人烦恼，他们声称与 C 的兼容性根本不是一个应该考虑的问题。他们为一些新特征辩护，而对那些希望能混合使用 C 和 C++ 代码的人而言，这些特征将带来严重的不便。很自然，每条战线中提出的极端论点都使另一战线绷紧神经，更害怕损害了自己最关心的语言部分。在这里——几乎总是——冷静的头脑占了上风，在认真考虑过所涉及的实际需要和使用 C/C++ 的实际情况之后，争论通常收敛到对折中细节的更具建设性的考察上。在 X3J16 ANSI 委员会的组织会议上，原 ANSI C 委员会的编辑 Larry Rosler 对抱有怀疑态度的 Tom Plum 解释说，“C++ 就是我们想做但却一直无法做成的那个 C 语言”。这可能有点夸大其词，但对于 C 和 C++ 的共同子集而言，这个说法与真理相距不远。

3.13 语言设计的工具

对于 C++的设计和进化，比黑板更高级的理论或工具并没有起过多少作用。我曾试图用 YACC（一种语法分析程序的生成器，[Aho，1986]）做语法方面的工作，但却被 C 语言的语法打败了（2.8.1 节）。我考虑了指称语义学，但又被 C 的诡诈所击退。Ravi Sethi

曾经考查过这个问题，他发现无法用这种方式表述 C 语言的语义 [Sethi，1980]。

最主要的问题是 C 的不规范性，以及有关 C 实现的一些依赖于具体实现的东西和未加规定的方面等。到了很久以后，ANCI/ISO C++ 委员会请一些形式化定义的专家来解释他们的技术和工具，并说明他们的观点：在定义 C++的标准化问题上，真正的形式化途径究竟有可能在多大程度上帮助我们。我也考查了 ML 和 Module-2 的形式化规范，想看看形式化途径能否给出一个比传统英文文字更短的、更优美的描述。我不认为，一个这样的 C++ 描述被实现者或者专家用户做出错误解释的可能性会更少。我的结论是，如果一个语言的形式化定义不是和某种形式化定义技术一起设计，那将超出了所有人的能力范围，除了很少几个形式定义的专家。这一点证实我在那时的结论。

但是，放弃对形式化规范的期望，又使我们陷身于不准确和不充分的术语的包围之中。在这种状况下，我能用什么来做些补偿呢？我试着去对新特征做推理，自己去做，也请别人检查我的逻辑。然而，我不久就发展出了一种对于争论的健康的不敬观点（当然也包括对我自己），因为我发现，可能为每个特征构造出一套似乎很符合逻辑的论据。但从另一个角度看，如果你接受了能使某些人活得更方便的所有特征，结果得到的绝不会是一个好语言。现存的合理特征太多了，任何语言都不可能既提供了所有这些东西，同时又具有内在的一致性。因此，只要可能，我就设法去做试验。

不幸的是，你常常也无法设计出一个正确的试验。要想提供一个完全规模的系统，带有实现、工具、教育，让一些人用这个，让另一些人用其他东西，以便能评价它们的差异，这显然是完全不可能的。人之间的差别太大，项目之间的差异太多，人们建议的特征在定义、实现和解释它们的工作中都会发生变化。所以我只好用定义、实现和解释特征的工作作为一种设计辅助。一旦实现了某个特征，我和另外几个人就会去使用它。我尽可能地做试验，对做出任何正面论断保持高度怀疑。只要可能，我就依靠那些正在考虑实际应用的老练程序员的观点。这使我能够补偿自己的“试验”中最根本的局限性：这些试验通常只是比较各种实现方式，对小的实例检查源代码的质量，以及度量这些实例运行时间和空间等。在这样的设计过程中，我至少能有一些反馈，使得我能依靠试验，而不是只靠纯粹的思维。我的牢固信念是，语言设计并不是纯粹的思维训练，而是一种在需要、想法、技术和约束条件之间取得平衡的非常实际的修炼。一个好语言不是设计出来的，而是成长起来的。这种修炼与工程、社会学和哲学的关系比与数学的关系更密切些。

回首往事，我希望当时能够知道一种方法，用它能形式化地描述类型转换和参数匹配。人们已经认识到，这类问题是很难做好的，也很难写出无歧义的文档。不幸的是，我怀疑，直到现在也没有合理的通用方式，能以某种方便的方式处理 C 语言对内部类型和运算符的非常不规范的规则。

对语言设计者，总存在着极大的诱惑，引诱他去提供某些特征或服务，用户原来在这里需要采用迂回的方式解决问题。而且，要求添加某些东西的要求被拒而产生的尖叫，远比对“又增加了另一个无用特征”的抱怨响亮得多。对一个标准化委员会而言，这是一个很严重的问题（6.4 节）。这种争论的最坏变形就是对正交性的崇拜。许多人认为，如果在语言中增加了一个特征可以使它更具正交性，这就是接纳该特征的充分论据。我赞成正交性在原则上是好东西，但也注意到它总要带来代价。在正交性的所有好的意图之外，在手册和指导材料中定义各种特征的组合，通常需要做许多额外工作。经常遇到的情况是，实现由正交性思想所规定的组合，总比人们的想象困难很多。对于 C++，我总在想，对于那些不使用组合方式的人，正交性将使他们在运行时间和空间上付出怎样的代价。如果这种代价无法在理论上减少到 0，我就很不情愿接受这个特征——即使它是正交的。也就是说，正交性应该作为第二性原则——放在有关有用性和效率的最基本考虑之后。

我过去和现在的印象都说明，许多程序设计语言和工具是在提供了解答之后再去找问题。而我则确定自己的工作决不能混同于这类东西。因此，我关注着程序设计语言文献，以及有关程序设计语言的各种争论，针对我的同事和我自己在实际应用中遇到的问题，寻找解决问题的想法。其他程序设计语言构筑起一座座思想和见解的大山，但需要细心地挖掘，以避免特征泛滥和不一致性。C++ 的主要思想源泉是 Simula、Algol 68，随后是 Clu、Ada 和 ML。良好设计的关键是对问题的深入认识，而不是提供了多少最高级的特征。

3.14　《C++程序设计语言》（第 1 版）

在 1984 年秋天，我在工作上的邻居 Al Aho 建议我，写一本有关 C++的书，基于自己的文章、内部备忘录和 C++ 用户参考手册，结构上可以参照 Brian Kernighan 和 Dennis Ritchie 的《C 程序设计语言》[Kernighan，1978]。完成这本书花了 9 个月时间。我在 1985 年 8 月中写完了这本书，第一个拷贝在 10 月中出来了。由于美国出版工业的好管闲事，这本书具有 1986 年的版权。

书的前言里，列出了直至那时为 C++ 做出最大贡献的人：Tom Cargill、Jim Coplien、Stu Feldman、Sandy Fraser、Steve Johnson、Brian Kernighan、Bart Locanthi、Doug McIlroy、Dennis Ritchie、Larry Rosler、Jerry Schwarz 以及 Jonathan Shopiro。我对于将一个人加入这个表的准则是：能确定某个特定 C++ 特征是由于这个人的提出而加进去的。

该书的开篇语是“C++是一种通用程序设计语言，其设计就是为了使认真的程序员感觉到编程序变得更快乐。”这句话被审阅者删掉了两次，他们拒绝相信程序语言的设计除了对生产率、管理和软件工程的那些严肃的唧咕声之外还能够有什么。当然，

> “C++ 的基本设计就是为了使作者和他的朋友们能够不必再用汇编语言、C 或者各种各样新潮的高级语言来做程序设计。它的主要目标是使程序员个人能够更容易和

更愉快地写出良好的程序。”

实际情况就是这样，无论审阅者愿不愿意相信。我把工作中的注意力集中于人，个人（无论他是否属于某个小组），程序员。这种思考问题的方式随着时间的推移而逐渐加强，在第 2 版里更加突出[2nd]，在那里更深入地讨论了设计和软件开发问题。

对不计其数的程序员而言，《C++程序设计语言》就是 C++ 语言的定义和 C++ 的导引。这本书的展示技术和结构（是我带着感激之情从《C 程序设计语言》那里借来的，可能不总是很有技艺）已经成为数量惊人的文章和书籍的基础。写它的时候，我带着强烈的决心，不准备去鼓吹任何特殊程序设计技术。基于同样的想法，我也害怕由于忽视和家长式作风的误导而给语言构筑进一些限制。我不希望这本书变成一篇有关自己个人爱好的宣言。

3.15 有关“什么是”的论文

在发布了 Release 1.0 并将书的影像拷贝送给印刷厂后，我终于有时间去考虑更大的问题，写写整体的设计论点了。正在这时，Karel Babcisky（Simula 用户协会(ASU)的主席）从奥斯陆打来电话，邀请我到 1986 年在 Stockholm 的 ASU 会上做一个关于 C++ 的报告。我自然很想去，但又担心在 Simula 会上展示 C++ 很可能被看作自我吹嘘的庸俗范例，或是企图从 Simula 偷走用户。最后我说，“C++ 不是 Simula，为什么 Simula 用户希望听到它的情况。” Karel 回答说，“啊，我们并不吊在语法上。” 这给了我一个机会，不仅写下 C++ 是什么，还包括它被假定是怎样的，以及它在哪些地方并没有符合这个理想。结果就是文章“什么是‘面向对象的程序设计？’”（*What is"Object-Oriented Programming"*）[Stroustrup，1986b]。扩充版本发表在 1987 年 7 月在巴黎召开的第一次 ECOOP 会议上。

这篇文章的重要性在于它第一次揭示了作为 C++ 的支持目标的一集技术。为了避免不诚实或被看作是一种宣传，以前的所有阐述总是限制在描述已经实现并已经使用的特征上。这篇有关“什么是”的论文则定义了一组我认为支持数据抽象和面向对象程序设计的语言应该解决的问题，并给出了所需要的语言特征的范例。

结果是重申了 C++ 的“多范型”性质的重要性：

> “面向对象程序设计是利用继承机制的程序设计。数据抽象是利用用户定义类型的程序设计。除了少许例外，面向对象的程序设计将能够而且应该支持数据抽象。这些技术需要正确的支持，取得高效率。数据抽象本质上需要在语言特征的形式上得到支持，而面向对象的程序设计则更进一步需要得到程序设计环境的支持。为达到通用性，支持数据抽象或面向对象程序设计的语言又必须能有效地利用传统硬件。”

这里也特别强调了静态类型检查的重要性。换句话说，C++在继承模型和类型检查方面遵循的是 Simula 而不是 Smalltalk 的路线：

> “一个 Simula 类或者 C++ 类为一集（其所有派生类的）对象描述了一个固定的接口；而一个 Smalltalk 类则是为（其所有子类的）对象描述出一个初始的操作集合。换句话说，一个 Smalltalk 类是一个最小描述，用户可以自由地去试用没有在这里描述的操作；而一个 C++ 类则是个准确的描述，使其用户得到了一种保证，只有在类声明中描述的操作才能被编译器所接受。”

这将对人们设计系统的方式，对语言到底需要哪些设施，产生深刻的影响。动态类型语言，如 Smalltalk，能够简化库的设计与实现，采用的方式是把类型检查推迟到运行之中。例如（这里借用了 C++ 的语法形式）：

```
void f()    // dynamic checking only, not C++
{
    stack cs;
    cs.push(new Saab900);
    cs.pop()->takeoff();     // Oops! Run-time error:
                             // a car does not have a
                             // takeoff method.
}
```

这种推迟检查类型错误的方式被 C++认为是不可接受的。在一个采用动态类型的语言里，还需要有一种方法来完成记法的方便性与标准库之间的匹配。参数化类型为此问题提供了一种 C++ 的（未来的）解决办法：

```
void g()
{
    stack(plane*) cs;

    cs.push(new Saab37b);     // ok a Saab37b is a plane
    cs.push(new Saab900);     // error, type mismatch:
                              // car passed, plane* expected.

    cs.pop()->takeoff();      // no run-time check needed
    cs.pop()->takeoff();      // no run-time check needed
}
```

把编译时检查这类问题看成最关键的事情，根本原因是看到了 C++ 常被用于实现运行时并没有程序员待在旁边的程序。从根本上说，静态类型检查的概念应看成是为程序提供一种尽可能强的保证，而不仅是作为一种取得运行效率的手段。

从一个方面说，这是有关机器能保证哪些东西的普遍概念的一种特殊情况，也来源于人和调试工作应该做什么的普遍性规则。很自然，静态类型检查对调试很有帮助。但是，把基础放在静态类型检查上的最根本原因，则是因为我那时就确信（现在依然如此），与一个基于弱类型检查或动态类型检查的接口的程序相比，由通过了静态检查的部件组合而成的程序，更可能忠实地表达了一种经过深思熟虑的设计。当然，也应记住，并不是对每个接口都能彻底地做静态类型检查，静态类型检查也绝不意味着不会有错误。

这篇有关“什么是”的文章列出了 C++三方面的缺陷。

[1] “Ada、Clu 和 ML 都支持带参类型，但 C++ 不支持。这里使用的语法是为了说明问题而简单设计的。如果需要，可以利用宏来“冒充”带参数的类。很清楚，带参数的类在 C++ 里将是特别有用的。编译器很容易处理它们，但当前的 C++ 程序设计环境还没有复杂到能支持这种功能，而又不带来太大的开销和/或不方便性。与直接描述类型相比，在这里不应该有任何多余的运行开销。”

[2] “随着程序越来越大，特别是当程序库被广泛使用时，处理错误（更一般的说法是“异常情景”）的标准将变得日益重要。Ada、Algol 68 和 Clu 都有某种支持异常处置的标准方式。不幸的是，在 C++ 里还没有。如果需要，可以利用函数指针、‘异常对象’‘错误状态’以及 C 标准库的 `signal` 和 `longjmp` 等机制来‘冒充’异常。一般而言这很不令人满意，应该提供一种处理错误的标准框架。”

[3] “有了这种解释，事情变得很明显，让一个类 B 可以从两个基类 A1 和 A2 继承应该是很有用的，这称为多重继承。”

所有这三种机制都与提供更好的（也就是说更一般的和更灵活的）库有关。所有这些现在都可以在 C++ 里使用了（模板，第 15 章；异常，第 16 章；多重继承，第 12 章）。请注意，增加多重继承和模板功能早就被考虑作为进一步发展的可能方向 [Stroustrup，1982b]。在这篇文章也提出了异常作为另一个可能性，但我那时主要是担心，而不是正面地提出向这个方向发展的可能需求。

与往常一样，我又提出了运行时间和空间的效率要求，以及如果“不是完美的”，就需要在传统系统中与其他语言共存的能力。对于一个声言自己为“通用”的语言，当然不应该违背这些东西。

04

第 4 章　C++语言设计规则

如果地图与地表不符，要相信地表。

——瑞士军队格言

C++ 的设计规则——整体设计目标——社会学规则——C++ 作为一种支持设计的语言——语言的技术性规则——C++ 作为一种支持低级程序设计的语言

4.1 规则和原理

要成为真正有用而且人们乐于使用的东西，一个程序设计语言的设计就必须有一种全局观，用于指导语言中各种特征的设计。对于 C++，这种全局观由一组规则和约束构成。称其为**规则**，是因为我认为把**原理**这个词用在一个真正的科学原理非常贫乏的领域，显得过于自命不凡，而程序设计语言设计就是这样一个领域。此外，对许多人而言，术语**原理**隐含着一个不太实际的推论，也就是说，任何例外都是不可接受的。而我的有关 C++设计的规则几乎可以保证都有例外情况。实际上，如果一条规则与某个实际试验发生冲突，这个规则就应该靠边站。这样说，看起来似乎有些粗鲁，但是它不过是一条一般性原则的变形：理论必须与试验数据相吻合，否则就应该被更好的理论取代。

这些规则绝不能不加思索地使用，也不能用几条肤浅的口号取代。我把自己作为一个语言设计者的工作看作去决定需要对付的是哪些问题，决定在 C++ 的框架里能够对付的是哪些问题，并在实际语言特征设计的各种规则之间保持一种平衡。

这些规则指导着与语言特征有关的各项工作。当然，改进设计的大框架是由 C++ 的基本设计目标提出来的。

我把这些规则组织在四个更具概括性的小节里。4.2 节包含所有与整个语言有关的规则，这些东西非常具有普遍性，单个的语言特征将无法直接放进这个图景里。4.3 节的规则基本上与 C++ 在支持设计方面所扮演的角色相关。4.4 节的规则关注与语言的形式有关的各种技术细节。4.5 节的规则集中关注 C++ 作为低级系统程序设计语言所扮演的角色。

目　　标
C++ 应该使认真的程序员感觉到编程序变得更快乐
C++ 是一种通用的程序设计语言，它应该：
——是一种更好的 C
——支持数据抽象
——支持面向对象程序设计

这些规则的形式主要得益于事后的思索，但有关规则及其所表达的观点，在 1985 年 C++的第一个发布之前就已经支配着我的思想了，而且——正如前面章节里讲到的——这些规则中不少还是 C with Classes 的初始概念的组成部分。

4.2 一般性规则

最一般和最重要的 C++ 规则与语言的技术方面没太大关系，这些规则几乎都是社会性的，其关注点是 C++ 所服务的社团。C++ 语言的本质在很大程度上出于我的选择，我认为它应该服务于当前的这一代系统程序员，支持他们在当前的计算机系统上解决当前遇到的问题。最重要的是，**当前**这个词的意义和性质总随着时间而变化，C++ 必须能够发展，以满足其用户的需要；它的定义不应该是一成不变的。

一般性规则
C++ 的发展必须由实际问题推动
不应被牵涉到无益的对完美的追求中
C++ 必须是**现在**就有用的
每个特征必须存在一种合理的明显实现方式
总是提供一条转变的通路
C++ 是一种语言，而不是一个完整的系统
为每种应该支持的风格提供全面支持
不试图去强迫人做什么

C++ 的发展必须由实际问题推动：在计算机科学中，就像在许多其他领域一样，我们总能看到许多人在努力为他们最喜爱的解决办法寻找问题。我不知道有任何简单明了

的方法能避免时尚扭曲我对什么最重要的认识，但是我也很敏锐地意识到，提供给我的许多语言特征在 C++ 的框架里根本就不可行，它们常常与真实世界的程序员无关。

改变 C++ 的正确推动力，是一些互相独立的程序员证明该语言不能很好地表述他们的项目。我偏爱来自非研究性项目的信息。无论何时只要可能，在努力发现问题和寻找解决办法时，我设法与真实的用户联系。我如饥似渴地阅读程序设计语言文献，寻找对这些问题的解答，以及各种可能有帮助的技术。但是我也发现，文献在考虑真正的问题方面完全不可靠，理论本身不可能为加入或去掉一个特征提供充分的证据。

不被牵涉到无益的对完美的追求中：任何程序设计语言都不是完美的。由于问题和系统都在持续变化，将来也不可能有完美的语言。用许多年功夫去修饰一个语言，希图去接近某种完美的概念，只能是使程序员无法从那些年的进步中获益，也使语言设计者不能得到真实的反馈。没有适当的反馈，一个语言就会逐渐与时代脱节。不同环境里的问题，各种计算机系统，以及——最重要的——人与人之间，都存在巨大的差异，因此，对某些小环境的"完美配合"几乎可以确定是过分特殊的，与大千世界的繁荣没多大关系。另一方面，程序员花费了他们的大部分时间去修改老代码，或者与它们接口。为了完成实际工作，他们需要某种稳定性。一旦某个语言投入了实际应用，对它的剧烈修改就不可行了，甚至想做一点小修改而又不伤害到用户，也是很困难的。因此，重要的改进需求必须依靠真实的反馈，并伴以对兼容性、转变过程和教育的认真考虑。随着语言逐渐成熟，人必须更多考虑通过工具、技术和库的替代性方式，而不是去改变语言本身。

并不是每个问题都需要用 C++ 解决，也不是说 C++ 的每个问题都足够重要，值得做一种解决方案。例如，完全没必要扩充 C++ 去直接处理模式匹配或定理证明； C 语言著名的运算符优先级的毛病（2.6.2 节）也最好让它待在那里，或通过警告信息去处置。

C++ 必须现在就是有用的：许多程序设计是现世的，用在功能较差的计算机上，运行在相对过时的操作系统和工具上。大部分程序员没经过应有的形式化训练，几乎没时间去更新他们的知识。为了能够为这些程序员服务，C++ 必须能适合具有平均水平的人，能用于平均水平的计算机。

虽然我也多次想过尝试，但我从来就没有真正的欲望去抛弃这些人以获得某种自由，去调整我的设计以满足最尖端的计算机和计算机科学研究者们的口味。

这个规则的意义——与大部分其他规则一样——也将随着时间推移而改变，部分地是 C++ 成功的结果。威力更强大的计算机今天已经可用了，更多程序员接受了 C++ 所依赖的基本概念和技术。进一步说，随着人的抱负和期望的增长，程序员所面对的问题也在改变。这也意味着要求更多计算机资源，要求更成熟的程序员的某些语言特征，今天已经可以并且应该考虑了。异常处理（第 16 章）和运行时类型识别（14.2 节）就是这方面的例子。

每个特征必须有一种合理的明显实现方式：不应该有必须通过复杂的算法才能正确地或有效地实现的特征。理想地说，应该存在明显的分析和代码生成策略，而这些应该足够应付实际使用。如果更多思考能产生更好的结果，当然是越多越好。大部分特征都通过实现、试验性的使用、检查修订，而后才被接受。那些没能按这种方式去做的地方，例如模板的实例化机制（15.10 节），后来就暴露出了一些问题。

当然，使用者总比写编译器的人多得多，所以，如果在编译复杂性和使用复杂性之间出现了需要权衡的问题，解决方案必定是偏向用户的。我在许多年做编译器维护的工作中，已经真正理解了这个观点。

总提供一条转变的通路：C++必须逐渐成长，以便很好地服务于它的用户，并从用户的反馈中获益。这里隐含着特别关注和保证老代码能继续使用的问题。当某种不兼容性已经无法避免时，需要特别关注如何帮助用户更新他们的代码。类似地，必须提供一条路径，使人能从容易出错的 C 一类的技术转到 C++的更有效的使用方面来。

要清除一种不安全、容易出错，或者简单说就是有毛病的语言特征，最一般的策略是首先提供一种更好的替代品，而后建议人们避免使用老的特征或技术，而只有到数年之后——如果需要做的话——再删除那个有问题的特征。可以有效地通过让编译产生警告信息的方式支持这种策略。一般说，直接删除一个特征或者更正一个错误是不可行的（典型原因是为了保持与 C 的兼容性）：替代的方法是提出警告（2.6.2 节）。这样做，还能使 C++ 的实现比仅根据语言定义看到的情况更安全些。

C++是一种语言，而不是一个完整的系统：一个程序设计环境包含了许多部分。一种方式是将多个部分组合成一个"集成化的"系统，另一种方式是维持系统中各部分之间的经典划分，例如编译器、连接器、语言的运行支持库、I/O 库、编辑器、文件系统、数据库，等等。C++ 遵循的是后一条路。通过库、调用约定等，C++ 能适应各种系统里指导着语言和工具之间互操作的系统规定。对于移植和实现的简单性，这些都是非常关键的。更重要的，对支持不同语言写出的代码之间的互操作，这些做法也很关键。这种方式也能允许工具的共享，使作为个人的程序员能更容易地使用多种语言。

C++ 的设计就是准备作为许多语言之中的一个。C++ 支持工具的开发，但又不强求某种特定的形式，程序员仍然有选择的自由。这里的关键思想是，C++ 及其关联工具应该对给定系统有正确的"感觉"，而不是对于什么是一个系统，或者什么是一个环境强加上某种特殊的观点。对于大型系统，或者有着不同寻常的约束的系统而言，这些非常重要。这类系统常常无法得到很好的支持，因为"标准的"系统的设计总是倾向于专门支持个人，或者是支持很小的组，仅仅支持他们做相当"普通的"工作。

为每种被支持的风格提供全面支持：C++ 必须为满足严肃的开发者们的需要而不断发展。简洁是最基本的东西，但应根据将要使用 C++ 的项目的复杂性来考虑这个问题。与保持语言定义比较简短相比，用 C++ 写出的系统的可维护性和运行时的性能是更重要的问题。这实际上意味着要做的是一个规模相对较大的语言。

这也意味着——正如许多经验所说明的——必须支持各种风格的程序设计。人们并不是只写那些符合狭义的抽象数据类型或者面向对象风格的类，他们也要写同时具有两方面特点的类，这样做通常都有很好的理由。他们还会写这样的程序，其中的不同部分采用了不同的风格，以适应具体需要或者是个人口味。

因此，语言特征应该设计成能以组合的方式使用，这也导致了 C++ 设计中相当程度的正交性。支持各种“非正常”使用的可能性，对于灵活性提出了很高要求，这已经一再地导致 C++ 被用到一些领域中，在那里，更局限更专注语言可能早就失败了。例如，C++ 中有关访问保护、名字检索、virtual / 非 virtual 约束，以及类型的规则都是相互独立的，这样就打开了一种可能，同时使用依赖于信息隐蔽和派生类的各种技术。有些人愿意看到一贯语言只支持很少几种程序设计风格，他们会认为这里的做法是“黑科技”。在另一方面，正交性并不是第一原则，只有在其不与其他规则冲突，既能提供某些利益而又不使实现复杂化的时候，我们才采纳它。

做一种相对较大的语言，也意味着在复杂性管理方面的努力需要有所转移，从对于库和个别程序的理解方面，转到学习语言及其基本设计技术。对大部分人而言，这种重点转变，对新程序设计技术的采纳，对“高级”技术的使用，都只能逐步完成。很少人能够“一蹴而就”地完全掌握新技术，或者一下就能把所有的新招术都用到自己的工作里（7.2 节）。C++在设计中考虑了如何使这种渐变成为可能的和自然的。这里的基本思想是：你不知道的东西不会伤害你。静态类型系统和编译的警告信息在这方面非常有帮助。

不试图去强迫人做什么：程序员都是很聪明的人，他们从事挑战性的工作，需要所有可能的帮助，不仅是其他支撑工具和技术，也包括程序设计语言。试图给程序员强加严格的限制，使他们“只能做的正确事情”，从本质上说是搞错的方向，也注定会失败。程序员总能找到某种方法，绕过他们觉得无法接受的规则和限制。语言应该支持范围较广泛的、合理的设计和编程风格，而不应该企图去强迫程序员采纳某种唯一的写法。

当然，这并不意味着所有的程序设计方式都同样好，或者说 C++ 应该支持所有种类的程序设计风格。C++ 的设计是为了直接支持那些依靠广泛的静态类型检查、数据抽象和继承性的设计风格。当然，关于应该使用哪些特征的训教被维持到最小的程度。语言机制尽可能保持了一种自由的政策，没有专门为了排斥任何确定的程序设计风格，而向 C++ 里加进或者从中减去一种特征。

我也很清楚地意识到，并不是每个人都赞赏选择和变化。无论如何，那些偏爱带有较多限制环境的人，可以在 C++ 里始终如一地坚持使用某些规则，或者去选用另一种语言，其中只给程序员提供了很少的一组选择。

许多程序员特别反感被告之某种东西可能是一个错误，而实际上它并不是。所以，“可能的错误”在 C++ 里并不是一个错误。例如，写一个能允许歧义使用的声明本身并不是错误，错的是那些存在歧义性的使用，而不只是这个错误的可能性。按照我的经验，多数“潜在错误”根本不会显现出来，因此推迟错误信息的方式就是不把它给出来。这种推迟也会带来许多方便和灵活性。

4.3 设计支持规则

列在这里的规则主要讨论 C++ 在支持基于数据抽象和面向对象程序设计方面扮演的角色。也就是说，它们更多关注这个语言在支持思考和表达高层次思想方面扮演的角色，而不是它按 C 或 Pascal 的方式，作为一种“高级汇编语言”时扮演的角色。

设计支持规则
支持健全的设计概念
为程序的组织提供各种机制
直接说出你的意思
所有特征都必须是能负担的
允许一个有用的特征比防止各种错误使用更重要
支持从分别开发的部分出发进行软件组合

支持健全的设计概念：任何个别的语言特征都必须符合一个整体模式，这个整体模式必须能帮助回答一个问题——什么样的功能是我们需要的。语言本身不可能提供这种东西，这个指导模式必然来自另一个完全不同的概念层次。对 C++ 而言，这个概念层次就是有关程序应该如何设计的基本思想。

我的目标是提升系统程序设计中的抽象层次，其方式类似于 C 语言在取代汇编语言作为系统工作主流时的所作所为。有关新特征的想法都放在这一统一框架中考虑，看它们在将 C++ 提升为一种表述设计的语言时能起到什么作用。特别是对个别特征的考虑，就要看它能否形成一种可以通过类进行有效表述的概念。对于 C++ 支持数据抽象和面向对象的程序设计，这是最关键的问题。

一个程序设计语言不是也不应该是一个完整的设计语言。因为设计语言应该更丰富，不必像适合做系统程序设计的语言那样过多地关心细节。但是，程序设计语言也应该尽可能直接地支持某些设计概念，以使设计师和程序员（这些人常常是“戴着不同帽子的”同一批人）之间更容易沟通，并能简化工具的构造。

采用设计的术语来观察程序设计语言，更容易基于该语言与其支持的设计风格之间的关系，去考虑接受或者拒绝人们建议的语言特征。没有一种语言能支持所有风格，而如果一个语言只支持某种定义狭隘的设计哲学，它也将因为缺乏适应性而失败。提升 C++ 语言使之支持宽谱的设计技术，将它们映射到“更好的”C / 数据抽象 / 面向对象程序设计，使我们能在为发展提供持续动力的同时，避免把 C++ 弄成所有人的唯一工具。

为程序的组织提供丰富的机制：与 C 语言相比，C++ 能帮助人们更好地组织程序，使之更容易书写、阅读和维护。我把计算看成已经由 C 语言解决的问题。和几乎所有人一样，我也有一些关于 C 表达式和语句应如何改进的想法。但我决定把自己的努力集中到其他方面。有关表达式或语句的新建议，都需要仔细评价，看它是能影响程序的结构呢，还是仅使表达某种局部计算变得更容易些。除了不多的例外，例如允许声明出现在第一次需要变量的位置（3.11.5 节）等，C 语言的表达式和语句结构都保持不变。

直接说出你的意思：低级语言有一个最本质的问题，那就是在人们互相交流时能如何表述问题，和他们在使用程序设计语言时能如何表述问题之间存在一条鸿沟。程序的基本结构常常被淹没在二进制位、字节、指针和循环等的泥潭中。

要缩小这种语义鸿沟，最基本的方法就是使语言更具有说明性。C++ 语言提供的每种机制都与使某种东西更具有说明性相关，然后是为了一致性检查、检测出愚蠢的错误，或者改进所生成的代码而开发的一些附加结构。

在无法使用说明性结构的地方，某种更明确的记法常常会有所帮助。分配/释放运算符（10.2 节）和新的强制转换记法（14.3 节）都是很好的例子。有关直接而明显地表达意图的思想，很早就有一种说法：“允许用语言本身表达所有重要的东西，而不是在注释里或者通过宏这类黑客手段。”这也意味着，一般而言，这个语言必须具有比原来的通用语言更强的表达能力和灵活性，特别是它的类型系统。

所有特征都必须是能够负担的：仅仅给用户提供一种语言特征，或者针对某个问题建议一种技术还不够。提供的解决方案还必须是能负担得起的，否则这个建议简直就是一种侮辱，就像对于提问“什么是到孟菲斯的最好方式”，你回答说“去租一架专机”一样。对不是百万富翁的人们而言，这绝不是一个有益的回答。

只有在无法找到其他方法，而且能在付出明显更低的代价并得到类似效果时，才应该把这个特征加进 C++。我自己的经验是，如果程序员可以在高效地或优雅地做某种事情之间做选择，大部分人将选择效率，除非存在其他更重要更明显的原因。例如，提供 inline 函数是为了无代价地跨过保护边界，对于宏的许多使用而言，这都是另一种具有更好行为的选择。这里的思想是显然的：一种功能应该同时是优雅的而又是高效的。在无法同时达到这些的地方，或者不提供这种功能，或者是——如果要求非常迫切——高效地提供它。

允许一个有用的特征比防止各种错误使用更重要：你可以在**任何**语言里写出很坏的

程序。真正重要的问题，是尽可能减少偶然用错某些特征的机会。我们花了很多精力，去保证 C++ 里各种构造的默认行为或者是有意义的，或者将导致编译错误。例如，按默认方式，所有函数的参数类型都要做检查，即使是跨过了分别编译的边界；还有，按默认方式，所有的类成员都是私用的。当然，一个系统程序设计语言不应该禁止程序员有意打破系统的限制，所以设计的努力应该更多地放在提供一些机制，帮助人写出好程序方面，而不是放在禁止不可避免的坏程序方面。在长期的工作中，程序员必然会学习。这种观点也是 C 语言传统上的“相信程序员”口号的一种变形。提供各种类型检查和访问控制规则，使类的提供者能清楚地表述其对类的使用者期望些什么，并提供保护以防偶然事故。这种规则并不想提供一种保护机制，禁止有意违反规则的情况（2.10 节）。

支持从分别开发的部分出发进行软件的组合：复杂应用需要比简单程序更多的支持，大程序需要比小程序更多的支持，效率约束很强的程序需要比资源丰富的程序更多的支持。在第三个条件的约束下，C++ 的设计中花了很多精力去解决前两个问题。当实际应用变得更大、更复杂时，这些应用必然是由一些人们能把握的具有一定独立性的部分组合而成的。

任何能用于独立进行大系统的部件开发，而后又允许将它们不加修改地用到大系统里的东西，都可以服务于这一目标。C++ 的许多发展都是由这一思想推动的。从根本上说，类本身就是这样的 C++特征，抽象类（13.2.2 节）能显式支持接口与实现分离。事实上，类可以用于表述一系列互相联系的策略 [Stroustrup，1990b]。异常机制允许从一个库出发去处理错误（16.1 节），模板使人能基于类型进行组合（15.3 节、15.6 节和 15.8 节），名字空间解决名字污染问题（17.2 节），而运行时类型识别能处理这样一类问题：当一个对象在传递过程中穿过一个库时，其准确类型有可能丢失，在这种情况下应该怎么办？

程序员在开发大系统时需要得到更多的帮助，还意味着不能过分依赖只对小程序有特效的优化技术，从而造成效率的损失。因此，对象布局应该能在特定编译单位内部孤立地确定，而虚函数调用也应该能编译成有效代码，不依靠跨越编译单位的优化。这些确实都做到了，甚至在**高效**意味着与 C 相比非常有效的意义下。如果有关整个程序的信息都能用，再做一些优化也是可能的。例如，通过检查整个程序，一个对虚函数的调用——在不牵涉动态链的情况下——有时可以确定为一个实际的函数调用。在这种情况下，就可以用一个正常的函数调用取代虚函数调用，甚至用 inline 的方式取代。现在已经存在能做这种事的 C++ 实现。当然，对于生成高效代码，这种优化并不是必需的，它们不过是在希望更高的运行效率，而不是编译效率和动态连接新派生类的情况下，可以获得的一些附加利益。当无法合理地做到这类全局优化时，还是可以通过优化去掉一些虚函数调用，只要该虚函数是应用在已知类型的对象上，Cfront 的 Release 1.0 就能做这件事。

对大系统的支持，经常是在“对于库的支持”的题目下讨论的（第 8 章）。

4.4　语言的技术性规则

下面规则针对的问题是如何在 C++里表述各种事物，这里不讨论能表述什么。

语言的技术性规则
不隐式地违反静态类型系统
为用户定义类型提供与内部类型同样好的支持
局部化是好事情
避免顺序依赖性
如果有疑问，就选择该特征的最容易说清楚的形式
语法是重要的（常以某些我们不希望的方式起作用）
清除使用预处理程序的必要性

不隐式地违反静态类型系统：每个对象在建立时就具有特定的类型，例如 `double`、`char*`或 `dial_buffer` 等。如果以与对象的类型不一致的方式去使用它，那就是违背了类型系统。绝不允许这种情况发生的语言称为是强类型的。如果一种语言能在编译时确认所有违反类型系统的情况，那么它就是强静态类型的。

C++ 从 C 语言继承了许多特征，例如联合、强制转换和数组，这就使它不可能在编译时检查出所有违反类型系统的情况。这就是说，你需要显式使用联合、强制转换、数组、明确不加检查的函数参数，或者显式使用不安全的 C 连接去违反这里的类型系统。所有不安全特征的使用都可以处理为（在编译时）产生警告。更重要的是，目前的 C++ 已经拥有了一些很好的语言特征，采用它们更方便而又同样有效，因此可以避免使用不安全的特征。这方面的例子包括派生类（2.9 节）、标准数组模板（8.5 节）、类型安全的连接（11.3 节），以及动态检查的强制转换（14.2 节）。由于与 C 语言兼容的需要以及常见的实践，维持目前这种状态的路还很长也很困难，但大部分程序员已经采纳了更安全的方式。

只要有可能，总在编译时进行检查。只要有可能，那些在处理单独编译单位时只能提供信息而无法检查的东西，都要在连接时检查。最后，这里还提供了运行时的类型信息（14.2 节）和异常机制（第 16 章），以帮助程序员处理编译和连接都无法捕捉的错误条件。当然，在实践中，还是编译时检查的代价更低，也更值得信赖。

为用户定义类型提供与内部类型同样好的支持：因为我们把用户定义类型看作 C++程序的核心，语言当然应该给它们尽可能多的支持。因此，例如“类对象只能在自由空间中分配”这样的限制就是无法接受的了。对于例如 complex 这样的算术类型，确实需要真正的局部变量，这也就导致了对于面向值的类型（实在类型）的支持不但可以与内部类型媲美，甚至还超过了它们。

局部化是好事情：人们写一段代码时总希望它是自足的，除了可能需要从其他地方得到一些服务。也希望能使用一种服务又不带来过多的麻烦和干扰。另外，人们也需要为其他人提供函数和类等，同时不担心其实现细节与其他人的代码出现相互干扰。

C 语言距离这些思想都非常遥远，连接器可以看到所有全局函数和全局变量的名字，这些名字会与同样名字的其他使用互相冲突，除非显式将它们声明为 static。任何名字都可以当作函数名使用而不必事先声明。作为早年把结构成员名也看成全局名的遗风，在一个结构里面声明的结构也是全局的。此外，预处理程序的宏处理根本不考虑作用域问题，因此，只要改变了头文件或编译器的某些选项，程序正文中的任意一段字符都可能变成另外的任何东西（18.1 节）。如果你想去影响某些看起来是局部的代码，或希望通过某些小的“局部”修改影响整个世界的其他部分，上面这些东西的威力异常强大。公平地说，我认为这些东西对于理解和维护复杂的软件具有破坏性。因此决心提供更好的隔离手段，以对抗从“其他地方”来的破坏，对能从自己的代码中“引出”什么东西提供更好的控制。

对于代码局部化、使访问总是通过良好定义的接口进行而言，类是第一位的最重要的机制。嵌套类（3.12 节和 13.5 节）和名字空间进一步扩展了局部作用域和访问权的显式授予的概念。由于这些情况，在一个系统里的全局信息的总量大大减少了。

访问控制使访问局部化，而且没有因为完全的隔离而造成运行时间或存储空间的额外开销（2.10 节）。抽象类使人可以以最小的代价得到最大程度的隔离（13.2 节）。

在类和名字空间里，人们可以将声明和实现分开，这也非常重要，因为这样做使人更容易看到一个类到底做了些什么，而不必不断地跳过描述有关工作如何完成的函数体。允许在类声明中写 inline 函数，这样，当上述分离不合适时，可以得到另一种局部性。

最后，如果代码中重要的块能放进一个屏幕，对于理解和操作也将大有裨益。C 语言传统的紧凑性在这方面很起作用，C++ 允许在需要使用的地方引进新变量（3.11.5 节），也是在这个方向上前进了一步。

避免顺序依赖性：顺序依赖性很容易使人感到困惑，在重新组织代码时也容易引进错误。人们都会注意到，语句将按定义的顺序执行，但却往往会忽视全局声明之间和类成员声明之间的相互依赖性。重载规则（11.2 节）和基类的使用规则（12.2 节）都经过了特殊处理，避免其中出现对顺序的依赖性。理想情况是，如果交换两个声明的顺序会导致另一种不同的意思，那么这就应该是一个错误。对于类成员的规则就是这样（6.3.1

节）。但是，对全局声明不可能做到这一点。C 预处理程序可以通过宏处理引进根本无法预期的病态依赖性，从而可能造成很大的破坏（18.1 节）。

我在某个时候曾经表达过有关避免微妙的解析方式的愿望，说："帮助你下决心不应该是编译器的事情"。换句话说，产生编译错误将比产生某种含糊的解析更容易接受。多重继承的歧义性规则是这方面的好例子（12.2 节）。关于重载函数的歧义性规则是另一个例子，它也说明了在兼容性和灵活性的约束下，要做好这件事有多么困难（11.2.2 节）。

如果有疑问，就选择该特征的最容易说清楚的形式：这是在不同可能性之中做选择的第二规则，使用起来很有技巧性，因为它有可能变成一种关于逻辑美的争论，而且可能与熟悉不熟悉有关。写出描述它的辅导材料和参考手册，看看人们是否容易理解，是这个规则的一种实践方式。这里的一个意图就是简化教学人员和维护人员的工作。还应该记住，程序员们不笨，不应该通过付出重要的功能方面的代价去换取简单性。

语法是重要的（常以某些我们不希望的方式起作用）：保证类型系统的一致性，一般而言，保证语言的语义清晰、定义良好，是最基本的东西。语法是第二位的，而且，看起来人们能学会去喜爱任何语法形式。

当然，语法就是人们看到的东西，也是语言最基本的用户接口。人们喜爱某些形式的语法，并以某种奇特的狂热去表达他们的意见。我认为，想改变这些东西，或者不顾人们对某些特定语法的对抗情绪去引进新的语义或设计思想，都是没希望成功的。因此，C++ 的语法，在设法使其更合理和规范的同时，也尽可能避免去触犯程序员们的成见。我的目标是逐渐使一些讨厌的东西淡出，例如隐含的 `int`（2.8.1 节）和老风格的强制（14.3.1 节）等，同时又尽可能地减少使用更复杂形式的声明符语法（2.8.1 节）。

我的经验是，人们往往过分热衷于通过关键词来引进新概念，以至于如果一个概念没有自己的关键词，教起来就非常困难。这种作用是很重要的、根深蒂固的，远远超过人们口头上表述的对新关键词的反感。如果给他们一点时间去考虑并做出选择，人们无疑地会选择新的关键词，而不是某种聪明的迂回方案。

我试着把重要操作做成很容易看见的东西。例如，老风格强制的一个重要问题是它们几乎不可见。此外，我也喜欢把语义上丑陋的操作在语法上也弄成丑陋的，与语义相匹配，例如病态的类型强制（14.3.3 节）。一般说，也应该避免过分啰嗦。

清除使用预处理程序的必要性：如果没有 C 预处理程序，C 语言本身和后来的 C++ 可能早就是死胎了。没有 Cpp，它们根本就不能有足够的表达能力和灵活性，不能处理重要项目中所需要完成的各种任务。但在另一方面，Cpp 丑陋低级的语义也使构造和使用更高级、更优雅的 C 程序设计环境变得过分困难、代价过分昂贵。

因此，必须针对 Cpp 的每个基本特征，找到符合 C++ 语法和语义的替代品。如果这个工作能够完成，我们就可能得到一个更便宜的大大改进的 C++ 程序设计环境。沿着这个方向，我们也将清除许多很难对付的错误的根源。模板（第 15 章）、inline 函数（2.4.1 节）、`const`（3.8 节）和名字空间（第 17 章）都是在这个方向上留下的脚印。

4.5 低级程序设计支持规则

很自然，上面提出的规则基本上都适用于所有语言特征。下面的规则也同样影响 C++ 如何作为一种表述高层设计的语言。

低级程序设计支持规则
使用传统的（笨）连接器
没有无故的与 C 的不兼容性
在 C++ 之下不为更低级的语言留下空间（除汇编语言之外）
对不用的东西不需要付出代价（0 开销规则）
遇到有疑问的地方，提供手工控制的手段

使用传统的（笨[①]）连接器：初始目标就包括了容易移植，容易与用其他语言写的软件互操作。强调 C++ 应该可以用传统连接器实现，就是为了保证这些东西。要求通过在 Fortran 早期就有的连接技术必然是一件很痛苦的事情。C++ 的一些特征，特别是类型安全的连接（11.3 节）和模板（第 16 章）都可以用传统的连接器实现，但如果有更多的连接支持，它们还可以实现得更好。C++ 的第二个目标就是想推动连接器设计的改革。

采用传统连接器，使维持与 C 的连接兼容性变得相对简单。对平滑地使用操作系统功能，使用 C 和 Fortran 等，使用库，以及写为其他语言所用的库代码，这一特性都具有本质性。对于写想作为系统底层部分的代码，例如设备驱动程序等，使用传统连接器也是最关键的事情。

没有无故的与 C 的不兼容性：C 语言是有史以来最成功的系统程序设计语言。数以十万计的程序员熟悉 C，现存的 C 代码数以十亿行计，存在着集中关注 C 语言的工具和服务产业。而且 C++ 又是基于 C 的。这就带来一个问题："C++ 的定义在与 C 相匹配方面到底应该靠得多么近？"C++ 不可能把与 C 的 100% 兼容作为目标，因为这将危及它在类型安全性和对设计的支持方面的目标。当然，在这些目标不会受到干扰的地方，应该尽量避免不兼容性——即使这样做出的结果不太优雅。在大部分情况下，已经接受的与 C 语言的不兼容性，都出现在 C 规则给类型系统留下重大漏洞的地方。

① 笨（dumb）连接器，指那些传统的最基本的，不提供任何特殊功能的连接器，也就是一般的系统上普遍使用的连接器。——译者注

在过去这些年里，C++ 最强的和最弱的地方都在于它与 C 的兼容性。这种情况不奇怪。与 C 兼容性的强弱将来也一直会是一个重要议题。在今后的年代里，与 C 的兼容性将越来越少地看作是优点，而更多变成一种义务。必须找到一条发展的道路（第 9 章）。

在 C++ 之下不为更低级的语言留下空间（除汇编语言之外）：如果一个语言的目标就是真正成为高级的——也就是说，它想完全保护自己的程序，使之避开基础计算机中丑陋且使人厌倦的细节——那么它就必须把做系统程序设计的工作让给其他语言。典型情况下，这个语言就是 C。但另一种情况也很典型，C 在许多领域中将取代这种高级语言，只要在这里控制或速度被认为是最关键的问题。常见情况是，这最终将导致整个系统完全用 C 语言来编写；或者是导致这样的一个系统，只有对两种语言都非常熟悉的人才能够把握它。在后一情况下，程序员常常会遇到一个艰难的选择：给定的任务究竟适合在哪个层次上做程序设计呢，他不得不同时记住两种语言的原语和准则。C++ 试图给出另一条路，它同时提供了低级特征和抽象机制，支持用这两种东西构造混合的系统。

为了继续成为一种可行的系统程序设计语言，C++ 必须保持 C 语言的那种直接访问硬件、控制数据结构布局的能力，保有那些能以一对一的风格直接映射到硬件的基本操作和数据结构。这样，它的替代品就只能是 C 或者汇编语言。语言设计的工作就是去隔离这些低级特征，使不直接操作系统细节的代码不需要用这些低级特征。这里的目标是保护程序员，防止出现无意中越界的偶然的错误使用。

对不用的东西不需要付出代价（0 开销规则）：对于规模较大的语言，有一种论断人人皆知，说它们会产生大而慢的结果代码。最常见的是由于支持某些假设的高级特征而产生的额外开销，而这种开销又散布在整个语言的所有特征中。例如，所有对象都需要扩大，以保存为某种系统簿记而使用的信息；对所有数据都采用间接访问方式，因为某些特征通过间接访问特别容易管理；或是对各种控制结构都进行加工，以迎合某种“高级控制抽象”。对 C++ 而言，这类“分布式增肥”根本就不合适，接受它就会在 C++ 之下为更低级的语言留下空间，使得对那些低级和高性能的应用而言，C 语言将成为比 C++ 更好的选择。

这个规则在 C++的设计决策中不断成为最关键的考虑。虚函数（3.5 节）、多重继承（12.4.2 节）、运行时的类型识别（14.2.2.2 节）、异常处理和模板，都是与此有关的特征实例，它们的设计也部分地可以归于这条规则，都是到了我自己已经确信能构造出遵守 0 开销规则的实现方式时，这些特征才被接受进来。当然，一个实现者可以决定在 0 开销规则和系统所需要的某些性质之间如何做一种折中，但是也必须仔细地做。程序员通常对于分布式的增肥会有刺耳的、非常情绪化的反应。

如果想拒绝人们建议的一个特征，0 开销规则可能是所有规则中最锋利的一个。

遇到有疑问的地方就提供手工控制的手段：我对信任“高级技术”总是非常勉强，也特别不愿意去假定某些真正复杂的东西是普遍可用的和代价低廉的。inline 函数是这方面的一个很好的例子（2.4.1 节）。模板初始化是另一个例子，我在那里应该更当心一点，后来又不得不增加了一种显式控制的机制（15.10 节）。对存储管理的细节控制也是一个例子，通过手工控制可能得到重要的收获，然而，只有时间才能告诉我们这些收获是不是可以通过某种自动化技术以类似的代价得到（10.7 节）。

4.6 最后的话

对于各种主要的语言特征，所有这些规则都必须考虑。忘掉任何一个，都很可能带来某种不平衡，从而伤害到一部分用户。与此类似，让某个规则成为主导而损害其他方面，同样可能带来类似的问题。

我试着把这些规则都陈述为正面的命令式的句子，而不是构造出一个禁止表。这可以使它们从本质上说更不容易被用于排除新思想。我对 C++ 的观点是，它是一种生产软件的新语言，特别关注那些影响程序结构的机制。与只做一些小调整的自然倾向相比，这种观点走的完全不是同一条路。

ANSI/ISO 委员会工作组对语言的扩充提出了一个检查表（6.4.1 节），那是对一个语言特征应该考虑的问题的更特殊、更细节的描述。

05

第 5 章　1985—1993 年年表

记住，做事情需要时间。

——Piet Hein

Release 1.0 之后的年表——Release 2.0——2.0 特征概览——《带标注的 C++参考手册》（*The Annotated C++ Reference Manual*, ARM）和非官方的标准化——ARM 特征概览——ANSI 和 ISO 标准化——标准特征概览

5.1　引言

第二部分将描述为完成 C++ 而增加的特征，那里的描述是围绕着语言特征组织的，而不是按照年表顺序。这一章将给出有关情况的年表。

我不打算按照年表来组织描述，是因为实际时间顺序对于 C++ 的最后定义已经不那么重要了。我知道在一般情况下语言将向什么方向发展，需要着手处理什么问题，而为了处理它们可能需要使用哪类的特征。当然，这并不是说我就可以简单地坐下来，直接去完成语言的某个重要修订。这样做可能会花太长的时间，而且会使我在某种真空中工作，得不到最重要的反馈信息。因此，语言扩充实际上是逐渐发展的，一点点加进语言里。实际顺序对那个时代的用户当然很重要，对于在所有时间里保持语言的一致性也极端重要。然而，对于 C++ 最后的形态而言，这些东西就不那么重要了。按年代顺序展示这些扩充，有可能模糊这一语言的逻辑结构。

本章将讨论导致了 Cfront 的 Release 2.0 的工作，导致了《带标注的 C++ 参考手册》的工作，以及标准化方面的努力。

1986—1989　Release 2.0 给 C++ 添加了诸如抽象类、类型安全的连接、多重继承等特征，但是没有增加任何真正的新东西。

1989—1990　《带标注的 C++ 参考手册》增加了模板和异常处理，这样做实际上对

实现者提出了一个重要的新挑战，也为在怎样写 C++ 程序方面的剧烈变化打开了一条新路。

1989—1993 标准化的努力为 C++ 程序员的工具箱里增加了名字空间、运行时类型识别，以及许多较小的新特征。

在所有这三个阶段，我都做了许多工作，以设法把 C++ 的定义弄得更准确，通过一些小改变来清理这个语言。按我自己的看法，所有这些都是一种持续不断的努力。

5.2 Release 2.0

到了 1986 年中期，对于所有关心 C++的人而言，这个语言已经踏上了征途：关键的设计决策都已经做出，未来发展的方向也已经设定，目标是参数化类型、多重继承和异常处理。还需要基于实验取得更多经验，并做出一些调整，但是赞美荣耀的日子已经过去了。C++ 从来也没有愚蠢的遗憾，但是到那时也已经不再有做剧烈改变的现实可能性了。无论是好是坏，做过的事情都已经做了，剩下的就是无穷无尽的、实实在在的工作。在那个时候，全世界大约有 2000 个 C++ 用户。

正是在这个时刻，我们有了一个计划——最早是 Steve Johnson 和我想到的——需要有一个开发和支持组织来承担起工具（最重要就是 Cfront）上的日常工作，以使我能有时间去做各种新特征，以及预期将要依靠它们的库方面的工作。也就是在这时，我开始预想到，首先是 AT&T，而后是其他机构，将开始构造 C++ 的编译器和其他工具，这些东西最后将使 Cfront 变成多余之物。

实际上，他们早就开始了。但是很好的计划总是很快就出了轨，因为开发管理部门的犹豫不决、不称职和缺乏注意力焦点等。一个开发全新 C++ 编译器的项目从 Cfront 的维护开发中转移了注意力和资源，使原来在 1988 年前期发布 Release 1.3 的计划由于各种瑕疵而完全失败。这件事的影响是我们必须为 Release 2.0 等到 1989 年 7 月。虽然 Release 2.0 几乎在所有方面都比 Release 1.2 好得多，但也没能提供在“什么是”论文（3.15 节）中给出了梗概的那些特征，而且——部分地也是受到影响——它没有带一个经过重大改进的范围广泛的库。发布一个这样的库是可能的，因为在那时，其中许多东西已成为 USL[①]的标准部件库，作为内部产品已经在 AT&T 使用了一段时间。当然，对直接支持模板的期望仍遮住了我的眼睛，使我没有看到其他替代方式。当时某些开发管理者中存在着一种不切实际的信念，那就是说，库可以既成为一项标准，又是一个重要的收入来源。

Release 2.0 是由 Andrew Koenig、Barbara Moo、Stan Lippman、Pat Philip 和我这一

① USL 是那时 AT&T 中支持和发布 UNIX 及相关工具的一个组织，后变成一个单独公司，称为 UNIX 系统实验室；再后来被 Novell 买下。

个组完成的工作。Barbara 负责协调，Pat 集成，Stan 和我编码，Andy 和我评价各种错误报告并讨论语言细节，Andy 和 Barbara 负责做测试。总而言之，我为 2.0 实现了所有的新特征，并更正了大约 80%的错误，此外我还写出了大部分文档。像过去一样，语言设计问题和参考手册的维护都是我的责任。Barbara Moo 和 Stan Lippman 已经逐渐成为这个队伍的核心，他们后来做出了 Release 2.1 和 3.0。

许多影响了 C with Classes 和原来的 C++ 的人，仍然以不同方式为这个进步提供帮助。在 [Stroustrup，1989b]中特别感谢了 Phil Brown、Tom Cargill、Jim Coplien、Steve Dewhurst、Keith Gorlen、Laura Eaves、Bob Kelley、Brian Kernighan、Andy Koenig、Archie Lachner、Stan Lippman、Larry Mayka、Doug McIlroy、Pat Philip、Dave Prosser、Peggy Quinn、Roger Scott、Jerry Schwarz、Jonathan Shopiro 以及 Kathy Stark。在这一阶段的语言讨论中，最活跃的人物是 Doug McIlroy、Andy Koenig、Jonathan Shopiro 和我。

语言及其实现的稳定性被认为是最基本的要求 [Stroustrup，1987c]：

“应该强调指出，语言的这些修改都是扩充，C++ 过去是、将来也仍然是一个为长周期的软件开发所使用的稳定的语言。”

这也是 C++ 作为工业使用的通用语言所应该扮演的角色 [Stroustrup，1987c]：

“至少有一些 C++ 实现具有可移植性，这是一个关键设计目标。由此出发，可能在移植中花费大量时间或者对 C++ 编译器提出太强资源要求的扩充都被拒绝。语言发展的这种思想与其他可能发展方向截然不同，那类方向可能为程序设计的方便而：

——付出效率或者结构方面的代价；

——为了新手考虑而放弃通用性；

——为在某个特定领域中使用而给语言增加特殊用途的特征；

——为增进与某种特定的 C++ 环境的集成性而增加语言特征。”

Release 2.0 是一个大进步，但它没有提供任何真正新的东西。那时我愿意这样解释，“所有 2.0 的特征——包括多重继承——都是为了去掉一些约束，我们已经认为它们过于严格，所以去掉了它们。”这实际上是一种夸大其词，不过是以一种世故的方式反对人们对新特征的高估倾向罢了。从语言设计的观点看，Release 2.0 最重要的方面在于它增强了一些语言特征的普遍性，改进了它们与整个语言的集成性。从用户的观点看，我认为 Release 2.0 最重要的方面是更稳定的实现，以及大大改善了的支持。

特征概览

2.0 的主要特征最早在 [Stroutrup，1987c] 中给出，后来在该文的修订版本 [Stroustrup，1989b] 中做了总结，它作为文档的一部分与 2.0 相伴：

[1] 多重继承（12.1 节）；

[2] 类型安全的连接（11.3 节）；

[3] 对重载函数更好的解析（11.2 节）；

[4] 赋值和初始化的递归定义（11.4.4 节）；

[5] 为用户定义存储管理而用的更好机制（10.2 节，10.4 节）；

[6] 抽象类（13.2 节）；

[7] 静态成员函数（13.4 节）；

[8] `const` 成员函数（13.3 节）；

[9] `protected` 成员（最早在 Release 1.2 中提供）（13.9 节）；

[10] 推广了的初始化机制（3.11.4 节）；

[11] 基和成员的初始化描述机制（12.9 节）；

[12] 对运算符->的重载（11.5.4 节）；

[13] 到成员的指针（13.11 节）。

这些扩充和精化主要是反映了由 C++ 取得的经验。由于我过去不可能有更多远见，根本不能更早地把它们加进来。很自然，这些特征的集成涉及大量工作，但最不幸的是这些工作被允许优先处理，超过了在“什么是”文章（3.15 节）给出梗概的那个语言。

大部分特征都以这种或那种方式提高了语言的安全性。Cfront 2.0 跨过编译单位边界检查函数类型的一致性，使重载的解析与顺序无关，而且能辨认出更多的有歧义的调用。`Const` 的概念变得更容易理解了，指向成员的指针堵住了类型系统中的一个漏洞，所提供的显式的按类做的专用分配和释放操作，使原来那种“通过给 `this` 指针赋值”的易出错技术（3.9 节）完全过了时。

在所有这些特征里，[1]、[3]、[4]、[5]、[9]、[10]、[11]、[12]和[13]是我在 1987 年 USENIX 会议上展示（7.1.2 节）时就已经在 AT&T 内部使用的东西。

5.3 带标注的参考手册（ARM）

在 1988 年的某个时候，事情已经很清楚，C++ 语言终将被标准化 [Stroustrup, 1989]。这时已经产生了十来个独立的实现。显然，必须努力写出一个更精确、更完整的语言定义，进一步说，还必须让这个定义得到广泛认可。开始时，我们还没把正式标准化当作一种考虑，许多涉足 C++ 的人当时认为——至今仍然认为——在取得真正的经验之前就做标准化是一件可恶的事情。当然，要做出一个改进的参考手册并不是某个人（我）自己能完成的工作，需要来自 C++ 社团的输入和反馈。于是我开始想到重写 C++的参考手册，并在世界范围 C++ 社团中重要的有见识的成员中传播其草稿。

大约在同一个时候，作为 AT&T 销售商品 C++ 的部门（USL）也希望有一个新的改进的 C++ 参考手册，并把写这个手册的任务交给了它的一个雇员——Margaret Ellis。看起来，唯一合理的选择是合并这些努力，产生一个经过广泛审阅的参考手册。在我看事情也很明显，如果在出版这个手册时附带上一些信息，将有助于这个新定义的广泛接受，也能使 C++得到更广泛的理解。这样，最后写出来的就是《带标注的 C++参考手册》（*The Annotated C++ Reference Manual*）[ARM]：

> "为 C++ 的未来发展提供一个坚实基础……[2nd] 能成为 C++ 正式标准化的一个出发点。……这个 C++参考手册独立地提供了 C++ 语言的一个完整定义，但是这里的简练的参考手册风格也留下了许多没有回答的问题。关于什么**不**在这个语言里，**为什么**某个特征定义成当前这个样子，以及人们可以**如何**实现某个特定特征等，这些都不应该出现在参考手册里。但无论如何，这些东西也是大部分用户感兴趣的。有关做些的讨论将以标注的方式表达，写在另外的注释节里。
>
> 这些注释也能帮助读者重视该语言的不同部分之间的关系，一些需要强调的观点和一些表述之外的东西。在参考手册里，这些东西常常被人们忽视。例子和与 C 语言的比较也使这本书比干巴巴的参考手册更容易被接受。"

经过与生产部门人士的一些小口角，最后达成了统一意见：我们应该把 ARM（人们通常这样称呼《带标注的 C++参考手册》）写成一本完整的 C++ 语言手册，也就是说，其中应该包括模板和异常处理，而不是只包含当时最新的 AT&T 发布所实现的那个子集。这一点也非常重要，因为这样做，就是要以一种与 C++ 的所有实现都不同的方式，清楚地建立起这个语言本身。这个原则在刚开始做时就提了出来，但是后来还需要反复地说，因为似乎用户、实现者和销售人员都很难记住这件事情。

关于 ARM，我写了整个参考手册里的每个词，除了关于预处理器（第 18 章）的一节，那是 Margaret 从 ANSI C 标准中移过来的。有关标注和注释的节是合作写出的，部分地基于我过去的一些文章 [Stroustrup，1984b，1987，1988，1988b，1989b]。

ARM 中原本意义下的参考手册经过了来自二十多个组织的大约一百人的审阅，大部分名字都已经列入 ARM 的致谢一节，他们也对整个 ARM 做出了很大贡献。特别值得提出的是 Brian Kernighan、Andrew Koenig 和 Doug McIlroy 的贡献。在 1990 年 3 月，ARM 中原本意义下的参考手册被接受作为 ANSI C++ 标准化的基础。

ARM 并没有解释这个语言的特征支持的技术："这本书不企图去教授 C++ 的程序设计，它只解释这个语言是什么，而不是如何使用它 [ARM]。"有关工作留给了《C++程序设计语言》的第 2 版 [2nd]。不幸的是，有些人没重视这个声明，这导致出现了一种观点，认为C++不过是一些模糊细节的汇集，不能写出优雅且易维护的C++代码，见7.2节。

特征概览

ARM里描述的一些不太重要的新特征，需要等到AT&T的Release 2.1和其他提供商的C++ 编译器中才能实现。这其中最明显的就是嵌套的类。参考手册外部审阅者的许多意见都督促我恢复嵌套类作用域的原来定义。我早已对让 C++ 的作用域规则在有 C 规则的地方与之保持一致感到失望了（2.8.1节）。

ARM提出的最重要的新特征是模板（第15章）和异常处理（第16章）。此外，ARM还允许对增量（++）的前缀和后缀形式分别进行重载（11.5.3节）。

为了与ANSI C保持一致，这里也允许局部静态数组的初始化。

为了与ANSI C一致而引进了`volatile`修饰符，以帮助优化程序的实现者们。至于它与`const`在语法形式上的平行性是否意味着语义上类似，我完全不能保证。无论如何，我对`volatile`并没有很强的感觉，但也看不到有什么理由需要在这个领域中试着去改进ANSI C委员会的决定。

总结一下，ARM提出的特征是：

—— 2.0的特征（5.2.1节）；

—— 模板（第15章）；

—— 异常（第16章）；

—— 嵌套的类（13.5节）；

—— 对++和--的前缀和后缀形式分别进行重载（11.5.3节）；

—— `volatile`；

—— 局部静态数组。

直到1991年9月Cfront的Release 3.0，ARM的所有特征（除了异常处理）才广泛可用。ARM的所有特征集合在1992年年初DEC和IBM的C++ 编译器中第一次都能用了。

5.4 ANSI和ISO标准化

自1990年至今，对于为了完成C++ 的努力而言，ANSI/ISO的C++ 标准化委员会就成了最重要的论坛。

启动官方（ANSI）的C++ 标准化的动议由Hewlett-Packard提出，附议的有AT&T、DEC和IBM。来自Hewlett-Packard的Larry Rosler在这个动议中起了重要作用。特别是在 1988 年末的某个时候，Larry 来找我，我们讨论了关于需要做正式标准化的问题。关键问题是什么时间，Larry 站在大用户的角度希望能尽快，我则表示希望推迟，以便能在标准化之前做更多的试验，以便取得更多的经验。在权衡了许多尚不明朗的技术与商业考虑之后，我们达成了一致意见，在开始官方标准化之前，还应该有大约一年的时间，以便我们有更多的机会获得成功。按照我的记忆，ANSI C 委员会的第一次技术会议正好是在我们留出的一年到期之前 3 天召开的（1990 年 3 月）。

关于 ANSI 标准化的建议书由 Hewlett-Packard 的 Dmitry Lenkov 撰写 [Lenkov, 1989]，Dmitry 的建议列举了立即进行 C++ 标准化的一些理由：

——与其他大多数语言相比，C++ 正在经历一个更快得多的公众接受过程；

——拖延……将导致许多方言；

——需要为 C++ 提供严密的、细节化的完整语义定义……对每个语言特征；

——C++ 缺乏某些重要特征……[包括] 异常处理，多重继承方面的东西，支持参数化多态性的特征，以及标准库。

这个建议也特别强调了与 ANSI C 兼容的必要性。ANSI C++ 委员会 X2J16 的组织会议于 1989 年 12 月在华盛顿特区召开，出席者大约有 40 人，包括参加 C++ 标准化的人、一些被认为是“老 C++ 程序员”的人以及一些其他人。Dmitry Lenkov 成为该委员会的主席，Jonathan Shopiro 是它的编辑。

第一次技术会议由 AT&T 做东，于 1990 年 3 月在新泽西的 Somerset 召开。AT&T 得到了这个荣誉，并不是因为任何有关这个公司在对 C++ 的贡献方面的评判，而是因为我们（出席华盛顿会议的 X3J16 成员）决定根据天气情况安排第一年的会议。这样，Microsoft 公司于当年 7 月在西雅图主办了第二次会议，Hewlett-Packard 公司于 11 月在 Polo Alto 主办了第三次会议。按照这种安排，我们在所有这三次会议期间都遇到绝好的天气，也避免了公司之间很容易表现出来的位置之争。

这个委员会现在有超过 250 个成员，开过大约 70 次会议。委员会的初始目标是在 1993 年年末或 1994 年年初写出标准的草稿，供公开审议，希望在大约两年之后完成正式标准。对于一个程序设计语言的标准化而言，这是一个非常含糊的安排。作为一个对照，C 语言的标准化用了 7 年时间。当前的安排是要求在 1995 年 4 月交出供公众审议的标准草稿，我想我们很有可能按时完成①。

---

① 草案如期发布供公开评议。经过第二轮评议后，这个标准草案进入表决程序。它被一致通过。ISO C++标准在 1998 年 11 月被所有参与国批准，成为一个国际标准。（在 1994 年 7 月，委员会投票通过“CD 登记”，即为现在所说的完成了 ISO 过程的第一个步骤。为标准化制定时间表不是件容易的事。特别的，关于什么是一个标准和你必须怎样做出一个来，这些东西的细节都无法标准化，看来也是在随着时间变化的。——原注。括号前面是修改后的注释，由本书作者提供）

当然，并不只是美国人 C++的标准化关心问题，从一开始，就有来自其他国家的代表参加 ANSI C++ 会议。1991 年 7 月在瑞典的 Lund 召集了 ISO C++ 委员会 WG21，两个委员会决定召开联合会议，从 Lund 就开始了。来自加拿大、丹麦、法国、瑞典、英国和美国的代表出席了会议。特别值得提出的是，在这些来自不同国家的代表中，绝大部分实际上都是很长时间的 C++ 程序员。

C++ 委员会拿着一个很困难的特许状：

——语言的定义必须准确而全面；

——考虑 C/C++的兼容性；

——必须考虑超出当时 C++ 实践的各种扩充；

——必须考虑库。

在此之上，C++社团的人们之间的差异已经**非常**大，而且完全无组织，因此标准委员会自然就成为这个社团的主要注目点。从短期看，该委员会最重要的角色实际上是：

> "C++ 委员会是一个场所，在这里，写编译器的人、写工具的人，他们的朋友和代表可以聚在一起，讨论（在商业竞争允许的范围内）语言的定义及实现问题。这样，C++委员会就已经为 C++ 社团提供了服务，因为它帮助把各种实现变得更类似（更"正确"），采用的方式就是提供一个论坛来公开讨论有关问题。如果没有它，在发现了 ARM 里没有回答的问题时，写编译器的人只能自己或者与几个朋友一起做出某种猜测。他们或许会发个邮件给我——或许不——况且我也不可能处理每个问题。而这些问题一定会出现，某些人确实觉得以个人方式来处理它们是不正确的。没有这个委员会，将不可避免地导致各种方言。委员会能够抑制这种倾向。我不能设想如果不直接或间接地与委员会有关系，某个或某些人现在还有可能做出一个工具，并使它符合 C++ 市场的主要活动厂商所形成的共识。"

标准化绝不是一件容易的事。在这个委员会里有各种各样的人：有的人来这里就是为了维持现状；有的人带着一个有关现状的想法，希望能把时间拨回到几年之前；有的人希望能与过去做彻底决裂，设计出一个全新语言；有的人只关心某一个问题；有的人只关心某一类系统；有的人在投票时完全按其雇主的脸色行事；有的人只代表自己；有的人带着有关程序设计和程序设计语言的理论观点；也有的人希望**今天**就有一个标准，即使这意味着遗留下许多没有结论的问题；有的人则除了一个**完美的**定义之外什么也不能接受；有的人还认为 C++完全是一个新语言，几乎没有什么用户；有的人则代表着在过去十年里写了成百万行代码的用户；如此等等。在标准化的规则下，我们都必须或多或少表示同意。我们必须达成"一致"（通常定义为一个很大的多数）。存在一些合理的规则——即使不太合理，它们也是委员会必须遵守的国家的或者国际的规则。所有利益都是合法的，让一个多数压服一个很大的少数利益，最终将会产生一个标准，它只对某个过分狭隘的用户社团有用。这样，委员会里的每个成员都需要学会尊重那些看起来是异己的观点，学会妥协。这些倒是很符合 C++ 的精神。

C 兼容性是我们必须面对的第一个争论最多的问题。经过一些偶然出现的激烈争辩之后，才确定下 100%的 C/C++ 兼容性不是一种选择。在这里也没有低估 C 兼容性的重要性。C++ 是一个独立语言，它并不是 ANSI C 的一个严格超集，也不可能被修改成一个这样的超集，又不严重削弱由 C++ 类型系统所提供的保证——而且也不打破已有的数以百万行计的 C++ 代码。与此类似，任何显著削弱与 C 的兼容性的行为，也将打破已有的代码，并将使构造和维护混合使用 C 和 C++ 的系统，以及从 C 到 C++的转变，变得更加困难。这个决定常常被说成是“尽可能地接近 C——但又不过分接近”，这是在 Andrew 和我写出了一篇同名的文章之后 [Andrew，1989]。思考 C++ 及其发展方向的个人和小组已经一次又一次地得出了这个看法。在 C++ 和 ANSI C 各自独立地对原来的 C 手册做了一些修改之后，如何达到“尽可能地接近 C——但又不过分接近”就成为标准化委员会工作中的一个主要部分。Thomas Plum 在这个工作中做出了重要贡献。

特征概览

在 1994 年 11 月 Valley Forge 会议之后，由标准委员会给出的工作文件里提出的 C++ 特征可以总结如下：

——在 ARM 中描述的特征（5.3 节）；

——C++ 的欧洲字符集表示（6.5.3.1 节）；

——对于重载函数返回类型的放松的规则（13.7 节）；

——运行时类型识别（14.2 节）；

——条件语句中的声明（3.11.5.2 节）；

——在枚举基础上的重载（11.7.1 节）；

——用户定义的对数组的分配和释放运算符（10.3 节）；

——嵌套类的预先声明（13.5 节）；

——名字空间（第 17 章）；

——可变性（13.3.3 节）；

——新的强制（14.3 节）；

——布尔类型（11.7.2 节）；

——显式的模板初始化（15.10.4 节）；

——模板函数调用里的显式模板参数描述（15.6.2 节）；

——成员模板（15.9.3 节）；

——类模板作为模板的参数（15.3.1 节）；

——在类声明里，整类型的 `const static` 成员可以用**常量表达式**初始化；

——显式的构造函数（3.6.1 节）；

——异常描述的静态检查（16.9 节）。

详情见 6.4.2 节。

06

第 6 章 标准化

你别想骗我，我在早餐麦片粥里放的奇怪东西可比你多得多了。

—— Zaphod Beeblebrox

什么是标准？——C++ 标准化工作的目标——委员会如何运作？——委员会里有哪些人？——语言净化——名字查找规则——临时量的生存期——语言扩充的准则——扩充建议列举——关键词实参——指数运算符——受限指针——字符集

6.1 什么是标准

程序员心中对于标准是什么以及它应该是什么，常有许多疑惑。关于标准的一种想法是，它应该完全描述什么样的程序是合法的，并准确说明每个合法程序的意义。至少对 C 和 C++ 而言，情况并不是这样。实际上，要设计一种语言，去开拓硬件体系结构和有关装置这样一个缤纷世界时，上面的提法不是也不应该是一种理想。对这种语言，保持其行为相对于实现的独立性是最根本的东西。这样，标准就常被说成是“在程序员和语言实现者之间的一个协议”，它不仅要描述什么是“合法的”源代码正文，还要一般性地说明程序员可以依靠什么，哪些东西将是与具体实现有关的。例如，在 C 和 C++里可以将一个变量声明为 `int` 类型，但是标准未明确说明 `int` 到底有多大，只说至少应该有 16 位。

标准实际上应该是什么，最好用什么样的术语表述，关于这些都可以有很长的带学究味道的争论。当然，最关键的问题就是应该明确区分什么是合法的程序，什么不是。还要进一步明确规定，哪些行为在所有实现中都应该一致，而哪些将依赖于具体的实现。怎样精确地做出这些划分，也非常重要，但实际程序员对这些并没有太大兴趣。委员会里大部分成员特别关注的是标准中更具语言技术性的方面，标准到底应该标准化哪些东西的问题也很棘手，处理这些麻烦的事务主要由委员会的项目编辑承担。幸运的是，我们原来的项目编辑 Jonathan Shopiro 对这一类事情很有兴趣。Jonathan 现在已经从这个位置上退了下来，把工作交给了 Andrew Koenig，但他仍然是委员会成员。

另一个有趣的（或说是困难的）问题是，一个实现里有多少标准里未描述的特征，还可以接受。禁止所有这类扩充当然不合理，毕竟，对 C++ 社团中一些很重要的派系而言，某些扩充可能是必需的。例如，某些机器的硬件能支持某种特殊并行机制，或特殊寻址约束，或者有特殊的向量硬件等。我们不能让每个 C++ 用户为支持这些互不兼容的专用扩充而烦恼，因为这些扩充互不兼容，通常也会给不使用它们的用户增加负担。但阻止实现者去为这部分社团服务，也是不合适的，只要他们在自己的基本扩充之外能与大家步调一致。另外，我也曾看到过一个“扩充”，其中居然允许从程序的任何函数里访问类的私用成员，也就是说，实现者根本不管访问控制问题。我不会认为这是一个合理扩充。斟酌标准中的字句，允许前一类东西并排斥后一类东西，绝不是一件简单的事情。

这里还有一个重点，就是要保证非标准的扩充是可以检查的，否则就可能出现程序员在某个早晨起来，发现某些重要代码依赖于供应商的某些独特的扩充，这样，他们就不可能在合理的、方便的范围内考虑改变供应商的可能了。记得当我还是一个大学新生时，曾惊喜地发现在我们大学主机上的 Fortran 是一种“扩充的 Fortran”，带有许多非常好的特征。而直到我后来认识到，这实际上意味着除了在 CDC6000 系列计算机上可用之外，我的程序在其他地方毫无用处，惊喜最终变成了一种沮丧。

这样，对于 C++ 而言，一般而言，符合标准的程序不能做到 100% 可移植，这件事甚至不应该是一种理想。一个符合标准的程序不能 100% 可移植，是因为它可能显示出某些与实现有关的行为。实际上它必然会这样。例如，一个完全合法的 C 或 C++ 程序可能依赖于内部求余数运算符 `%` 作用于负数的结果，其意义可能因此而改变。

进一步来看，实际程序大都依赖于某些提供服务的库，但未必每个系统都提供这些库。例如，一个 Microsoft Windows 程序不可能不经修改就在 X[①]下运行，要把一个使用了 Borland 基本类的程序移植到能够在 MacApp[②]下运行，也绝不是一项很简单的工作。实际程序的可移植性要靠设计，需要把依赖于实现和环境的东西封装起来，而不可能仅仅是由于它符合标准文档中的某几条规则。

与理解一个标准允诺了什么相比，理解它不能保证哪些东西，至少同样重要。

6.1.1 实现细节

看起来，每一周都出现一个新请求，要求一些需要标准化的东西，例如虚表的布局，类型安全的连接中名字的编码模式，甚至是调试程序等。当然，这些问题或者与实现的质量相关的问题，或者是实现的细节，它们都超出了标准的管辖范围。用户当然可能希望用某个编译器编译出来的库能与另一个编译器编译的代码一起工作，可能希望二进制

① 指 UNIX 下的 X Window 系统。——译者注

② Apple 公司 Mac 机器中的应用程序支撑功能。——译者注

代码能从一种体系结构的机器搬到另一种机器，可能希望调试系统能独立于需要用它去检查的代码，与编译器的实现无关。

然而，指令集合、操作系统接口、调试系统所用的格式、调用序列，以及对象布局形式的标准化等，都已远远超出了一个程序设计语言标准化组织的能力范围，因为一种程序语言，只不过是一个大得多的系统中的一支榫。这类最具普遍意义的标准化甚至可能也不是人们所期望的，因为它会窒息机器系统结构和操作系统的进步。如果一个用户真需要完全独立于硬件、系统或环境，他就必须去构造一个解释器，让它带着自己的为应用提供的标准环境[①]。这种方式也有其本身的问题，特别是它很难利用特殊硬件的能力，难以遵循一些局部的风格准则。如果通过与某种允许不可移植性的语言接口，希望以这种方式克服上述问题，例如与 C++ 接口，那么所有问题又会重新出现。

对于任何适合用于严肃的系统开发工作的语言，我们都必须接受一个事实：每个今天的或将来的每位新用户都可能在网络上发一条消息："我把我的目标代码从我的 Mac 搬到了 SPARC 上，它就不干活了。"与可移植性类似，互操作性也是一个设计问题，需要理解由环境所强加的限制。我常遇到这样的 C 程序员，他们并没有意识到，同一个系统上的两个不同 C 编译生成的代码并不保证能连接到一起——事实上通常都行不通，但他们却以厌恶的口吻说 C++不能保证互操作性。很正常，我们的一项重要工作就是教育用户。

6.1.2　现实的检查

对一个标准化委员会而言，除了许多形式上的约束外，还有许多非形式的和来自实践的约束：许多标准根本就不为它们所预期的用户所注意。例如，Pascal 和 Pascal2 标准几乎完全被人们遗忘了。对大部分 Pascal 程序员而言，"Pascal" 实际意味着 Borland 公司的那个做了极大扩充的 Pascal 方言。Pascal 标准没提供用户认为最关键的许多特征，而 Pascal2 标准迟迟没出台，直到另一个不同的非形式的"工业标准"建立起自己的地位。另一个具有警示性的例子是，UNIX 上大部分工作仍然是用 K&R C 做的，ANSI C 目前还在该社团里奋斗。其中原由，看起来是由于某些用户没看到 ANSI/ISO C 与 K&R C 相比的技术优势，并过高估计了转变的短期成本。甚至一个不那么富有挑战性的标准也只能慢慢地找到其应用之路。为了能被公众接受，一个标准必须适时地反映用户们的需求。在我看来，要想为一个好语言发布一个好标准，采用某种适时的方式是非常关键的。试图把 C++转变成一种"完美的"语言，或者希望能做出一个任何人（无论其如何偏执或缺乏教育）都不可能误读的标准，这些都远远超出了委员会的能力（3.13 节）。事实上，考虑到一个大用户社团提出的时间约束，任何人都不可能完成这样一项工作（7.1 节）。

---

① 有趣的是，在作者这样说若干年之后 Java 诞生了，它走的正是这条路。在探索 Java 的过程中，人们需要回答的正是作者提出的这些问题。——译者注

6.2 委员会如何运作

实际上，存在着几个为标准化 C++ 而成立的委员会。第一个也是最大的，就是美国国家标准局（ANSI）的 ANSI-X3J16 委员会。该委员会对计算机和商用设备生产联盟（Computer and Business Equipment Manufactures Association，CBEMA）负责，并在其规则之下运作。特别是这意味着一个公司一票的投票制度，没在公司工作的个人也作为一个公司来看待。任何成员在第二次参加的会议上就可以开始投票。从官方角度，最重要的委员会是国际标准化组织（ISO）的 ISO WG-21。该委员会在一套国际规则下运作，最后将做出一个国际标准。特别是，这意味着一个国家一票的制度。其他一些国家，包括英国、丹麦、法国、德国、日本、俄罗斯和瑞典等，现在也有了自己国家的有关 C++ 标准化的委员会。这些国家的委员会也给 ANSI/ISO 联合会议寄送请求信、推荐书，并派代表参加会议。

基本上，我们决定不接受任何不能在 ANSI 和 ISO 两个投票中都通过的东西。这意味着委员会的运作像一个两院制的国会，其“下院”（ANSI）完成大部分争论，而“上院”（ISO）认可下院做出的决定，只要它们有意义并且充分反映了国际社会的利益。

在一个偶然情况中，按这个程序进行的工作拒绝了一个建议，如果不是这样，该建议就会因为一个很小的多数而被通过。我认为各国代表使我们避免了一次错误，而这个错误又可能造成更大的不和。我不能解释说大多数就反映了统一意见，因此我认识到——与这个建议的技术价值并没有关系——来自各国的代表给了委员会一个重要提醒，要求关注在他们特许之下的委员会责任问题。当时讨论的问题是：C++ 是否应该对定义最小翻译规模的限制有特别的说法。经过重大改进后的建议在后来的会议上被接受。

ANSI 和 ISO 委员会每年一起开三次会。为避免混乱，下面我用一个**委员会**来称呼它们。每次会期一周，其中许多时间花在受合法委托的程序性事务上，更多时间则花费在某种混乱上，你可以想象，当 70 个人试着去理解一个问题到底是什么时，会出现什么情况。白天的一些时间和几个晚上作为技术性讨论时段，提出和讨论重要的 C++ 论题，如国际化字符的处理和运行时类型识别；以及另一些与标准工作有关的问题，如形式化方法和国际标准的正文组织等。其他时间主要用于工作组会议，有关讨论在工作组报告的基础上进行。

当前的工作组有：

——C 兼容性；

——核心语言；

——编辑；

——环境；

——扩充；

——国际化问题；

——库；

——语法。

很清楚，一年里只有三周会期，需要处理的工作实在太多了，因此大部分实际工作都是在会议之间完成的。为了帮助交流，我们大量使用了 E-mail。每次会议都涉及大约三英寸（约等于 8cm）厚双面印刷的备忘录。这些备忘录以两个包裹的形式邮寄：一个在开会之前几周到达，以帮助成员们做好准备；另一个在会后几周，反映从前一包裹到会议结束这一段所完成工作的情况。

C++ 标准化委员会里有哪些人

C++ 委员会由在利益、关注点、背景等方面差别极大的一些人组成。有些人就是代表自己，有些则代表庞大的公司。有些使用 PC，有些使用 UNIX，有些使用主机……有些人使用 C++，也有些并不使用。有些人希望 C++ 成为一个更面向对象的语言（又根据许多不同的有关“面向对象”的定义），另一些人如果看到 ANSI C 成为 C 语言发展的终点，会觉得更舒服一些。许多人有 C 语言的背景，也有些没有。有的人有标准化工作的背景，大部分人没有。有些人有计算机科学的背景，有些人没有。有些人是程序员，有些人不是。有些人是最终用户，有些人是工具的提供者。有些人对大项目感兴趣，也有些人不感兴趣。有些人对与 C 的兼容性感兴趣，有些人则完全没兴趣。

除了按正式说法，所有人都是不付酬的志愿者（虽然大部分人代表公司），很难再从这些人之间找到什么共同点。这非常好，只有一个丰富多彩的组织，才能保证整个 C++ 社团中丰富多彩的利益都能得到代表。但这种情况也确实常常使建设性的讨论特别困难，进展非常缓慢。特别是这种非常开放的进程很脆弱，时常被一些个人打断，由于他们在技术上或者个人的层次上还没有成熟到能理解和尊重其他人意见的程度。我也担心 C++ 用户（C++ 应用程序员和设计师们）的声音可能被语言专家们、所谓的语言设计师们、标准化官员们以及实现者们的声音所淹没。

通常有大约 70 人出席会议，其中大约有一半人出席了每一次会议。投票数和代理人、观察员成员的数目超过 250 人。我是一个代理人成员，这个说法的意思是我代表着我的公司，但是另外有人为我的公司投票。让我给你一个印象，看看谁在这里有代表，简单浏览一下 1990 年的成员表，可以列出一些大家都知道的名字：Amdahl、Apple、AT&T、Bellcore、Borland、British Aerospace、CDC、Data General、DEC、Fujitsu、Hewlett-Packed、IBM、Los Alamos National Labs、Lucid、Mentor Graphics、Microsoft、MIPS、NEC、NIH、Object Design、Ontologics、Prime Computer、SAS Institute、Siemens Nixdorf、Silicon Graphics、Sun、Tandem Computers、Tektronix、Texas Instruments、Unisys、US WEST、

Wang 以及 Zortech。当然，这个表更偏向于我所知道的公司和大的公司，但我也希望你能看到工业界确实得到了很好的代表。自然，所涉及的个人与他们所代表的公司同样重要，但我忍住了，不想把这个表变成一个列出我的朋友名字的广告。

6.3 净化

对普通程序员而言，最好的标准化工作中的大部分内容是看不到的，看起来很难理解，说出来也很枯燥。这是因为，大量工作花在如何找出一些方式，以便清晰且完全地描述“每个人都知道，但是恰好没有在手册里说出来”的东西；还花在消除一些模糊点上，而这些东西——至少在理论上看——对大多数程序员不会有任何影响。当然，对实现者而言，如果想保证能正确处理语言的所有特定使用，这些问题就非常关键了。反过来说，这些问题对程序员也很关键，因为即使是以最严密的方式写出的大程序，也可能有意或偶然地依赖于某些特征，其中一些正好是模糊的或者是很难理解的。除非实现者们都赞成同一个意见，否则程序员对不同的实现就没有多少选择了，只能变成某个特定编译器供应商的人质——**那种情况**当然不符合我对 C++ 应该是什么（2.1 节）的观点。

我将描述两个问题，名字查找问题和临时量的生存期问题，以说明其中的困难和所完成的工作细节。委员会把大部分努力花在了这类问题上。

6.3.1 查找问题

在 C++ 定义里，最难驾驭的问题常常与名字的查找有关：一个名字的使用**究竟**引用哪个声明？这里我只描述一类查找问题：与类成员声明的顺序依赖性有关的问题。考虑：

```
int x;

class X {
    int f() { return x; }
    int x;
};
```

`X::f()` 引用的是哪个 `x`？还有：

```
typedef char* T;

class Y {
    T f() { T a = 0; return a; }
    typedef int T;
};
```

`Y::f()` 使用的是哪个 `T`？

ARM 给出了答案：`X::f()` 里的 `x` 引用的是 `X::x`，而类 `Y` 的定义则是个错误，因为在 `Y::f()` 里，类型 `T` 被使用之后，其意义又改变了。

Andrew Koenig、Scott Turner、Tom Pennello、Bill Gibbons 和另外几个人在连续几次

会议上花了许多时间，设法寻找对这类问题的精确的、完全的、有用的、符合逻辑的，而且是兼容的（与 C 语言标准和现存的 C++ 代码兼容）的回答，在会议之间也花了一些星期的时间。我对这些讨论的涉足程度有限，因为需要集中精力考虑扩充问题。

困难是由于不同的目标之间有冲突：

[1] 我们希望只读一遍源代码正文就能完成语法分析；

[2] 记录类成员的过程不应该改变类的意义；

[3] 显式将一个成员函数的体写在类声明里，应该与写在类声明之外的意义相同；

[4] 来自外层作用域的名字应能在内层作用域里使用（按照在 C 里同样的方式）；

[5] 名字查找规则应该与有关名字引用什么无关。

如果所有这些规则都成立，这个语言就能以合理的高速度进行语法分析，而且用户也不需要时时刻刻关注这些规则，因为编译器能捕捉到那些具有歧义性或者接近歧义性的情况。目前的规则很接近这种理想的情况。

6.3.1.1 ARM 名字查找规则

在 ARM 里，我对付这个问题时取得了一定程度的成功。来自外层作用域的名字可以直接使用，我还通过两个规则尽可能减少产生顺序依赖的可能性。

[1] 类型重新定义规则：如果一个类型已在某个类里用过，就不能在那里重新定义。

[2] 重写规则：分析直接写在类声明里的成员函数时，就像它们是直接重新定义在自己的类声明之后一样。

重新定义规则认定类 Y 的定义是一个错误：

```
typedef char* T;

class Y {
    T f() { T a = 0; return a; }
    typedef int T; // error T redefined after use
};
```

重写规则说，类 X 应该理解为：

```
int x;

class X {
    int f( ) ;
    int x;
} ;

inline int X::f() { return x; } // returns X::x
```

不幸的是，并不是所有的例子都这么简单。考虑：

```
const int i = 99;

class Z {
    int a[i];
    int f() { return i; }
    enum { i = 7 } ;
};
```

根据 ARM 规则，而且（很清楚？）与规则的意图相反，这个例子是合法的，其中两个 i 引用不同的声明，产生不同的值。重写规则保证在 Z::f() 里用的 i 是具有值 7 的 Z::i。但没有针对 i 作为下标使用的重写规则，所以第一个 i 将引用全局的 i，值为 99。甚至当 i 被用于定义类型时，因为它本身不是类型名，所以就不会受类型重定义规则的管辖。而 ANSI/ISO 规则保证这个例子是非法的，因为 i 在使用后又被重新定义。

再如：

```
class T {
    A f () ;
    void g() {A a; / * ... * / }
    typedef int A;
};
```

假定在 T 之外没有类型 A 的定义，声明 T::f() 还合法吗？定义 T::g() 合法吗？ARM 规则说声明 T::f() 不合法，因为在那一点 A 还没定义，ANSI/ISO 规则也一样。在另一方面，ARM 规则可以认为 g() 的定义合法，如果把重写规则解释为在语法分析之前重写；也可以认为它非法，如果你解释说是先做语法分析，而后重写。这里的问题是：在语法分析时 A 到底算不算一个类型。我认为 ARM 规则支持第一种观点（也就是说，g() 的声明合法），但我却无法说明这是毋庸置疑的和明确的。ANSI/ISO 规则同意我对 ARM 规则的解释。

6.3.1.2 为什么允许前向引用

原则上说，强调严格的一遍分析方式，可以避免所有这些问题。你能用一个名字，当且仅当它已经在“上面/前面”声明，出现在“下面/后面”的任何东西都不能对声明产生任何影响。无论如何，这就是 C 语言的原则，也是 C++ 其他部分采用的原则。例如：

```
int x;

void f()
{
    int y = x;      // global x
    int x = 7;
    int z = x;          // local x
}
```

但在我第一次定义类和 inline 函数时，Doug McIlroy 就确信无疑地争辩说，将这个规则施用于类声明，必将造成严重的混乱。例如：

```
int x;
```

```
class X {
    void f() { int y = x; } // ::x or X::x ?
    void g () ;
    int x;
    void h() { int y = x; } // X::x
};

void X::g() { int y = x ; } // X::x
```

当类 X 很大时，人们常会没有注意到存在 x 的不同定义的情况。更糟的是，除非对成员 x 的使用是一致的，否则重新安排成员的顺序就会改变意义。把一个函数的体移出类声明，作为独立的成员函数声明，也可能不声不响地改变了它的意义。前面的重写和重新定义规则提供了一种保护，以防止这种微妙错误，又为类声明的重新组织提供一些自由度。

这些讨论中也用到了一些非类的例子，但是只有对于类，有关这类保护的编译开销是能负担的——而且也只有允许对类这样做，才可能避免与 C 的兼容性问题。进一步说，类声明也正是最经常发生重新安排、最容易出现不希望有的副作用的地方。

6.3.1.3 ANSI/ISO 名字查找规则

在这些年里，我们发现了许多不能由显式的 ARM 规则概括的例子，它们以一些模糊或具有潜在危险的方式具有顺序依赖性，或者是规则不能做出确定的解释。有的例子真正是病态的，最引人注目的是 Scott Turner 所发现的一个：

```
typedef int P();
typedef int Q();
class X {
  static P(Q);  // define Q to be a P.
                // equivalent to ''static int Q()''
                // the parentheses around Q are redundant

                // Q is no longer a type in this scope

  static Q(P);  // define Q to be a function
                // taking an argument of type P
                // and returning an int.
                // equivalent to ''static int Q(int())''
};
```

在同一个作用域里，可以声明名字相同的两个函数，只要求它们在参数类型上的差异足够大。交换成员函数定义的顺序，我们就定义了两个名字都是 P 的函数；而如果去掉上下文中有关 P 或者 Q 的 typedef，就会得到另一种意思。

这个例子足以使每个人确信，标准化工作对于人的头脑健康是非常危险的。我们最后采纳的规则把这个例子确定为无定义的。

与其他许多例子一样，这个例子的根源也是由 C 语言继承来的“隐含的 int 规则”。

我在十多年以前就希望能摆脱该规则（2.8.1 节）。不幸的是，并不是所有的病态实例都源于隐含的 int 规则。例如：

```
int b;

class Z {
    static int a[sizeof(b)];
    static int b[sizeof(a)];
};
```

这个例子是一个错误，因为 b 在被使用之后又改变了意义。幸运的是，这类错误很容易被编译器捕捉到，不像 P(Q) 那个例子。

在 1993 年 Portland 会议上，委员会采纳了下面的规则。

[1] 在一个类里声明的一个名字的作用域，不仅包括紧随这个名字的声明式之后的正文，还包括在这个类里的所有函数体、默认参数，以及构造函数的初始式（也包含内部嵌套类的这些部分）。但不包括这个名字本身的声明式。

[2] 在类 S 里使用过的一个名字，在其上下文中，以及在 S 的完整作用域中重新求值时，都必须是引用同一个声明。S 的完整作用域由类 S 本身、S 的基类，以及所有包含着 S 的类组成。这通常被称为“重新考虑规则”。

[3] 如果在一个类里重新排列成员的声明，将产生另一个符合 [1] 和 [2] 的合法程序，那么该程序的意义是无定义。这通常被称为“重新排序规则”。

请注意，极少程序会受到这些规则改变的影响。新规则基本上是对原来意图的一种更清晰的陈述。初看起来，这些规则似乎要求在 C++ 实现中使用某种多遍算法。但实际上它们可以实现为一个一遍算法，以及随后对在这一遍中收集到的信息做一遍或几遍处理。这样就不会成为性能的瓶颈了。

6.3.2 临时量的生存期

C++ 里的许多运算都需要使用临时量。例如：

```
void f(X a1 , X a2)
{
    extern void g(const X& ) ;
    X z;
    // ...
    z = a1+a2;
    g(a1+a2);
    // ...
}
```

一般说，在给 z 赋值之前需要有一个（类型 X 的）对象来保存 a1+a2 的结果。与此类似，也需要有一个对象来保存传给 g() 的 a1+a2 的结果。假定 X 是一个定义了析构函数的类，在随后的哪个位置对这种临时量调用析构函数？我原来对这个问题的回答是："在这个块的结尾处，与其他局部变量一样。"已经证明这一回答有两个问题。

[1] 有时，这种方式给临时量确定的存在期不够长。例如，g()可能将指向其参数（由 a1+a2 产生的临时量）的指针压入一个栈，而后，可能在 f()返回之后的某个位置，弹出这个指针并使用该临时量。

[2] 有时这种方式造成临时量的生存期过长。例如 x 可能是一个 1000×1000 的矩阵，在到达块结束之前可能创建了数十个这样的临时量，这样就可能耗尽了原本很大的实际存储器，可能导致虚拟存储机制痉挛式地交换页面。

按我的经验，前一情况极少会成为真正的问题，对它的回答只能是使用自动废料收集系统（10.7 节）。而后一个问题则更常见而且更严重。在实践中，它将迫使人们把每个可能产生临时量的语句包裹在一个只包含它自己的块里：

```
void f(X a1 , X a2)
{
    extern void g(const X&);
    X z;
    // ...
    {z = a1+a2; }
    {g(a1+a2);}
    // ...
}
```

如果像 Cfront 的实现那样，采用以块结束作为析构点的方式，用户至少也得做一些显式工作，设法绕过这个问题。当然，一些用户早就大声疾呼，要求有更好的解决方案。因此，我在 ARM 里放松了规则，允许在临时量值的第一次使用和块结束之间的任何一点做析构。这是一种意图友善，但实际是一个导向错误的行动，它带来了一些混乱，也没为任何人提供帮助，因为不同的实现者可能为临时量选择不同的生存期。这样就无法写出有保证的可移植代码，除非假定临时量总是立刻析构——而这很快就被证明是不能接受的，因为它破坏了某些使用频繁、大家都很喜欢的 C++ 习惯用法。例如：

```
class String {
    // ...
public:
    friend String operator+(const String&,const String&);
    // ...
    operator const char*(); // C-style string
};

void f(String s1, String s2)
{
    printf("%s",(const char*)(s1+s2));
    // ...
}
```

这里的想法是调用 String 的转换运算符，产生一个 C-风格的字符串，再将其交给

printf 打印出来。在典型的（朴实有效的）实现里，转换运算符就是简单返回一个指向 String 中的一部分的指针。

如果转换运算符采用这种简单实现方式，在“立即析构临时量”的规则下，这个例子就无法工作了：为 s1+s2 建立了一个临时量，在下一步，得到 C 风格字符串的方式就是取得一个指向这个临时量内部的指针，在临时量被析构**之后**，指向这个已经销毁的临时量内部的指针又被传给了 printf。显然，析构保存着 s1+s2 的 String 临时量时，应该释放掉保有这个 C 风格字符串的存储区。

这种代码太常见了，甚至那些一般都遵循立即析构策略的 C++实现，例如 GNU 的 C++，对这种情况也要推迟析构。这种考虑就导向了另一种想法：在建立临时量的语句的最后去销毁它们。这样做，能使上面的例子合法，而且保证了跨实现的可移植性。但是另外的“几乎等价”的例子仍将崩溃，例如：

```
void g(String s1, String s2)
{
    const char* p = s1+s2;
    printf("%s",p);
    // ...
}
```

按照“在语句结束处销毁临时量”的策略，由 p 指向的 C 风格字符串（它实际驻留在代表 s1+s2 的临时量里），将在初始化 p 的语句结束处被释放。

有关临时量生存期的讨论在标准化委员会里持续了大约两年时间，直到 Dag Brück 成功地结束了它。在此之前，委员会花了大量时间讨论各种都足够好的解决方案的相对优点，每个人都认为不存在完美的解。我的意见——有时是大声疾呼——是用户已经受到了没有解决方案的伤害，现在到了必须确定一个的时候了。我认为最好的办法就是选出一个来。

Dag 在 1993 年 7 月对这个问题做了总结，基本上是基于 Andrew Koenig、Scott Turner 和 Tom Pennello 的工作。总结中标明了临时量析构的 7 个主要的可能位置：

[1] 就在其第一次使用之后；

[2] 在语句结束处；

[3] 在下一个分支点；

[4] 在块结束处（原来的 C++规则，如 Cfront）；

[5] 在函数结束处；

[6] 在最后的使用之后（隐含着废料收集）；

[7] 在第一次使用和块结束之间，不予明确定义（ARM 规则）。

可以构造出有利于每种选择的合法论据，我把这件事留给读者作为练习，这个工作是可以完成的。当然，对每一个也可以给出认真的、合法的反面证据。因此，实际问题就是要做出一种选择，它在各种利益和问题之间取得了较好的平衡。

此外，我们还考虑了在块中的最后一次使用之后销毁临时量，但是这需要做控制流分析，我们都认为，不能要求每个编译器都能很好地完成控制流分析，因此无法保证在每个实现里，“在块中的最后一次使用之后”都是计算过程中一个定义明确的点。请注意，局部流分析是不够的，它无法合理地提供“过早析构”的警告信息。返回一个到对象内部的指针的转换函数也常被定义在某个编译单位里，可能与使用这种函数的编译单位不同。不可能禁止这种函数，那样做将打破许多现存代码，也不可能强制地推行。

从大约1991年开始，委员会将注意力集中到“语句结束位置”，很自然，这种选择被通俗地称作EOS（End Of Statement）。问题是如何精确定义EOS的意义。例如：

```
void h(String s1, String s2)
{
    const char* p;

    if (p = s1+s2) {
        // ...
    }
}
```

变量p的值可以合法地在语句块里使用吗？也就是说，对于保存s1+s2的对象的析构，是应该在条件的最后进行呢，还是应该在整个if语句的最后？回答是：保存s1+s2的对象将在条件的最后析构。要保证下面的东西，是非常不合理的：

```
if (p = s1+s2) printf ( "%s" , p ) ;
```

如果已经说过

```
p = s1+s2;
printf("%s",p);
```

的行为依赖于实现的话。

如果一个表达式里有分支，应该怎么办？例如，应该保证下面例子能工作吗？

```
if ((p=s1+s2) && p [0] ) {
    // ...
}
```

回答是应该。解释这个回答比解释有关&&、||和?:的特殊规则容易得多。对这点也有些反对意见，因为这种规则的通用实现不容易做，除非引进一些标志，保证仅当临时对象出现在实际执行的分支时才会被销毁。但是委员会里的编译器专家站起来响应这个挑战，证明了由此引起的开销极小，基本上不值得一提。

这样，EOS最后就意味着“完整表达式的结束”，而所谓完整的表达式，就是说它不再是其他表达式的子表达式了。

请注意，采用在完整表达式结束时销毁临时量的解决方案，将会打破一些 Cfront 代码，但是它不会打破任何能保证在 ARM 规则下工作的代码。这种方案满足了对一种定义良好且容易解释的析构的需要。它也满足了另一种需要：不应该让临时量闲置在那里太长时间。如果需要生存期更长些的对象，就必须予以命名，或是换一种方式，采用某种不需要更长生存期的对象的技术，例如：

```
void f(String s1, String s2)
{
    printf("%s",s1+s2);    //ok

    const char* p = s1+s2;
    printf("%s",p);   // won't work, temporary destroyed

    String s3 = s1+s2;
    printf("%s",(const char*)s3);  // ok

    cout << s3;   // ok

    cout << s1+s2;  //ok
}
```

6.4 扩充

那时最关键的问题是——现在依然是——如何处理源源不断的有关语言修改和扩充的建议。扩充工作组负责处理这件事，我是主席。接受一个建议比拒绝它容易得多。这样做，你赢得了朋友，人们也为语言里有了这么多“好特征”而鼓掌欢呼。但是，如果把一个语言做成一个特征列表，失去内在一致性，它注定死亡。所以我们没办法，甚至无法接受大多数必定能给 C++ 社团的某些部分带来真正帮助的特征。

在 Lund（瑞典）会议上，下面这段警示性的故事逐渐流传开来了：

> “我们常常提醒自己不要忘记卓越的战舰 Vasa，那时它是瑞典海军的骄傲，计划建造成有史以来最大、最美丽的战舰。不幸的是，为了装备足够多的雕像和大炮，在它的建造过程中经历了一些重大的重新设计和扩充。造成的结果是，它只驶过了斯德哥尔摩湾的一半，一阵风吹过来，它就翻了个底朝天。它沉没了，并且杀害了大约 50 个人。后来它被打捞起来，你可以在斯德哥尔摩的一个博物馆里看到它。它看起来异常美丽——比它那个从未存在过的第一次设计要美丽得多，与假设它遭受过 17 世纪战舰的通常命运的情况相比，它今天就美丽得太多了。可是，对于它的设计者、建造者和预期的使用者而言，这些都完全不能成为一种安慰[Stroustrup，1992b]。”

那么，究竟为什么还要考虑扩充呢？毕竟 X3J16 只是一个标准化组，不是获准去设计“C++++”的语言设计组。更糟的是，这是一个有着超过 250 个成员的组织，其成员还在随着时间变化，这种组织根本不是设计语言的合适场所。

首先，这个组织已得到指示，需要处置模板和异常处理问题。甚至在委员会有时间开始这些方面工作之前，有关扩充，甚至并不兼容的修改建议，早就已经寄到了委员会成员那里。整个用户社团，甚至是个人并没有提出建议的大部分用户，也都很明确地希望委员会考虑这些建议。如果委员会认真考虑这些建议（正如它实际所做得那样），它就为集中讨论各种 C++ 特征提供了一个场所。如果它不这么做，有关的活动就会在其他地方进行，结果就会是出现各种互不兼容的扩充。

此外，虽然人们嘴上都说需要最小化和稳定性，实际上大部分人**很喜欢**新特征。语言设计在本质上是很有趣的事，有关新特征的争论使人兴奋，它们为新论文和新发布提供了口实。有些特征最终可能对程序员有所帮助，但对许多人来说，这不过是第二位的推动力。如果忽视，这些情况也可能阻碍进步。我更希望能从中得到建设性的产出。

这样，实际上，委员会可以做几种选择，或讨论有关扩充，或讨论如果一些扩充被使用后可能产生的方言，或者直接忽视这些现实。在这些年里，这几种选择中的每一个，都曾被不同的委员会采用过。大部分的委员会——包括 Ada、C、Cobol、Fortran、Modula-2 和 Pascal-2 委员会——都选择去考虑有关的扩充。

按我个人的观点，各种类型的扩充活动是不可避免的。最好就是让它公开，将其引导到某些正式的规则之下，以一种比较文明的方式，在一个公开的论坛中进行。另一种方式是仓促行事，通过在市场上吸引用户的方式来使之被接受。这种方式不经过谨慎的审议、公开的讨论，以及服务于所有用户的努力，结果可能使语言分裂为一些方言。

我认为，与不处理扩充而导致的混乱局面相比，虽然处理扩充也有明显的内在危险，但毕竟还是更可取。在委员会里，慢慢积累起来的多数都已经同意，我们已经接近了这样一点，在我们的引导下至今进行的扩充工作必须逐渐停息下来，因为标准文档就要开始出现了，所有活动都必须直接面向有关这些文档的各种反应。

只有时间能告诉我们，这样遗留下来，尚未释放的能量会奔向何方。有些将进入其他语言，有些将变成试验性的工作，有些将转变为库的构造（这是传统上 C++ 中用于替代语言变化的另一种方式）。看起来很有趣，标准化组也像其他组织一样，也会发现，很难解脱自己的束缚。一个标准化组要重构自己，通常的方式或者是把自己变成一个完成修订的论坛，或者是变成一个为了建立下一层标准的官僚机制，也就是说，成为一个新语言或者方言的设计委员会。Algol、Fortran 和 Pascal 委员会，甚至 ANSI C 委员会都是这种现象的实例。最常见的情况是，从一个标准化了的语言出发重新定向，去设计一个所谓的后继语言的工作，总是要伴随着人员以及想法方面的一个大转变。

在此期间，我试图扮演一个卫士的角色，防止由委员会进行设计所产生的危险：把太多时间花费在各个扩充提议上。采用的策略并不是简单明了的，但它确实能提供一定程度的保护，防止接受互相冲突的特征，防止丢掉语言的内在一致性。

由委员会进行设计的主要危险，就是在有关要设计的语言是什么、应如何发展上，丢掉了内在统一的观点，转而热衷于针对个别语言特征或解决方案的政治交易。

一个委员会很容易落入陷阱，去赞同一个特征，只不过是因为某些人强调它是根本性的。为一个特征争辩，说明其优点——通过某些令人感兴趣的例子——做起来比较容易；而要说明它的优点被高估——在一致性、简单性、稳定性、翻译的困难程度等方面都没有考虑清楚——则更困难得多。此外，看起来，语言委员会的工作方式不利于在试验和实际经验的基础上争论问题。我不太清楚为什么会这样，可能是委员会的形式和通过投票解决激烈争论问题的方式，更容易被筋疲力尽的成员们接受吧。还有一点也很清楚，逻辑的理由（有时甚至是非逻辑的争辩）似乎比基于其他人的经验和试验的报告更有说服力。

这样，“标准化”就可能变成一种趋向于不稳定的力量。虽然这种不稳定性的结果有可能变到一个更好的东西，但却始终存在着导致某种随机转变甚至变出一种更坏的东西的危险。为了避免这类情况，标准化必须成为语言发展过程的一个正确阶段：在其发展道路的轮廓已经清晰地谋划之后，在由强有力的商业利益支持的方言出现之前。我希望这就是 C++ 的情况，而这个委员会将在改革中继续显示出必要的约束力。

此外，值得一提的是，即使没有扩充，人们也照样能过。语言特征中相当大的一部分通常都被人们忘记，没有巧妙的语言支持，也完全可能构造出好软件。对于好的软件设计而言，没有哪个单独的语言特征是**必需**的，即使是那些我们绝不想丢掉的东西。好软件可以，而且常常是用 C 或 C++ 的一个小子集写的。语言特征的价值在于为表述思想提供方便，把程序做正确所需的时间，结果代码的清晰性，以及结果代码的可维护性。用被人指责为“坏”的语言写出的**好**代码，比用断言为“绝妙”的语言写出的好代码更多——多得多。

6.4.1 评价准则

为帮助人们理解在对 C++ 做一个扩充或修改时涉及哪些事项，扩充工作组构造了一集问题，对每个建议的新特征，通常都要问这些问题 [Stroustrup，1992b]。

“这个表给出了一些准则，用于评价有关 C++ 的特征。

[1] 它精确吗？（我们是否能理解你的建议是什么？）请为这个修改写出一个清晰而精确的陈述，说明它对当前语言参考标准的影响。

  [a] 语法上需要做哪些修改？

  [b] 对语言语义的描述需要做哪些修改？

  [c] 它能否与语言的其他部分相互配合？

[2] 这个扩充的理由是什么？（为什么你希望有它？为什么我们也会希望有它？）

[a] 为什么需要这个扩充？

[b] 谁会欢迎这个修改？

[c] 这是一个用途广泛的修改吗？

[d] 它是不是对某一组 C++ 语言用户的影响比对其他人的影响更大？

[e] 它在所有合理的硬件和系统中都能实现吗？

[f] 它在所有合理的硬件和系统中都有用吗？

[g] 它能支持哪一类编程和设计风格？

[h] 它将阻止哪一类编程和设计风格？

[i] 哪些其他语言（如果有的话）提供了这一特征？

[j] 它能有助于库的设计、实现和使用吗？

[3] 它已经被实现了吗？（如果实现了，那么它是否完全是按照你所建议的形式实现的？如果没有实现，那么为什么你能假定由“类似”实现或者其他语言得到的经验，足以移用到所建议的特征上？）

[a] 它对一个 C++ 实现将有什么影响？

[x] 对于编译器的组织？

[y] 对于运行时的支持？

[b] 这样的实现完成了吗？

[c] 除了实现者自己，还有其他人使用过这个实现吗？

[4] 这个特征对代码有什么影响？

[a] 如果没有这个修改，代码将是什么样的？

[b] 如果不做这个修改会有什么影响？

[c] 使用新特征是否将导致对新工具的要求？

[5] 这个修改对效率，以及对 C 语言和目前的 C++ 的兼容性有什么影响？

[a] 这个修改对运行效率有什么影响？

[x] 对于使用这个特征的代码？

[y] 对于不使用这个特征的代码？

[b] 这个修改对编译时和连接时有什么影响？

[c] 这个修改是否影响现存的程序？

[x] 没使用这个特征的 C++程序必须重新编译吗？

[y] 这个修改是否影响与其他语言的连接？例如 Fortran 或者 C。

[d] 这个修改对 C++ 程序的静态或动态检查的可能程度有影响吗？

[6] 这个修改的文档及教学简单吗？

[a] 对于新手？

[b] 对于专家？

[7] 可能存在哪些理由支持**不做**这种扩充？肯定存在反对的意见，而我们工作的一部分就是发现和评价它们，因此如果你给出一个讨论，就能节省时间。

[a] 它是否影响那些不使用新特征的代码？

[b] 它是否很难学？

[c] 它是否会引出进一步的扩充需要？

[d] 它是否会导致很大的编译器？

[e] 它是否要求扩充的运行支持？

[8] 是否存在

[a] 能服务于这个需要的其他替代性特征？

[b] 所建议的语法的其他替代形式？

[c] 所建议模式的更有吸引力或更一般的替代形式？

自然，这个表并不完全。请扩充它，使之包括某些与你的特定建议有关的论点，而且不必理会那些与你无关的问题。”

这些问题，也就是实际语言设计者们总去问的那类问题的一个汇编。

6.4.2 状况

那么委员会又做了些什么呢？在标准出来之前，我们不可能确切地知道，因为无法知道将来新建议方面会有怎样的进展。这个总结是基于 1994 年 11 月在 Valley Forge 时的情况。为 C++ 提供的扩充建议范围非常广泛，例如：

——扩充的（国际）字符集（6.5.3.2 节）；

——各种模板扩充（15.3.1 节、15.4 节和 15.8.2 节）；

——废料收集（10.7 节）；

——NCEG[1]的建议（6.5.2 节）；

——带区分符的联合（11.6.2 节）；

——用户定义运算符（11.6.2 节）；

——可演化的/间接的类；

——带有<<、++等运算符的枚举；

——基于返回类型的重载；

——复合运算符（11.6.3 节）；

——表示空指针的关键字（`NULL`、`nil` 等）（11.2.3 节）；

——前/后条件；

——对 Cpp 宏的改进；

——引用的重新约束；

——继续；

——Curry 化[2]。

还是有可能对它们进行一些限制，使被接受的特征能很好地集成进语言里。至今为止只有不多的特征被接受了：

——异常处理（属于“委托事务”）（第 16 章）；

——模板（“委托事务”）（第 15 章）；

——C++ 的欧洲字符集合（6.5.3.1 节）；

——对重载函数返回类型的放松了的规则（13.7 节）；

——运行时的类型识别（14.2 节）；

——条件里的声明（3.11.5.2 节）；

——基于枚举的重载（11.7.1 节）；

——针对数组的用户定义的分配和释放运算符（10.3 节）；

——嵌套类的前向声明（13.5 节）；

——名字空间（第 17 章）；

---

① Numerical C Extension Group，C 语言数值扩充组织。——译者注

② 有关函数参数的一种变形规则。名字源自逻辑学家 Haskell Curry。——译者注

——可变性（mutable）（13.3.3 节）；

——布尔类型（11.7.2 节）。

——类型转换的一种新语法形式（14.3 节）。

——一种显式的模板实例化运算符（15.10.4 节）；

——模板函数调用的显式模板参数（15.6.2 节）；

——成员模板（15.9.3 节）；

——类模板作为模板的参数（15.3.1 节）；

——类声明中的整数类型的 `const static` 成员可以用**常量表达式**初始化；

——显式地使用构造函数（3.6.1 节）；

——对异常规范的静态检查（16.9 节）。

在这些扩充中，异常和模板是在 ARM 里提出建议和描述的委托事务，从定义和实现的难度看，它们也比任何其他提议都困难几个数量级。

相应地，委员会也拒绝了大量的建议。例如：

——若干有关直接支持并发性的建议；

——对继承来的名字重新命名（12.8 节）；

——关键字参数（6.5.1 节）；

——小幅度修改数据隐蔽规则的一些建议；

——受限的指针（“`noalias` 的儿子”）（6.5.2 节）；

——指数运算符（11.5.2 节）；

——自动生成的复合运算符；

——用户定义的 `operator.()` （11.5.2 节）；

——嵌套的函数；

——二进制字面量；

——类声明里对成员的一般性初始化规则。

请注意，拒绝并不意味着认为这个建议是不好的甚至无用的。实际上，递交给委员会的许多建议，在技术上都是有效的，而且至少对 C++社团的一部分人有帮助。拒绝的原因是大部分想法都没能通过初步审查，因为没下足够的功夫做成合格的建议。

6.4.3 好扩充的问题

即使是好的扩充，也可能带来问题。假定某时刻我们有了一个人人都喜欢的扩充，因此讨论其合法性绝不是浪费时间。但做这件事也会分散实现者们的精力，使他们离开一些众所周知的重要工作。例如，一个实现工作者可能要选择，是去实现某种新特征呢，还是实现代码生成程序里的一个优化。此时经常是新特征取胜，因为它对用户而言可见的。

一个扩充孤立地看可能完美无缺，但在某种更大范围下观察就可能露出了瑕疵。对于一个扩充，许多工作都集中在将它集成到语言里，集中到该特征与其他特征的相互关系上。这类工作的困难程度和为把它做好所需要的时间，总是被人们低估。

任何新特征都使现存的实现过时了，因为它们没有处理新特征。这样，用户将不得不做些升级工作：在没有新特征的情况下生活一段，或者同时管理系统的两个版本（一个用于最新实现，一个用于老的实现）。库或工具的制造者们常常必须处理后一种情况。

教学材料也需要更新，以便能反映新特征的情况，与此同时，可能还需要反映原来使用的语言，这是为了那些还没有更新的用户的利益。

一个“完美的”扩充也有负面影响。如果所建议的扩充存在争议，它将从委员会成员以及整个委员会那里榨取许多精力。如果扩充中存在不兼容的方面，在从老的实现更新到新实现时，就会遇到一些问题——有时甚至在你并没有使用新特征的时候。一个经典的例子是引进一个新关键字。例如，下面是一个看起来很普通的函数：

```
void using(Table* namespace) { /* ... */ }
```

在引进名字空间之后，它就不再合法了，因为 using 和 namespace 都成了新关键字。按照我的经验，虽然引进新关键字造成一些技术问题，但还是很容易修正的。从另一方面说，建议新关键字不会引起感到被凌辱而产生的嚎叫。新关键字带来的实际问题可以最小化，方法是适当选择名字，使之不太可能与现存标识符冲突。正是由于这个原因，用 using 而不用 use，用 namespace 而不用 scope。作为试验，我们把 using 和 namespace 引入一个局部实现，经过两个月时间，居然没有人注意到它们的存在。

除了使新特征被接受并被使用可能涉及的各种实际问题之外，仅仅有关扩充的讨论，也会产生负面影响，它往往给人一种某些人的思想不太稳定的想法。许多用户和自称的用户并不理解这些修改已经经过了仔细甄别，对现存代码的影响以及最小化。新特征的理想主义的辩护士们则常常认为，稳定性和与 C 语言及现有 C++ 兼容的限制很难接受，他们在触发对不稳定的恐惧方面做得太多了。还有，那些“改革”的狂热鼓吹者们也倾向于夸大语言的弱点，以便使其扩充建议看起来更具有吸引力。

6.4.4 一致性

我认为，扩充建议所面临的主要挑战在于维持 C++ 的内在一致性，以及如何把这种一致性的观点传播给用户社团。被接受的 C++ 特征必须能组合在一起工作，必须能互相支持，必须能弥补起一些在没有扩充之前 C++ 里实际存在的严重现实问题，必须能在语法上和语义上融入语言中，还必须能支持一种可以把握的程序设计风格。一个程序设计语言绝不能只是美好特征的一个汇集，在评价和开发扩充时，最主要的精力应该用在精化它们，使之变成语言中一个完美的组成部分。对于一个我认真考虑了的扩充，我把 95%的个人精力花在为原始的思想/建议寻找一种合适的形式，使它能平滑地集成到 C++ 里。典型情况是，这其中的大部分又涉及如何为实现者和用户找到一条清晰的转变之路。即使是最好的新特征，如果用户不抛弃他们的大部分老代码和老工具，就不能接纳它的话，这个特征也必须拒绝。参见第 4 章有关接受准则的范围更广泛的讨论。

6.5 扩充建议的例子

在本书里，一般说，我都是在相关特征的上下文里讨论所建议的语言特征。但也有几个东西放在哪里都不太合适，因此我把它们作为这里的例子。应该不令人奇怪，这些无法自然地与任何地方匹配的东西当然更可能被拒绝。一个特征，无论独立地看起来它有多么合理，我们都应该对它抱着极大的疑问。除非是语言有某个确定的发展方向，而该特征可以看作是这里的更一般性的努力的一部分。

6.5.1 关键词实参

Roland Hartinger 提出了关于关键词参数的建议，这是在函数调用中使用的一种参数描述机制。这个建议在技术上几乎是完美无缺的。因此，这样的建议被拒之门外而没有接受，也就特别有意思。这个建议被退回是因为扩展小组达成了一个共识：这个建议本身近乎多余，有可能导致与现存 C++ 代码的兼容性问题，也可能鼓励一种不应该的程序设计风格。下面的讨论反映了在扩充工作组里的讨论。当然，因为篇幅所限，成百的有关意见不可能在这里一一描述。

现在考虑一个肮脏的（很不幸，它并不是不现实的）例子，它来自 Bruce Eckel 写的一个分析报告：

```
class window {
    // ...
public:
    window(
        wintype=standard,
        int ul_corner_x=0,
        int ul_corner_y=0,
        int xsize=100,
        int ysize=100,
        color Color=black,
        border Border=single,
```

```
        color Border_color=blue,
        WSTATE window_state=open);
    // ...
};
```

如果你想定义一个默认的 window，那么一切都很好。但如果你想定义一个“几乎是”默认方式的 window，其描述就可能冗长乏味，而且很容易出错。本建议就是简单地引进一个新运算符:=，允许把它写在调用描述里，为某个指名的参数提供值。例如：

```
new window ( Color : = green , ysize : = 150 ) ;
```

将等价于：

```
new window ( standard , 0 , 0 , 100 , 150 , green ) ;
```

这还要感谢默认参数，实际上这个描述等价于：

```
new window( standard, 0,0,100,150, green, single, blue, open) ;
```

这种东西看起来就像是一种很有用的语法糖衣，能使程序变得更容易读也更坚固。这个建议已经实现了，可以保证消除了所有概念方面和集成方面的问题，也没有发现明显的或困难的问题。进一步说，所建议的这一机制也是基于其他语言的经验，例如 Ada 等。

在另一方面，在没有关键词参数的情况下我们无疑也能生活。这个建议并没有提供任何新的基本概念，不支持任何新的程序设计范例，也不能堵住类型系统里的任何漏洞。这样就留下了几个需要回答的问题，需要更多地看 C++用户社团现时的口味和印象。

[1] 关键词参数能导致更好的代码吗？

[2] 关键词参数会导致混乱，或者给教学带来问题吗？

[3] 关键词参数会导致兼容性问题吗？

[4] 关键词参数应该成为我们能够接受的不多几个扩充之一吗？

对这个建议，我们发现的第一个严重问题是关键词参数在调用接口和实现之间引进了一种新形式的约束。

[1] 在函数声明里的每个参数都必须采用与函数定义里一样的名字。

[2] 一旦使用了关键词参数，在函数定义里的参数名字就不能再更改了，否则就会打破用户代码。

由于重新编译的巨大代价，许多用户对定义接口和实现之间更紧密的约束关系总是心怀疑虑。更糟的是，这还会造成一个重大的兼容性问题。某些机构建议了一种编程风格，要求在头文件里使用“长而富含信息的”参数名字，而在函数的定义中使用“短而方便的”的名字。例如：

```
void reverse(int* elements, int length_of_element_array);

// ...

void reverse(int* v, int n)
{
    // ...
}
```

当然，有人会认为这种风格让人恶心，但是另外一些人（包括我）觉得它也是相当合理的。很明显的情况是现存有大量的这种代码。进一步说，关键词参数还意味着一个广泛散发的头文件将不能再修改，否则就有打破许多代码的危险。一种公共服务（例如 Posix 或者 X）的不同提供者也必须在参数名字上达成一致意见。这很容易变成一个官僚主义的噩梦。

如果换一种方式，语言可以不要求声明中对同一个参数使用同样的名字。对我来说这也还可以接受，但是人们不大会喜欢这种变形。

如果必须在编译单元之间检查参数名字的匹配问题，这种改变就会对连接所用的时间产生重大影响。如果不检查，这种机制就不是类型安全的，很可能成为微妙错误的根源。

对这种潜在的连接代价，以及非常实际的连接问题，人们避免它们的一种简单方式就是在头文件里完全不写参数名字。对此 Bill Gibbons 说："这一情况对于 C++ 可读性的深远影响将是负面的。"

我对关键词参数的主要忧虑，在于它实际上可能延缓人们在 C++ 里从传统的程序设计技术向数据抽象和面向对象的程序设计的转变。我认为，在写得最好的最容易维护的代码中，出现超长参数表的情况是很罕见的。实际上人们有一个共同的认识，转变到面向对象的风格，也将导致参数表的显著缩短，因为一些往常是参数或者全局的值现在却变成了局部状态。基于这些经验，我预期参数表的平均长度将下降到 2 以下，而超过两个参数的情况将变成罕见的。这也就意味着关键词参数仅仅是在那些我们认为写得非常糟糕的代码里才有用。引进一个新特征，只是为了去支持一种我们都希望消灭的程序设计风格，这难道是合情合理的吗？最后的共识是"不"，这个结论基于上面这些讨论，兼容性问题，以及其他一些不太重要的细节。

关键词实参的变形

在没有关键词参数的情况下，我们怎样才能缩短像上面 window 例子里那样的参数表的长度，使之变为某种方便的形式呢？首先，通过默认参数，复杂性已经明显降低了。增加其他类型也是表示常见变形的一种惯用技术：

```
class colored_window : public window {
public:
    colored_window(color c=black)
        :window(standard,0,0,100,100,c) { }
};
```

```
class bordered_window : public window {
public:
    bordered_window(border b=single, color bc=blue)
        :window(standard,0,0,100,100,black,b,bc) { }
};
```

这种技术有很多优点，它把使用方式引导到一些规范的形式上，因此能使代码和行为更加规范。另一种技术是提供一些显式操作去修改对默认参数的设置：

```
class w_args {
  wintype wt;
  int ulcx, ulcy, xz, yz;
  color wc, bc;
  border b;
  WSTATE ws;
public:
  w_args()  // set defaults
    : wt(standard), ulcx(0), ulcy(0), xz(100), yz(100),
    wc(black), b(single), bc(blue), ws(open) { }
  // override defaults:

  w_args& ysize(int s) { yz=s; return *this; }
  w_args& Color(color c) { wc=c; return *this; }
  w_args& Border(border bb) { b = bb; return *this; }
  w_args& Border_color(color c) { bc=c; return *this; }
  // ...
};

class window {
  // ...
  window(w_args wa); // set options from wa
  // ...
};
```

从这里我们能得到一种很方便的记法，它大致上等价于关键词参数能够提供的东西：

```
window w; // default window
window w( w_args().color(green).ysize(150) );
```

这种技术也具有重要的优点，因为它使在一个程序里传递由对象表示的参数变得更容易了。

当然，这些技术也可以组合起来使用。这些技术的作用将大大缩短参数表，也减少了使用关键词参数的必要性。

进一步减少参数的另一种方式是采用一个 Point 类型，而不是直接以坐标形式来直接描述窗口。

6.5.2 受限指针

Fortran 编译器允许做出这样的假定：如果传给函数两个数组参数，那么这两个数组互相之间一定没有重叠。对于 C++ 函数就不能做这个假定。由于这个假定，使 Fortran 子程序得到15%到30倍的加速，具体情况依赖于编译器的质量和计算机系统结构。在这里令人吃惊的时间缩短情况来自具有特殊硬件机器上的向量化运算，例如在Cray机器上。

C语言是强调效率的，这种情况被认为是一种侮辱，对此ANSI C委员会曾提出过一种称为noalias的机制来解决这个问题，用它来说明某个C指针可以认为是没有别名的。不幸的是这个建议来得太晚，而且又是如此的不成熟。这件事激怒了Dennis Ritchie，使他对C的标准化过程做了唯一的一次干预。他写了一封公开信说“noalias必须靠边站，这一点是不能协商的。”

在那以后，C和C++社团对处理别名问题都非常谨慎。但是这个问题对于Cray机器上的C用户确实非常重要，因此Cray的Mike Holly又抓起了这个难题，向数值C语言扩充工作组（Numerical C Extension Group，NCEG）和C++委员会提出了一种改进的反别名建议。所建议的想法是允许程序员说明一个指针可以认为是没有别名的，采用的方式是将它说明为restrict。例如：

```
void* memcopy(void*restrict s1, const void* s2, size_t n ) ;
```

因为s1已经说明为没有别名的，所以就不再需要说明s2为restrict。关键字restrict对*的作用方式与const、volatile一样。这个建议应该能解决C/Fortran在效率上的差异，只要选择性地采用Fortran的规则就可以了。

作为C++的委员会，当然非常重视任何能够改进效率的建议，因此对这个建议讨论了很长时间，但是最后还是决定拒绝它，几乎没有不同的声音。拒绝的关键理由如下。

[1] 这个扩充是不安全的。把一个指针声明为restrict，就是让编译器假定这个指针没有别名。然而，写声明的用户对有关情况却可能没有充分的警觉，而编译器又不能保证它。由于在C++里指针和引用的使用非常广泛，与Fortran提供的经验相比，在C++里这个因素可能导致更多的错误。

[2] 对于这个扩充的其他选择还没有进行充分的研究。在许多情况下，诸如采用对重叠做初始检查并结合对非重叠数组的特殊代码也可能是一种选择。对另一些情况，可以直接调用特殊的数学库，例如BLAS，通过转到向量代码来提高效率。另一些目标同样是优化的很有前途的方式也在研究之中。例如，对相对较小的具有特定风格的向量和矩阵运算做全局优化看起来是可能做的，研究专门针对高性能计算机的C++编译器也很有价值。

[3] 这个扩充也是与机器有关的。高性能数值计算是一个特殊的领域，使用着特殊的技术，通常在特殊硬件上做。由于这些情况，更合适的方式可能是引进一种为非标准系统结构所使用的特殊扩充或者语用指示词。在这个使用着特殊的机器体系结构的小用户群之外，为这类优化而需要的这种特殊功能是否也确实非常有用呢？这个扩充必须重新进行评价。

这个决定的意义，一个重要方面是进一步确认了 C++ 应该通过具有普遍意义的机制支持抽象的思想，而不是通过专用机制去支持特定应用领域。我也确实想帮助数值计算用户群，但问题是怎么做？对于向量和矩阵算法，紧紧跟随 Fortran 的脚步可能不是最好的途径。如果能把所有各种数值软件都用 C++ 写出来而又不损失效率，这当然是最好的事情。但这就需要找到能达到这种效果的某些东西，而且又不危及 C++ 的类型系统。依靠 Fortran、汇编语言或者某种针对特定系统结构的扩充可能是更好的办法。

6.5.3 字符集

C 依赖于国际 7 位字符集 ISO 646-1983 的美国版本，称为 ASCII（ANSI3.4-1968）。这带来两个问题：

[1] ASCII 包含标点符号字符和运算符，例如] 和 {，在许多国家的国内字符集上它们都不能使用；

[2] ASCII 不包含在英国语之外的其他语言的某些字符，例如 Å 和 æ。

6.5.3.1 受限字符集

ASCII（ANSI3.4-1968）特殊字符 [、]、{、} 和 \ 占据了 ISO 指定为字母的字符位置。在大部分欧洲的国家的 ISO-646 字符集里，这些字符是由不在英语字母表里的字母占据的。例如，在丹麦的国家字母表里，这些值分别表示元音字母 Æ、Å、æ、å、ø 和 Ø。没有它们就无法写出丹麦语里的任何有实际价值的文本。这个问题使丹麦程序员遇到了一种两难的选择：或者是需要能处理 8 位字符集（例如 ISO-8859/1/1）的计算机系统，同时又不使用自己母语里的三个元音；或者就不用 C++。说法语、德语、意大利语等的人们也都面临同样的选择。这已经成为在欧洲使用 C 语言的一个很值得注意的障碍，特别是在那些商务部门（例如银行），在许多国家里，这些部门仍然广泛使用 7 位的国家标准字符集。

例如，考虑下面这个看起来很淳朴的 ANSI C 和 C++程序：

```
int main(int argc, char* argv[])
{
    if (argc<1 || *argv[1]=='\0') return 0;
    printf("Hello, %s\n",argv[1]);
}
```

在标准的丹麦终端或者打印机上，这个程序就是下面的样子：

```
int main (int argc, char* argvÆÅ)
æ
    if (argc<1 øø *argvÆ1Å==' ø 0' ) return 0;
    printf("Hello, %s ø n",argvÆ1Å) ;
å
```

如果认为某些人能流利地阅读和书写这种东西，那才真是奇怪呢。我绝不认为这应该成为对任何人提出的一种技能要求。

ANSI C 委员会采纳了针对这类问题的一个部分解决方案，定义了一组三联符序列，这就使那些本国字符也可以表示了：

```
#     [     {     \     ]     }     "     l     ~
??=   ??(   ??<   ??/   ??>   ??)   ??'   ??!   ??-
```

对于程序的交换而言，这种做法很有用，但它却削弱了程序的可读性：

```
int main(int argc, char* arg??(??))
??<
    if (argc<1 ??!??! *argv??(1??)=='??/0') return 0;
    printf ("Hello, %s??/n", argv?? (1??) );
??>
```

自然，真正能为 C 和 C++程序员解决这个问题的办法，是购买那种既能支持其本国语言，也能支持 C 和 C++ 所需要字符的设备。不幸的是，对某些人而言这肯定是行不通的，引进新设备必然要经过一个漫长的过程。为了帮助程序员使用现有设备，也是为了帮助 C++ 本身，C++ 委员会决定提供另一种更可读的形式。

提供下面这些关键字和二联符序列，在那些包含本国字符的地方，以它们作为对应的运算符的等价物：

关键字和对应的二联符序列			
and	&&	<%	{
and_eq	&=	%>	}
bitand	&	<:	[
bitor	|	:>	]
compl	~	%:	#
not	!	%:%:	##
or	||		
or_eq	|=		
xor	^		
xor_eq	^=		
not_eq	!=		

我个人更喜欢用 %% 代表 #，用 <> 表示 !=，但 %: 和 not_eq 已经是 C 和 C++ 委员会能同意的最好的东西了。

现在上面的程序就可以写成如下样子：

```
int main(int argc, char* argv<: :>)
<%
    if (argc<l or *argv<:1:>=='??/0') return 0;
    printf("Hello, %s??/n",argv<:1:>);
%>
```

请注意，如果要把“缺少的”字符，例如\，放入字符串和字符常量，还是需要用三联符序列。

引入二联符序列和新关键字也引起了许多争论。有一大批人，主要是以英语为母语的人们和有着很强C背景的人们，都说完全没有必要为了取悦一些“不想去买像样设备”的人，而把C++ 弄得更加复杂而污浊。我赞成这种论点，因为三联符和二联符序列都不漂亮，新关键字也总是不兼容性的一个根源。但在另一方面，我将不得不一直用无法支持我的母语的设备工作，而且我也不得不看着某些人抛弃C语言作为一种可能的程序语言，而转去用另一种“不使用可笑字符的语言”。作为对这种观点的一个支持，IBM 的代表报告说，由于在IBM主机所用的EBCDIC字符集里缺少！字符而导致经常而反复地出现了许多抱怨。我还发现了一个很有趣的事实，即使是在那些能使用扩充字符集的地方，系统管理员也常常关掉它们的使用。

我认为存在一个可能长达10年的转变期，在此期间关键字、二联符和三联符序列是害处最少的解决办法。我的希望是，这一方案能帮助C++ 被那些C语言没有渗入的领域所接受，并以此支持那些还没有在C和C++ 文化中有其代表的程序员们。

6.5.3.2 *扩充字符集*

对C++ 而言，支持一种受限字符集表示了一种向后看的态度。另一个更有趣也更困难的问题是如何支持扩充的字符集，也就是说，如何利用那些具有比ASCII更多字符的字符集。在这里存在着两个不同的问题。

[1] 如何支持对扩充字符集的操作？

[2] 如何允许在C++ 程序正文里使用扩充集合？

C标准化委员会作为对前一问题的答复，定义了一种表示多字节字符的类型 `wchar_t`，此外还提供了一个多字节字符串类型 `wchar_t[]` 以及对 `wchar_t` 的 `printf` 一族的I/O功能。C++ 在这个方向上继续前进，把 `wchar_t` 作为一个真正的类型（而不是像在C里那样，只把它作为通过 `typedef` 定义的其他类型的一个同义词），还提供了一个标准的 `wchar_t` 的字符串类 `wstring`，并且在流I/O中支持这些类型。

这样支持的仅仅是一种“宽字符”类型。如果程序员需要更多的字符，比如说一种日文字符，一种日文字符的字符串，一种希伯来文字符和一种希伯来文字符串，那么至少存在两种不同的解决办法。一种方式是将这些字符都映射到一个足够大的足以包容它们两者的字符集里，例如Unicode，并用 `wchar_t` 处理这个字符集，写出对应代码。另一种方式是分别对各种字符类型和字符串定义相关的类，例如定义 Jchar、Jstring、Hchar、Hstring，并使这些类可以正确地相互作用。这些类都应该由一个公共模板生成。按照我的经验，这样两种方式都可以工作。但任何触动国际化和多种字符集的决定都会引起激烈争论，其情绪化的速度远远快于其他任何问题。

另一个问题是能否以及如何允许在 C++程序正文里使用扩充的字符集，这个问题同样很不简单。当然我很希望在需要苹果、树、小船和岛的程序里用丹麦语的单词表述这些概念。允许在注释里使用 æble、træ、båd 和 ø 一点也不难，在注释里使用英语之外的单词也是很常见的情况。但是允许在标识符里使用扩充字符集就会带来更多的问题。从原则上说，我不喜欢在 C 或 C++的程序里允许用丹麦文、日文或者朝鲜文写标识符。虽然那样做并不存在严重的技术问题。实际上，在 Ken Thompson 写的一个内部的 C 编译器里，就允许将所有没有特殊意义的 Unicode 字符用在 C 的标识符里。

我担心的是兼容性和理解问题。从技术上说兼容性是可以处理的。但无论如何，英语毕竟被看作程序员间的一种公共语言，扮演了很重要的角色。我觉得，在没有经过认真考虑之前就抛弃它将是很不明智的。对于大部分程序员来说，系统化地使用希伯来文、中文、朝鲜文等将带来严重的理解障碍，即使是我的母语丹麦文，也会使一般水平的说英语的程序员感到非常头痛。

C++ 委员会至今还没有在这个论题上做出任何决定，但是我想它将必须做些事情，而任何可能的解决方案都会存在很大的争议。

07

第 7 章　关注和使用

某些语言的设计是为了解决一个问题，另一些则只是为了证明一个观点。

——Dennis M. Rechie

C++ 的使用——编译器——会议、书籍和杂志——工具和环境——学习 C++ 的途径——用户和应用——商业竞争——C++ 的替代物——期望和看法

7.1　关注和使用的爆炸性增长

设计 C++ 的目标就是为其用户服务。它不是为设计一个完美语言而进行的学术试验，也不是为其开发者敛财的一种商业产品。这样，为了满足其目标，C++ 必须拥有自己的用户——它也确实有了：

日　期	C++用户的估计数
1979 年 10 月	1
1980 年 10 月	16
1981 年 10 月	38
1982 年 10 月	85
1983 年 10 月	??+2（考虑非 Cpre 用户）
1984 年 10 月	??+50（考虑非 Cpre 用户）
1985 年 10 月	500
1986 年 10 月	2000
1987 年 10 月	4000
1988 年 10 月	15000
1989 年 10 月	50000
1990 年 10 月	150000
1991 年 10 月	400000

换句话说，在这 12 年里，C++ 用户的人数大约每 7 个半月增加一倍。这些都是保守估计的数字，因为 C++ 用户是很难计算的。首先，存在着像 GNU C++ 和 Cfront 这样的实现，它们被发送到许多大学，在那里不可能存在有意义的用户数记录。其次，许多公司——包括工具的提供商和最终用户——都把它们那里使用者的人数及其所做工作的种类看作一种机密。当然，我毕竟还是有很多朋友、同事、联系人以及编译器的提供商，他们因为相信我而提供了数字，只要我能以负责任的态度使用这些数字。这就使我有可能估计 C++ 用户的人数了。这些估计数据的建立方式是：取出用户反馈给我的数字，或基于个人经验的估计，而后去掉各数的尾数，再将它们相加，再去掉尾数。这些数字是当时做出来的，后来也没有以任何方式调整过。为了支持上面关于这些数字有些保守的断言，我可以提出 Borland，它是最大的独立 C++ 编译器提供商。在 1991 年 10 月，Borland 向公众宣布它已经销售了 500000 个编译器。这个数字是可能的也是可信的，因为 Borland 是一个上市公司。

现在 C++ 的用户数已经上升到这样一种程度，使我再也没有合理的方法去估计它了。我想，现在已经无法把 C++ 用户的当前人数估计到以十万人计的最接近数字。公开数据显示，到 1992 年年底，销售的 C++ 编译器已经超过了 1000000 个。

7.1.1 C++ 市场的缺位

在我看来，这些数字中最令人吃惊的，是 C++ 获得其早期用户并不是通过传统市场完成的（7.4 节）。相反，各种形式的电子通信技术在这里扮演了关键角色。在最初几年里，大部分发布和技术支持都是通过电子邮件完成的。关于 C++的新闻讨论组也很早就由用户们自己建立起来了。对网络的密集使用，使得有关语言、技术和工具状态的信息能广泛普及。在今天这些东西已经很平常了，但是在 1981 年，它们还是相对很新的东西。我怀疑 C++ 是第一个利用这种途径的主要语言。

后来，更常规的通信形式和市场出现了。在 AT&T 发布了 Cfront 1.0 之后，一些转销商，特别值得提出的是爱尔兰 John Carolan 的 Glockenspiel 公司，以及它们在美国的分销商 Oasys（后来变成 Green Hills）1986 年开始做小广告。当独立开发 C++ 编译器（如 Oregon Software 公司的 C++ 编译器和 Zortech 的 C++ 编译器）出现以后，C++ 就变成广告上的一个常见符号了（从大约 1988 年开始）。

7.1.2 会议

在 1987 年，USENIX（UNIX 用户协会）的 David Yost 接到一个动议，要求召开一次专门讨论 C++ 的会议。因为 David 不大肯定是否有足够多的人感兴趣，这个会议被称为一个“专题讨论会”，他还在私下告诉我，“如果没有足够的人登记参加，我们就取消它”。他没有告诉我“足够的人”到底是什么意思，但我猜想了一个数字，大约是 30 人。David Yost 选择来自美国国家卫生署的 Keith Gorlen 作为程序主席。Keith 与我和其他人联系，收集我们听说过的有关项目的电子邮件地址，以便发送征集论文的电子邮件。会议最后接受了 30 篇论文，214 人出现在新墨西哥州的圣菲市，这是 1987 年 11 月。

圣菲会议为后来的会议建立了一个很好的范例，文章中包括应用、程序设计和教学技术、有关改进语言的想法、库，以及实现技术等。对于一个 USENIX 会议，很值得注意的是在这些之中有关于在 Apple Macintosh、OS/2、连接计算机上的 C++ 实现的文章，关于为非 UNIX 操作系统的实现（如 CLAM [Call，1987] 和 Choices [Campbell，1987]）的文章。NIH 库 [Gorlen，1987] 和 Interview 库 [Linton，1987] 也在圣菲初次登台亮相。一个后来成为 Cfront 2.0 的早期版本也在那里展示，我第一次公开演示了它的各种特征 [Stroustrup，1987c]。USENIX 的 C++ 会议一直是一个学术性和技术性 C++ 的会议。出自这些会议的论文集是有关 C++ 及其使用的最佳阅读材料。

如前所述，圣菲会议被定位为一个专题讨论会。由于其讨论的密集程度，虽然有 200 多位参加者，它实际上也还是一个专题讨论会。然而到了下一次会议，专家们就被新人和那些想来弄清楚 C++ 到底是什么的人们淹没了。这也使深入的和技术性的讨论几乎无法进行，讲座和商业活动占据了支配地位。在 Andrew Koenig 的建议下，紧接着 1988 年，在丹佛的 USENIX C++ 会议之后，召开了一个“实现者专题研讨会”。在大会之后，几十个在会上发言的人、C++ 实现工作者等从丹佛出发，到 Estes 公园参加了一天热闹的讨论。特别是有关 `static` 成员函数（13.4 节）和 `const` 成员函数（13.3 节）的思想被很好地接受了，我决定将这些特征作为 Cfront 2.0 的一部分。这件事由于 AT&T 的内部政策而稍微推迟了一点（3.3.4 节）。在我的鼓动下，Mike Miller 展示了他的一篇论文 [Miller，1988]，导致了将异常处理机制引进 C++ 的第一次严肃讨论。

除了 USENIX C++ 会议之外，还有许多针对 C++、针对 C 包括 C++、针对面向对象的程序设计包括 C++ 的商业性的和半商业性的会议。欧洲的 C 和 C++ 用户协会（ACCU）也安排了一些会议。

7.1.3 杂志和书籍

到了 1992 年年中，仅英语的有关 C++ 的图书就已经超过了 100 本，中文、丹麦文、法文、德文、意大利文、日文、俄文等翻译的和自己写出的书也有了许多。其质量差别当然也是非常大的。我也很高兴地看到那时自己的书已经被翻译成十来种语言。

第一个针对 C++的杂志，*The C++ Report*，从 1988 年 1 月开始出版，Rob Murry 是它的编辑。一个更大的印刷也更好的季刊，《The C++ Journal》在 1991 年春天出版，Livleen Singh 是它的编辑。此外还有几个由 C++ 工具提供商控制的新闻快报。许多专业杂志，如 *Computer Languages*、*The Journal of Object-Oriented Programming*（JOOP）、*Dr. Dobbs Journal*、*The C Users' Journal* 和 *.EXE* 上也都有关于 C++ 的专栏。Andrew Koenig 在 JOOP 上的专栏在质量和不做宣传方面特别具有一贯性。讨论有关 C++ 问题的这些出版物和它们的编辑政策都变化得非常快。我提出这些杂志、会议、编译器、工具等的目的，并不是想给出一个目前的“客户综述”，只是想说明一下早期 C++ 社团的宽广程度。

新闻组和公告板，例如 usenet 上的 comp.lan.c++ 和 BIX 上的 c.plus.plus，在这些年里也产生了数以万计的消息，或是去取悦它们的读者，或是使他们失望。要想读完人们写出的所有与 C++ 有关的东西，现在花掉全部时间也不可能了。

7.1.4 编译器

圣菲会议（7.1.2 节）实际上也是 C++ 实现的第二次浪潮的宣言。Steve Dewhurst 描述了他和别人一起为 AT&T 的 Summit 系列计算机实现的 C++ 编译器的体系结构。Mike Bill 展示了后来变成 TauMetric C++ 编译器（更广为人知的名字是 Oregon Software C++ 编译器）的一些思想，该编译器是他和 Steve Clamage 在圣迭戈写的。Mike Tiemann 给了一个最激动人也最有趣的报告，展示了他正在做的 GNU C++ 如何能完成几乎所有事情，使其他所有的 C++ 编译器开发者都出了局。新的 AT&T 编译器根本就没有实现，GNU C++ 的版本 1.13 是在 1987 年 12 月第一次发布的，而 TuaMetric C++ 在 1988 年 1 月交货。

直到 1988 年 7 月，所有 PC 机上的 C++ 编译还都是 Cfront 的移植。而后 Zortech 开始推出自己的编译器，由 Walter Bright 在西雅图开发。Zortech 编译器的出现，第一次使 C++对于 PC 上的人们成为一种“真正的”东西。更多保守的人们保留着他们的评价权，直到 1990 年 5 月 Borland 发布了它的 C++ 编译器，甚至直到 1992 年 3 月 Microsoft 的 C++ 编译器出现。DEC 在 1992 年 1 月第一次推出了自己独立开发的 C++ 编译器，IBM 在 1992 年 3 月发布了它独立开发的第一个 C++ 编译器。现在已经有了十几个独立开发的 C++ 编译器。

除了这些编译器外，Cfront 几乎被移植到所有地方，特别是 Sun、Hewlett-Packard、Centerline、ParcPlace、Glockenspiel、Comeau Computing，在它们的几乎每个平台上都发送了基于 Cfront 的产品。

7.1.5 工具和环境

C++ 的设计是作为一种在缺乏工具的环境里就能生存的语言。部分地说，这也是必须的，因为在早年间资源几乎是完全缺乏，后来则是相对贫乏。这也是一种有意的决定，以便能允许简单的实现，特别是允许实现的简单移植。

能与常规的支持其他面向程序语言的环境相匹敌的 C++ 程序设计环境，也已经开始出现了。例如，ParcPlace 的 ObjectWorks 基本上是一个 Smalltalk 程序开发环境，依据 C++ 的需要修改而成。Ceterline C++（以前的 Seber C++）是一个基于解释器的 C++ 环境，从 Interlisp 环境那里得到的灵感。这些也给了 C++ 程序员一种机会，使他们能用到更快更昂贵，而通常也能有更高生产效率的环境。这些环境在以前只可能用于其他语言，或者只是一种研究性的玩具，或者同时两者都是。环境是一种框架，使各种工具可以在其中互操作。现在已经存在一大批这样的C++ 环境。PC上的大部分C++ 实现，都是把一个编译器嵌入在一个由编辑器、工具、文件系统和标准库等组成的框架里。MacApp和Mac MPW是Apple Mac上的这种东西，ET++ 是具有MacApp风格的一个公有领域[1]版本。Lucid的Energize和Hewllet-Packard的Softbench是另外的例子。

虽然这些环境已经复杂到超出了一般为C所用的东西，但还只是更高级得多的系统的初步预演。写得很好的C++ 程序是一个等待利用的丰富的信息容器。当前的工具不过是倾向于关注语言的语法方面、执行的运行时特征、以及程序的行文观点等。为了挖掘出C++ 语言里的所有宝藏，程序设计环境必须超越静态程序所表现的简单文件和字符观点，能够理解和使用整个类型系统。它必须能以某种一致的方式，将程序的运行信息与它的静态结构关联起来。自然，这样一个环境必须具有可伸缩性，以便能处理大型程序（例如500000行的C++），在那样的地方，工具的作用极端重要。

一些这样的系统正在开发之中。我以个人方式深入涉足了一个这种系统 [Murry，1992] [Koenig，1992]。我认为，也应该适时地提出一个警告。程序设计环境也可以被提供商用于将用户锁定在一个由特征、库、工具和工作模板封闭的世界里，不能很容易地转到其他系统去。这样，用户将会变得完全依赖于某一个特定的提供商，从而被剥夺了去使用该提供商不愿意支持的机器结构、库、数据库等的权利。我设计C++ 的主要目标之一，就是为了给用户一种选择不同系统的权力，程序设计环境可以设计成与这个目标和谐的东西，当然它也可能不是这样的 [Stroustrup，1987b]:

> “必须特别当心，应该保证程序源代码能够以很低的代价在不同的这类环境之间转移。”

与此同时，我还没希望能有一个唯一的宏大的标准库，也没有希望出现一个单一的标准的C++ 软件开发环境 [Stroustrup，1987d]:

> “至少对于C++，必然同时存在几个不同的开发和执行环境，在这些环境之间必然有根本性的差异。期望在例如Intel 80286和Cray XMP上有同样的执行环境，显然是不现实的。期望个人程序员和进行着大规模开发的200人程序组使用相同的程序开发环境，同样也是不现实的。但无论如何，事情很清楚，存在许多能够用来同时提升这两类环境的技术，因此人们必须在所有有意义的地方，努力去发掘其中的共性。”

库、运行环境和开发环境的多样性，是支持范围广泛的C++应用的最关键因素。这个观点至迟在1987年就已经开始指导C++ 的设计，事实上它还更久远些。这个观点植根于把C++ 看成一种通用的程序设计语言（1.1节和4.2节）。

① public domain。

7.2 C++的教与学

C++ 使用的成长及其性质，已经受到学习 C++ 的方式的强有力影响。由此可知，如果对应该如何教和学 C++ 缺乏认识的话，要想理解它就可能比较困难。如果缺乏这方面的认识，可能就无法理解 C++的快速成长的某些方面。

关于应该如何有效地将 C++ 教给相对而言的新手，如何使他们能有效地使用学到的东西，这些问题从很早就影响着 C++ 的设计。我做了许多教学工作——至少是做了许多教授某些研究者（并不是专业的教育工作者）的工作。我一直设法将自己的想法传播出去，在观察自己和别人所教的人们写出的实际程序方面，有许多成功与失败，这些都对 C++ 的设计产生了重要影响。

几年之后逐渐呈现出了一种方式：首先强调一些概念，随后再强调概念之间的关系和主要语言特征。把各个单独语言特征的细节先放下，直到人们需要知道它们的时候再去学习。在这种方式不行的地方，就设法修改语言去支持它。这种相互作用，使这一语言逐渐成长为一种适宜用于设计的更好的工具。

与我一同工作的人以及我教的那些人，基本上都是职业的程序员和设计师，他们需要在工作中学习，不可能拿出几个星期或者几个月去学习新技术。从这里由此也发展出设计 C++ 的许多思想，以便使人们能逐步学习它，逐步采纳它的特征。C++ 的组织方式使你能够以大致线性的方式学习它的概念，并在一路上获得实际利益。更重要的是，你的获益大致上可以正比于所花的精力。

我认为，有关程序设计语言、语言特征、程序设计风格等的许多讨论，其实际关注的更多是程序设计语言特征的教育，而不是这些特征本身。对许多人，最关键的问题是：

> 我没有多少时间去学习新技术和新概念，在这种情况下我怎样才能有效地开始使用 C++？

如果某种语言对这个问题的回答比 C++ 的更令人满意，人们就会选择那种语言，因为这个程度的程序员通常都有选择权（他们也应该选择）。1993 年年初，我在 compl. lang.c++ 里对这个问题给出了下面的回答：

> “很清楚，使用 C++‘最好’是在你对许多概念和技术都有了深入理解，达到了某种随心所欲的状态之后。但要想达到这种状态，你需要通过若干年的学习和实践。下面的方式通常是行不通的，即告诉一个新手（C++ 的新手，而不是一般意义下的程序设计新手），首先取得对 C、Smalltalk、CLOS、Pacsal、ML、Eiffel、汇编语言、高性能系统、OODBMS、程序验证技术等的透彻理解，而后在他或她的下一个项目中把这些学过的课程应用到 C++上。所有这些课题都值得学习，而且——从长远的观点看——确实也会有帮助，但是实际的程序员（和学生）不可能从他们正身陷其

中的事情里抽出若干年的时间，去深入学习和研究程序设计语言和技术。

另外，大部分新手都知道‘一知半解是很危险的事情’，希望能得到一种保证：他们在开始自己的下一个项目之前/之中能拿出时间学到的那一点点东西，将确实能帮助（而不是扰乱或者阻碍那个项目）取得成功。他们也希望能确信，能立即吸取的这一点点新东西可以成为一条坦途的一部分，这条路能指导他们走向他们真正期望的完整理解，而不是某些孤立技巧，向前走什么地方也到不了。

很自然，满足这些准则的途径肯定不止一条，究竟选择哪一条要看个人的背景、当前的需要以及可能花的时间。我认为许多教育培训工作者和在网络上发表意见的人都低估了这个问题的重要性：总的来说，‘教育’一大批人而不是专门关心个别的人，从代价上看起来将会有效得多——也更容易些。

下面考虑几个共性问题：

> 我对 C 或 C++都不了解，我是不是应该先学习 C？
> 我想做 OOP，那么，是不是应该在学习 C++ 之前先学 Smalltalk？
> 我在一开始应该把 C++ 作为一种 OOPL，还是作为一个更好的 C？
> 学习 C++ 需要花多少时间？

我不是想说自己有对这些问题的唯一答案。正如前面所言，‘正确的’回答依赖于环境情况，大部分 C++ 教科书的作者、教师和程序员都有他们自己的回答。我的回答是基于自己多年用 C++ 和系统程序语言做程序设计，教授短的 C++ 设计和编程课程（主要是给职业程序员），做 C++ 入门和 C++ 使用的咨询，讨论 C++ 语言，以及自己关于编程、设计和 C++ 语言的一般性思考。

我对 C 或 C++ 都不了解，是不是应该先学习 C？不，首先学习 C++。C++ 的 C 子集对于 C/C++ 的新手是比较容易学的，又比 C 本身容易使用。原因是 C++（通过强类型检查）提供了比 C 更好的保证。进一步说，C++ 还提供许多小特征，例如运算符 `new`，与 C 语言对应的东西相比，它们的写法更方便，也更不容易出错。这样，如果你计划学习 C 和 C++（而不只是 C++），你不应该经由 C 那条迂回的路径。为能很好地使用 C，你需要知道许多窍门和技术，这些东西在 C++ 里的任何地方都不像它们在 C 里那么重要、那么常用。好的 C 教科书倾向于（也很合理）强调那些你将来在用 C 做完整的大项目时所需要的各种技术。好的 C++ 教科书则不太一样，强调能引导你去做数据抽象、面向对象的程序设计的技术和特征。理解了 C++ 的各种结构，而后学习它们在（更低级的）C 里替代物将会很简单（如果需要的话）。

要说我的喜好：要学习 C，就用 [Kernighan，1988]；要学习 C++，就用[2nd]。两本书的优点是都组合了两方面内容：一方面是关于语言特征和技术的指导性的描述，另一方面是一部完整的参考手册。两者描述的都是各自的语言而不是特定的实现，也不企图去描述与特定实现一起发布的特殊程序库。

现在有许多很好的教科书和许多各种各样风格的材料，上面只是我对理解有关概念和风格的喜好。请仔细选择至少两个信息来源，以弥补可能的片面性甚至缺陷，这样做永远是一种明智之举。

我想做 OOP，那么，是不是应该在学习 C++之前先学 Smalltalk？不。如果你计划用 C++，那就学 C++。各种语言，像 C++、Smalltalk、Simula、CLOS 和 Eiffel 等，各有自己对于抽象和继承等关键概念的观点，各语言以略微不同的方式支持着这些概念，也支持不同的设计概念。学习 Smalltalk 当然能教给你许多有价值的东西，但它不能教给你如何在 C++ 里写程序。实际上，除非你有充分时间学习和消化 Smalltalk 以及 C++ 的概念和技术，否则用 Smalltalk 作为学习工具将导致拙劣的 C++ 设计。

当然，如果同时学了 C++ 和 Smalltalk，能使你取得更广泛领域中的经验和实例，那当然是最理想的。但是那些不可能花足够时间去消化所有新概念的人们常常最后是‘在 C++ 里写 Smalltalk’，也就是说，去用那些并不能很好适应 C++ 的 Smalltalk 设计概念。这样写出的程序可以像在 C++ 里写 C 或 Fortran 一样，远不是最好的东西。

常见的关于学习 Smalltalk 的理由是它‘很纯’，因此会强迫人们去按‘面向对象的’方式思考和编程。我不想深入讨论‘纯’的问题，除提一下之外。我认为一个通用程序设计语言应该而且也能够支持一种以上的程序设计风格（范型）。

这里的问题是，适合 Smalltalk 并得到它很好支持的风格并不一定适合 C++。特别是模仿性地追随 Smalltalk 风格，将会在 C++ 里产生低效、丑陋，而且难以维护的 C++ 程序。个中理由很简单，好的 C++ 程序所需要的设计应该能很好地借助 C++ 静态类型系统的优势，而不是与之斗争。Smalltalk（只）支持动态类型系统，把这种观点翻译到 C++ 将导致广泛的不安全性和难看的强制转换。

我把 C++ 程序里的大部分强制转换看作是设计拙劣的标志。有些强制转换是很基本的，但大部分都不是。按我的经验，传统 C 程序员使用 C++，通过 Smalltalk 理解 OOP 的 C++ 程序员是使用强制转换最多的人，而所用的那些种类的转换，完全可以通过更仔细的设计而得以避免。

进一步说，Smalltalk 鼓励人们把继承看作是唯一的，或者至少是最基本的程序组织方式，并鼓励人们把类组织到只有一个根的层次结构中。在 C++ 里，类就是类型，并不是组织程序的唯一方式。特别的是，模板是表示容器类的最基本方法。

我也极端怀疑一种论断，说是需要**强迫**人们去采用面向对象的风格写程序。如果人们不想去学，你就不可能在合理的时间内教会他们。按我的经验，**确实**愿意学习的人从来也不短缺，最好还是把时间和精力用到他们身上。除非你能把握住如何表现隐藏在数据抽象和面向对象的程序设计后面的原理，否则你能做的不过是错误地使用支持这些概念的语言特征，而且是以一种不适当的‘巴罗克’形式[1]——无论在 C++、Smalltalk 或者其他语言里。

参看《C++ 程序设计语言》（第 2 版） [2nd]，特别是第 12 章，那里有关于 C++ 语言特征和设计之间关系的更多讨论。

我在一开始应该把 C++ 作为一种 OOPL，还是作为一个更好的 C 语言？看情况。为什么你想开始用 C++？对这个问题的回答应该能确定你走近 C++ 的方式，在这里，没有某种放之四海而皆准的道理。按照我的经验，最安全的方式是自下而上地学习 C++，也就是说，首先学习 C++ 所提供的传统的过程性程序设计特征，也就是那个更好的 C 子集；而后学着去使用和遵循那些数据抽象特征；再往后学习使用类分层去组织相互有关的类的集合。

按照我的观点，过快地通过早期阶段是很危险的，这样会使忽视某些重要概念的可能性变得非常之大。

例如，一个有经验的 C 程序员可能会认为 C[2]的更好的 C 子集是‘很熟悉的’，因此跳过了教科书中描述这方面的前 100 页或多少页。但在这样做时，这个 C 程序员可能就没看到有关函数的重载能力，有关初始化和赋值之间差异的解释，用运算符 new 做存储分配，关于引用的解释，或许还有其他一些小特征。在后面阶段它们会不断地跳出来缠住你，而在这时，一些真正的新概念正在复杂的问题中发挥着作用。如果在更好的 C 中所用的概念都是已知的，读过这 100 页可能也就只要几个小时的时间，其中的一些细节又是有趣的，很有用的。如果没有读，后面花的时间可能更多。

有些人表达了一种担心，害怕这种‘逐步方式’会引导人们永远去写 C 语言风格的东西。这当然是一种可能的后果，但是从百分比看，与在教学中采用‘更纯的’语言或者强迫的方式相比，很难说这样做就一定更不值得信任。关键是应该认识到，要把 C++ 很好地用作数据抽象和/或面向对象的语言，应该理解几个新概念，而它们与 C 或者 Pascal 一类语言并不是针锋相对的。

C++ 并不只是用新语法表述一些老概念——至少对于大部分程序员而言不是这样。这也就隐含着教育的需要，而不仅仅是训练。新概念需要通过实践去学习和掌握。老的反复试验过的工作习惯需要重新评价。不再是按照‘老传统的方式’向前冲，而是必须考虑新方式——通常，与按照老方式相比，以新方式做事情，特别是第一次这样做时，一定更困难，也更费时间。

许多经验说明，对大部分程序员而言，花时间和精力去学习关键性的数据抽象和面

① 意为：花哨的形式。——译者注

② 原书如此，应为 C++ 之误。——译者注

向对象技术，是非常有价值。并不是必须经过很长的时间才能产生效益，一般在 3 到 12 个月就可以。不花这些精力，而只是使用 C++，也会有效益，但最大的效益还是要在为学习新概念而花费精力之后——我的疑问是，如果什么人不想花这个精力，那么为什么还要转到 C++ 来呢。

在第一次接触 C++，或是在许多时间之后又第一次接触它，用一点时间去读一本好的教科书，或者几篇经过很好选择的文章（在 *The C++ Report* 和 *The C++ Journal* 里有许多这样的文章）。你也可能想看看某些主要的库的定义和源代码，分析其中使用的概念和技术。对那些已经用了一段 C++ 的人来说，这也是个好主意，在重温这些概念和技术的过程中可以做许多事情。自 C++ 第一次出现以来，在 C++ 语言以及与之相关的编程和设计技术方面已经发生过许多事情。将《C++ 程序设计语言》的第 1 版和第 2 版做一个简单对比，就足以使人相信这个说法。

学习 C++ 需要花多少时间？同样要看情况。依赖于你的经验，也依赖于你所说的'学习 C++'的意思。对大部分程序员而言，学习语法和用更好的 C 的风格写 C++，再加上定义和使用几个简单的类，只要一两周时间。这是最容易的部分。最主要的困难在于掌握新的定义和编程技术，这也是最有意思、最有收获的部分。曾经和我讨论过的大部分有经验的程序员说，他们用了半年到一年半时间，才真正觉得对 C++ 适应了，掌握了它所支持的数据抽象和面向对象技术。这里假定他们是在工作中学习并维持着生产——通常在此期间也用着 C++的某种'不那么大胆'的风格做程序设计。如果你能拿出全部时间学 C++，就可能更快地适应它。但是，在没有将新的思想和设计应用到真实的项目中之前，这个适应也很可能是骗人的。面向对象的编程和面向对象的设计，基本上是实践性的训练而不是理论训练。只是对一些玩具式的小例子使用或者不使用它，这些思想就很可能演化为一种危险的盲从倾向。

请注意，学习 C++，最根本的是学习编程和设计技术，而不是语言细节。在做完了一本教科书的学习工作之后，我会建议一本有关设计的书，例如 [Booch，1991] ①，该书里有一些稍长的例子，用的是 5 种语言（Ada、CLOS、CLU、C++、Smalltalk 和 Object Pascal），这样就可能在某种程度上避免语言的偏狭性，而偏狭性已经弄糟了许多有关设计的讨论。在这本书里，我最喜欢的部分就是描述设计概念和例子的那几章。

关注设计方式，与非常仔细地关注 C++ 的定义细节（例如 ARM，其中包含许多有用的信息，但是没有关于如何用 C++ 编程的信息）是截然不同的。把注意力集中到细节上，很容易把人搞得头昏脑涨，以至于根本就用不好语言。你大概不会试着从字典和语法去学习一种外国语吧？

在学习 C++ 时，最根本的，应该是牢记关键性的设计概念，使自己不在语言的技术

① Booch 书的第 2 版 [Booch，1993] 自始至终使用的是 C++。

细节中迷失了方向。如果能做到这一点，学习和使用 C++ 就会是非常有趣的和收效显著的。与 C 比较，用一点点 C++ 就可能带来许多收获。在理解数据抽象和面向对象技术方面付出进一步努力，你将能得到更多的收获。”

这个观点也不是全面的，受到当前工具和库的状况的影响。如果有了保护性更强的环境（例如包括了广泛的自动的运行时检查）以及一个小的定义良好的基础库，你就可以更早地转到大胆使用 C++ 的方面去。这些将能更好地支持从关注 C++ 的语言特征到关注 C++ 所支持的设计和编程技术的大转移。

分散一些兴趣放到语法上，把一些时间用到语言的技术细节上，也是非常重要的。有些老牌程序员喜欢翻弄这些细节。这种兴趣与不大情愿去学习新的程序设计技术，经常是很难分辨清楚的。

类似地，在每个课程和每个项目里总有这样的人，他们根本不相信 C++ 的特征是可以负担得起的，因此在后来的工作中坚持使用自己更熟悉和信任的 C 子集。只有不多的有关个别 C++ 特征和用 C++ 写出的系统的执行效率方面的数据（例如，[Russo，1988]、[Russo，1990]、[Keffer，1992]），不大可能动摇这些人长期而牢固的，有关比 C 更方便的机制是不可能负担的观点。看到这种宣传的量，与语言或工具领域中未得到满足的允诺的量的比较，人们应该对这种说法持怀疑态度，并要求拿出更明显的证据。

在每个课程和项目里也总有另一种人，他们确信效率无关紧要，倾向于用更一般的方式去设计系统，结果是，即使在最先进的硬件上也产生了可观察到的延迟。不幸的是，这种延迟在人们学习 C++ 的过程中写玩具程序时很难观察到，因此具有这种性质的问题常常被遗留下来，直到遇到真正的项目。我一直在寻找一个简单但又实际的问题，如果采用一种过分一般的方式去解决，它就能打倒一个很好的工作站。这样的问题将使我能证明带有倾向性的设计的价值，以抵制那些极端的乐观主义者；而通过仔细思考又能使性能大大改善，可以对付过于谨慎和保守的人们。

7.3 用户和应用

我对 C++ 已经被用于做些什么，以及还可能被使用到的其他地方的观察，也一直影响着 C++ 的发展。C++ 特征的增长基本上就是为了响应这些真实的或设想中的需要。

在 C++ 的使用中，有一个方面已经反复在我的头脑里回响：以某种方式看，C++ 应用在数量上的失调是很奇怪的。这也可能是反映了一种情况，说明讨论那些不寻常的项目是更有意义的，但我还是怀疑其中存在着某种更根本的原因。C++ 的强项是它的灵活性、效率和可移植性。如果在有关项目中涉及不寻常硬件、不寻常的操作环境或者存在与几种语言的接口等，C++ 就可能成为这些项目的强有力候选者。这种项目的一个例子是华尔街系统，它需要在主机上运行，并与 COBOL 代码相互操作；在工作站上与

Fortran 代码相互操作；在 PC 上与 C 代码相互操作；还要在网络上和所有这些东西连接。

我认为这些情况反映出，C++ 已经站在工业产品代码的前沿了。在这里，C++ 的着眼点与那些特别倾向于试验性应用的语言不同——无论这个应用是工业的、学术的，或者教育的。C++ 除了在教育中使用外，也已经很自然地被广泛应用于试验性和探索性工作。但无论如何，它在产品代码中所扮演的角色，已经成为各种设计决策中的决定性因素。

7.3.1 早期用户

C with Calsses 和 C++ 的早期世界很小，带有高度的个人接触色彩，使人们能透彻地交换思想，并迅速得到问题的反馈。因此，我在那时能直接检查用户的问题，用排除错误之后的 Cfront 或者库，偶尔也用语言的修改作为对问题的响应。正如在 2.14 节和 3.3.4 节中所说的，这些用户大部分是贝尔实验室里的研究和开发工作者，当然也有些例外。

7.3.2 后来的用户

不幸的是，许多用户并不认真记录下他们的经验。更糟糕的是，许多机构把试验数据作为高度机密。因此就产生了许许多多关于程序语言和编程技术的神话和误报——有时甚至根本就是胡说八道。这些东西至少与真实的数据一样多，吸引着程序员和管理者的注意力。这样就导致人们重复地花费了许多精力，重复地犯了许多已知的错误。本节的目的是想给出一些已经使用了 C++ 的领域，并鼓动开发工作者们能以某种方式写出他们的工作，以使整个 C++ 社团从中获益。我希望这些能给人们一种印象：广泛应用一直在影响着 C++ 的成长。这里提到的每个领域都代表了至少两个人两年的努力。我看到过文档的最大项目包含了 5000000 行 C++ 代码，由 200 个人经过 7 年开发和维护。

动画、自行潜艇、收费系统（长途电话）、保龄球道控制、线路路由选择（长途电话）、CAD/CAM、化学工程过程模拟、汽车分销管理、CASE、编译器、控制台软件、回旋加速器模拟和数据处理、数据库系统、调试系统、决策支持系统、数字照片处理、数字信号处理、电子邮件、刺绣机控制、专家系统、工厂自动化、财务报告、空战遥测、外币兑换处理（银行）、资金转账（银行）、家谱搜索软件、加油站抽油控制和收费、图形学、硬件描述、医院记录管理、工业机器人控制、指令集模拟、交互式多媒体、磁流体动力学、医疗图像、医疗监控、抵押公司管理（银行）、网络、网络管理和维护系统（长途电话）、网络监控（长途电话）、操作系统（实时、分布式、工作站、主机、“完全面向对象的”）、程序设计环境、养老金（保险）、激波物理模拟、屠宰场管理、SLR 照相机[①]软件、开关软件、测试工具、贸易系统（银行）、交易处理、传输系统（长途电话）、运输系统

① SLR，Single-Lens-Reflex，单镜头反射式照相机，俗称“单反相机”。——译者注

的车队管理、用户界面、电子游戏，以及虚拟现实等。

7.4 商业竞争

商业竞争者基本上没有受到重视，C++ 语言按照它自己的计划、它自己的内部逻辑和用户的经验发展起来。在程序员之间，过去有现在也一直有许多讨论，在出版物上、在会议中、在电子公告板里，讨论的是哪种语言“最好”，哪种语言能在某类竞争中“赢得”用户。按个人的看法，我认为争论中的许多东西都是误入了歧途或者是误传。但这些问题也是很现实的，对那些需要在自己的下一个项目中选择程序设计语言的程序员、管理者或者教授而言，都是如此。无论是好是坏，人们总带着一种几乎是偏执的热情去参加有关程序设计语言的争论，通常都认为程序语言的选择是对一个项目或者组织的最重要选择。

理想情况是人们应该针对每个项目选择最好的语言，因此在一年之中使用许多语言。在现实中，大部分人没时间去把一种新语言学习到一种程度，使之成为有效的工具，而且能有助于增进使用多种语言的专业技能。因为这种状况，为某些程序员个人或者组织评价一种程序语言，也可能成为一项具有挑战性的工作，很少能做好——更少有人能写出对其他人有用的、不带偏见的文档。此外，各种组织（为了好的或不好的理由）都发现管理混合语言的软件开发是特别困难的工作。这种问题又由于语言设计者和实现者的行为方式而变得更加严重，这些人通常都不认为自己的语言与其他语言的代码之间的合作有什么重要性。

事情还在进一步恶化，因为实际程序员需要把程序语言作为一种工具来评价，而不是简单地作为一种智力产品。这就意味着程序员将关注实现、工具、各种形式的性能、支持组织、库、教育方面的支持（如书籍、杂志、会议、教师、顾问）等，根据他们当前的情况和他们可能的短期开发项目。由于存在着如泛滥洪水般的商业宣传和不切实际的幻想，做长远考虑，常常是太冒险了。

早年间，有许多人认为 Modula-2 是 C++ 的竞争者。当然，在 1985 年 C++ 的商业版本出现之前，它还很难被认为是任何语言的竞争者。而到了那时，我觉得在美国 Modula-2 早已经被 C 语言大大地超过了。后来又出现了一种流行的疑问：到底 C++ 和 Object C 中**哪个才是**面向对象的 C。Ada 也常常被许多原来可能选择 C++ 的组织选中。进一步说，Smalltalk [Goldberg，1983] 以及 Lisp 的某些面向对象的变形 [Kiczales，1992] 也经常被用在一些应用中，只要那里不要求赤裸裸的系统工作和最高的性能。后来有人针对一些应用把 C++ 与 Eiffel [Meyer，1988] 和 Modula-3 [Nelson，1991] 做过比较。

7.4.1 传统语言

我个人的看法与上述这些都不同，我认为C++ 最主要的竞争对手还是C。究其原因，C++ 是今天使用最广泛的面向对象语言，它过去是，现在也还是唯一一种在C语言的地盘里能够与C媲美的语言——而与此同时又有一些重要改进。C++ 提供了一条途径，使人可以从C语言转到另一种系统设计风格，基于应用层概念到语言概念的更直接映射（通常称为**数据抽象或面向对象的程序设计**）完成系统的实现。其次，许多需要考虑新程序设计语言的组织都有一种传统，愿意采用某种家酿的语言（常常是某种Pascal变形）或者Fortran。除了严肃的科学计算领域外，与C++ 比较，这些语言大致上可以认为是与C等价。

我深深地钦佩C语言的实力，虽然大部分语言专家可能不赞成我的意见。按我的观点，他们过于被C的明显瑕疵蒙住了眼睛，以至没有看到它的真正实力（见2.7节）。我对付C的策略很简单：做好所有C能够做的事情，在每个方面和每个地方都能做的与C一样好，甚至更好一点；此外，再为实际程序员提供某些C无法提供的重要服务。

Fortran是很难超过的。它有一些献身者，他们就像许多C程序员一样并不大关心程序设计语言或计算机科学中更完美的观点，简单地就是想做完自己的事情。这通常也是一种合理态度，因为他们智力上的兴趣在其他方面。有许多Fortran编译器在为某些高性能机器生成高效代码方面是极其卓越的，这常常也是Fortran用户最关心的事情。究其原因，部分地是因为Fortran有很宽松的防止别名规则；部分是因为在某些机器上，关键的数学子程序被常规地展开使用，而且真正有价值；还由于人们花在Fortran编译器上的精力和智慧。C++ 在与 Fortran 的竞争中很少取得成功，它极少被用到高性能的数学和工程计算里。但是这种情况还是会出现的，C++ 编译器正在某些领域中变得更成熟、更有进取心，例如在inline展开的领域里。C++ 语言里也能直接使用Fortran成熟的程序库。

C++ 正在越来越多地被用到数值和数学计算中 [Forslund，1990] [Budge，1992][Barton，1994]。这也导致了一些扩充建议。一般说，这些建议都受到Fortran的影响，并不是很成功。这也反映出我们的一种愿望：更多地关注高级的抽象机制而不是特定的语言特征。我的希望是：更多地关注高层次的特征和优化技术，这样做比简单地加进几个低层次的Fortran特征更好，从长远的观点看，也能更好地为科学和数值计算的社团的人们服务。我也把C++看成一种科学计算的语言，也希望对这种工作的支持能够比今天做得更好。实际的问题不是“要不要？”，而是“怎么办？”。

7.4.2 更新一些的语言

第二种竞争是在C++ 和其他支持抽象机制的语言（也就是那些面向对象的语言和支持数据抽象的语言）之间进行的。在早些年（1984—1989），如果考虑市场的话，C++ 一直处于下风。特别是因为AT&T在这个阶段的市场投入常常是零，花在C++ 上的广告费一共只有3000美元，其中1000美元用于给UNIX用户发平信，通知他们C++ 的存在和正在销售。这些看起来没起任何作用。另外 2000 美元花在接待 1987 年圣菲第一次 C++ 会议的出席者们。这对 C++ 也没有多大帮助，但至少我们都喜欢那个宴会。在第一次 OOPSLA 会议上，AT&T 的 C++ 人们只能付得起所提供的最小房间。房间里挤满了志愿者，用黑板作为计算机的能够负担得起的替代品，用招贴纸复制技术论文，作为精致讲义的替代品。我们想做一些 C++ 徽章，但是却找不到钱。

直到现在，AT&T 在 C++ 舞台上最明显的行动，就是遵循贝尔实验室的传统政策，鼓励开发和研究人员做报告、写论文、参加会议，它没有任何有意识地推动 C++ 的政策。即使在 AT&T 内部，C++ 也是一个草根运动，既没有钱也没有管理方面的敲打。无论如何，贝尔实验室还是用来自 AT&T 的经费帮助了 C++，但是，生存在一个大公司的环境里，这种资助来得也很不容易。

在与新语言的竞争中，C++ 最根本的强项是它在传统环境（社会和计算机化的环境）里的活动能力、它在运行时间和空间上的效率、它的类概念的灵活性、它的低价以及它的非专有权性质。它的弱点是从 C 语言继承来的某些污浊成分，缺少特定的新特征（例如内置的数据库支持），缺少特定的程序设计环境（直到后来，人们从 Smalltalk 或 Lisp 转移过来的一些这类环境才能对 C++ 使用；7.1.5 节），缺乏标准库（后来有了一些对 C++广泛可用的主要的库——但不是“标准的”，8.4 节），而且缺乏销售人员去平衡那些富有的竞争者们的努力。随着 C++ 现在市场上的主导地位，这最后一个因素已经消失了。毫无疑问，一定会有一些 C++ 销售商使 C++ 社团感到羞辱，他们会模拟某些商人和广告商为企图颠覆 C++ 的发展而使用的那些卑劣伎俩和无耻行径。

在与传统语言的竞争中，C++ 的继承机制是一个主要的加分因素。在与有继承机制的语言的竞争中，C++ 的静态类型检查又成为主要的加分因素。在上面提到的所有语言中，只有 Modula 3 和 Eiffel 以与 C++ 类似的方式组合了这两方面特征。在 Ada 的修订版 Ada 9X 里也提供了继承。

C++ 的设计是为了作为一种系统编程语言，为了开发由系统部件组成的大型应用。这是我和我的朋友们非常熟悉的领域。我们不打算用 C++ 在这个领域中最强的方面与拓宽其魅力做任何交换，这个决定对于 C++ 的成功是至关紧要的。那么，在这里是否也曾为迎合许多观众而损害到 C++ 的能力呢，只有时间才能回答我们。我不会把这种情况看成是一个悲剧，因为我是这类人中的一个，我们都认为，某个单一的语言不应该成为所有人的全部东西。C++ 已经很好地为它设计时所考虑的那个社团提供了服务。我推测，通过库的设计，C++ 的影响力还能进一步扩展（9.3 节）。

7.4.3 期望和看法

人们经常对 AT&T 容许其他人实现 C++ 的行为表示诧异，这实际上说明他们很不了解法律以及 AT&T 目标。一旦出版了 C++ 的参考手册 [Stroustrup，1984]，就再没有办法去阻止任何人去写实现了。进一步说，AT&T 不只是允许其他人加入 C++ 的实现、工具和教育等这样一个蓬勃发展的大市场，它还欢迎和鼓励他们这样做。大部分人都忽略了一个事实，那就是 AT&T 作为程序设计产品的消费者远远大于它作为一个生产者。因此，AT&T 从 C++ 的领域里的“竞争者”那里获益匪浅。

AT&T 当然希望 C++ 成功，但没有一种公司语言能在这样大的程度上获得成功。完美的实现、工具和教育的基础结构，这个代价实在太高了，任何公司都负担不起，无论它有多么大。一种公司语言必然会倾向于反映公司的政策和纲领，这些都会妨碍它在一个更大、更开放、更自由的世界里的生存能力。当然，如果任何语言能同时在两种环境中生存，一方面是贝尔实验室内部政策的压力，另一方面是一个更恶劣的开放市场，我很怀疑能说它是个彻头彻尾的坏东西——即使它不太像是遵循了学术潮流的宗旨。

当然，非人格的公司并不是魔术式地生产政策。政策是由人来制定的，是在许多人之间达成的一种共识。有关 C++ 的政策，来自于贝尔实验室计算机科学研究中心和 AT&T 其他地方所弥漫的一种思想。我在这种思想（在关系到 C++ 时）的形成方面也很活跃，但是如果普遍可用软件的概念还没有被广泛接受的话，我也不可能有机会，无法使 C++ 成为能广泛使用的东西。

很显然，并不是每个人在所有时候都赞同这些。有人告诉我说，某位管理层人士有一次就提出了明确的想法，要把 C++ 的机密作为 AT&T 的一种“竞争优势”。他的想法后来被另一位管理者的一句话阻止了：“无论如何这个问题还得讨论，因为 Bjarne 已经向公司之外发送了 700 份参考手册的拷贝。”这些参考手册当然都是在正常的批准和我的管理层的鼓励之下发送的。

还有一个对 C++ 即好也不好的重要因素，那就是使 C++ 社团接受 C++ 的许多不完美之处的愿望。这种开放性，对那些由于多年与软件工具工业的人和公司打交道，已经变得愤世嫉俗的人们是又一重的保证。但是它也激怒了那些完美主义者，成为对 C++ 的公正的和不那么公正的、批评的丰富源泉。公平地看，我认为在 C++ 社团内部不断向 C++ 投掷石块已经成为一个优点，它使我们保持诚信，促使我们不断地去改进语言及其工具，并保证 C++ 的用户和潜在用户的期望能得以实现。

我讨论了“商业竞争”，而没有提出任何特殊的语言特征、特殊的工具、发表的日期、市场策略、调查或者商业组织，对此有些人表示了诧异。部分地说，这是被语言战争烤伤过的结果。在这种战争里，各种语言的辩护者们在争执中都带着笃信的狂热，以市场游说的方式说话，冷嘲热讽在那里占据了主导地位。在这些情况下，理智诚信和事实并不能获得额外的奖赏，而“争论”技术则只属于周围的极端政治派别。我确实是这样认为的。可悲的是，人们常常忘记，实际中永远存在对各种语言的需求，需要真正壁龛里的语言，也需要试验性的语言。称赞某种语言，比如说 C++，并不意味着批评所有其他语言。

更重要的，我对语言选择的讨论总是基于一种信念，那就是说，个别的语言特征和个别的工具，在一个更大的图景中并没有那么重要，只能作为一种不那么科学的小争执中的关注点。多数法则的某种变形也在这里起着作用。

在这里提到过的所有语言，都能完成一个项目中比较简单的那些部分，C 语言也可以。在这里提到过的所有语言，用于做项目中的简单部分时，都能比 C 做得更漂亮。通常这也并不太重要。重要的是在一个长期的过程中，在一个语言里是否能把一个项目的所有部分都做好，是否能够用这个语言把一个机构（无论它是一个公司还是一个大学）在一段时间里遇到的所有主要项目都做好。

真正的竞争并不是个别语言特征美不美的比赛，甚至不是语言的完整规范之间的比赛，而是关于它们的用户社团之间在所有的方面、所有的差异、所有的发明创造之间的比赛。由某个伟大的思想统一起来的组织良好的用户社团具有某种局部的优越性，但是从长远看，从更广大的图景看，这种团体则存在着致命的弱点。

优雅有可能在某种无法接受的代价下得到。“优雅”的语言最终将被抛弃，如果获得这种优雅所付出的是：限制了应用领域的代价，运行时间或者空间效率方面的沉重代价，限制了可以使用这个语言的系统的范围，为一个组织吸收需要付出的技术代价太不合理，过分地依赖于某个特定的商业机构，等等。C++ 特征的广泛性，它的用户社团的多样性，它处理庸俗细节的能力等，都是 C++ 真正的利刃。C++ 具有与 C 语言相当的运行时间效率，而不是慢两倍、三倍或者十倍，也是很有帮助的。

08

第8章 库

生活，只有向后看才能理解；但是人只能向前走。

——克尔凯戈尔（Søren Kierkegaard）

库设计的折中——库设计的目标——语言对库的支持——早期的C++ 库——流I/O库——并行支持——基础库——持续性和数据库——数值库——专用的库——一个标准C++ 库

8.1 引言

设计一个库比增加一个语言特征更好，许多人没有认识到这种情况。类可用于表示我们需要的几乎所有概念。一般说，库在语法方面起不了任何作用，但构造函数和运算符重载偶尔会非常有用。如果需要的话，也可以用 C++ 之外的其他语言做函数的编码，以实现特殊的语义或者更好的性能。这方面的一个例子就是通过（inline 的）运算符函数，将其展开为向量处理硬件的代码，以这种方式提供高性能的向量操作。

因为，没有任何语言能支持人们需要的全部特征，又因为，即使语言的扩充被接受了，也还需要时间去实现和部署，人们应该总把库作为第一选择。设计一个库，实际上经常能成为追求新机制的狂热的一种最具建设性的发泄方式。只有在迈向库的道路真正走不通的情况下，才应该踏上语言扩充之路。

8.2 C++ 库设计

一个 Fortran 库就是汇集起来的一些子程序；一个 C 库是汇集起来的一些函数，再加上一些与之相关的数据结构；一个 Smalltalk 库则是植根于标准 Smalltalk 类层次结构中里一个层次结构。那么一个 C++ 库又是什么呢？很清楚，一个 C++ 库可以很像 Fortren、C 或 Samlltalk 库。它也可以是一集抽象类型，带着若干实现（13.2.2 节）、一集模板（第 15 章），或者是它们的混合体。你还可以进一步想出一些其他东西。C++ 库的设计者们对于库的基本结构可以有多种选择，甚至可以为一个库提供多种不同的接口风格。例如，一个被组织为一集抽象数据类型的库，对一个C程序则可以表现为一集函数；一个按照层次结构组织起来的库，对于客户而言又可能表现为一集句柄。

我们明显地是面临着一个机会，但是我们能把握住有关结果的多样性吗？我认为我们可以。这种多样性正反映了C++社团的多样性需求。一个支持高性能科学计算的库，其约束条件当然与一个支持交互式图形的库大不相同，而它们两者的需要又与为其他库的构造者提供低级数据结构的库不同。

C++的发展已经能够包容这些具有多样性的库结构了，有些C++新特征的设计，就是为了使各种库的共存变得更容易些。

8.2.1 库设计的折中

早期C++库的设计显示出一种倾向，那就是去模仿能在其他语言里发现的库设计风格。例如我原始的作业库[Stroustrup，1980b] [Stroustrup，1987b]——最早的C++库——就提供了类似于Simula 67模拟机制的功能，复数算术库[Rose，1984]提供的函数类似于在C语言数学库中为浮点运算提供的那些东西，而Keith Gorlen的NIH库则提供了Smalltalk库的一个C++仿制品。新一些的“早期库”仍然像是程序员由其他语言移植过来的，他们在提供库的时候，还没有完整地吸收C++的设计技术，还没有掌握在C++里的各种可能的设计折中。

在这里存在哪些折中？在回答这个问题时，程序员经常把注意力集中到语言特征上：我要不要使用inline函数？虚函数？多重继承？单根层次结构？抽象类？重载函数？这种关注根本就是错的。这些语言特征的存在只是为了支持更本质性的折中：设计是否应该

——强调运行时的效率？

——使修改之后的重新编译达到最小化？

——最大化跨平台的可移植性？

——允许用户扩展基本的库？

——允许在没有源代码的情况下使用？

——与现存的记法和风格混合使用？

——使之可以从不是C++写的代码中调用？

——对新手也很容易使用？

给出了对这些问题的回答之后，自然而然地也就有了对于语言层问题的答案。新型的库通常提供许多各种各样的类，以便用户也可以做这类折中权衡。例如，一个库可能提供了一个非常简单而高效的字符串类，它可能还提供了另一个高级的字符串类，带有

更多功能，为用户修改其行为提供了更多可能性（8.3 节）。

8.2.2 语言特征和库的构造

设计 C++ 的类概念和类型系统时，一个最基本关注点就是支持 C++ 库的设计，其强项和弱项直接确定了 C++ 库的构形。我对库的建设者和使用者的建议非常简单：不要去与类型系统做斗争。与语言里最基础的机制作对，即使能赢得胜利，其代价也必定是极其昂贵的。优雅、易于使用和效率只能在一个语言的基本框架内得到。如果这个框架无法与你想做的事情配合，那就说明你可能需要去考虑其他语言了。

C++ 的基本结构鼓励一种强类型风格的程序设计。在 C++ 里，一个类就是一个类型。继承的规则、抽象类的机制与模板机制的组合，都是想鼓励用户严格依据它们为使用者提供的接口去操作各种对象。说得更直接一些：不要用强制转换去打破类型系统。对许多低级动作，强制转换是必需的，它偶尔也被用于把高层的东西映射到低级的接口。但是，如果一个库要求其最终用户广泛地进行强制转换，实际上是给他们强加了一种过度的而且又不必要的负担。在库的接口上，应该避免出现 C 语言的 `printf` 函数族、`void*` 指针、联合以及其他低级特征，因为它们蕴涵着类型系统的漏洞。

8.2.3 处理库的多样性

你不能直接取来两个库，就假定它们能在一起工作。许多库确实可以这样，但是一般地说，为了成功地组合使用，还是需要考虑一些问题。有些问题应该由程序员去考虑，另一些则应该由库的建造者考虑，也有几项是语言设计者的事情。

许多年来，C++ 的发展一直是向着一个目标，那就是让语言提供充分的支持，在用户试图使用两个独立设计的库时，帮助他们解决可能出现的各种基本问题。作为补充，在设计自己的库时，库的提供商也应该开始考虑同时使用多个库的问题。

名字空间解决了不同的库里使用同样名字的基本问题（17.2 节），异常处理为建立一种处理错误的公共模型提供了基础。模板（第 15 章）是为定义独立于具体类型的容器类和算法而提供的一种机制，其中的具体类型可以由用户或者其他的库提供。构造函数和析构函数为对象的初始化和最后清理提供了一种公共模型（2.11 节）。抽象类提供了一种机制，借助于它可以独立地定义接口，与被实际接口的类无关（13.2.2 节）。运行时类型信息是为寻回类型信息而提供的一种机制，因为当对象被传递给一个库后再传递回来时，可能只携带着不够特殊的（基类的）类型信息（14.2.1 节）。当然，这些不过是有关语言功能的一方面用途，但如果把它们看成针对由独立开发的库出发去构造程序的支持功能，问题就更清楚了。

在这个方向上考虑多重继承（12.1 节）：由 Smalltalk 获取灵感而开发的库，通常都基于一个“通用的”根类。如果你有两个这样的东西，那就该你倒霉了。但是，如果库本来就是为两个不同应用领域写的，多重继承的最简单形式有时就会有所帮助：

```
class GDB_root :
      public GraphicsObject,
      public DataBaseObject {};
```

如果在这两个“通用”基类提供了相同的服务，那就没有简单解决办法了。例如，两个库可能都提供了运行时的类型识别机制以及对象 I/O 机制。在这类情况中，有些问题的最好解决办法是把公共的功能分离出来，作为标准库或者语言特征。另外一些可以通过在一个新的公共根类里提供功能的方式处理。当然，合并“通用的”库绝不会是一件很容易的事情。最好的方式，是库的提供商认识到他们并不拥有整个世界，将来也不会如此，而基于这种认识设计出的库，实际上最符合他们自身的利益。

存储管理还给库的提供商提出了另一些一般性问题，特别是对那些需要使用多个库的用户（10.7 节）。

8.3 早期的库

用 C with Classes 写出的最早的实际代码就是作业库 [Stroustrup,1980b]（8.3.2.1 节），它提供了为模拟而用的类似 Simula 的并行性功能。最早的一批真实程序是网络流量模拟、电路板布局等，它们都使用了这个作业库。该作业库今天仍然被大量使用着。从第一天开始，C 语言的标准库就可以在 C++ 里用——没有额外代价，也不需要重新编译。C 语言的其他库也一样。经典的数据类型，例如字符串、检查边界的数组、表等，都是设计 C++ 和测试其早期实现时所用的例子（2.14 节）。

由于缺乏对参数化类型描述（9.2.3 节）的支持，有关容器类（如链表和数组）的早期工作受到严重的阻碍。由于没有语言的支持，我们必须用宏来做这些东西。对 C 语言预处理器的宏功能，我们能说的最好的话，就是它使我们取得了有关参数化类型的实践经验，也支持了个人和小工作组的使用。

在类设计方面的大部分工作都是与 Jonaphan Shopiro 合作做的。Jonaphan Shopiro 在 1983 年做出了表和字符串类，这些类在 AT&T 内部广泛使用，也是今天可以见到的，由贝尔实验室开发并由 USL 销售的“标准组件”库里的一些类的基础。这些早期库的设计都与语言设计有直接的相互影响，特别是与重载机制的设计。

早期的字符串和表库的关键目标是提供了一些相对简单的类，它们可以用作基本的构造块，用于各种实际应用或者更雄心勃勃的类。另一种典型方式是通过 C 或者 C++ 语言的功能，直接用手写出代码，如果需要特别考虑时间和空间效率因素时就这样做。由于这方面原因，当时强调的是自足的类，而不是某种层次结构；强调将关键性操作 inline 化；强调这种类可以用在传统程序中，不需要重新设计也不需要重新训练程序员。特别是，在这些类里，都不企图为用户提供（通过在派生类里用覆盖虚函数的方式）修改这些类里的操作的手段。如果用户需要一个更一般的或者是修改过的类，那么可以通过将一个“标准”类作为构造块的方式，自己写出有关的类来。例如：

```
class String { // simple and efficient
    // ...
};

class My_string { // general and adaptable
    String rep;
    // ...
public:
    // ...
    virtual void append(const String&);
    virtual void append(const My_string&);
    // ...
};
```

8.3.1 流 I/O 库

C 语言的 printf 函数族是高效的 I/O 机制，一般来说也是很方便的。但无论如何，它们不是类型安全的，也无法针对用户定义类型（类或枚举等）进行扩充。因此，我早就开始为 printf 函数族寻找一种类型安全、紧凑、可扩充的，而且高效的替代物。这部分是受到来自 Ada Rationale [IchBiah，1979] 最后一页半的激励，在那里，作者论述说，如果没有特殊语言特征的支持，你就无法得到一个简洁的类型安全的 I/O 库。我把这件事看作是一个挑战。工作的结果就是这个流 I/O 库，它最早在 1984 年实现，发表在 [Stroustrup，1985]。那以后不久，Dave Presotto 又重新实现了这个流库，改进了它的性能。他的方式就是不再通过标准 C 函数，而是直接使用操作系统功能，而我原来的实现则是通过 C 标准库的函数。他在这样做时，并没有改变流的接口。实际上，我是在使用了一个上午或者更长时间之后，才听说了 Dave 的修改。

为了解释流 I/O，我们考虑下面的例子：

```
fprintf (stderr, "x = %s\n",x);
```

因为 fprintf()实际上依赖于不经检查的参数，这些参数是根据格式串在运行时处理的，这样做当然不是类型安全的，还有 [Stroustrup，1985]：

> “当 x 具有像 complex 那样的用户定义类型时，就没有能‘使 printf()理解’的方便方式（例如 %s 和 %d）去描述 x 的输出格式（14.2.1 节）。典型情况是，程序员需要另外定义独立的函数去打印复数，他可能写出下面这样的东西：
>
> ```
> fprintf(stderr,"x = " ) ;
> put_complex(stderr,x);
> fprintf(stderr,"\n");
> ```
>
> 这当然很不好看。这种情况可能成为 C++ 程序里的一种主要麻烦，因为那里要用到许多用户定义类型，以表示一个应用中所关注的/关键性的各种实体。
>
> 得到类型安全性和统一处理是可能的，可以通过使用重载同一函数名的方式，

定义一组输出函数。例如：

```
put (stderr, "x = " ) ;
put (stderr, x ) ;
put (stderr, "\n" ) ;
```

通过参数的类型，可以对一个具体的实际参数确定到底应该调用哪个‘put 函数’。当然，这种写法还是太啰嗦。C++ 的解决方案是使用一个输出流，将 << 定义为它的输出运算符，写出来的样子如下：

```
cerr << "x = " << x << "\n" ;
```

其中的 cerr 是标准的错误输出流（等价于 C 里的 strerr）。这样，如果 x 是具有值 123 的 int 变量，这个语句将打印出：

```
x = 123
```

后随的换行符号也会送到标准错误输出流。

只要 << 对 x 的类型有定义，就可以使用这种风格了。用户也很容易为新类型定义 << 运算符。所以，如果 x 具有用户定义的 complex 类型，其值为（1，2.4），那么上面的语句将向 cerr 输出

```
x = (1,2.4)
```

在流 I/O 的实现中，使用的完全是每个 C++程序员都可以用的语言机制。与 C 语言一样，C++ 也没有把任何 I/O 能力构造到语言内部。流 I/O 功能是通过一个库提供的，其中并不包含任何超语言的魔力。”

提供一个输出运算符而不是一个命名的输出函数，这是 Doug McIlroy 的建议。所采用的形式类似于 UNIX 外壳的 I/O 重新定向运算符（>、>>、| 等）。这里还要求有关的运算符都返回它们的左运算对象，以便能在进一步的操作中使用：

“一个 operator<< 函数总返回作为它的调用参数的 ostream 的引用，这就使我们可以将另一个 ostream 应用[①]到它上面。例如：

```
cerr << "x = " << x;
```

当 x 是 int 时，它将被解释为：

```
(cerr.operator<<("x = ")).operator<<(x);
```

特别是，这意味着可以用一个输出语句打印出几个项，它们将按照预想的顺序打印出来——从左到右。”

如果采用一个常规的命名函数，用户将不得不写出类似前面最后一个例子那样的代

① 原书如此，看来是个错误。实际上是允许另一个 operator<<应用，如下面例子所示。——译者注

码。有几个运算符曾被考虑作为输入和输出运算符：

“赋值运算符曾经是输入和输出运算符的一个候选对象，但是它约束的方式不对。也就是说，cout=a=b 将被解释为 cout=(a=b)。进一步说，大部分人似乎都喜欢用与赋值符不同的输入和输出运算符。

也试验过运算符 < 和 >，但是‘小于’和‘大于’的意思在人们头脑里的印象太牢固了，从实践的角度看，它作为新的 I/O 语句很不容易读（对 << 和 >>，就不会出现这种情况）。除了这些情况外，在大部分键盘上符号‘<’正好在‘,’的上面，人们可能写出像下面这样的表达式：

```
cout < x , y , z;
```

不容易对这种描述给出好的错误信息。”

实际上，现在我们可以用重载逗号运算符（11.5.5 节）的方式来给出所需要的意义，但是，按 1984 年的 C++ 定义还无法做到这些，这会引起重复地写输出运算符。

在标准 I/O 流 cout、cin 等名字里的 c 是表示字符（charactor），它们都是为基于字符的 I/O 而设计的。

为了与 Release 2.0 相配合，Jerry Schwarz 重新实现并部分地重新设计了这些流库，以便能更好地为一大类应用服务，也能更有效地进行文件的 I/O [Schwarz，1989]。其中一个重要的改进是采用了 Andrew Koenig 的操控符的思想 [Koenig，1991] [Stroustrup，1991]，用它们来控制格式，例如控制浮点数输出的精度或者整数输出的基数等。例如：

```
int i = 1234;

cout << i << ' '            // decimal by default: 1234
     << hex << i << ' '     // hexadecimal: 4d2
     << oct << i << '\n';   // octal: 2322
```

对这些流库的试验也是改变基本类型系统的一个重要原因，为此还修改了重载规则，使 char 值被作为字符处理，而不是像 C 里那样作为一种小整数（11.2.1 节）。例如：

```
char ch = ' b ' ;
cout << ' a ' << ch;
```

在 Release 1.0 里，后一语句将输出一串数字，它们所反映的是字符 a 和 b 对应的整数值。而在 Release 2.0 中，就会像人们预期的那样输出 ab。

与 Cfront 的 Release 2.0 一起发布的 iostream 库成为了后来其他提供商所发布的 iostream 的一种模式，也成为将要出来的标准里 iostream 库的一部分（8.5 节）。

8.3.2 并行支持

对并行的支持永远是各种库和语言扩充的丰富源泉。其中一个原因是许多空谈家们都确信多处理器系统很快就会大大地发展起来。而按照我的判断，这种情况的广泛流行至少还需要 20 年的时间。

多处理器系统正在变得越来越常见，但同时也出现了更令人吃惊的高速单处理器。这就蕴涵着对并行性的至少两种形式的需要：在单处理器上的多线程，以及在多处理器上的多进程。此外，网络（包括 WAN 和 LAN）也提出了它们的要求，还有大量存在的专门用途的体系结构。正是由于这种多样性，我建议在 C++ 里应该通过库的方式表述并行，而不是通过某种通用的语言特征。这种特征，比如说某种类似于 Ada 里作业的东西，对大部分用户而言都会是很不方便的。

设计出支持并行性的库，使之在使用方便性和效率上都能接近于内置的并行支持，这件事完全可能做到。基于这样的一些库，你当然可以支持各种各样的并行模型，利用它们为需要多种不同模型的用户服务，肯定能比仅用一个内置的并行模型做得更好。我预计这将成为大部分人的选择方向，而由此引起的可移植性问题（社团中使用着多个不同的并行库），可以通过一个很薄的接口类层来处理。

有关并行支持库的例子可以参看 [Stroustrup，1980b]、[Shopiro，1987]、[Faust，1990] 和[Parrington，1990]。支持某种并行性形式的语言扩充的例子包括 Concurrent C++ [Gehani，1988]、Compositional C++ [Chandy，1993] 和 Micro C++ [Buhr，1992] 等。此外还存在大量专有的线程和轻量级进程包。

8.3.2.1 一个作业实例

作为通过库所提供的机制描述的并行程序的例子，我将演示一个用厄拉多塞筛法寻找素数的程序，其中为每个素数使用了一个作业。这个例子采用作业库 [Stroustrup，1980b] 的队列携带整数，穿过一系列定义为作业的过滤器：

```
#include <task.h>
#include <iostream.h>
class Int_message : public object {
    int i ;
public:
    Int_message(int n) : i(n) {}
    int val() { return i; }
};
```

这个作业系统的队列里保存着由类 `object` 派生出的类的信息，用到名字 `object` 说明这是一个很古老的库。在更新一点的程序里，我会用模板包裹起这个队列，以提供类型安全性。但在这里，我还是保留了早期作业库的使用风格。采用作业库的队列携带单个整数，当然是小题大做了，但这样做也非常简单，队列能保证来自不同作业的 `put()` 和

get()之间可以同步。这个队列的使用也显示了在一个模拟中，或者在一个不能依赖共享存储的系统里，我们可以如何将信息送来送去。

```
class sieve : public task {
    qtail* dest;
public:
    sieve(int prime, qhead* source);
};
```

由 task 派生的类可以与其他同样的作业并行执行。实际工作是在作业的构造函数和由它们调用的代码里完成的。在这个例子里，每个筛子就是一个作业，这种筛子从输入队列里取得一个数，然后检查这个数能否被这个筛子所表示的素数整除。如果不行，这个筛子就把该数传递给下一个筛子。在没有下一个筛的时候，我们就又发现了一个素数，应该建立一个表示它的新筛子了：

```
sieve::sieve(int prime, qhead* source) : dest(0)
{
    cout << "prime\t" << prime << '\n';
    for(;;) {
        Int_message* p = (Int_message*) source->get();
        int n = p->val();
        if (n%prime) {
            if (dest) {
                dest->put(p);
                continue;
            }

            // prime found: make new sieve
            dest = new qtail;
            new sieve(n,dest->head());
        }
        delete p;
    }
}
```

消息总是在自由空间里创建，最后由使用这个消息的筛子删除。这些作业在某种调度程序的控制之下运行。也就是说，这种作业系统不同于一个纯粹由协作程序构成的系统。因为在那种系统里，协作程序之间的所有控制转移都是显式进行的。

为了完成这个程序，我们需要用 main()函数建立第一个筛：

```
int main()
{
    int n = 2;
    qtail* q = new qtail;
    new sieve(n,q->head());   // make first sieve
    for(;;) {
        q->put(new Int_message(++n));
        thistask->delay(1);   // give sieves a chance to run
    }
}
```

这个程序将一直运行，直到耗尽了系统中的某种资源为止。在这里我没有花任何功夫，没有设法把程序编写成能体面的死亡。这个程序当然不是计算素数的有效方法，因为它对每个素数都要耗费一个作业，还要做许多次作业上下文的转换。但这个程序可以作为一个模拟在单处理器系统上运行，所有作业共享统一的地址空间，也可以作为真正的并行程序而使用许多处理器。我测试它时是在一个 DEC VAX 上，按模拟方式运行了一万个素数/作业。在 [Sethi，1989] 里可以看到另一个用 C++ 写的更令人惊奇的厄拉多塞筛法变形。

8.3.2.2 锁

在处理并行性时，锁的概念通常比作业的概念更基本。如果程序员能说明要求对某些数据互斥性访问，通常就不需要知道实际上到底是哪个进程、作业、线程等在执行。有些库得益于这种观点，它们都提供了某种与锁有关的标准接口。要将这样的库移植到另一种新系统结构时，只需要正确实现这个接口，使之正确地与那里的并行性概念配合。例如：

```
class Lock {
    // ...
public:
    Lock(Real_lock&);  // grab lock
    ~Lock();           // release lock
};

void my_fct()
{
    Lock lck(q2lock);  // grab lock associated with q2
    // use q2
}
```

在析构函数里释放锁，可以简化代码，并使它更加可靠。特别是，这种风格能与异常机制（16.5 节）很好地相互作用。采用了这种风格的锁，就可能把关键性的数据结构或者策略做得完全不依赖于并行性的细节。

8.4 其他库

这里我将给出一个有关其他库的很短的表，以说明 C++ 库的多样性。还存在大量的库，每个月都可能出现几个新 C++ 库。看起来，某种形式的软件部件工业最终开始出现了——空谈家们早已许诺了许多年，或者是一直在哀叹其缺位。

下面提到的库都被归类为“其他的库”，只是因为它们没有对 C++ 语言的开发产生重要影响，并不是对它们技术价值或者对用户的重要性的评价。实际上，一个库的建造人员为用户服务的最好方式，通常就是细心而稳健地对待所使用的语言特征，这也是使库具有最大限度的可移植性的一种途径。

8.4.1 基础库

对于究竟什么构成一个基础库，存在着两种几乎是**正交**的观点。有一种库被称为是**水平**基础库，它们提供了一集基本的类，以便在每个应用中对每个程序员都能有所帮助。典型情况下，这些类中包括各种基本数据结构，如动态的和带检查的数组、表、关联数组、AVL 树等，还有许多常用的功能类，如字符串、正则表达式、日期和时间等。水平库的构造者通常都把很大功夫花在使他们的库能够跨平台运行。

垂直基础库做的是另一个方面的事情，其目标是为某个特定的环境提供一个完整的服务集合。例如为 X Window 系统，或是为 MS Windows，或为 MacApp，或者是为一组这类环境。典型的垂直基础库也提供了可以在水平基础库里找到的那些类，但其着重点在于那些能利用所选环境的关键性特征的类。在这部分里，最重要的就是支持交互式用户接口和图形的有关类。与特定数据库系统的接口类也常常是这种库的有机组成部分。通常，垂直基础库的类之间互相融合，形成一个公共框架，以至其中任何部分都很难取出来孤立使用。

我个人更赞同保持基础库中水平部分和垂直部分相互独立，使它们都比较简单，并提供选择的可能。另一种考虑，既有技术因素也有商业因素，就是拼命地做集成。

早期最重要的基础库是 Keith Gorlen 的 NIH 类库 [Gorlen，1990]，它提供了类似 Smalltalk 的一集类；Mark Lindon 的 Interview 库 [Lindon，1987] 使人可以在 C++ 里方便地使用 X Window 系统。GNU C++（G++）出现时带有一个由 Doug Lea 设计的库，这个库在有效使用抽象基类机制方面表现出众 [Lea，1993]。USL Standards Components [Carroll，1993] 为数据结构和支持 UNIX 系统提供了一集高效率的具体类型，主要用在工业方面。Rogue Wave 销售一个称为 Tools++ 的库，该库根源于 Thomas Keffer 和 Bruce Eckel 从 1987 年开始在华盛顿大学开发的一集基础类 [Keffer，1993]。Glockenspiel 公司多年来一直为各种商业应用提供库 [Dearle，1990]。Rational 公司发售 Booch Components 的一个 C++ 版本，这个库原来是 Grady Booch 在 Ada 里设计和实现的，Grady Booch 和 Mike Vilot 设计并实现了其 C++ 版本。原来的 Ada 版本有 125000 行不带注释的代码，与之形成对照，C++ 版本只有 10000 行——继承机制与模板结合，能够成为组织库结构的极其强有力的机制，而又不损失性能和清晰性 [Booch，1993]。

8.4.2 持续性和数据库

对不同的人而言，持续性意味着不同的东西。有些人不过是想有一个对象 I/O 包，就像许多库都提供的那样；一些人希望的是一种在文件和主存之间无缝的往返迁移机制；另一些人想要的是版本和事务交易的记录机制；还有一些人希望的是一个完整的分布式系统，带有完全的并发控制，以及为模式迁移提供的完善支持。正是由于这些情况，我认为对持续性的支持必须通过特殊的库，非标准的扩充，和/或第三方产品来完成。我看不到有任何对持续性机制进行标准化的希望，但是 C++ 运行时的类型识别机制包含了若干“钩子”，应该对人们处理持续性问题有所帮助（14.2.5 节）。

NIH 库和 GNU 库都提供了基本的对象 I/O 机制。POET 是 C++的商品持续性库的一个例子。还有十来个面向对象的数据库，是想提供给 C++ 使用的，同时也是用 C++ 实现的。ObjectStore、ONTOS [Cattel，1991]，以及 Versant 都是这类东西的实例。

8.4.3 数值库

Rigue Wave [Kefer，1992] 和 Dyad 提供了很大的一集类，其基本目标是为了科学计算的用户使用。这种库的基本目的，就是使很复杂的数学能以某个科学或工程领域的专家们感到方便而自然的形式来使用。下面是使用了 Sandia National Labs 的 RHALE++ 库的一个例子，这个库支持的是数学物理：

```
void Decompose(const double delt, SymTensor& V,
                       Tensor& R, const Tensor& L)
{
  Symtensor D = Sym(L);
  AntiTensor W = Anti(L);
  Vector z = Dual(V*D);
  Vector omega = Dual(W) - 2.0*Inverse(V-Tr(V)*One)*z;
  AntiTensor Omega = 0.5*Dual(omega);

  R = Inverse(One-0.5*delt*Omega) * (One+0.5*delt*Omega)*R;
  V += delt*Sym(L*V-V*Omega);
}
```

按照 [Budge，1992] 的说法，“这个代码是透明的，作为它的基础的类是多变的，而且很容易维护。熟悉极坐标分解算法的物理学家立即就能看懂这个代码段的意思，根本不需要附加的文档。”

8.4.4 专用库

上面提出的库主要是为了支持某些一般形式的程序设计。还有一些专门支持特殊应用领域的库，对用户而言，它们也同样重要。例如，人们可以找到公共领域的，或者商业或公司的许多库，它们支持各种应用领域，例如流体动力学、分子生物学、通信网络分析、电话操作控制台等。对许多 C++ 程序员而言，这些库也是 C++ 证明了其真正价值的地方。它们能简化程序设计，更少出现程序设计错误，减少维护的需要等。大多数最终用户根本就没听说这类的库，他们只是简单地从中获益。

下面是一个例子，这是对电路开关网络的一个模拟 [Eick，1991]:

```
#include <simlib.h>

int trunks[] = { /* ... */ } ;
double load[] = { /* ... */ } ;
class LBA : public Policy { /* ... */ };


main()
```

```
{
  Sim sim;                              // event scheduler

  sim.networkf(new Network(trunks));    // create the network
  sim.traffic(new Traffic(load,3.0)); // traffic matrix
  sim.policy(new LBA);                  // Lba routing policy

  sim.run(180);    // simulate 180 minutes

  cout<<sim;       // output results
}
```

这里涉及的类或者就是 SIMLIB 的类，或者是用户由 SIMLIB 派生的类，它们为一次特定的分析定义网络、装载，以及运行策略等。

就像在前一节里物理学的例子一样，如果你是这个领域的专家，那么这里的代码本身就带有非常完美的意义表述。在这类情况中，有关的领域非常窄，因此，这样一个库就是为一个高度专门化的应用领域里的人们服务的。

还有许多特殊的库，而它们实际上又很有普遍意义，例如支持图形学和可视化的库。但是本书并不想去列举所有的 C++ 库，也不想给出一个完整的分类表。丰富多彩的 C++ 库实在是令人目不暇接。

8.5 一个标准库

在说明了 C++ 库的这种令人眼花缭乱的多样性之后，立即会浮现出一个问题："哪些库将是标准的？" 也就是说，在 C++ 的标准里应该描述哪些库，并要求每个 C++ 实现都必须提供呢？

首先，现在已经普遍使用的关键库都必须进行标准化。这意味着必须精确地刻画 C++ 与 C 语言标准库之间的准确接口，对 iostream 库也一样。此外，对基本语言的支持也必须给以精确刻画，也就是说，我们必须准确地刻画一些函数，如 ::operator new(size_t) 和 set_new_handler()，它们是 new 运算符的基础支持（10.6 节）；terminate() 和 unexpected() 支持异常处理（16.9 节）；还有类 type_info、bad_cast 和 bad_typeid，它们支持运行时的类型信息（14.2 节）。

作为下一步，这个委员会还必须想一想，它是否有责任对公众关于"更多有用的标准库"的呼唤做出响应，例如 string 类等，而既不陷入委员会设计的泥沼，又不形成与 C++ 的库工业的竞争。任何超出 C 语言库和 iostream 的库，要想被这个委员会接受，其性质上就必须是一个构件块，而不是一个更加雄心勃勃的应用框架。标准库的关键角色就是为那些分别开发的、更加雄心勃勃的库之间提供很容易使用的通信。

按照这个思想，委员会已经接受了一个 string 库和一个宽字符的 wstring 库，还正在考虑将它们统一为一种允许任何东西的一般性的串模板。委员会还接受了一个数组类 dynarray [Stal，1993]，一个为建立固定大小的二进制位集合的模板类 bits<N>，还有一个二进制位集合类 bitstring，其大小可以改变。此外委员会还接受了一个复数类（我最初的 complex 类的后辈，3.3 节），并且在寻找向量类，其意向是支持数值/科学计算。由于这些标准类，它们的精确刻画，甚至它们的名字都还在轰轰烈烈的争论之中，我只好抑制住自己，不再进一步给出细节和例子了。

我当然也想看到表和关联数组（映射）的模板都出现在标准库里（9.2.3 节），但是，就像在 Release 1.0 一样，也可能因为时间关系，这些类已经赶不上完成核心语言这个正在迫近的事件了①。

① 在这里，我带着激动和喜悦收回我的话。委员会最终抓住了时机，通过了由 Alex Stepanov 设计的包含各种容器、遍历器和算法的异常出色的库。这个库通常被称作 STL，它是一个优雅、高效、语义合理、经过良好测试的有关各种容器及其使用的框架（Alex Stepanov 和 Meng Lee，*The Standard Template Library*（《标准模板库》），HP 实验室技术报告 HPL-94-34(R.1)，1994 年 8 月。Mike Vilot，The C++ Report，1994 年 10 月）。当然，STL 也包含了映射和表类，并且包容了上面提到的 dynarray、bits、bitstring 类。此外，委员会还通过了一个支持数值/科学计算用的向量类，该类基于 Sandia Labs 的 Ken Budge 的一个建议书。

09

第9章 展望

你不能两次游过同一条河。

——赫拉克利特

C++ 在其预期领域取得了成功吗？——C++ 是不是一个统一的语言——什么东西本不该是现在的样子？——什么东西本应该加进来？——什么是最大失误？——C++ 仅仅是一座桥梁吗？——C++ 对什么最合适？——什么能使 C++ 更有效？

9.1 引言

与我的喜好不同，本章的内容更具有推测性，更多地依赖于个人的看法，也更具有一般性。而我更喜欢说明已经完成的工作和试验。但无论如何，这一章要回答一些人们常提出的疑问，并且陈述一些论点，这些东西在讨论 C++ 的设计时总是不断地出现。本章由三个相关的部分组成。

——一个回顾。试着去评价今天的 C++ 在哪些地方与它原来的目标有关系，或者与它原本可能成为的东西有关系（9.2 节）。

——对软件开发和程序设计语言领域未来可能出现的问题的一个考察，看看 C++ 可能如何面对这些问题，并使自己能适应这个不断变化的世界（9.3 节）。

——对一些领域的考察。在这些领域里，C++ 及其使用方式有可能做出较大的改进，以使 C++ 成为一个更好的工具（9.4 节）。

讨论未来发展总是很冒险的，但这也是一个值得去冒的险：语言设计中的一部分就是必须预先考虑未来的问题。

9.2 回顾

人们常说，事后的认识是最精确的科学。这个断言实际上基于一些错误假设，即认为我们已经知道了关于过去的所有相关事实，也知道了事情的当前状态，而且还把握着一种合适的超然的观察点，能从这里出发去做出判断。典型情况是所有这些条件都不成立。这样，要对一个大规模使用的程序设计语言做一个回顾，而它是这样的大型、复杂而且始终在动态变化中，就不可能只是一些事实的陈述。但是，无论如何，还是让我试着转过身来，回答一些很困难的问题：

[1] C++ 在其预期领域取得了成功吗？

[2] C++ 是不是一个统一的语言？

[3] 什么是其中最大的失误？

很自然，对这三个问题的回答都只能是相对的。我的基本回答是："是""是""没有在 Release 1.0 的同时发布一个较大规模的库。"

9.2.1 C++ 在其预期领域取得了成功吗

"C++ 是一种通用的程序设计语言，其设计就是为了使认真的程序员能觉得编程工作变得更愉快了。" [Stroustrup，1986b]。按照这个目标，C++ 确实是成功了。特别是，它的成功在于使那些具有合理的教育和经验的程序员能在更高的抽象层次上写程序（"就像在 Simula 里那样"），而又不损失能与 C 语言媲美的效率。特别是对那些同时受到许多因素制约的应用，如时间、空间、内在的复杂性，以及来自执行环境的约束等。

更一般地说，C++ 使得面向对象的程序设计和数据抽象等等真正被用到了实际开发者的社团里。而在那个时候以前，这些技术和支持它们的语言（如 Smalltalk、Clu、Simula、Ada、OO Lisp 方言等）还一直受到蔑视，甚至被嘲笑为"根本不适合实际问题的昂贵玩具"。C++ 做了 3 件事，设法跨过了这些难以对付的障碍：

——C++ 能生成运行时间和空间特性极好的代码，这种代码能与在本领域中广泛认可的领跑者 C 语言媲美。任何东西要能与 C 比赛或者超过它，都**必须**是足够快的。任何不能与之竞争的东西都可能并且也将——如果不考虑必要性或者仅仅由于偏见——被弃之如敝屣。C++ 不但能从按传统方式组织的代码中产生这种性能，对基于数据抽象和面向对象技术的代码，也一样。

——C++ 使人可以将用它写出的代码集成到常规系统里，并能在传统系统上生成。具有常规的可移植性也是最根本的性质。C++ 有能力与现存的代码共生，与传统的工具，例如调试器和编辑器共生。

——C++ 允许人们逐步转移到新的程序设计技术上来。学习新技术需要时间，公司根本承受不起让一大批程序员在学习期间完全没有产出的代价，它们也不能承受项目失败的代价，其原因是程序员过分热情地但又是错误地应用了一些他们还没有完全把握的新思想。

C++ 使面向对象的程序设计和数据抽象变得廉价了，可以使用了。

在这个成功中，C++ 不仅帮助了它自己的用户社团，还为所有支持不同形式的面向对象的程序设计和数据抽象的语言提供了强有力的支持。C++ 当然不是对所有人的万能灵药，也从来没有承诺过这些，不像一些人针对某些语言做过的承诺或者其他东西。它从来就不想那样，我也没做过过分的承诺。但是无论如何，C++ 确实实现了自己的承诺，它冲破了一堵不信任之墙，这堵墙曾经挡在所有使程序员有可能在更高抽象层次上工作的语言前面。通过这件事，C++ 为它自己，也为另一些语言打开了许多扇门，即使其支持者只是把 C++ 当作竞争对手。还有，C++ 也帮助了其他语言的用户，因为它给那些语言的实现者们强烈的刺激，推动他们去改进其语言的性能和灵活性。

9.2.2 C++ 是不是一个统一的语言

简而言之，我对这个语言很满意，但是同意我的人并不很多。确实存在着许多细节，如果可能的话我也愿意去改进。但无论如何，一个基于带有虚函数的类的静态类型语言，提供了支持低层程序设计所需要的功能，这个概念是合理的。此外还有，这里的主要特征都能在相互支持的方式下一起工作。

9.2.2.1 什么东西本不该而且也可以不是现在的样子

什么样的东西可能是一个比 C++ 更好的语言，又能够对付 C++ 要处理的那些问题？让我们考虑最高层次的决策（1.1 节、2.3 节和 2.7 节）：

——使用静态类型检查和类似 Simula 的类；

——语言和环境之间的清晰隔离；

——C 源代码兼容性（“尽可能靠近 C 语言”）；

——在与 C 连接和布局上的兼容性（“真正的局部变量”）；

——不依赖废料收集。

我始终把静态类型检查看作最根本的东西，无论是对于好的设计，还是对于运行时的效率。如果要我再去为 C++ 今天所做的事情设计一个新语言，我还是要追随 Simula 的类型检查和继承模型，而不会去采用 Smalltalk 或者 Lisp 的模型。正如我多次说过的，“如果我想去模仿 Smalltalk，一定是希望能构造出一个更好模仿物。但是 Smalltalk 本身已经是最好的 Smalltalk 了。如果你想用 Smalltalk，那么就请去用它”[Stroustrup，1990]。同时有静态类型检查和动态类型识别（例如，以虚函数调用的形式），与只有静态或者只有动态类型检查的语言相比，意味着一些很困难的权衡与选择问题。静态和动态类型模型不可能完全相同，这样做，必然会带来某些复杂性或者不优雅，只支持一个类型模型就可能避免这些东西。但无论如何，我不想写只能使用一种模型的程序。

我一直把环境和语言的隔离看作最根本的东西。我并不希望只使用一个语言、一集工具或者一个操作系统。为了能提供选择，就必须有这种隔离。而一旦有了这种隔离，人们就可以提供不同的环境，以适应不同的工作和不同的需要，无论是技术支持方面、资源消耗方面，还是可移植性方面。

我们的历史从不是一张白纸。仅仅提供一些新东西是不够的，我们还需要使人能从旧的工具和思想转变到新的方面去。这样，如果没有 C 摆在那里，C++ 不需要与之兼容，那么我也一定会选择去与另外的某种语言大体上兼容。当然，任何兼容性都隐含着某些很丑陋的东西。由于构筑在 C 语言之上，C++ 继承了某些语法怪癖，继承了有关内部类型转换的一些相当混乱的规则，如此等等，这些不完美的东西还将继续引起争论。但是其他可能的选择——例如作为一个基于 C 的语言却又带有重大的不兼容性，或者是想让一个完全从空白中建造起来的语言得到广泛的应用——将会遇到**更多得多的**麻烦。特别是，与 C 在连接和库方面的兼容性是极端重要的。因为具有与 C 语言的连接兼容性，也就意味着 C++ 能够与大部分其他语言连接，只要那些语言提供了与 C 代码的联接机制。

一种语言，到底应该对变量采用引用语义（也就是说，变量实际上是一些指向放置在其他地方的对象的指针），像 Smalltalk 和 Modula-3 里的情况；还是应该允许真正的局部变量，像 C 和 Pascal 这样。这个问题极其关键，它关系到与其他语言共存、运行效率、存储管理，以及多态类型的使用等许多方面的诸多问题。Simula 避开了这个问题，它（只）对类对象采用引用，而（只）对内部类型的对象采用真正的局部变量。按我的看法，能否在一个语言的设计中同时提供引用和局部变量的优点，而结果又不太丑陋，这个问题并没有定论。如果再给我一次选择，一边是优雅，而另一边是同时具有引用和真正局部变量的优点，我还会选择采用两种变量。

一种语言应该直接支持废料收集吗，例如像 Modula-3 那样？如果是，那么 C++ 能不能在提供了废料收集的同时又能达到它的目标呢？废料收集是极好的东西，如果你负担得起使用它的额外代价。这也就是说，如果能有废料收集当然是很好的，但是从运行时间、实时，以及可移植的方面看，废料收集的代价太高了（这个代价到底怎样，这又是一个很混乱的有争议的题目）。由于这些，**每时每刻**都必须为废料收集付出代价就不是一件幸事了。C++ 允许废料收集作为**可选的**机制 [2nd，第 466~468 页]。有几个带有废料收集的 C++ 实现正在进行之中。我期望在几年内，我的一些 C++ 程序可以依靠废料收集（10.7 节），但不是所有的程序。但是，我也始终相信（在过去许多年里曾多次重新考虑这个问题之后），如果 C++ 的初始设计就依赖于废料收集，它早就胎死腹中了。

9.2.2.2 什么东西本应该排除在外

我甚至在 [Stroustrup，1980] 里就提出了有关 C with Classes 可能变得太大的担心。我认为，在对 C++ 的所有意愿的列表中，“一个较小的语言”必须排在第一位。然而，人们向我和委员会提出的扩充建议书却势如洪水。我看不出能排除掉 C++ 的某个主要部分，而又不致使某些重要的技术变得缺乏支持。甚至在完全不考虑兼容性问题的情况下，我们也只可能对 C++ 的基本机制做很少的化简，这些当然是在 C++ 的 C 子集中——有时我们甚至忘记了 C 语言本身也是个相当大而且非常复杂的语言。

C++ 规模很大的基本原因，在于它要支持以不只一种方式、不只一种程序设计范型去写程序。从某种观点看，C++ 实际上是将 3 个语言合为一体：

——一个类似 C 的语言（支持低级程序设计）；

——一个类似 Ada 的语言（支持抽象数据类型程序设计）；

——一个类似 Simula 的语言（支持面向对象的程序设计）；

——将上述特征综合成一个有机整体所需要的东西。

人当然可以用一个类似 C 的语言，在其中按照这些风格之中的任何一个来写程序。但是 C 没提供对数据抽象或面向对象程序设计的直接支持。而在另一方面，C++ 则是直接地支持了所有这些不同的方式。

适当的设计选择始终是一个问题。但是，在大多数语言里，语言的设计者都已经为你做了选择。对于 C++，我就没有这么做，而是把选择的权利交给了你。对那些相信只有唯一一种做事情的正确风格的人而言，这种灵活性自然是很讨厌的。这样做也会吓走了一些初学者和教师，他们可能觉得一种好语言就是那种在一个星期里就能完全理解的东西。C++ 不是那样的一种语言，它的设计就是为了给专业人员提供一个工具箱。抱怨在这里的特征太多了，就像是一个“门外汉”，他在窥视了一个室内装饰工的工具箱之后，抱怨说根本不可能需要这么多种小锤子。

每种不只是有简单应用的语言都需要成长，以满足其用户社团的需要。这也必然意味着复杂性的不断增长。C++ 正是这种趋势的一部分，正在趋向于一个具有更高复杂性的语言，以便能处理人们想解决的更加复杂得多的程序任务。如果复杂性不出现在语言本身，那么它必定出现在库或者工具方面。许多语言/系统（与其初始的简单性状相比）都有了巨大的增长，如 Ada、Eiffel、Lisp（CLOS）以及 Smalltalk 等。由于 C++ 强调的是静态类型检查，复杂性增长中的许多情况都是以语言扩充的形式出现的。

C++ 是为严肃认真的程序员设计的，它也将为能帮助他们应付更大、更复杂的工作而发展成长。这样发展的结果，确实很可能使新来的人们不知所措，甚至是对一些经验丰富的新来者。我一直在试着尽可能地减小 C++ 语言规模的实际影响，使人们有可能分阶段地学习和使用 C++（7.2 节）。也通过避免“分布式的增肥”，使大型语言对于性能的常见负面影响达到最小（4.5 节）。

9.2.2.3 什么东西本应该加进来

如前，基本原则是越少越好。有一封以 C++ 标准化委员会的扩充工作组名义发表的信，其中讨论了这个问题 [Stroustrup，1992b]:

"首先，我们希望劝阻你，不要对 C++ 语言提出扩充建议。按我们的评价，C++ 已经太大太复杂，有数以百万行计的代码已在那里，我们需要努力不去打破它们。对语言的所有修改都必须经过极其慎重的考虑，给它增加东西更是令人胆战心惊。只要有可能，我们将更愿意看到以程序设计技术或者库函数代替语言的扩充。

许多程序员社团都希望看到他们最喜爱的语言特征或库类能传播到 C++ 里。不幸的是，如果为各种社团添加有用的特征，就会使 C++ 变成一个没有内在统一性的特征集合。C++ 本来就不完美，而增加特征很容易把它弄得更糟而不是更好。"

那么，按这种说法，哪些特征的缺席已经给我们造成了麻烦呢？而哪些又正在争论之中，可能在今后几年里进入 C++？简单地说，在这本书里描述的特征（包括在第二部分描述的那些，如模板、异常、名字空间和运行时类型识别）对我来说已经足够了。我还希望有可选的废料收集，但把它归类到实现质量问题，而不是语言特征。

9.2.3 什么是最大失误

在我的心里，能竞争**最大失误**地位的只有一件事。Release 1.0 和我的书的第 1 版 [Stroustrup，1986] 那时都应该推迟一些，直到有了一个比较大的库，包含一些基础类，如单向和双向链表、一个关联数组类、一个检查范围的数组类，还可以包括一个简单的字符串类。缺少了这些，导致了每个人都需要重新发明轮子，也导致在这些最基础的类方面不必要的多样性。它也导致精力的严重分散。为了企图自己去构筑这些基础类，太多的新程序员都需要在尚未掌握 C++ 最基本的东西之前，就开始去尝试那些为构造出好的基础类而需要的"高级"特征。还有，由于没有模板机制的支持而造成的库的内在缺陷，也使人们在有关的技术和工具方面花掉了太多的时间。

我能避免这些问题吗？从某种意义上说，很明显，我应该能。我的书的原来计划包括 3 个有关库的章，一章讨论流库，一章讨论容器库，另一章讨论作业库。我大致上知道我想要的是什么。不幸的是那时候我太疲惫了，没有某种形式的模板无法做出各种容器类。当时也没有想出通过预处理器或者一个不完全的编译器来"伪造"模板的想法。

9.3 仅仅是一座桥梁吗

我构造 C++，是想能作为一座桥梁，以便让程序员能够借助于它，从传统的程序设计过渡到基于数据抽象和面向对象的程序设计。C++在此之外还能有它自己的未来吗？C++ **仅仅**是一座桥梁吗？一旦跨到某个世界，在那里数据抽象和面向对象的程序设计并不是那么自然，C++ 所提供的那些特征还有其本身的价值吗？此外，它由 C 语言继承来的那些东西会不会变成一种致命的义务？还有，假定对上面问题得到的都是正面回答，那么在今后的十年里，我们为那些并不关心 C 兼容性的用户所做的任何事情，都不会对那些始终关心这个问题的人们造成损害吗？

语言的存在就是为了帮助解决问题。如果一种语言开始很成功，只要人们继续面临这个语言能帮助解决的同一类问题，它就会继续生存下去。进一步说，只要没有其他语言能在同类问题上提供明显优于它的解，它就应该还能繁荣兴旺。这样，问题就变成：

——C++ 帮助我们解决的问题仍然是实在的吗？

——明显优于它的解出现了吗？

——C++ 能为新的问题提供良好的解吗？

我的简单回答是“许多还将是”“慢慢地”和“是的”。

9.3.1 在一个很长的时期里，我们还需要这座桥梁

要在面向对象的编程和面向对象的设计等方面达到我所设想的精通和成熟程度，人们还需要用很长的时间。在由现在开始的五年里，向 C++ 的迁移还不可能完成。因此，C++ 作为桥梁和作为一种混合设计开发媒介的角色至少在这个世纪还会延续[①]，它作为一种维护老代码和对它们升级的媒介作用，将会延续更长得多的时间。

应该清醒地认识到，在许多地方，从汇编语言到 C 语言的转变还没有完成。按照同样方式从 C 到 C++ 的转换可能要持续更长时间。当然，这也正是 C++ 的长处之所在。对那些需要某种纯粹 C 语言风格的人们，这些风格也都已经能在 C++ 里使用了，而且同样有效。支持这些风格——无论是在转变过程中，还是在那些它们最合适的地方——正是 C++ 最基本的目标的一部分。

9.3.2 如果 C++ 是答案，那么问题是什么

根本不存在**这个**问题。C++ 是一种通用程序设计语言，或者至少说是一种多用途语言。这就意味着，对任何一个特定问题，你总可以构造出一个语言或者一个系统，使它成为一条比 C++ 更好的解决途径。C++ 的长处，更多在于它对许多问题都是很好的解决途径，而不在于它对某个特定问题是最好的解决途径。例如，与 C 语言类似，C++ 对于低层系统也是一个绝好的语言，对于这类工作，C++ 性能通常超过其他任何高级语言。当然，对多数机器系统结构，一个好的汇编程序员总能做出比很好的 C++ 编译器还要小许多、快许多的代码。但这通常并不重要，因为在一个复杂系统里，这种存在显著差异的部分所占的比例非常小，而如果整个系统都用汇编语言写，那将是无法负担的，也是无法维护的。

我发现，要设想出一个应用领域，在那里人们不可能构造出某种优于 C++，同时也能优于任何通用的程序设计语言的特殊语言，是一件极其困难的事情。这样，大部分通用程序设计语言最希望做的就是成为“每个人的第二选择”。

① 此处是当时作者写作时的想法，不予改动。——编辑注

说了这些之后，下面我要考察一些领域，在这些领域里 C++ 有着根本的优势：

——低层系统程序设计；

——高层系统程序设计；

——嵌入式代码；

——数值/科学计算；

——一般应用程序设计。

这些类别并不是相互分离的，它们也没有已经被广泛接受的定义。C++ 将继续是所有这些领域中的一个很好选择。进一步说，任何语言要想成为一个好选择，那么在所提供的基本服务的层面上，它看起来应该很像 C++ ——当然，或许不是在语法或者语义细节的层面上。上面列举的这些领域并没有穷尽已经成功使用了 C++ 的所有应用类别，但是它们也提出了一些关键性问题，C++ 要继续繁荣发展，就必须直面这些问题。

9.3.2.1 低层系统程序设计

C++ 是目前能用的最好的低层程序设计语言，它结合了 C 语言在这个领域中的优点，还能在不付出额外的运行时间空间代价下完成简单的数据抽象，以及驾驭具有这方面特点的大型程序的能力。在这个领域里，还没有任何新语言正在显示出远远领先于 C++，因而有可能取代它。涉及低层部件的系统程序设计仍将是 C++ 的优势领域，在这个领域里，C++ 充当的是作为更好的 C 的角色。今后一些年里，C++ 在这个领域中真正竞争对手将始终是 C，但在这里 C++ 将是更好的选择，因为它**是**更好的 C。我预计低层系统程序设计将缓慢地——只是缓慢地——降低其重要性，而且将一直是 C++ 的重要优势领域。由于这个原因，我们也必须小心，不能把 C++ 语言或者 C++ 实现“改进”到**仅仅**是一种高级语言。

9.3.2.2 高层系统程序设计

传统系统程序的规模和复杂性一直在迅速增长。这方面的例子如操作系统核心、网络管理系统、编译器、电子邮件系统、文字排版系统、图像和声音的编排和处理系统、通信系统、用户接口、数据库系统等。随之，传统上对底层效率的考虑，也在逐渐地让位于对系统整体结构的关心。效率当然还是非常重要，但已经变成了第二位的东西。除非更大的系统能非常经济地构造出来，并能很好地维护，否则效率就毫无用处。

C++ 提供的数据抽象和面向对象程序设计的功能正是直面了这方面关注。对于从事这类应用的程序员而言，模板、名字空间和异常处理将变得越来越重要。将底层函数、子系统和库里不得不违反类型规则的东西隔离，这一点也将变得更加关键，因为这种技术能保证应用中的主要代码是类型安全的，所以也是易维护的。我预计在今后许多年里，高层系统程序设计仍将非常重要，它也将成为 C++ 的一个优势领域。

许多其他语言也能很好地为高层系统程序设计服务，这方面的例子如Ada9X、Eiffel、Modula-3。除了支持废料收集和并行性外，这些语言在所提供的基本机制方面大致与C++相当。自然，有关个别语言特征以及它们集成到语言里的质量，都可以进一步讨论，大部分程序员也会有强烈的偏好。但不管怎样，只要存在质量充分好的实现，这些语言中的每一个都能支持范围广泛的系统应用。制约着发展的实际问题与程序设计语言的技术细节无关，而在于那些例如管理、设计技术以及程序员的教育。C++ 倾向于在例如运行时间效率、灵活性、可用性及用户社团方面有些优势，这些都使它跑在竞争的前列。

对某些更大的系统应用，废料收集是一个重要的优点；而对另一些，它则是一个障碍。除非 C++ 实现提供了可选择的废料收集，否则它就会在某些领域里受到这种缺点的伤害。我确信支持可选废料收集的实现将会变得很常见。

9.3.2.3 嵌入式系统

系统程序设计的另一个领域值得专门提出来，那就是嵌入式代码，也就是说，运行在计算机化的设备里面的那些程序，例如照相机、汽车、火箭、电话交换机等。我推测这类工作将变得越来越重要，这种系统将是低层和高层系统程序设计的混合，C++ 对这种东西是最合适的。不同的应用和不同的组织将提出许多不同方面的要求，专用语言将很难满足所有这些要求。有些设计将紧密依赖于异常机制；而另一些可能会禁止异常，因为它们根本无法预料。与此类似，对存储管理的需求，也可能从“根本不允许动态存储”直到“必须使用自动废料收集”。此外还可能使用各种各样的并行模型。C++ 是一个语言而不是一个系统的性质在这里就非常重要了，这就使它有可能去适应各种特殊的系统，为特殊的执行环境生成代码。对有些项目，可以在独立的程序开发环境里或者在商品硬件的模拟器上运行 C++，也是至关重要的。C++ 程序可以放进 ROM 里的事实在过去就已经非常重要了。对于 C++ 在为各种各样计算机化的器物编程的这个领域，我一直有很高的期望。在这个领域里，C++ 还是可以站在 C 语言传统实力的肩膀之上。

9.3.2.4 数值/科学计算

单从程序员的人数看，数值/科学计算是个相对较小的领域，但它又是一个非常有趣、非常重要的领域。我已经看到了一种向高级算法移动的趋势，这也就更有利于能够表示多样性的数据结构，并能高效地使用它们的语言。这种逐步增长的对于灵活性的需求将成为一种力量，能够抵消 Fortran 在基本向量运算上一些优势。更重要的是，如果需要的话，或者就是为了方便，C++ 程序可以直接调用 Fortran 或汇编语言写出的例行程序。希望把数值程序集成到很大的应用中，又创造出另一种适合 C++ 的需求。例如，对于强调非数值应用方面的需要，如可视化、模拟、数据库访问或者实时数据获取等，Fortran 在低层次计算方面的优点可能就会变得不足道了。

9.3.2.5 通用应用程序设计

如果在某些应用里没有重要的系统程序设计部件，或者对运行时间空间的要求不太重要，那么用 C++ 就未必最理想了。但无论如何，在库和可能的废料收集的支持下，C++ 也常常能成为一个可行的工具。

我预计，对许多这样的应用领域，专用的语言、程序生成器和直接操作的工具将可能占据主导地位。例如，如果你通过菜单组合出屏幕布局的一个实际例子之后，某个程序就能帮助你生成出用户接口的代码，那么你为什么还要自己写程序去产生它呢？类似地，当你可以用一个高层次的专用语言做高等数学时，为什么还要写 Fortran 或者 C++ 去做它们呢？当然，即使在这些情况中，这些高级的语言、工具或者生成器也需要用某种适当的语言来实现，它们也不时需要生成某种较低级语言的代码，去实际执行有关动作。C++ 常常又能适合对实现语言和目标语言的各种需求。所以我预料，C++ 将扮演的一个重要角色就是作为高级语言和工具的实现语言。这些是 C++ 从 C 语言那里继承来的另一种角色。C++ 语言的一些细节，例如，允许在几乎任何地方声明变量，再与某些主要的程序组织特性（如名字空间）相结合，将使它比 C 语言更适合作为一种目标语言。

高级的语言和工具倾向于专门化。因此，好的这类东西都会提供了一些功能，允许用户扩充或者修改系统的默认行为，所采用的方式是增加一些用某种低级语言写的代码。C++ 的抽象机制，可用于将 C++ 代码平滑地连接到高级工具所提供的框架中去。

9.3.2.6 混合系统

C++ 最显著的强项，就在于它能在组合了多种不同应用的各个方面的系统或组织里很好地工作。我推测，最重要的系统或者组织都需要这类的组合。用户接口通常都需要图形；特殊的应用常常依赖于特定的语言或程序生成器；模拟器和分析子系统需要计算；通讯子系统需要大量的系统程序设计；大部分大系统都需要数据库；特殊硬件要求低级操作。在所有这些领域——以及其他一些地方——C++至少能成为第二种选择。综合起来看，如果考虑要用一个主流语言，C++ 就会成为第一选择。

所有的语言都要死亡，或者为迎接新的挑战而改变。一种有着极大的而又活跃的用户社团的语言将总是去改变而不是死亡。这也就是发生在 C 语言上的事情，并因此产生了 C++。到某一天，这种情况也可能出现在 C++ 身上。C++ 是相对年轻的语言，尽管如此，考虑它从前驱者那里得来的，并需要由后来者补偿的实力和弱点也是很有价值的。

C++ 并不完美，它也没有想设计为完美的东西，任何其他通用语言都不可能。但无论如何，C++ 已经足够好了，因此不会被另一个类似的语言取代。只有某个根本上不同的语言才有可能提供显著而充分的优点，成为明显的更强者。仅仅作为一个更好的 C++ 还不足以导致一个大转变，这就是 C++ 不能只是一个更好的 C 的原因：如果 C++ 没有提供重要的新的写程序方式，程序员就根本不值得从 C 的方面转过来。这也是 Pascal 和

Modula-2 无法成为 C 的替代性选择的原因，虽然学术界中很重要的一部分人多年来一直在推行这些语言，但也不能成功，就是因为它们与 C 并没有重要差别，其优点不那么显著。还有，如果某个更好的但又没有截然差别的东西出现，一个热爱着原有事物的多样化社会就会简单地去吸收那些新的思想和特征。在 C++ 的初始设计，以及它发展到当前这个语言的演化过程中，存在着许多这方面的例子。

我还看不到在很近的未来，会有一种从根本上不同的语言能够在 C++ 所覆盖的领域中取代它，只看到一些以不同方式提供了基本上类似的特征集合的语言、壁龛语言以及一些试验性的语言。我期待着，这些试验性语言中的某一些将随着时间而成长，提供一些重要的改进，超过今天的 C++ 和经过今后一些年的演化之后的 C++。

9.4 什么能使 C++更有效

在软件开发的世界里，绝对没有骄傲自满的位置。在这些年里，人们期望的增长总是大大地超过硬件和软件的令人难以置信的增长。我看不到有任何理由说这种情况会很快改变。要使 C++ 的实现更加有助于它的用户，还有许多事情要做。程序员和设计师也有许多东西要学，以便使自己的工作更有效。在这里，我将冒险给出一些见解，谈谈我认为要使 C++ 程序设计更有效，我们应该做些什么。

9.4.1 稳定性和标准

语言定义，关键性的库和接口的稳定性，应该列在未来进步的需求表里的最高位置。ANSI/ISO C++ 标准将提供前者，许多组织和公司在后一方向上工作，在各种领域中，例如操作系统接口、动态连接库、数据库接口等。我等待着某一天——在未来不远——这本书里描述的 C++ 语言将成为在各种重要平台上都可以使用的东西，那将会大大地推动库和工具工业的发展。

人们当然还会继续要求新特征，但我已经可以在这里描述的 C++ 中生活了。我想，大部分产品代码的程序员也应该可以。特别值得提醒的是，没有任何单独的特征对于生产好代码而言是无可替代的东西——无论你怎样给出“好”的定义。

9.4.2 教育和技术

对 C++ 及其所有的应用领域而言，我认为对进步最有潜力的事情就是学习新的设计技术和编程技术。从原则上说，更有效地使用 C++ 是最容易获得的进步，也最廉价。昂贵的工具并不是必需的。在另一方面，改变思维习惯也不是很容易做的事情。对于大多数程序员而言，所需要的并不是简单的有关新语法的训练，而是有关新概念的教育。看一看 7.2 节，读一本讨论设计问题的教科书，例如 [2nd] 或者 [Booch，1993]。我预计，在今后几年里，我们将看到设计和编程技术方面的重大进步，这些方面当然没有拖延的理由。我们中的大多数已经在一个或几个领域里大大地落后于现状了，我们可以从一些阅读和试验中得到重要的收获，战斗在标准和工具的前沿上将更加乐趣无穷。

9.4.3 系统方面的问题

C++ 是语言而不是一个系统，在许多环境里这都是一个强项，通过提供各种工具就可以组成一个完整的开发和运行环境。但无论如何，语言和环境之间的接口很难弥合这种划分造成的鸿沟，这种情况已经导致在某些领域中的发展进程非常缓慢，令人失望，例如增量编译、动态装载等。大体上说，人们还没有做什么事情，只是依赖于人们为 C 语言设计的那些机制，或者只是在出发点极端宽泛，足以支持“所有面向对象的程序设计语言”的机制上做些工作。从 C++ 程序员的角度看，这些工作取得的成果相当可怜。

将 C++ 与动态连接集成起来的早期试验，已经说明这是一种很有希望的技术，因此我曾经预计类的动态连接在几年之前就能够普及。例如我们在 1990 年就有了一种能运行的技术，完成基于抽象类的高效而类型安全的增量式连接 [Stroustrup，1987d] [Dorward，1990]。然而，在实际系统里，这种技术使用得并不多，而抽象类在维护防火墙、减少修改之后的重新编译等方面正在变得越来越重要。一般而言，它能使组合式地同时使用多个来源的软件部件变得更容易些（13.2.2 节）。

还有一个重要问题使人焦虑：由于程序员世界已分化为一些互不相干的关注领域，软件演化的问题不能与之很好协调。这里的本质问题是，一旦某个库已经被使用了，你要想修改这个库的实现，必要条件就是库的用户并不依赖于库的实现细节（例如其中对象的大小），或者他们愿意并且也能够用库的新版本重新编译自己的代码。各种对象模型，例如 Microsoft 的 OLE2、IBM 的 SOM、Object Management Group 的 CORBA，都是为了处理这个问题，其方式都是提供一个隐藏起实现细节的接口，并假定这个接口与语言无关。语言无关性给 C++ 的程序员强加了许多麻烦，在通常情况还会增加时间和空间开销。此外，软件工业的每个重要分支看起来都想有自己的对付这个问题的“标准”。只有时间能告诉我们，这些技术将在什么程度上帮助或者是阻挠 C++ 程序员们。名字空间机制提供了一种在 C++ 自身内部解决接口演化问题的途径（17.4.4 节）。

我已经不太情愿地考虑并接受了下面的认识：有些与系统有关的事项可能在 C++里处理起来更好一些。与系统有关的事项，例如类的动态连接、接口演化等，从逻辑上说都不属于语言，从技术基础看，基于语言的解决方案也未必更可取。但无论如何，语言提供了一个仅有的公共论坛，在这里，真正标准的解决方案有可能被接受。例如，Fortran 和 C 的调用接口已经成为语言间相互调用的一种实际标准。之所以如此，是因为 C 和 Fortran 的使用非常广泛，也因为它们的调用接口简单而且高效——是最小公分母。我并不喜欢这个结论，因为在这里隐含着关于在系统里使用多种语言的一个障碍：要求一个语言所支持的机制必须变成一种其他语言都接受的标准。

9.4.4 在文件和语法之外

让我勾画一下自己喜欢看到的针对 C++ 的程序设计环境。首先我希望有增量编译。当我做了一点小修改后，我希望“系统”能够注意到有关的修改是很小的，可以在一秒之内就完成新版本的编译，使之能够运行。与此类似，我希望能做简单的询问，例如“请给我显示出这个 f 的声明？”“在这个作用域里的 f 是什么？”“这个 + 的使用将解析成什么？”“从类 Shape 派生的类有哪些？”以及“在这个块的最后，有哪些析构函数将被调用？”还希望立刻就能得到回答。

一个 C++ 程序里包含着大量的信息，在典型的环境中，只有编译器在使用这些信息。我希望这些信息也能在程序员的掌握之中。当然，大部分程序员还只是把一个 C++ 程序看作一集源文件或者一个字符串。这实际上是混淆了一种表示形式和由它所表示的东西。一个程序是许多类型、函数、语句等的一个汇集。为了能适应传统的程序设计环境，这些概念都用文件中的字符串表示。

将 C++ 的实现放在基于字符的工具之上，已经成为发展的一个主要障碍。如果对某个函数做了一点小修改，我们就必须预处理并重新编译这个函数所在的文件，以及它直接或间接包含的所有头文件，那么就不可能有一秒的重新编译。一些避免冗余编译的技术已经开始出现了。而按我的看法，免除传统的源程序正文，基于一种抽象内部表示来构造工具是最有希望也最有趣的途径。在 [Murray，1992][Koenig，1992] 里可以看到这种想法的早期版本。当然，我们还是需要用正文作为输入和供人阅读，但这种正文很容易吸收到系统里，在需要的时候也很容易重新构造出来，因此它不应该成为最基本的东西。根据 C++ 的语法，依照某种缩行偏好格式化的正文，不过是观察一个程序的许多可能方式之一。这个概念的一个最简单的应用，就是允许你按照你喜欢的编排风格去看一个程序，而我同时又可以按照我的喜好去看同一个程序。

这种非正文表示的一个重要应用，是作为高级语言的代码生成器、程序生成器或者直接操作工具等的工作对象。它将使这些工具能超越传统的 C++ 语法。这种做法甚至能成为一种工具，使 C++ 语言远远避开其语法中的一些扭曲得特别厉害的方面。我把 C++ 的类型系统及其语义维护得远比 C++ 的语法更清晰。在 C++ 里面存在着一个更小更清晰的语言，它正在挣扎着浮现出来。如我所展望的那样，一个如上设想的环境，可能成为证明这件事的一个方式，为各种各样的设计形式提供直接支持是其最明显的应用。

把语法看成一个语言的用户接口，从这个观念出发，很容易自然地演绎出可能采用其他形式的用户接口。在系统里真正重要而且不变的东西，是这个语言的基本语义。任何时候都必须始终维持这些东西，而且，只要这样做了，任何时候我们真的需要具有熟悉的正文形式的传统 C++ 代码，总是可以把它生成出来。

一个基于 C++ 抽象表示的环境，将使人能以另一种方式生产 C++，以另一种方式观察 C++。它也为连接、编译和执行代码提供了另一种方式。例如，连接可以在代码生成之前完成，因为这里将不需要通过产生目标代码来得到连接信息。解释器与编译器之间的差异将变成有些学术味道的东西了，因为它们都将依赖于具有大致相同形式的同一批信息。

9.4.5 总结

C++ 最有实力的地方并不是它的某个独到之处特别伟大，而在于它在事物的大范围变化中的表现都很不错。与此类似，从根本上说，其发展也不是来自某个孤立的进步，而是来自在不同领域中的大量的各种各样的进步。更好的库、更好的设计技术、接受过更好教育的程序员和设计师、语言标准、可选择的废料收集、对象通信标准、数据库、基于非正文形式的环境、更好的工具、更快的编译等，都将会对此有所贡献。

我认为，我们只是刚刚开始看到能够从 C++ 中获得的效益。基础已经建立，但也只不过是一个基础。面向未来，我期望能看到最主要的活动和进步能够从语言本身——这是一个基础——转移到依赖于它，在它上面构造起来的工具、环境、库、应用等方面去。

第二部分

第二部分描述在 Release 1.0 之后开发的 C++特征。个别特征将根据它们之间的逻辑关系结合成组，放进各章里。对于将语言看作一个整体而言，各种特征被引进 C++的历史年表就不那么重要了，本书并没有反映这方面情况。各章的排列也不太重要，可供读者按任何顺序阅读。这里描述的各种特征表明了 C++的完成：从 1985 年开始设想，再经过这些年的经验的锤炼。

各章目录

10

第 10 章　存储管理

无论有多少天赋

也斗不过细节的纠缠。

——古语

对细粒度存储分配和释放的需要 —— 存储分配与初始化的分离 —— 数组分配 —— 放置 —— 存储释放问题 —— 存储器耗尽 —— 存储器耗尽的处理 —— 自动废料收集

10.1　引言

C++为在自由存储区中分配存储提供了 `new` 运算符，为释放存储提供了 `delete` 运算符（2.11.2 节）。用户偶然也可能需要对存储分配和释放的细粒度控制。

一类重要情况是为一个频繁使用的类创建一个独立的类分配器（见[2nd，第 177 页]）。在许多程序里，需要创建和删除大量的某几个重要的类的小对象，如树结点、链接表的链节、点、线、消息等类的对象。使用通用分配系统做这类对象的分配和释放，很容易成为程序运行时间中的制约性因素，还可能主导程序的存储需求。这里有两个因素在起作用：通用存储分配操作的运行时间和存储开销，以及由于各种大小的对象混在一起而产生的碎片问题。我发现，与不调整存储管理方式相比，引入一个专为特定类而做的分配器，典型情况下能使模拟器、编译器或者其他类似系统的速度加快一倍。我也看到过在碎片问题严重时加快十倍的情况。增加一个特定的类分配器，无论是自己手写还是取自某个标准库，使用 2.0 版的特征，只不过是五分钟的额外工作。

需要细粒度控制的另一个例子，是那些需要在资源非常紧张的环境里运行很长很长时间而又不能中断的程序。有严酷要求的实时系统常常需要有保证的、可预期的存储获取，而且只能有最小的额外开销，因此也会提出类似要求。传统上，这类系统要完全避免动态存储分配。可以用特定用途的分配器来管理这里的有限资源。

最后，我还遇到过几种情况，在那里某个对象必须保存在某个特定地址，或者放到某块特殊存储区域里，以满足硬件或者系统的特殊要求。

Release 2.0 修改了 C++ 的存储管理机制（2.11.2 节），就是作为对这些需求的响应。在这方面的改进主要是对分配的控制，还要依赖于程序员对所涉及问题的理解，期望程序员能结合使用语言的其他特征和技术，把通过某些细节方式完成的控制过程封装起来。这些机制在 1992 年完成，采用的方式就是引入了有关数组的 operator new[]和 operator delete[]。

在一些场合，来自 Mentor Graphics 的朋友提出了一些建议，他们正在用 C++ 构造一个巨大而复杂的 CAD/CAM 系统。在这个系统里遇到了几乎所有已知的与程序设计规模有关的问题：数百个程序员、成百万行的代码、严格的执行要求、严酷的资源限制还有市场的最后期限。特别是 Mentor 的 Archie Lachner，对存储管理问题提出了许多见解，在 C++ 到 2.0 的转变中起了很重要的作用。

10.2 将存储分配和初始化分离

在 2.0 版以前，要做按类的存储分配和释放控制，必须通过对 this 的赋值（3.9 节），这样做很容易出错，已经被声明为过时的方法了。Release 2.0 提供了另一种方式，允许把有关分配的描述和初始化分开。原则上说，初始化由构造函数完成，由独立的机制在存储分配之后实施。这样就能容许使用多种不同分配机制——其中某些可以是用户提供的。静态对象在程序连接时完成分配，局部对象在堆栈上分配，由 new 运算符创建的对象通过适当的 operator new()分配。释放的处理方式与此类似。例如：

```
class X {
    // ...
public:
    void* operator new(size_t sz);     // allocate sz bytes
    void operator delete(void* p );    // free p

    X ( ) ;        // initialize
    X(int i ) ;  // initialize

    ~X();          // cleanup
    // ...
};
```

类型 size_t 是由实现定义的一个整数类型，用于保存对象的大小。它是从标准 ANSI C 里借来的。

运算符 new 的工作是保证互相分离的存储分配和初始化能正确地一起使用。例如，编译器的一个工作是产生对分配器的调用 X::operator new()，并在为 X 使用的 new 中产生一个对 X 的构造函数的调用。从逻辑上看，X::operator new()是在构造函数之前调用的，因此它必须返回一个 void* 而不是 X*。对应的构造函数在为它分配的存储块上构造起一个 X 对象。

与此相对应，析构函数“消解”掉一个对象，给 operator delete()留下一块没有任何特征的存储区，要求它去释放。因此 operator delete()以一个 void*为参数，而不是 X*。

这种普遍规则也同样适用于有继承的情况，因此，一个派生类的对象将会用基类的 operator new()进行分配：

```
class Y : public X {     // objects of class Y are also
                         // allocated using X::operator new
    // ...
};
```

为此，这里的 X::operator new()同样需要一个参数，描述所要求分配的存储量，因为一般说 sizeof(Y)与 sizeof(X)不一样大。不幸的是，新用户们常常感到很困惑，为什么他们必须声明这个参数，而在调用时又不必显式地提供这个信息。这里采用的想法是让用户声明一个带参数的函数，而让“系统”去“神秘地”提供这个参数。看起来有些人很难把握住这种概念。这个修改增加了复杂性，但是我们取得了让基类为一集派生类提供分配和释放服务的能力，以及更规范的继承规则。

10.3 数组分配

一个类的特定 X::operator new()仅用于创建类 X 的单个对象（包括用于那些由 X 派生的，但没有自己的 operator new()的类的对象），这也就意味着

```
X* p = new X[10];
```

与 X::operator new()没关系，因为 X[10]是个数组，而不是类 X 的对象。

这又引起了一些抱怨，因为不允许用户对 X 的数组的分配加以控制。不过我曾经坚持认为“X 的数组”不是 X，因此不能使用 X 的分配器。因为，如果要想让这个分配器也能用于数组，开发 X::operator new()的人就必须“按这种情况”考虑处理分配数组的问题，这将使关键的常见应用变得更加复杂。显然，如果情况并不关键，人们就不会考虑特殊的分配器了！我还指出，只控制像 X[d]这样的一维数组还不够，像 X[d1][d2]这样的二维数组又该怎么办呢？

但是，没有机制来控制数组分配，确实也给一些实际情况造成了许多困难，标准化委员会最终提出了一种解决方案。这里最关键的问题是，没办法阻止用户在自由空间里分配数组，甚至没有办法去控制这种分配。在依赖于逻辑上不同的存储管理模式的系统里，这一情况很可能带来极严重的问题，因为用户很可能简单地把很大的动态数组放在默认的分配区域里。我原来并没有认识到这个问题蕴涵着什么。

所采纳的解决方案很简单，就是专门提供一对函数来处理数组的分配和释放问题：

```
class X {
    // ...
    void* operator new(size_t sz);      // allocate objects
    void operator delete(void* p);

    void* operator new[](size_t sz);    // allocate arrays
    void operator delete[](void* p );
};
```

数组分配程序用于为任何维数的数组获取空间。与所有分配函数一样，operator new[]的工作就是提供所需的那么多字节的存储，它并不关心这些存储将如何使用。特别是，它不需要知道数组的维数或者元素个数。Mentor Graphics 的 Laura Yaker 是引进这种数组分配和释放程序的最早的推动者。

10.4 放置

有两个相关的问题用一种通用机制解决了：

[1] 我们需要一种机制把对象安放到某个特定地址。例如，把一个表示进程的对象放到特定硬件所要求的特定地址；

[2] 我们需要一种机制在某个特定分配区里分配对象。例如，在一个多处理器系统的共享存储中，或者从由某个特定对象管理器控制的区域中分配对象。

解决方案是允许重载 operator new()，以便为 new 运算符提供一种允许附加参数的语法形式。例如，把对象分配到特定地址的 operator new()可能定义为下面样子：

```
void* operator new(size_t, void* p)
{
    return p;  // place object at 'p'
}
```

它的调用可能是：

```
void* buf = (void*)0xF00F;    // significant address

X* p2 = new(buf)X;  // construct an X at 'buf'
                    // invokes: operator new(sizeof(X),buf)
```

由于其使用方式，这种为 operator new()提供附加信息的语法形式被称为**放置语法形式**。请注意，每个 operator new()调用总以要求分配的存储大小为第一个参数，该参数是按所分配对象的大小隐式提供的。

实际上，我在那时也低估了放置问题的重要性。有了放置机制之后，运算符 new 就不再只是一种简单的存储分配机制了，因为我们可以给特定存储位置关联任意的逻辑性质，这就使 new 能起一种通用资源管理的作用。

为某个特定分配区定义的 operator new()可能具有下面的样子：

```
void* operator new(size_t s, fast_arena& a)
{
    return a.alloc(s);
}
```

其使用应该是：

```
void f(fast_arena& arena)
{
    X* p = new(arena)X; // allocate X in arena
    // ...
}
```

这里的 fast_arena 也假定是一个类，它有一个成员函数 alloc()，可用于获得存储。例如有：

```
class fast_arena {
    // ...
    char* maxp;
    char* freep;
    char* expand(size_t s);    // get more memory from
                               // general purpose allocator
public:
    void* alloc(size_t s) {
        char* p = freep;
        return ((freep+=s)<maxp) ? p : expand(s);
    }
    void free(void*) {}  // ignore
    clear(); // free all allocated memory
};
```

这应该是一个处理快速分配并几乎总是立即释放的特殊分配区。分配区的一类重要应用是提供特定的存储管理语义。

10.5　存储释放问题

在 operator new()和 operator delete()之间有一种明显的、经过深思熟虑的不对称性：前者能重载而后者不能。这与构造函数和析构函数之间的不对称是互相匹配的。因此，在构建对象时，你可能可以在四个分配器和五个构造函数中选择，而到了销毁它的时候，就只存在唯一的一种选择了：

```
delete p;
```

这样做的理由是，原则上说，在构造对象的那一点你知道所有东西，而到了删除它的时候，你剩下的就是一个指针了。而这个指针可以正好是也可以不是相应对象的类型。

当用户通过基类的指针去删除一个派生类的对象时，为了使析构操作能正常完成，关键就是要用一个虚的析构函数：

```
class X {
    // ...
    virtual ~X();
};

class Y : public X {
    // ...
    ~Y( );
};

void f(X* p1)
{
     X* p2 = new Y;
     delete p2;      // Y::~Y correctly invoked
     delete p1;      // correct destructor
                     // (whichever that may be) invoked
}
```

这样做就能保证，如果在类层次结构中存在着局部的 operator delete()函数，正确的函数一定会被调用。而如果不能正确使用虚的析构函数，Y 的析构函数所描述的清理动作就不会执行。

此外，语言里包含了支持我们去选择分配函数的选择机制，而对于释放函数，则不存在与分配对应的支持选择的语言特征：

```
class X {
    // ...
    void* operator new(size_t); // ordinary allocation
    void* operator new(size_t, Arena&); // in Arena

    void operator delete(void*);
    // can't define void operator delete(void*, Arena&);
};
```

问题还是，我们不能期望用户在删除的那一点知道相应对象究竟是如何分配的。当然，最理想的情况是用户完全不必去释放对象，这也是特殊分配区的一种用途。我们完全可以定义一种分配区，令它在程序执行的某个特定点以整个区为单位进行释放，或许还可以为某个分配区定义特定的废料收集系统。前一种做法相当普遍，后一种则不很常见，需要仔细做好，才可能与标准的可插入的保守式废料收集系统 [Boehm，1993] 竞争。

更常见的方式是恰当地编写函数 operator new()，让它在对象里留下一个指示字，使与之对应的 operator delete()能知道应该如何释放这些对象。注意，这也是在做存储管理，与由构造函数建立和析构函数销毁的对象相比，这是在更低的概念层次上工作。因此，这种信息的存储位置不应该在实际对象内部，而应该在与之相关的某个地方。例如某个 operator new()可能把存储管理信息放在作为其返回值的指针再向前的一个字里。或者换种方式，operator new() 也可以把信息存入另一个位置，使构造函数和其他函数能够找到，从而确定是否已经在自由存储区里分配了一个对象。

不允许用户重载 delete 是不是一个错误？如果是，那么保护人们以便提防他们自己就是不正确的了。我无法做出决定，但是我十分确信，这是一种很难对付的情况，采取任何的解决办法都会引出许多问题。

Release 2.0 引进了显式调用析构函数的可能性，以帮助人们对付某些不常见的情况，在那里，存储分配和释放是相互完全分离的。一个实际例子是某种容器，它需要为自己所包含的对象完成所有的存储分配工作。

数组的释放

C++从 C 继承了一个问题：指针可以指向个别的对象，而这个对象实际上却是某个数组的起始元素。一般说，编译器没办法告诉我们这一情况。当一个指针指向某个数组的第一个元素时，我们通常说的是它指向了这个数组，而数组的分配和释放也都是通过这种指针进行的。例如：

```
void f(X* p1) // p1 may point to an individual object
              // or to an array
{
    X* p2 = new X[10]; // p2 points to the array
    // ...
}
```

我们怎样做才能保证整个数组能被正确地删除？特别是，我们怎么做才能保证对数组里的所有元素都调用了相关的析构函数？Release 1.0 没有对这个问题提供满意的回答，Release 2.0 为此专门引进了一个显式的数组删除运算符 delete[]：

```
void f(X* p1)     // p1 may point to an individual object
                  // or to an array
{
    X* p2 = new X[10]; // p2 points to the array
    // ...
    delete  p2;     // error: p2 points to an array
    delete[] p2;    // ok
    delete  p1;     // maybe ok, trust the programmer
    delete[] p1;    // maybe ok, trust the programmer
}
```

这样一来，普通的 delete 就不再需要同时处理独立对象和数组两种情况了，这也就避免了把复杂性引进分配和释放独立对象的一般情况中，也使得在独立对象里不再需要附带那种专门为释放数组而用的信息。

delete[]的某个中间版本曾要求程序员明确写出数组元素个数。例如：

```
delete[10] p2;
```

实践证明这种方式很容易引进错误。因此，维护数组元素个数的负担后来被转给了语言的实现。

10.6 存储器耗尽

需要找某种资源而又无法得到，这是一个普遍的而且很难对付的问题。我曾经决定（在 2.0 之前），异常处理是一个方向，应该到那里去寻找针对这类问题的一种具有普遍意义的解决方法（3.5 节）。但在那时，异常处理（第 16 章）还是很远的未来的事，而自由存储耗尽这个特殊的问题是没办法等待的。在这个中间阶段的几年里，还是需要有某种解决方案，即使是一个丑陋的方案。

立即需要解决的问题有两个。

[1] 在任何情况下，当一个库调用因为存储耗尽而失败时（更一般的，在任何库调用失败时），用户都应该能够取得控制权。对于 AT&T 内部的用户而言，这是一个绝对的要求。

[2] 不能要求普通用户在每次分配操作之后去测试存储耗尽的情况。C 语言的经验告诉我们，用户通常都不会去做这种测试，即使是在应该这样做的地方。

对第一个问题的处理要求在 `operator new()` 返回 0 时就不去执行构造函数。在这种情况下，`new` 表达式本身也应该产生一个 0 值。这样就使关键性的软件在出现存储分配问题的时候能保护自己。例如：

```
void f()
{
    X* p = new X;
    if (p == 0) {
        // handle allocation error
        // constructor not called
    }
    // use p
}
```

满足第二个需要的方法是用一个称为 `new_handler` 的东西，它是一个由用户提供的函数，如果运算符不能找到存储，语言将保证去调用这个函数。例如：

```
void my_handler() { /* ... */ }

void f()
{
    set_new_handler(&my_handler);  // my_handler used for
                                   // memory exhaustion
                                   // from here on
    // ...
}
```

这种技术在 [Stroustrup，1986] 中提出，已经成为处理资源需求偶然失败时普遍采用的一种模式。简单地说，`new_handler` 可以：

——寻找更多的资源（也就是说，去寻找更多的自由存储）；

——产生一个错误信息并退出（也是一种处理）。

有了异常处理，“退出”的动作就有可能比直接终止程序更平和一点（3.5 节）。

10.7　自动废料收集

我刻意这样地设计 C++，使它不需要依靠自动废料收集（通常就直接说**废料收集**）。这是基于自己对废料收集系统的经验，我很害怕那种严重的空间和时间开销，也害怕由于实现和移植废料收集系统而带来的复杂性。还有，废料收集将使 C++不合适做许多低层次的工作，而这却是它的一个设计目标。我喜欢废料收集的思想，它是一种机制，能够简化设计，清除许多产生错误的根源。但是，我也确信，如果原来就把废料收集作为 C++的一个有机组成部分，那么 C++ 可能早就成为死胎了。

我过去的观点是，如果你需要废料收集，或者你可以自己实现某种自动存储管理模型，或者是去使用某种直接支持它的语言，例如我个人始终喜爱的 Simula。今天这个问题的回答已经不那么黑白分明了。有许多可以实现或者移植的软件资源；存在着许多无法简单地改写成其他语言的 C++ 软件；废料收集系统也有了很大的进步，存在许多新技术可以用到“家酿”的废料收集系统中，而按我原来的看法，这种东西不可能从个别的项目提升为通用的库。更重要的是，今天人们用 C++ 做的项目更加雄心勃勃，有些项目可能从废料收集中获益，也能够接受它带来的开销。

10.7.1　可选的废料收集

按照我现在的认识，对于 C++，可选的废料收集是一条合适的路。但究竟应该怎样做，现在还不是很清楚。但是我们已经有了一些看法，今后几年有可能看到几种形式的东西。已经存在一些实现，剩下的问题只是它们从研究阶段转化到产品代码的时间了。

需要废料收集的基本理由是很容易陈述的。

[1] 对于用户而言，存在废料收集当然是最方便的。特别是，它能使一些库的构造和使用更加简单。

[2] 对于许多应用而言，废料收集比用户提供的存储管理模式更可靠。

反对的理由可以多列出几条，但它们都不是最根本的，而只是关于实现和效率。

[1] 废料收集带来运行时间和空间的开销，对于在目前计算机硬件上运行的许多现在的 C++ 应用而言，这些是无法负担的。

[2] 许多废料收集技术隐含着服务的中断。对于一些很重要的应用类，例如有严格时间要求的实时应用、设备驱动程序、在较慢的硬件上的人机界面代码、操作系统核心等，这种情况是无法接受的。

[3] 有些应用系统中并没有传统通用计算机上那样的硬件资源。

[4] 有些废料收集方案需要禁止某些基本的 C 机制，例如指针算术、不加检查的数组、不加检查的函数参数（如 `printf()` 所用的参数机制）等。

[5] 有些废料收集方案提出了一些有关于对象布局和对象创建的限制，这些都会使得与其他语言的接口变得更复杂。

我还知道许多支持的和反对的意见，但是不需要列出更多的东西了。已经有充分多的论据反对另一种观点：有了废料收集之后，**每个**应用可以做得更好些。类似地，也有充分的论据反对对方的观点：任何应用都**不会**因为有了废料收集而做得更好。

在比较有废料收集和没有废料收集的系统时，应该记住：并不是每个程序都需要永无休止地运行下去；也不是所有代码都是基础性的库代码；对许多应用而言，出现一点存储流失是可以接受的；许多应用可以管理自己的存储，而不需要废料收集或其他相关技术，如引用计数等。C++ 需要废料收集的方式，与那些没有真正局部变量（2.3 节）的语言完全不同。当存储管理的行为方式比较规范时，我们可以采用一些不那么通用的方式处理[例如通过专用分配器（10.2 节、10.4 节和 15.3.1 节，[2nd，5.5.6 节和 13.10.3 节]）、自动存储或静态存储（2.4 节）]。与手工管理或自动的通用废料收集系统相比，这些方式有可能获得显著的速度和空间优势。对于许多应用，这种优势是极其重要的，也使自动废料收集系统给其他应用带来的利益在这里显得无关大局了。在一个理想的实现中，这种优势不会受到废料收集系统存在的拖累。实际上，该收集系统或者根本就不被调用，或者极少被调用，以至对大部分应用的整体效率几乎没有影响。

我的结论是，从原则上和可行性上看，废料收集都是需要的。但是，对于今天的用户、当前的使用和硬件而言，我们还无法承受将 C++ 的语义及其基本库定义在废料收集系统之上的负担。

实际问题是，**可选的**废料收集能否成为 C++ 的一个有活力的选项？当废料收集真正可用时（不是“如果……”），我们将有两种方式去写 C++ 程序。这在原则上并不比管理几个不同的库、几个不同的应用平台等更困难，而后面这类事情我们已经做得很多了。要用某种被广泛使用的通用程序设计语言，就必须做出这一类选择。我们不可能要求任何 C++程序的执行环境都是一模一样的，无论它是运行在导弹头里面，或在 SRL 照相机里，在 PC 里，在电话交换机里，在某种 UNIX 系统里，在 IBM 主机里，在 Mac 计算机里，在超级计算机里，或者在其他什么地方。如果能以某种合理的方式提供，废料收集将能成为人们为一个应用系统选择运行环境时的另一个选择项。

如果不作为 C++标准的组成部分，废料收集也可能成为合法的和有用的东西吗？我是这样认为的。再说，我们也没在标准里描述选择性的废料收集，这是因为还不存在一种从某些方面看能接近成为标准的模型。一种试验性的模型必须经过足够多的、范围足够广泛的实际应用的检验。还有，就是它必须没有不可避免的缺陷，不能使 C++ 在重要的应用领域成为不能接受的东西。有了这些成功的经验之后，实现者们将会努力奋斗，提供最好的实现。我们只能希望他们不要选择了互不相容的模型。

10.7.2　可选择的废料收集应该是什么样子的

这里存在着多种选择，因为对基本问题有几种不同的解决方法。一个想法是尽可能增加能同时在有废料收集和没有废料收集的环境中运行的程序的数量。对于实现系统的人、库的设计者和应用程序员来说，这也是一个很重要也很吸引人的目标。

理想情况是，带有废料收集的系统实现应该有这样一种性质：当你不用废料收集时，它应该工作得像没有废料收集的系统一样好。如果程序员必须说："本程序不需要废料收集功能"，那么这个目标就比较容易达到。但如果要求一个实现准备做废料收集，而又能通过调整自己的行为，使之能达到无废料收集的实现那样的性能，事情就会变得极端困难了。

与此相反，废料收集系统的实现者可能需要从用户那里得到某些"提示"，以便使程序的执行性能达到可以接受的水平。例如，一种方式可能是要求用户说明哪些对象需要做废料收集，哪些对象不需要做（例如，这些东西来自根本没有废料收集的 C 或者 Fortran 库）。只要有可能，不带废料收集的实现就会忽略这些提示，或者就是简单地将它们从程序里删掉。

有些 C++操作，例如病态的类型强制转换（casting）、指针与非指针的联合、指针算术等等，都对废料收集严重不利。在写得很好的 C++代码里，这些操作一般不常使用，所以出现了一些禁止它们的尝试。两种思想在这里又发生了冲突。

[1]　禁止这些不安全操作：这将使程序设计更安全，也使废料收集的效率更高。

[2]　不要禁止任何在今天合法的 C++程序。

我认为，还是有可能达成一种妥协。我想，有可能调制出一种废料收集模型，它能应付（几乎）所有合法的 C++程序，而对于没有不安全操作的程序的工作效率更高。

在实现某种废料收集模型时，必须确定是否需要对被收集对象调用相应的析构函数。想确定怎样做才算正确并不容易。在[2nd]里我写道：

> "废料收集可以看作一种在有限的存储中模拟无限存储的方法。注意到这件事，我们就可以回答一个常见问题：在废料收集回收一个对象时，它应该调用其析构函数吗？回答是不，因为被放回自由存储的这些对象并没有经过删除，因而绝不会被销毁。按这个认识，使用 `delete` 就是直接要求调用析构函数（同时也是通知系统说这个对象的存储可以重新再用了）。但是如果我们确实希望对从自由存储分配之后没有删除的对象执行某种操作，又该怎么办呢？请注意，对于静态的和自动的对象都不会

出现这个问题，因为总会隐式地对它们调用析构函数。还应该注意，要“在废料收集时”执行动作，其执行时间是无法预计的。原则上说，这种动作可能在从对这个对象的最后访问直到“整个程序终止”之间的任何时刻发生。这也就意味着，执行这种操作时的程序状态是无法确知的。这一情况再次说明，对这样的动作很难写出正确的程序，它们也不像人们设想的那样有用。

如果在某个地方真的需要这种动作，需要在某个无法说清楚的“析构时刻”做点事情，这个问题可以通过提供一个注册服务程序的方式解决。如果一个对象希望在“程序的最后”执行某种动作，那就把它的地址和一个对应“清理”函数的指针放进一个全局性的关联数组里。”

现在我不那么确定了。虽然这种模型能工作，但或许让废料收集程序去调用析构函数会更简单些，也更值得采纳。究竟怎么做更好，完全依赖于被收集的对象是什么，在它们的析构函数中要做些什么事。这个问题不能通过纯理论的方式做出决定，在其他语言中也没有看到什么有关的经验。不幸的是，它还是一个很难做真实试验的问题。

我没有任何幻想，会以为给 C++构造出一个可以接受的废料收集机制是一件很容易的事情——我只是不认为这件事一定不可能罢了。因此，只要有很多人去研究这个问题，不久就会有一些解决办法浮现出来。

11

第11章 重载

魔鬼隐藏在细节之中。

—— 古语

细粒度重载解析 —— 歧义控制 —— 空指针 —— 类型安全的连接 —— 名字整编 —— 复制、分配、派生等的控制 —— 灵巧指针 —— 灵巧引用 —— 增量和减量 —— 指数运算符 —— 用户定义运算符 —— 组合运算符 —— 枚举 —— 布尔类型

11.1 引言

运算符就是为了提供使用的方便性。考虑简单公式 `F=M*A`，没有一本基础物理书上将它写成 `assign(F,multiply(M,A))`[①]。当变量可以具有不同类型时，我们就必须确定是允许混合算术呢，还是要求显式地把运算对象转换到同一类型。例如，如果 `M` 是 `int` 而 `A` 是 `double` 时，我们或者是接受 `M*A` 并推断说 `M` 必须在做乘法之前提升到 `double`，或者可以要求程序员写出某种东西，例如 `double(M)*A`。

由于 C++ 选择了前者 —— 与 C、Frotran 以及其他所有被广泛用于计算领域的语言一样 —— 它也就进入了一个不存在完美解决方案的困难领域。从一方面看，人们希望有“自然的”转换而不出现编译器的唠唠叨叨；在另一方面他们又不希望感到惊异。对于什么是自然，不同的人会有全然不同的看法，至于人们能容忍哪些惊异，情况也差不多。这些，再加上另一个约束 —— 需要与 C 语言中已经相当混乱的内部类型和转换的兼容性，结果就产生了一个从本质上说就极难解决的问题。

对表达方式灵活和自由的欲望，与对安全性、可预见性以及简单性的追求是互相冲突的。这一章将考察由这一冲突而引起的对于重载机制的精炼过程。

---

① 有些人甚至可能喜欢 `F=MA`，但是解释清楚如何可能采用这种东西（“没有空格的重载”）已经超出了本书的范围。

11.2 重载的解析

函数名和运算符的重载从一开始就被引进了 C++（3.6 节）[Stroustrup，1984b]，后来被人们广泛使用，但是与此同时，与重载机制有关的问题也逐渐浮现出来。[Stroustrup，1989b] 里关于 Release 2.0 所做改进的总结是：

> “对 C++ 的重载机制做了一些修改，以便能解析出过去认为是‘太类似’的一些类型，还取得了对声明顺序的无关性。作为结果的这个模式将更具表达力，也能捕捉到更多的歧义性错误。”

在细粒度解析方面的工作，使我们得到了基于 int/char、float/double、const/非 const 以及基类/派生类进行重载的能力。顺序无关性则清除掉了一个可能产生许多难以对付的错误的根源。下面我将考察重载的这两个方面的情况。最后我将解释为什么把 overload 关键字确定为过时的东西。

11.2.1 细粒度解析

在开始设计 C++ 时，其重载规则接受了 C 语言内部类型的限制 [Kernighan，1978]。也就是说，在这里没有 float 类型的值（从技术上说，就是没有对应的右值），因为对一个 float 的计算将立即被扩展为一个 double。与此类似，在这里也没有类型为 char 的值，因为 char 的每个使用都被扩展为一个 int。这引起了许多关于无法自然地提供单精度浮点库的抱怨，也使字符操作函数特别容易用错。

考虑一个输出函数。如果我们无法基于 char/int 的不同进行重载，那就必须使用两个不同的名字。事实上，刚开始的流库（8.3.1 节）用的就是：

```
ostream& operator<<(int);   // output ints (incl. promoted
                            // chars) as sequence of digits.
ostream& put(char c);       // output chars as characters.
```

然而，许多人写了：

```
cout << 'X';
```

并（很自然）惊异地发现其输出中出现的是 88（ASCII 'X'的数值）而不是字符 X。

为了克服这个问题，我们修改了 C++ 的类型规则，使人们可以针对类型 char 和 float 等的未提升形式使用重载解析机制。进一步说，文字的字符，如'X'，也被定义为具有类型 char。与此同时，那时最新发明的 ANSI C 有关表述 unsigned 和 float 字面量的记法也被采纳，所以，我们现在可以写：

```
float abs(float);
double abs(double);
int abs(int);
unsigned abs(unsigned);
char abs(char);
```

```
void f()
{
    abs(1);      // abs(int)
    abs(1U);     // abs(unsigned)
    abs(1.0);    // abs(double)
    abs(1.0F);   // abs(float)
    abs('a');    // abs(char)
}
```

在 C 语言里，字符字面量（例如'a'）的类型是 int。令人吃惊的是，在 C++ 里给'a'指定类型 char，居然没有造成移植性问题。除了病态的例子如 sizeof('a')，其他能在 C 和 C++ 里表述的每种结构都将给出同样的结果。

在把字符字面量的类型定义为 char 时，我部分地依靠了来自 Mike Tiemann 的一个报告，他描述了用一个编译选项在 GNU 的 C++编译器里提供这种解释的经验。

与此类似，我们还发现利用 const 和非 const 之间的差异也有很好的影响。基于 const 重载的一个重要应用就是提供一对函数：

```
char* strtok(char*, const char*);
const char* strtok(const char*, const char*);
```

用它们替代下面的 ANSI C 标准函数：

```
char* strtok(const char*, const char*);
```

在 C 语言里，strtok()返回作为其第一个参数传递进去的 const 串的一个子串。C++标准库不允许这个子串不是 const，因为不能接受隐含地违背类型系统的情况。而在另一方面，又需要尽可能地减少与 C 语言的不兼容性。提供两个 strtok 函数之后，就能允许 strtok 的大部分合理使用了。

允许基于 const 的重载，也是收紧有关 const 的规则，以及强制性地要求这一规则的发展方向的一部分（13.3 节）。

经验说明，在函数匹配时，还应该考虑通过公用类派生建立起来的分层结构的情况，以便使得存在选择的情况下，能选中转换到“最后派生类”的那个函数。只有在没有其他指针参数能够匹配时，才会选中 void*参数。例如：

```
class B { /* ... */ };
class BB : public B { / * ...*/ };
class BBB : public BB { /* ... */ } ;

void f(B*) ;
void f(BB*);
void f(void*);

void g(BBB* pbbb, BB* pbb, B* pb, int* pi)
{
    f(pbbb); // f(BB*)
    f(pbb);  // f(BB*)
```

```
    f(pb);    // f(B*)
    f(pi);    // f(void*)
}
```

这样的歧义消解规则与虚函数调用规则完全匹配，按虚函数调用规则，被选中的也是最后的那个派生类的成员函数。本规则的引入又清除了这样一个错误根源。这个修改实在太明显了，人们用打哈欠的方式来表示同意（“你的意思是说原来不是这个样子吗？”）。一个错误消除了，这就是全部的故事。

这个规则还有一个有趣的性质，也就是说，它将 void*确立为类转换树的根。这件事与下面的观点很相配：构造函数从原始存储中做出对象，析构函数完成反向的过程，从对象里制造出原始存储（2.11.1 节，10.2 节）。例如将 B*转换到 void*，就是使一个对象可以被看成原始存储，其中没有任何让人感兴趣的性质。

11.2.2 歧义控制

原来的 C++重载规则根据声明顺序来消解歧义性。声明将被顺序地进行试验，第一个能匹配的“取胜”。为使这种方式能说得过去，匹配过程中只接受非缩窄的转换。例如：

```
overload void print(int); // original (pre 2.0) rules:
void print(double);

void g()
{
    print(2.0);  // print(double): print(2.0)
                 // double->int conversion not accepted.
    print(2.0F); // print(double): print(double(2.0F))
                 // float->int conversion not accepted
                 // float->double conversion accepted.
    print(2);    // print(int): print(2).
}
```

这个规则很容易表述，用户很容易理解，能有效地编译，实现者也很容易把它做正确。但是，它还是成为了错误和混乱的不尽之源。因为，调换一些声明的顺序就可能完全改变一段代码的意义：

```
overload void print(double); // original rules:
void print(int);

void g()
{
    print(2.0);   // print(double): print(2.0).
    print(2.0F);  // print(double): print(double(2.OF))
                  // float->double conversion accepted.
    print(2);     // print(double): print(double(2))
                  // int->double conversion accepted.
}
```

简而言之，顺序依赖性极易造成错误。它也已成为一个严重障碍，阻挡了使 C++程序设计向更广泛地使用库的方向发展的努力。我的目标是转移到一种新观点，将程序设计看成是从独立的程序片段组合出程序的过程（11.3 节），而顺序依赖性就是许多障碍中的一个。

这里的暗礁是，与顺序无关的重载规则将使 C++的定义和实现复杂化，因为需要在最大程度上保持与 C 语言以及原来的 C++ 的兼容性。特别是最简单的规则："如果一个表达式存在两个可能的合法解释，它就是歧义的也是非法的"并不是一种可用选择。例如，按照这个规则，上面例子里所有的 `print()` 调用就都是歧义的和非法的了。

我当时的结论是，我们需要某种"更好匹配"规则的概念，这将使我们确定一个精确的匹配胜过一个需要转换的匹配，一个安全转换的匹配（例如从 `float` 到 `double`）胜过一个不安全的（缩窄的、破坏值的，等等）转换（例如从 `float` 到 `int`）。这一想法引起了一系列讨论、精练和重新考虑，经历了若干年的时间。有些细节还在标准化委员会里讨论着，主要的参加者包括 Doug McIlroy、Andy Koenig、Jonathan Shopiro 和我。很早 Doug McIlroy 就指出，我们已经极其冒险地接近了试图为隐式转换设计一套"自然"系统的问题。他考虑过 PL/I 的规则，那是他帮助设计的，他还证明了，对一个丰富的通用数据类型集合，不可能设计出这样的"自然"系统。而 C++ 的情况是提供了一集很丰富的带着混乱转换的内部类型，再加上在用户定义类型之间定义任意转换的能力。我对进入这个沼泽所陈述的理由是：我们现在别无选择，只能去试一试。

与 C 语言的兼容性，人们的期望，以及允诺用户定义的类型可以像内部类型一样使用的目标等等，都不允许我们禁止隐式的类型转换。回过头再看，我还是赞成将隐式转换推向前进的决策，我也赞成 Doug 的观点，要把隐式类型转换所导致的使人惊异的东西减到最少，存在着本质性的困难，这种使人惊异的东西是不可能完全消除的（至少，在保留了与 C 兼容性的前提之下）。不同的程序员会有不同的预期，因此，无论你选择什么规则，也总会有人在某个时候感到吃惊。

一个最根本的问题是，内部类型的隐式转换图中存在着环路。例如，不仅存在从 `char` 到 `int` 的隐式转换，也存在从 `int` 到 `char` 的转换。这就出现了产生永无休止的微妙错误的潜在可能性，也使我们不能采纳一个基于转换格的隐式转换模型。相反，我们需要设计一个在函数声明确定的类型与实际参数的类型之间进行"匹配"的系统。该匹配应该包含我们认为比其他东西更少出错、更少引起惊异的那些转换。这样就有可能符合 C 的标准提升和标准转换规则的需要。我把这个模型的 2.0 版本描述为 [Stroustrup, 1989b]：

> "下面是对新规则的一个稍做简化的解释：请注意，除了极少数的例外情况，在老规则允许顺序依赖性的地方，新规则是与之兼容的；而且，老的程序在新规则下也能给出完全相同的结果。最近两年左右的 C++ 实现就已经开始对在这里'违法'的顺序依赖性解析问题提出警告信息了。
>
> C++ 区分了 5 种'匹配'。

[1] 匹配中不转换或者只使用不可避免的转换（例如，从数组名到指针，函数名到函数指针，以及 T 到 const T）。

[2] 使用了整数提升的匹配（如 ANSI C 标准定义的，也就是说，从 char 到 int、short 到 int 及它们对应的 unsigned 类型）以及 float 到 double。

[3] 使用了标准转换的匹配（例如从 int 到 double、derived*到 base*、unsigned int 到 int）。

[4] 使用了用户定义转换的匹配（包括通过构造函数和转换操作）。

[5] 使用了在函数声明里的省略号（...）的匹配。

让我们考虑只有一个参数的函数，这里的想法是总选择‘最好的’匹配，也就是说，在上面表里最高的匹配。如果存在着两个最好匹配，这个调用就是有歧义的，这时就会产生一个编译错误。”

上面的例子说明了这个规则。有关规则的另一个更精确的版本可以在 ARM 里找到。

还需要有另一个规则去处理多于一个参数的函数 [ARM]:

“对涉及多于一个参数的调用，一个函数要想被选中，就要求它至少在某个参数上比其他任何函数都匹配得更好，而对每个参数都至少与其他函数匹配得同样好。例如：

```
class complex {
    // ...
    complex(double);
};

void f(int,double);
void f(double,int);
void f(complex,int);
void f(int ... ) ;
void f(complex ... ) ;

void g(complex z)
{
    f(1,2.0);      // f(int,double)
    f(1.0,2);      // f(double,int)
    f(z,1.2);      // f(complex,int)
    f(z,1,3) ;     // f(complex ...)
    f(2.0,z);      // f(int ...)
    f(1,1);        // error: ambiguous,
                   // f(int,double) or f(double,int) ?
}
```

在第三个和倒数第二个调用里，从 double 到 int 的不幸的缩窄转换将导致警告。这种缩窄转换也是允许的，以便保持与 C 的兼容性。在这里的特殊情况下，这种缩窄转换没有大害，但是在许多情况下从 double 到 int 将导致值的破坏，绝不能随意使用。”

有关多参数情况的这些规则经过仔细的推敲和形式化后，派生出了“交集规则”见[ARM，第 312~314 页]。这个规则最先是由 Andrew Koenig 在与 Doug McIlroy、Jonathan Shopiro 和我的讨论中提出。我相信 Jonathan 就是那个发现了一些极其古怪的例子的人，那些例子证明了这条规则的必要性 [ARM，第 313 页]。

请注意这里对兼容性的考虑有多么重要。我的观点是，如果考虑得稍微少一点，当前和将来的 C++ 程序员中的绝大多数就会很不满意。一个更简单、更严格、更容易理解的语言，除了应能吸引那些对现存语言一直不满的程序员外，还必须能吸引更多敢于冒险的程序员。如果我们所做的设计决策一直系统地将简单和优雅置于兼容性之上的话，今天的 C++ 必然会更小，也会更清晰，但它也会成为一个不太重要的只有少数信徒的语言。

11.2.3　空指针

什么是表述一个指针没有指向任何对象（空指针）的正确方式，这个讨论可能是引起激烈争辩最多的东西了。C++ 从经典 C 语言 [Kernighan，1978] 继承来它的定义：

> “一个能求出 0 值的常量表达式被转换为一个指针，通常称为空指针。这个值所产生的指针保证能与任何对象或者函数的指针互相区分。”

在 ARM 里进一步警告说：

> “请注意，空指针并不一定用与整数 0 同样的二进制模式表示。”

这个警告是对一种常见误解的反应：许多人认为，既然 `p=0` 给指针 `p` 赋了空指针值，那么空指针的表示必然就和整数 0 完全一样，就是说，是一个全 0 的二进制模式。事实并不是这样。C++ 语言具有足够强的类型系统，这样，一个像空指针这样的概念，完全可以采用实现者选定的任何表示方式，与这个概念在正文形式中的表示形式无关。只有一个例外，那就是在人们用省略号抑制了对函数参数的检查时：

```
int printf(const char* ... ) ; // C style unchecked calls

printf(fmt, 0, (char)0, (void*)0, (int*)0, (int(*)())0);
```

在这里，所有的强制转换都是必需的，这样才能描述到底需要哪一种 0。在这个例子里，可以看到需要传递的是五个不同的值。

K&R C 根本不检查函数的参数，即使在 ANSI C 里，你也不能依赖于参数检查，因为它是可选的。由于这个原因，也因为 0 在 C 和 C++ 里难以分辨，还因为在其他语言里人们习惯了用一个符号常量来表示空指针，C 程序员就倾向于用一个称为 `NULL` 的宏表示空指针。不幸的是，K&R C 里不存在对 `NULL` 的可移植的正确定义，而在 ANSI C 里，`(void*)0` 是 `NULL` 的一个合理的而且越来越被公众接受的定义。

但是在 C++里，`(void*)0` 却不是对空指针的一个好选择：

```
char* p = (void*)0; /* legal C, illegal C++ */
```

不经过强制转换，我们就不能用 void* 对任何东西赋值。允许将 void* 隐式转换到任意指针类型将会在类型系统上打开一个大洞。当然，可以把(void*)0 作为一个特殊情况，但只有极端需要时才值得接纳特殊情况。还有，C++ 开始使用是在 ANSI C 标准存在以前很长时间，我也极不希望 C++ 的关键部分依赖于一个宏（第 18 章）。因此我就用了一个普通的 0，这么多年它也工作得很好。强调用符号常量的人们通常定义下面两者之一：

```
const int NULL = 0; // or
#define NULL 0
```

如果只考虑编译器的问题，此后 NULL 和 0 就是同义词了。不幸的是，太多的人已经在他们的代码里加上了 NULL、NIL、Null、null 等的定义，再提供另一个定义将是极其危险的。

当我们用 0（无论如何拼写）表示空指针时，会出现一类无法捕捉的错误。考虑：

```
void f(char*);

void g() { f(0); } // calls f(char*)
```

现在加上另一个 f()，g()就会不动声色地改变意义：

```
void f(char*);
void f (int);

void g() { f(0); } // calls f(int)
```

因为在这里用的 0 是一个 int，又可以提升到一个空指针，这是没用直接描述的空指针而产生的一个很不幸的副作用。我想，一个好的编译器应该给出警告，但是在做 Cfront 时还没有想到这个情况。认为这里的 f(0)存在歧义，而不是按更偏向 f(int)方式解析也可以行得通，但可能不会让那些希望 NULL 或 nil 有魔力的人感到满意。

经过 comp.lang.c++ 和 comp.lang.c 上一场常见的热战之后，我的一个朋友认识到："如果 0 就是他们最糟的问题，那么他们真是太幸运了。"按我的经验，用 0 表示空指针在实践中并不是一个问题。我始终觉得这里的规则很好玩，根据它，应该接受任何能求出值 0 的常量表达式的结果作为空指针。该规则说明 2-2 和~-1 都是空指针，然而用 2-2 或者~-1 给指针赋值当然是类型错误。这也不是作为实现者的我喜欢的规则。

11.2.4 overload 关键字

一开始，只有对一个名字明确写了 overload 声明之后，C++ 才允许用它做多于一个命名（也就是说，允许它"被重载"）。例如：

```
overload max;           // ''overload'' - obsolete in 2.0
int max(int,int);
double max(double,double);
```

我那时认为，如果不明确声明重载意图，允许对两个函数采用同样名字会太危险。例如：

```
int abs(int);            // no ''overload abs''
double abs(double);      // used to be an error
```

当时对重载的担心有两个原因：

[1] 担心可能出现无法检查的歧义性；

[2] 担心除非程序员明确说明哪些函数可能重载，否则程序就可能无法正确连接。

前一担心已经被证明基本上是毫无根据的，在实际使用中发现的少量问题，都已经通过顺序依赖性重载解析规则解决了。后一个担心则不然，已证明其基础就是 C 语言分别编译规则的一般性问题，与重载没有任何关系（见 11.3 节）。

而在另一方面，overload 声明本身却变成了一个严重问题。它使人们无法合并对不同函数使用了同样名字的多段程序，除非在各个片段里都已经声明了有关名字的重载。在实际中常常都不是这种情况。典型的情况是，想要重载的名字可能就是 C 库函数的名字，在某个 C 头文件里声明。例如：

```
/* Header for C standard math library, math.h: */
   double sqrt(double);
   /* ... */
   // header for C++ complex arithmetic library, complex.h:
      overload sqrt;
      complex sqrt(complex);
      // ...
```

这样，虽然我们可以写：

```
#include <complex.h>
#include <math.h>
```

但是却不能写：

```
#include <math.h>
#include <complex.h>
```

因为只对 sqrt 的第二个声明使用 overload 是个错误。存在一些缓和这个问题的方法：重新安排声明，在头文件的使用上附加一些限制，将 overload 声明散布到所有的地方“（只是为了）以防万一”。无论如何，我们发现这些伎俩都不好弄，只能对付一些最简单的情况。废除 overload 声明，彻底摆脱 overload 关键字，事情就好得多。

11.3 类型安全的连接

C 连接极其简单，完全没有安全性。你声明了一个函数：

```
extern void f(char);
```

连接器将轻率地将这个 f 与其世界里的任何 f 连接到一起。被连接的 f 可能是一个具有完全不同参数情况的函数，甚至根本不是函数。这通常会在运行时导致某种错误（内核卸载、段异常等）。连接方面的问题有时会变得特别严重，因为它们的增长不是与程序的规模或者库的使用量成比例的。C 程序员已经学会了如何在这个问题下生存。但无论如何，对于重载机制的需求使这个问题变得更急迫了。对于 C++ 连接问题的任何解决方案又都必须继续保证能调用 C 函数，也不增加任何复杂性或运行开销。

11.3.1 重载和连接

在 2.0 之前的实现中有关 C/C++ 连接问题的解决方法是，只要可能，就让 C++ 函数产生的名字与假如用 C 来做产生的名字完全一样。这样，在那些编译 C 语言时不改名字的系统里，C++ 对 open() 产生的名字也依然是 open；而在那些 C 在名字前加下划线前缀的系统里，C++ 也产生 _open；如此等等。

采用这种简单模式，显然不足以应付重载的函数。当时引入关键字 overload，部分原因就是想用它把复杂情况与简单情况区分开（3.6 节）。

最早的解决办法与后来采用的方案类似，其基本思想就是将类型信息编码，放在传递给连接器的名字里（3.3.3 节）。为了能与 C 函数的连接，只对重载函数的第二个和再后的版本的名字进行编码。这样，程序员就可以写：

```
overload sqrt;
double sqrt(double);        // a linker sees: sqrt
complex sqrt(complex);      // a linker sees: sqrt_F7complex
```

C++ 的编译器将产生引用 sqrt 和 sqrt__F7complex 的代码。幸运的是，我只是在 C++手册页的 BUGs 一节里写明了这种诡计。

在 2.0 之前，当 C++ 所用的重载模式与传统 C 连接模式遭遇时，会显示出了这两种方式的最坏的方面。在这里必须解决三个问题：

[1] 连接器里类型检查的缺位；

[2] overload 运算符的使用；

[3] C++ 与 C 程序段的连接。

对问题 1，一种解决办法就是把函数的类型信息编码到**每一个**函数名字里。对问题 2 的一个解决办法是废除 overload 关键字。对问题 3 的解决办法是要求 C++ 程序员明确说明一个函数需要使用 C 风格的连接。随之就有了 [Stroustrup，1988a]：

“问题是，能否存在一种基于这 3 个允诺的解决方案，它在不需要指明重载，而且只对 C++ 程序员造成最小的不方便的条件下，就能实现。理想的解决方案应该：

——不需要修改 C++ 语言。

——提供类型安全的连接。

——允许简单方便地与 C 连接。

——不打破现有的 C++ 代码。

——允许使用（ANSI 风格的）C 头文件。

——提供好的错误检查和错误报告。

——成为构造库的好工具。

——不增加运行时的开销。

——不增加编译时的开销。

——不增加连接时的开销。

我们还没能创造出一种模式，使它能够严格地满足所有这些准则，但是，现在所采用的模式很接近这些目标了。”

很清楚，有关的解决方案需要对所有连接做类型检查。现在的问题变成如何去做，而又不必为每个系统重写新的连接器。

11.3.2 C++连接的一种实现

首先需要对每个 C++ 函数编码，在其名字的后面附加上它的参数类型。这样就能保证，如果一个程序能完成连接，那么就要求每个函数调用必须有一个函数定义，而且在声明中所描述的参数类型与函数定义里描述的类型相同。例如，有了：

```
f(int i) { / * ... * / }              // defines f_Fi
f(int i, char* j) { / * ... * / }   // defines f_FiPc
```

下面的例子都能正确处理：

```
extern f(int);              // refers to f_Fi
extern f(int,char*);        // refers to f_FiPc
extern f(double,double);    // refers to f_Fdd

void g()
{
    f(1);           // links to f_Fi
    f(1,"asdf");    // links to f_FiPc
    f(1,1);         // tries to link to f_Fdd
                    // link-time error: no f_Fdd defined
}
```

剩下的问题是怎样去调用 C 函数，还有如何把 C++ 函数“伪装成”C 函数。为了做到这些，程序员必须说明有关函数具有 C 连接。否则，它们就会被假定是 C++ 函数，其名字将被编码。为表达函数具有 C 连接的情况，C++ 引进了一个**连接描述**扩充：

```
extern "C" {
```

```
    double sqrt(double);     // sqrt(double) has C linkage
}
```

这种连接描述并不影响使用 sqrt()的程序的语义，它只是告诉编译器，在目标代码里使用sqrt()时，应该采用C的命名习惯。这意味着这个sqrt()的连接名将是sqrt或者 _sqrt，或者其他的某种所用系统上的 C 连接规则要求的东西。也可以设想在某个系统上，C的连接规则就是如上所述的类型安全的C++ 连接规则，因此C函数sqrt()的连接名也就是 sqrt__Fd。

很自然，加上类型编码后缀只是实现技术的一个例子。它正是我们成功地用于 Cfront 的技术，后来又被其他人广泛地拷贝。这种技术的最重要性质就是简单，而且能与现存的连接器一起工作。类型安全连接理想的这个实现并不是 100%安全的，但在那个时候，100%安全的有用的系统极少，这种情况也具有普遍性。对 Cfront 中使用的编码模式（“名字整编”）的完整描述可以在 [ARM，§7.2C] 找到。

11.3.3 回顾

我认为，对类型安全连接的要求提供合理的实现方法，并提供一种与其他语言连接的显式的旁路方式，这些东西的组合是一条正确的路。正如我们所期望的，新的连接系统清除了问题，同时又没有给用户强加某种他们无法接受的负担。此外，在将原有的 C 和 C++ 代码转到新风格下的过程中，挖掘出了数目令人吃惊的连接错误。我在那时观察到的情况是：“转移到类型安全的连接，感觉就像是对 C 程序第一次运行 lint —— 真有点让人感到害臊。” lint 是一个很流行的工具，用于对 C 程序的分别编译的单元做类型一致性检查 [Kernighan，1984]。在开始引进的阶段，我试着去保存试验的踪迹。类型安全的连接在我们编译和连接的每个重要的 C 和 C++ 程序里都查出了迄今未发现的错误。

还有一个令人吃惊之处，一些程序员已染上提供错误函数声明的恶习，他们常常简单地封住编译器的嘴。例如，如果 f()没有声明，调用 f(1,a)将导致一个错误。在这个情况发生时，我一直朴素地期望程序员或者是为函数加上正确的声明，或者加上一个包含该声明的头文件。现在我也弄清楚了，还存在着第三种方式——直接提供**一种**符合该调用的声明：

```
void g()
{
    void f(int ... ) ; // added to suppress error message
    // ...
    f(1,a);
}
```

类型安全的连接将检查出这种懒散行为。只要一个声明与对应的定义不匹配，它就会报告一个错误。

我们也发现了一个兼容性问题：人们常常直接声明库函数，而不是去包含正确的头文件。我假设这样做的用意是想尽量减少编译时间，但产生的实际影响是，如果把有关代码移植到另一个系统上，这些声明可能就是错误的。类型安全的连接也帮助我们捕捉到不多的几个这类的移植性问题（主要是在 UNIX 系统 V 和 BSD UNIX 之间）。

在实际地将一个类型安全的连接模式加到语言上之前，我们考虑了若干种不同的选择 [Stroustrup，1988]。

——不提供旁路，依靠工具处理 C 连接。

——只对显式使用 overload 标记的函数提供类型安全的连接和重载。

——只对不可能是 C 函数的那些函数（因为它们具有不能在 C 里表述的类型）提供类型安全的连接。

使用所采纳模式的经验使我确信，我对采用其他方式所假设的问题都是真实的。特别是在默认情况下把检查扩充到所有函数，已经成为了一种恩惠，混合使用 C/C++ 已经变得很普及，任何使 C/C++ 连接复杂化的东西都一定会造成许多伤害。

这些在用户那里引起了两类抱怨，有关细节直到现在还受到关注。对其中一种情况，我认为我们确实是做出了正确的选择。而对另一类我就不那么肯定了。

对声明为 C 连接的函数仍然采用 C++ 的调用语义。这就是说，形式参数必须声明，实际参数必须在 C++ 的匹配和歧义性控制规则的意义下与之匹配。有用户希望具有 C 连接的函数遵从 C 的调用规则。采纳这种东西将允许直接使用 C 语言头文件，但它也会使懒散的程序员能够复辟 C 语言更弱的类型检查。反对为 C 引进特定规则的另一论点是，为了使与 Pascal、Fortran、PL/I 的连接能更完整，程序员也要求能支持从这些语言的函数里进行调用。例如，具有 Pascal 连接的函数应该隐式地将 C 风格的字符串转换到 Pascal 风格的字符串；对采用 Fortran 连接的函数提供引用调用，增加数组类型信息等。如果我们为 C 语言提供了特殊的服务，我们就有义务给 C++ 编译器添加针对无限制的一集语言的知识。顶住这种压力是正确的，虽然某种有效添加的服务确实能施惠于个别的混合程序设计语言系统的用户。但在（仅有）C++ 语义的情况下，人们已经发现引用机制（3.7 节）在与那些支持引用传递参数的语言的连接方面很有用，例如与 Pascal 或者 Fortran 等连接。

另一方面，仅仅关注连接也带来了一个问题。这个解决方案并没有直接考虑在一个环境里支持混合语言程序设计和指向具有不同调用规则的函数指针的问题。利用 C++ 的连接规则，我们能够直接描述遵循 C++ 或者 C 调用规范的函数，但却无法直接去描述某个函数本身遵循 C++ 规范，而它的参数却遵循 C 规范。有一个解决方法是间接地描述这件事情 [ARM，118 页]。例如：

```
typedef void (*PV)(void*,void*);

void* sort1(void*, unsigned, PV);
```

```
extern "C" void* sort2(void*, unsigned, PV) ;
```

这里 sort1()具有 C++ 连接，它以一个到具有 C++ 连接的函数的指针作为参数；而 sort2()具有 C 连接，以一个到具有 C++ 连接的函数的指针作为参数。这些都是很能说明情况的例子。在另一方面，考虑：

```
extern "C" typedef void (*CPV)(void*,void*);

void* sort3(void*, unsigned, CPV);
extern "C" void* sort4(void*, unsigned, CPV);
```

这里 sort3()具有 C++ 连接，以一个到具有 C 连接的函数的指针作为参数；sort4()具有 C 连接，以一个到具有 C++ 连接的函数的指针作为参数。这些把语言能描述什么的限制向前推进了，但是也很难看。看起来，其他方式也很难更有吸引力：你可以将调用规则引进类型系统，或者广泛使用调用标签来处理这类混合的调用规则。

连接，跨语言调用，跨语言对象传递，这些东西本质上就是非常困难的问题，有许多依赖于实现的方面。这也是一个变化的领域，其基础规则也会随着新语言、硬件体系结构以及实现技术的发展而不断改变。我预计这个事情还没有结束。

11.4 对象的建立和复制

在这些年里，我一直不断地接到了许多请求，要求能提供禁止某些不同操作的语言特征（在这十年里，大约每个星期有 2 到 3 次）。提出的理由千变万化。有些人希望能优化类的实现，所采用的方式只能在对该类的对象绝不执行复制、派生，或者不做栈分配的情况下才能用。在另一些情况中，例如对一些想要表示真实世界对象的对象，所要求的语义就根本不希望包括 C++ 以默认方式提供的所有东西。

在 2.0 的工作期间，我们发现了一种回答，可以处理这类要求中绝大部分：如果你希望禁止某些东西，就应该把完成它的操作定义为一个私有成员函数（2.10 节）。

11.4.1 对复制的控制

为了禁止对类 X 对象的复制，只要简单地把复制构造函数和赋值都定义为私有的：

```
class X {
    X& operator=(const X&);  //assignment
    X(const X& ) ;           //copy constructor
    // ...
public:
    X(int);
    // ...
};

void f()
{
    X a(1);       // fine: can create Xs
    X b = a;      // error: X::X(const X&) private
```

```
    b = a;      // error: X::operator=(const X&) private
}
```

当然，类 X 的实现者还是可以复制 X 对象，不过在实际情况中，这应该是可以接受的，甚至根本就是所需要的。不幸的是，我已经记不起来是谁最先想到了这个办法，我怀疑可能是我自己，参见 [Stroustrup，1986，172 页]。

我个人认为，将复制操作定义为默认的，也非常不幸。我对自己定义的许多类都禁止了复制操作。但无论如何，C++ 是从 C 那里继承来的默认赋值和复制构造函数，在实际中，也确实经常需要它们。

11.4.2 对分配的控制

还有一些很有用的效果，也可以通过将操作声明为私有而获得。例如，只要将析构函数声明为私有，就可以避免栈分配和全局分配。还能防止随便使用 delete：

```
class On_free_store {
    ~On_free_store();  // private destructor
    // ...
public:
    static void free(On_free_store* p) { delete p; }
    // ...
};

On_free_store globl;  // error: private destructor

void f()
{
    On_free_store loc;  // error: private destructor
    On_free_store* p = new On_free_store;     // fine
    // ...
    delete p; // error: private destructor
    On_free_store::free(p); // fine
}
```

当然，这种类的典型使用需要有一个高度优化的自由存储分配系统，或者其他能够利用自由存储上对象的优势的语义。

与此相反的作用 —— 只允许全局和堆栈变量，禁止自由空间分配 —— 同样可以做到，为此只需要声明一个不大寻常的 operator new()：

```
class No_free_store {
    class Dummy {};
    void* operator new(size_t,Dummy);
    // ...
};

No_free_store glob2; // fine

void g()
{
    No_free_store loc; // fine
    No_free_store* p = new No_free_store; // error:
```

```
        // no No_free_store::operator new(size_t)
}
```

11.4.3 对派生的控制

私有的析构函数也能制止派生。例如：

```
class D : public On_free_store {
    // ...
};

D d; // error: cannot call private base class destructor
```

这实际上说明，带有私有析构函数的类与抽象类在逻辑上互补。从 `On_free_store` 类不可能做派生，所以，对 `On_free_store` 类的虚函数调用就不需要虚函数机制。但是无论如何，我还没有看到当前的任何编译器能基于这种情况的做一些优化。

Andrew Koenig 后来发现，甚至不需要对能做哪些分配强加上任何限制，同样也可以防止派生：

```
class Usable_lock {
    friend Usable;
private:
    Usable_lock() {}
};

class Usable : public virtual Usable_lock {
    // ...
public:
    Usable();
    Usable(char*);
    // ...
};

Usable a;

class DD : public Usable { };

DD dd;  // error: DD::DD() cannot access
        // Usable_lock::Usable_lock(): private member
```

这种做法依赖于有关的规则：派生类必须（隐含地或显式地）调用基类的构造函数。

这种例子通常更多的是一种智力嗜好，而不是什么具有重要实际意义的技术。这可能也说明了，为什么对它们的讨论如此广泛。

11.4.4 按成员复制

开始时，默认定义的初始化和赋值都采用按位复制的方式。如果某个带有赋值的类的对象被当作另一个没有带赋值的成员使用时，这种做法就会带来一些问题：

```
class X { /* ... */ X& operator=(const X&); } ;
```

```
struct { X a; };

void f(Y y1, Y y2)
{
    y1 = y2;
}
```

在这里，y2.a 将以按位的方式复制到 y1.a。这肯定是错的。之所以造成这种结果，原因也很简单，就是由于忽略了赋值和引入的复制构造函数。经过了一些讨论，也是在 Andrew Koenig 的催促下，我们采纳了最明显的解决方案：将对象复制定义为对所有非静态的成员和基类成员的按成员复制。

这个定义实际上断言说，x=y 的意义就是 x.operator=(y)。这里有一个非常有意思的隐喻。考虑：

```
class X { /* ... */ };
class Y : public X { /* ... */ };

void g(X x, Y y)
{
    x = y;    // x.operator=(y): fine
    y = x;    // y.operator=(x): error x is not a Y
}
```

按默认方式，对 X 的赋值就是 X& X::operator=(const X&)，所以 x=y 是合法的，因为 Y 是由 X 通过公用派生得到的类。这通常被称作**切片**，因为 y 的一个切片被赋给了 x。复制构造函数也将按类似的方式处理。

我从实践的观点考虑，总对切片抱有戒心，但又看不到任何阻止它的方法，除非是加上一条非常特殊的规则。还好，那时我又得到了来自 Ravi Sethi 的一个恰好是关于“切片语义”的独立请求，他从理论和教育的观点出发希望有这种语义：除非你能将派生类的对象赋值给其公用基类的对象，否则，在这里派生类的对象就不能用在基类对象可以用的地方，而且会是 C++里面仅有的出现这种问题的地方。

但这还是给默认的赋值操作留下了一个问题：指针成员是复制了，但是它们的所指却没有复制。出现这种情况几乎总是错误，然而由于要与 C 语言兼容，我们又不能禁止这种情况。当然，编译器很容易处理，在发现一个有指针成员的类采用了默认的复制构造函数，或者用赋值做复制时提出警告。例如：

```
class String {
    char* p;
    int sz;
public:
    //no copy defined here (sloppy)
};

void f(const String& s)
{
    String s2 = s; // warning: pointer copied
    s2 = s;        // warning: pointer copied
```

```
}
```

在 C++ 里，按默认方式赋值或定义的复制构造函数，有时被称为**浅拷贝**，也就是说，它只复制类的成员，但不复制由某些成员所指的对象。另一种方式就是递归地复制被指对象（这常被称作**深拷贝**），它只能显式定义。由于可能有自引用对象，这件事很难有其他处理办法。一般而言，试图定义完成深拷贝的赋值操作并不是聪明的办法；而定义一个（虚的）拷贝函数，通常都是更好的选择（见[2nd，第 217~220 页]，也见 13.7 节）。

11.5 记法约定

我的目标是允许用户给每个运算符提供新意义，只要这样做有价值，只要它不会严重干扰预定义的语义。如果我一开始就毫无例外地允许重载所有运算符，或者是不允许重载任何对类对象已经有了预定义意义的运算符，事情都会简单得多。由于情况并非如此，最后的结果只能是一种折中，每个人都不是很满意。

几乎所有的讨论和大部分问题，都出自那些不符合二元算术运算符或者是前缀算术运算符的常规模式的运算符。

11.5.1 灵巧指针

在 2.0 之前，指针间接运算符 `->` 是不允许用户重新定义的。这就使人很难建立起某种对象的类，按照设想，这些对象能以某种“灵巧指针”的方式活动。出现这种情况的原因很简单，在定义运算符重载时，我把 `->` 看成是一个对其右边运算对象（成员名）采用某种非常特殊的规则的运算符。我记得在俄勒冈 Mentor Graphics 的一次会议上，Jim Howard 跳起来，绕过一个很大的会议桌走到黑板前，纠正了我的这个错误观点。他指出，可以把 `->` 看作一个一元运算符，其结果再应用到成员的名字上。后来，当我继续在重载机制上工作时，就采用了这个看法。

这实际上是说明，如果要使用某个 operator->()函数的返回类型，它必须是一个指针，指向某个类或某个类的一个对象，operator->()就是针对它们定义的。例如：

```
struct Y { int m; };

class Ptr {
    Y* p;
    // ...
public:
    Ptr(Symbolic_ref);

    Y* operator->()
    {
        // check p
        return p;
    }
};
```

在这里，`Ptr` 的定义使每个 `Ptr` 的行为就像是指向 `Y` 类对象的指针，除了在每次访问时还要执行一些适当的计算之外。

```
void f ( Ptr x, Ptr& xr, Ptr* xp)
{
    x->m;   // x.operator->()->m; that is, x.p->m
    xr->m;  // xr.operator->()->m; that is, xr.p->m
    xp->m;  // error: Ptr does not have a member m
}
```

把这种类定义为模板（第 15 章）会很有用 [2nd]：

```
template<class Y> class Ptr { /* ... */ };

void f(Ptr<complex> pc, Ptr<Shape> ps ) { / * ... * / }
```

在 1986 年第一次实现 `->` 的重载时，我们就已经认识到这个问题了。不幸的是，那是在模板机制能使用的许多年之前。只有有了模板，才能实际写出这样的代码。

对于普通指针，`->` 只是作为一元的 `*` 和`[]`的某些使用的同义词。例如，对一个 `Y* p`，下面的关系成立：

```
p->m == (*p) .m == p [ 0 ] . m
```

与平常一样，对用户定义运算符不可能提供这种保证。当然，如果需要的话，完全可以提供这种等价关系：

```
class Ptr {
    Y* p;
public:
    Y* operator->() { return p; }
    Y& operator*() { return *p; }
    Y& operator[](int i) { return p[i]; }
};
```

对很大一类有意义的程序，运算符 `->` 重载是非常重要的，这并不是一个次要的只与好奇心有关的东西。**间接**是一个非常重要的概念，对 `->` 的重载为在程序里表达这个概念提供了一种清晰、直接而且有效的方式。对 `->` 运算符还有另一种看法，那就是将它看作 C++ 提供的一种受限的但也非常有用的**委托**的形式（12.7 节）。

11.5.2 灵巧引用

在决定了允许对于运算符 `->` 的重载时，我自然就考虑到是否也允许对运算符`.`做类似的重载。

那时我认为如下的说法具有结论性：如果 obj 是一个类对象，那么，对这个对象所属的类里的每个成员 m，obj.m 就已经有了一种意义。我们不想通过重新定义某些内部运算，使得语言成为可变的（虽然这个规则已经在其他地方被违反了，例如，那些超出了真正必要的对于 `=` 和一元 `&` 的重新定义）。

如果我们允许对类 X 里的 . 进行重载，有可能我们就无法通过正常途径访问 X 的成员；有可能不得不用一个指针和 ->。但是，有可能 -> 和 & 也都被重新定义了。我希望要的是一个可扩充的语言，而不是一个变化无常的东西。

这些论据都很有分量，但也不是结论性的。特别是，在 1990 年 Jim Adcock 提出了允许对运算符 . 进行重载的建议，采用与运算符 -> **完全一样**的方式。

为什么人们希望能重载 operator.()呢？实际上就是为了提供一个类，使它的行为就像是另一个实际完成工作的类的“句柄”或者“代理”。作为例子，在这里有一个用在有关 operator.()重载问题的早期讨论中的多精度整数类：

```
class Num {
    // ...
public:
    Num& operator=(const Num&);
    int operator[](int);            // extract digit
    Num operator+(const Num&);
    void truncateNdigits(int);      // truncate
    // ...
};
```

我很希望有一个类 RefNum，其行为就像是 Num&，但是还可以执行另外一些操作。例如，如果我能写：

```
void f(Num a, Num b, Num c, int i)
{
    // ...
    c = a+b;
    int digit = c[i];
    c.truncateNdigits(i);
    // ...
}
```

而且我还会希望能写：

```
void g(RefNum a, RefNum b, RefNum c, int i)
{
    // ...
    c = a+b;
    int digits = c[i];
    c.truncateNdigits(i);
    // ...
}
```

条件是 operator.()已经按恰好与 operator->()平行的方式定义好了。我们首先试了下面这种明显的定义 RefNum 的方式：

```
class RefNum {
    Num* p;
public:
     RefNum(Num& a) { p = &a; }
     Num& operator.() { do_something(p); return *p; }
     void bind(Num& q) { p = &q; }
```

```
};
```

不幸的是，这样做不能产生正确效果，因为在所有情况下都不会显式提到.运算符：

```
c = a+b;                    //no dot
int digits = c[i];          //no dot
c.truncateNdigits(i);       // call operator.()
```

为此，我们将必须写出一些前推函数，以保证当运算符作用到 RefNum 上的时候能执行正确的动作：

```
class RefNum {
    Num* p;
public:
    RefNum(Num& a) { p = &a; }
    Num& operator.() { do_something(p); return *p; }
    void bind(Num& q) { p = &q; }

    // forwarding functions:

    RefNum& operator=(const RefNum& a)
        { do_something(p); *p=*a.p; return *this; }
    int operator[](int i)
        { do_something(p); return (*p)[i]; }
    RefNum operator+(const RefNum& a)
        { do_something(p); return RefNum(*p+*a.p); }
};
```

这明显是非常令人讨厌的。由此，包括 Andrew Koenig 和我在内的许多人开始考虑将 operator.()应用到 RefNum 的每个运算上的作用。按照这种方式，采用 RefNum 原来的定义，原来的例子像所希望的那样工作了（这也是开始时的期望）。

但无论如何，以这种方式使用 operator.()隐含着一个问题：要访问 RefNum 的成员时，你必须用一个指针：

```
void h(RefX r, X& x)
{
    r.bind(x);      // error: no X::bind
    (&r)->bind(x); // ok: call RefX::bind
}
```

看起来，在什么是 operator.()的最好解释的问题上，C++社团出现了分裂。我倾向于这样的观点，如果应该允许 operator.()，那么它就应该既能显式调用也能隐式调用。毕竟定义 operator.()的原因是为了避免写前推函数。除非隐式的 . 同样用 operator.()进行解释，否则我们还是需要写大量的前推函数，或者我们应该戒绝运算符重载。

如果我们能定义 operator.()，那么 a.m 和(&a)->m 的等价性将不会按照定义自动地继续存在了。当然，我们可以通过重新定义 orerator&()和 operator->()，使它们能与 operator.() 匹配，因此我个人并不把这看成是一个重要问题。当然，如果我们真的这样做了，而后就再没有办法去访问有着灵巧引用的类的成员了。例如 RefNum::bind()将会变成完全不可访问的东西。

这个问题重要吗？一些人的回答是“不，就像常规引用一样，灵巧引用也不应该能重新约束到新对象上。”但是按我的经验，灵巧引用常常需要某种重新约束操作或者某些其他操作，以使它能真正有用。看起来大部分人同意这个认识。

现在我们就陷入了一个窘境，或者是保持 a.m 和(&a)->m 的等价性，或者是保持对有灵巧引用的类成员的访问权，但不可能两者兼得。

脱离两难境地的一种方法是，对于 a.m 来说，只有在引用类本身并没有一个名为 m 的类成员时才去使用 operator.()，这恰好是我所喜爱的解决方法。

但不管怎样，对于重载 operator.()的重要性还没有形成共识，因此 operator.()还不是 C++ 的一部分，争论还在激烈进行之中。

11.5.3 增量和减量的重载

增量运算符 ++ 和减量运算符 -- 都是用户可定义的运算符。但是，Release 1.0 并没有提供区分前缀或后缀应用的机制。如果有：

```
class Ptr {
    // ...
    void operator++();
};
```

在两种情况中使用的将是同一个 Ptr::operator++()：

```
void f(Ptr& p)
{
    p++; // p.operator++()
    ++p; // p.operator++()
}
```

有些人们，特别是 Brian Kernighan 指出，从 C 语言的观点看，这种限制是很不自然的，它也阻止了人们去定义那种能够用来取代常规指针的类。

在设计 C++的运算符重载机制时，我当然已经考虑过区分前缀和后缀的增量的问题。但是，我当时的判断是，为表示这种区分而增加语法形式似乎不太值得。后来几年里，收到的有关建议的数目使我确信原来的决定并不正确，也推动我去寻找某种能分别表达前缀/后缀的最小修改。

我考虑了最明显的解决办法，在 C++里增加关键字 prefix 和 postfix：

```
C++:
    class Ptr_to_X {
        // ...
        X operator prefix++();      // prefix ++
        X& operator postfix++() ;   // postfix ++
```

```
    };
```

或者：

```
class Ptr_to_X {
    // ...
    X prefix operator++();      // prefix ++
    X& postfix operator++();    // postfix ++
};
```

当然，我又从最不喜欢增加关键字的人们那里听到了熟悉的愤怒吼声。人们建议了几个并不涉及新关键字的方案，例如：

```
class Ptr_to_X {
    // ...
    X ++operator();   // prefix ++
    X& operator++();  // postfix ++
};
```

或者

```
class Ptr_to_X {
    // ...
    X& operator++();  // postfix because it
                      // returns a reference
    X operator++();   // prefix because it
                      // doesn't return a reference
};
```

我觉得前一个太做作，而后一个又太微妙。最后我停止在：

```
class Ptr_to_X {
    // ...
    X operator++();        // prefix: no argument
    X& operator++(int);    // postfix: because of
                           // the argument
};
```

这个可能是既做作而又微妙，但是它能用，不需要新的语法，也有一个逻辑上的说法去对付那些愤怒的人。其他一元运算符都是前缀的，定义为成员函数时都没有参数。这里“古怪”而无用的空 `int` 参数专用于指明这是一个古怪的后缀运算符。换句话说，在后缀形式中++是放在第一个（真实的）运算对象和第二个（空的）参数之间，并因此是后缀的。

这些解释确实很需要，因为这个机制是独特的，所以就有些讨厌。如果让我选择，我可能还是会引进 `prefix` 和 `postfix` 关键字，但在那时明显不可能。无论如何，真正最重要的是这个机制能行，也能被理解，但实际上只有少数程序员使用过它。

11.5.4 重载 ->*

我们让运算符 `->*` 也可以重载，根本原因是没有任何理由说它为什么不行（由于正交性，如果你非要有一个理由的话)。转而我们又发现，这种功能在表达约束操作方面很有用，定义这类东西时，总应该设法让它们的语义与内部的 ->*（13.11 节）的意义平行。在这里不需要特殊规则，->* 的行为就像其他任何二元运算符。

运算符 .* 没有被包括到程序员可以重载的运算符之中，个中理由与运算符 . 完全一样（11.5.2 节)。

11.5.5 重载逗号运算符

在 Margaret Ellis 的催促下，我允许了对逗号运算符的重载。简单地说，我那时没有发现不能这样做的理由。实际上确实有一个理由：a,b 对所有 a 和 b 都已有定义，允许重载就使程序员能够改变内部运算符的意义。还好，只有当 a 和 b 都是类对象时，他们才能这么做。也出现了若干 operator,() 的实际应用。接受它基本上就是为了普遍性。

11.6 给 C++ 增加运算符

永远不可能有足够的运算符，能够满足每个人的口味。实际上，看起来，除了极少数人从根本上反对一切运算符之外，每个人都想多有几个运算符。

11.6.1 指数运算符

为什么 C++ 不能有一个指数运算符？原来的原因就是 C 语言没有。C 运算符的语义被假定说应该足够简单，以使它们中的每一个在典型的计算机上都能对应一条机器指令。指数运算符不能满足这个准则。

为什么在我第一次设计 C++ 时不立即增加一个指数运算符呢？我的目标是提供抽象机制而不是新的基本运算符。增加一个指数运算符，就要求针对各种内部的算术类型给出相应的意义，而这里是 C 语言的领地，我早已决定避免去改变它。进一步说，C 语言以及而后的 C++ 都常常因为有太多的运算符，还带有各种各样的混乱的优先级而受到批评。即使是这些的威慑之下，我还是考虑过增加一个指数运算符，如果不是由于存在太多技术问题，也可能就那样做了。我并不能完全确定，在一个有重载和在线函数的语言里还真正需要一个指数运算符，但是简单地加上这个运算符，以平息反复出现的要求，也是很诱人的。

人们希望的指数运算符是**，但这将导致一个问题，因为 a**b 可以是一个合法的 C 语言表达式，其中涉及一个对指针的间接操作：

```
double f(double a, double* b)
{
    return a**b; // meaning a*(*b)
}
```

此外，看来人们在指数运算符的各个方面也还有许多不同意见。例如，于这个运算符应该具有的优先级：

```
a = b**c**d;     // (b**c)**d or b**(c**d) ?
a = -b**c;       // (-b)**c or -(b**c) ?
```

最后，我也很不愿意去描述指数运算的数学性质。

在当时，这些理由都使我认为，要更好地为用户服务，还是应该关注其他论题。回过头看，这些问题实际上都是可以克服的，真实的问题是“这样做值不值得”？当 1992 年 Matt Austern 向 C++ 标准化委员会提出了一个完整的建议书时（见第 6 章），这个问题也走到了头。在通往委员会的路上，该建议已经收到了许多评注，并成为网络上许多争论的根源。

为什么人们希望一个指数运算符？

——他们已经在 Fortran 里习惯于用它。

——他们相信指数运算符可能比一个指数函数优化得更好。

——在那些实际上由物理学家和指数运算符的其他基本用户写出的表达式里，用一个函数调用确实很难看。

这些理由足以推翻技术问题和反对意见吗？另外，有关技术问题应该如何解决？扩充工作组讨论了这些问题，并最终决定不加入指数运算符。Dag Brück 总结了有关理由：

——运算符是为了提供记法上的方便性，而不是为了提供新功能。工作组的成员代表了科学/工程计算的很大一部分用户，他们指出，这个运算符的语法只能提供不太重要的语法方便。

——C++ 的每个用户都必须学习这个新特征。

——用户已经强调了用他们自己特殊的指数函数取代系统中默认函数的重要性，如果用一个内部的运算符，这件事就不可能了。

——这个建议的诱因还是不够充分。特别是，仅通过查看一个 30000 行的 Fortran 程序，不能就做出结论说该运算符将在 C++ 里广泛使用。

——这个建议要求增加一个新运算符并增加另一个优先级，增加了语言的复杂性。

这一简洁的陈述或许有意轻描淡写了讨论的深度。例如，有委员会成员审阅了大量公司代码，查看其中指数运算符的使用情况，没有发现其使用像一些人所说的那么具有关键性。另一个关键性认识是，在被检查的 Fortran 代码里，`**` 的主要出现形式是 `a**n`，在这里 `n` 是很小的整数字面量；在大部分情况中写 `a*a` 和 `a*a*a` 的形式是可行的。

从长远的观点看，接受这个建议是不是更省事？这个问题还要继续看。无论如何，还是让我来提出一些技术性问题。哪个运算符作为C++的指数运算符最好？C 语言使用了 ASCII 字符集里除了@和$之外的所有图形字符，而由于一些原因，这两个符号都不合适。运算符!、~、*~、^^，甚至单独的^（在某一个运算对象不是整数的情况下）都被考虑过。由于@、$、~、!在有些键盘上没有（6.5.3.1 节），许多人认为@和$用在这里太难看。单词^和^^被 C 程序员读成“不相交或”。另一个附加限制是，应该能按其他算术运算符的方式，将指数运算符与赋值运算符组合，例如+和=组合成+=。这就又删掉了!，因为!=已经有了自己的意思。Matt Austern 最后选定*^，这可能是最好的选择了。

所有其他技术问题都可以按在 Fortran 里的方式解决。这也是最明智的解决方案，可以节省大量工作。Fortran 在它的领域里就是标准，要偏离一个事实上的标准，需要有非常明显的理由。

在这里，让我再重新考虑以 ** 作为 C++ 的指数运算符。无论如何，我已经说明了，如果采用传统技术，这一选择行不通，但在重新检查这个问题时我认识到，C 的兼容性问题是可以通过某些编译技巧克服的。假定我们引进了 ** 运算符，我们实际上还是能处理这里的不兼容性，当第二个运算对象是指针时将它的意义定义为“间接和乘”：

```
void f(double a, double b, int* p)
{
    a**b;   // meaning pow(a,b)
    a**p;   // meaning a*(*p)
    **a;    // error: a is not a pointer
    **p;    // error: means *(*p) and *p is not a pointer
}
```

为了适应这个语言，** 当然应该是一个单词。这也就意味着，在 ** 出现为一个声明符时，它必须被解释为双重的间接：

```
char** p; // means char * * p;
```

最主要的问题是，为了使 a/b**c 能表达数学里的意思，即 a/(b**c)，**的优先级必须高于*。而另一方面，a/(b**p)在 C 语言里的意思是(a/b)*(*p)，这样规定，这个表达式就会不动声色地改变意义，变成了 a/(b*(*p))。我认为这种代码在 C 和 C++ 里是极其罕见的，如果我们真的决定提供一个指数运算符，那么打破这样的代码也是值得的——特别是，很容易让编译器提出警告，说明这里可能出现意义改变。当然，我们现在决定了不增加指数运算符，这些讨论就完全是学术上的了。我很喜欢看到我这种半严肃地建议使用 ** 所引起的恐怖。指数应该被表达为pow(a,b)、a**b 或者 a*^b，这是一个并不重要的语法问题。而它居然产生出这么大的热量，我一直感到好玩和不解。

11.6.2 用户定义运算符

我能不能设计出一种机制，使用户可以定义自己的运算符，通过这种方式避免有关指数运算符的整个讨论呢？这样也能一般性地解决运算符不够用的问题。

当你真的需要运算符的时候，你将不可避免地发现，C 和 C++ 提供的运算符集合对于表示你所需要的运算符总是不够的。解决的办法当然是去定义函数。但无论如何，如果你能够对某些类说

```
a*b
```

的时候，函数调用形式如

```
pow(a,b)
abs(a)
```

看起来就不那么令人满意了。人们随之就要求能为下面这些形式定义意义：

```
a pow b
abs a
```

这些是可以做到的，Algol 68 展示了一种做法。进而，人们又可能要求能为下面这些形式定义意义：

```
a ** b
a // b
|a
```

如此等等。这些也可以做到。而真正的问题是，允许用户定义运算符本身是不是一件值得做的事情。我也研究了这件事 [ARM]：

> “这一扩充，无论如何，都必然隐含着语法分析复杂性的显著提高，以及在可读性方面的不大好确定的收获。它还提出了其他要求：或者应该允许用户为新运算符确定约束强度和结合方式，或者是为所有的用户定义运算符固定这些属性。在任何一种情况下，例如下面这样的表达式的约束关系
>
> ```
> a = b**c**d;      // (b**c)**d or b**(c**d) ?
> ```
>
> 都会令许多用户感到吃惊和烦恼。我们还必须解决它们与常规运算符在语法方面的冲突。考虑下面情况，假定 ** 和 // 都已定义为二元运算符：
>
> ```
> a = a**p;     // a**p OR a*(*p)
> a = a//p;
> *p = 7;       // a = a*p = 7; maybe?”
> ```

作为必然的推论，用户定义的运算符或者必须限制到使用常规的字符，或者要求带一个辨别前缀，例如 .（圆点）：

```
a pow b;    // alternative 1
a .pow b;   // alternative 2
a .** b;    // alternative 3
```

对于用户定义运算符，必须给定一个优先级。做这件事的最简单方式就是将一个用户定义运算符的优先级描述为与某个内部运算符一样。但无论如何，对于“正确”定义指数

运算符而言，这种方式又不够了。因此我们将需要某些更精巧的东西，例如：

```
operator pow: binary, precedence between * and unary
```

此外，我一直很关注程序的可读性问题。在有了带有用户定义优先级的用户定义运算符之后，情况究竟会如何。例如，不同程序设计语言对指数使用了的优先级也不同，因此人们可能为 pow 定义不同的优先级。这样，

```
a = - b pow c * d;
```

在不同程序里，可能有不同的分析结果。

另一种简单选择，是给所有用户定义运算符同样的优先级。这种选择初看起来很有吸引力，但后来发现，甚至我和我那时最接近的两位同事 Andrew Koenig 和 Jonathan Shopiro，都无法在采用哪个优先级方面达成一致。最明显的候选是“很高”（例如恰好高于乘法）或者“很低”（例如，恰好高于赋值）。不幸的是，一个人认为很理想而另一个却觉得太荒唐的情况层出不穷。看起来，甚至对最简单的例子，要给出一个唯一“正确的”优先级也非常困难。请看下面这个例子：

```
a = b * c pow d;
a = b product c pow d;
a put b + c;
```

这样，C++ 不支持用户定义运算符。

11.6.3 复合运算符

C++ 支持对一元和二元运算符的重载。我还想到，支持复合运算符的重载也可能会很有用。在 ARM 里，我用下面的方式解释了这个想法：

“例如，下面的两个乘法：

```
Matrix a, b, c, d;
// ...
a = b * c * d;
```

可以通过一个特别定义 “双重乘法”运算符来实现，例如采用如下形式：

```
Matrix operator * * (Matrix&, Matrix&, Matrix&);
```

这将使上面的语句能够解释为：

```
a = operator * * (b,c,d);
```

换句话说，看到如下声明：

```
Matrix operator * * (Matrix&, Matrix&, Matrix&);
```

编译器将去寻找重复出现的 Matrix 相乘模式，并调用这个函数作为它们的解释。与此不同的或者太复杂的模式还继续用常规的（一元和二元）运算符处理。

这个扩充已经多次被独立地提出，作为在科学计算中处理用户定义类型的常见模式的有效方法。例如：

```
Matrix operator = * + (
    Matrix&,
    const Matrix&,
    double,
    const Matrix&
);
```

可以用于处理下面这样的语句：

```
a=b*1.7+d;”
```

很自然，在这种声明里，空格的放置位置就非常重要。换一种方式，也可以用其他符号来指明运算对象的位置：

```
Matrix operator. = .*. + . (
    Matrix&,
    const Matrix&,
    double,
    const Matrix&
);
```

我在 ARM 之前还没有看到有其他发表了的文献里解释这种思想，但这是一种在代码生成器里常见的技术。我认为这种思想能够支持优化的向量和矩阵运算，但我一直没有时间去对它做充分开发，没时间去确认这件事。它也可能作为支持一种老技术的记法形式，以便定义能够对几个参数执行某种复合运算的函数。

11.7　枚举

C 语言的枚举是一个半生不熟的古怪概念。枚举并不是 C 语言原始概念的一部分，很明显是作为一种让步，非常勉强地引进语言里，提供给那些强调需要一种比 Cpp 的无参宏更实质一些的符号常数形式的人们。因此，一个 C 枚举值的类型就是 int，被声明为“枚举类型”变量的值也是如此。用 int 可以自由地给枚举变量赋值。例如：

```
enum Color { red, green, blue };

void f() /* C function */
{
    enum Color c = 2; /* ok */
    int i = c;        /* ok */
}
```

我在自己希望支持的程序设计风格中并不需要枚举，也没有特别的意愿去插手有关枚举的事情，所以 C++ 就直接采纳了 C 的规则，没做任何改变。

不幸的是（或者说是幸运，如果你喜欢枚举），ANSI C 委员会给我遗留下一个问题。它改变了，或说是清理了枚举的定义，这个问题就是“应该把指向不同枚举类型的指针看成是不同类型的指针”：

```
enum Vehicle { car, horse_buggy, rocket };

void g(pc,pv) enum Color* pc; enum Vehicle* pv;
{
    pc = pv; /* probably illegal in ANSI C */
}
```

我们在这个问题上进行的讨论持续了很长的时间，涉及一些 C 专家，如 David Hanson、Brian Kernighan、Andrew Koenig、Doug McIlroy、David Prosser 和 Dennis Ritchie。这个讨论还没有完全成为结论性的——这本身就是一个坏兆头——但已经达成一个统一意见：该标准的意图是指明上述例子违法，但也可能遗留下一个漏洞，如果 Color 和 Vehicle 被用同样数量的存储区表示时（这也是普遍的情况），这个例子就可能被接受。

由于函数重载问题，我实在没办法接受这种不确定性。例如：

```
void f(Color*);
void f(Vehicle*);
```

必须或者是作为一个函数声明了两次，或者是看作两个重载函数。我可不希望接受任何模棱两可的话，或者是任其依赖于实现。类似地，

```
void f(Color);
void f(Vehicle);
```

必须或者是声明的同一个函数，或者是两个重载的函数。在 C 语言和 ARM 之前的 C++ 里，这些声明都作为一个函数声明了两次。当然，最清晰的方式是把每个枚举看成是一个独立的类型。例如：

```
void h( ) // C++
{
    Color c = 2;    // error
    c = Color(2);   // ok: 2 explicitly converted to Color
    int i = c;      //ok: col implicitly converted to int
}
```

这一解决方案很早就有许多人提出来了，我每次与 C++ 程序员讨论枚举时总会有人提。我怀疑我的行动还是太性急了——虽然经过很多个月的拖延，以及向 C 和 C++ 专家无穷无尽的咨询——但终归还是为将来获得了一个最好的结论。

11.7.1 基于枚举的重载

在把每个枚举声明作为一个独立类型之后，我忘记了一些非常明显的东西：一个枚举是一个由用户定义的单独类型。因此它就是一个用户定义类型，像一般的类一样。因此就应该允许基于枚举做运算符重载。Martin O'Riordan 在一次 ANSI/ISO 会议上指出了

这一点。他和 Gag Brück 一起做出了有关细节，基于枚举的重载已经被 C++ 接受了。例如：

```
enum Season { winter, spring, summer, fall };

Season operator++(Season s)
{
    switch (s) {
    case winter: return spring;
    case spring: return summer;
    case summer: return fall;
    case fall:   return winter;
    }
}
```

我用这个开关语句来避免整数算术和强制转换。

11.7.2 布尔类型

最常见的一个枚举是：

```
enum bool { false, true };
```

每个重要程序里都会有它或者它的兄弟姐妹：

```
#define bool char
#define Bool int
typedef unsigned int BOOL;
typedef enum { F, T } Boolean;
const true = 0;
define TRUE 0
#define False (~True)
```

各种变形无穷无尽。更糟的是，许多变形还隐含着语义上的细微变化，许多变形在一起使用时还会与其他变形产生冲突。

当然，这个问题在许多年前就广为人知了。Dag Brück 和 Andrew Koenig 觉得需要对此做点什么：

> “关于 C++ 里的布尔数据类型的想法，是一个信仰问题。有些人，特别是来自 Pascal 或者 Algol 的人们，认为 C 语言里居然没有这样一个类型是很荒诞的，更别说是 C++ 了。另一些人，特别是来自 C 的人们，认为任何人去操心向 C++ 里加入这样一个类型，那才真是荒唐呢。”

很自然，第一个想法就是定义一个枚举。但是，Dag Brück 和 Sean Corfield 检查了数以十万行计的 C++ 代码，发现布尔类型的大部分使用方式都需要在它与 `int` 之间自由地来回转换。这就意味着，如果真的定义一个布尔枚举，那就会打破太多的现存代码。那么为什么还要为布尔类型操心呢？

[1] 布尔数据类型是生活中的一个事实，无论它是不是 C++ 标准的一个部分。

[2] 存在许多互相冲突的定义，将使方便安全地使用**任何**布尔类型变得非常困难。

[3] 许多人希望有基于布尔类型的重载。

有点出乎我的意料，ANSI/ISO 接受了这个论断，因此现在 `bool` 已经是 C++ 里的一个特别的整数类型了，带有字面量 `true` 和 `false`。非零值可以隐式地转换到 `true`，`true` 可以隐式地转换到 1。零值可以隐式地转换到 `false`，而 `false` 可以隐式地转换到 0。这样就保证了高度的兼容性。

12

第12章　多重继承

因为你有父亲和母亲。

——comp.lang.c++

多重继承的时间表——普通基类——虚基类——支配规则——对象布局模型——从一个虚基类出发的强制——方法组合——有关多重继承的论战——委托——重命名——基和成员初始式

12.1　引言

多重继承，就是允许有两个或者更多的基类的能力。在大部分人的心里，它应该是2.0的特征。那时我并不赞同，因为我觉得，从实践上看，对类型系统的整体改进是远远更为重要的事情。

还有，将多重继承**加进** Release 2.0 也是一个失误。多重继承远不如参数化类型那么重要——而对于另一些人而言，参数化类型的重要性还不如异常处理。但在实际中，以模板形式出现的参数化类型到了 Release 3.0 才出现，异常则出现得更晚。我对参数化类型的渴望也远远超过我对多重继承的渴求。

那时选择去做多重继承的工作，有许多原因：使设计能够进一步前进；将多重继承置入C++的类型系统并不需要做多少扩充；有关实现可以在 Cfront 里面完成。另一个因素则完全是非理性的：看起来没人怀疑我能有效地实现模板机制，而对多重继承就是另一个情况了，大家广泛认为很难有效地实现。例如，Brad Cox 在他关于 Object C 的书里对 C++ 的总结中就断言说，将多重继承加入 C++ 是不可能的 [Cox，1986]。这些都使多重继承看起来更具挑战性。因为我至少早在 1982 年已经开始思考多重继承问题了（2.13 节），并在 1984 年发现了一种有效的实现技术，因此就无法再忍受这个挑战。我很怀疑这是唯一的一个例子，在这里，时尚影响了事件发生的顺序。

1984 年 9 月，我在坎特伯雷的 IFIP WG2.4 会议上演示了 C++ 运算符的重载机制

[Stroustrup，1984b]。在那里我遇到了来自奥斯陆大学的 Stein Krogdalh，他刚刚完成了一个给 Simula 增加多重继承机制的建议书 [Krogdalh，1984]。他的思想也变成了在 C++里实现常规的多重基类的基础。他和我后来才知道，这个建议几乎与关于在 Simula 里提供多重继承的另一思想完全一样，Ole-Johan Dahl 在 1966 年就考虑了多重继承问题并拒绝了它，因为它将会使 Simula 的废料收集程序大大地复杂化 [Dahl，1988]。

12.2 普通基类

考虑多重继承的最原始、最根本的原因很简单，就是想使两个类能以这种方式组合起来，使由此产生的类的对象的行为就像两个类中任何一个的对象 [Stroustrup，1986]:

"使用多重继承的一个可以说是标准的例子就是：提供两个库类 `display` 和 `task`，它们分别表示在一个显示管理器控制下的对象和一个调度器控制下的协作程序。而后程序员能够以如下方式创建类

```
class my_displayed_task : public displayed, public task {
    // ...
};

class my_task : public task { // not displayed
    // ...
};

class my_displayed : public displayed { // not a task
    // ...
};
```

如果（只）用单继承，这三种选择方式里就只有两种是对程序员开放的。"

那时我正担心，为了服务于太多的需要，库类会变得过大（"充斥各种特征"）。我把多重继承看成是一种潜在的重要组织手段，利用它，就可以围绕着几个简单的类和类间的依赖关系，把库组织起来。上面 `task` 和 `displyed` 的例子显示出一种方法，分别用不同的类表示并发性和输出，又没有给应用程序员的肩上增加过多负担。

"歧义性在编译时处理：

```
class A { public: void f(); /* ... */ };
class B { public: void f(); /* ... */ } ;
class C : public A, public B{ /* no f() ... * / } ;

void g()
{
    C* p;
    p->f(); // error: ambiguous
}
```

这样，C++在支持多重继承方面也与面向对象的 Lisp 方言不同 [Stroustrup，1987]。"

在这里，我还拒绝了依靠某种顺序依赖关系去消解出现的歧义性，例如说偏向于 `A::f`

是因为 A 在基类列表里出现在 B 之前。这也是因为来自其他地方有关顺序依赖性的负面经验，参见 11.2.2 节和 6.3.1 节。我也拒绝除了使用虚函数之外的任何动态解析形式，并认为对一个需要在严格的效率约束下使用的静态类型语言，那种东西根本不合适。

12.3 虚基类

[Stroustrup，1987]中的一段：

“一个类可能在一个继承的 DAG（有向无环图）里出现不止一次：

```
class task : public link { /* ... */ };
class displayed : public link { /* ... */ };
class displayed_task
    : public displayed, public task { /* ... */ };
```

在这种情况下，类 displayed_task 的对象里就会出现两个 link 类的对象：task::link 和 displayed::link。这种情况也常常很有用，就像在上面情况里，表的实现要求表里的每个元素都包含一个 link 元素。这就使一个 displayed_task 可以同时出现在一个 displayed 的表上和一个 task 的表上。”

从图形上可以看出，表示 dispalyed_task 所需要的子对象是：

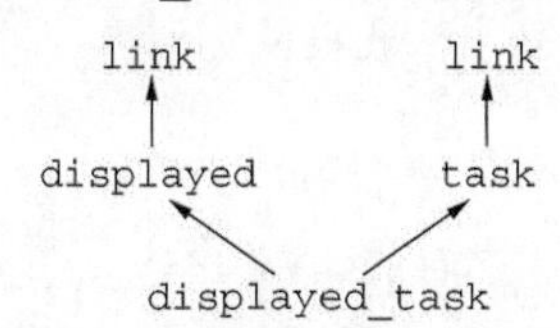

我并不认为这种风格的表在任何状况中都很理想，但在它适用的地方，这通常就是最好的方式，因此不应该禁止这种东西。所以，C++ 支持上面这种例子。按默认方式，一个基类出现两次将会用两个子对象表示。当然也存在另外一种解决办法 [Stroustrup，1987]：

“我把这称为**独立的多重继承**。然而，有关多重继承所提出的许多使用，都假定了基类之间的依赖关系（例如，对一个窗口提供有关风格的特征选择）。这种依赖性可以用不同派生类之间共享对象的方式描述。换句话说，必须有一种方式去描述一个基类在最终派生的类里只能有一个对象，即使它曾经作为基类出现过多次。为了将这种应用与独立的多重继承区分开，这样的基类就应该描述为虚的：

```
class AW : public virtual W { /* ... */ };
class BW : public virtual W { /* ... */ };
class CW : public AW, public BW { /* ... */ };
```

在类 AE 和 BW 之间共享类 W 的唯一一个对象，也就是说，作为由 AW 和 BW 派生 CW 的结果，在 CW 里只有一个 W 对象。除了只在派生类里提供一个对象之外，virtual 基类在其他方面与非虚基类完全一样。

类 W 的“虚”是 AW 和 BW 描述的那些派生的一种性质，而不是 W 自身的一种性质。在一个继承 DAG 里，每个 virtual 基类总表示同一个对象。”

从图形上看：

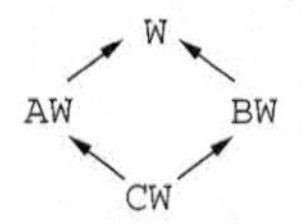

在实际程序里，W、AW、BW 和 CW 能够是什么？我原来的例子是一个简单的窗口系统，基于来自 Lisp 文献的思想：

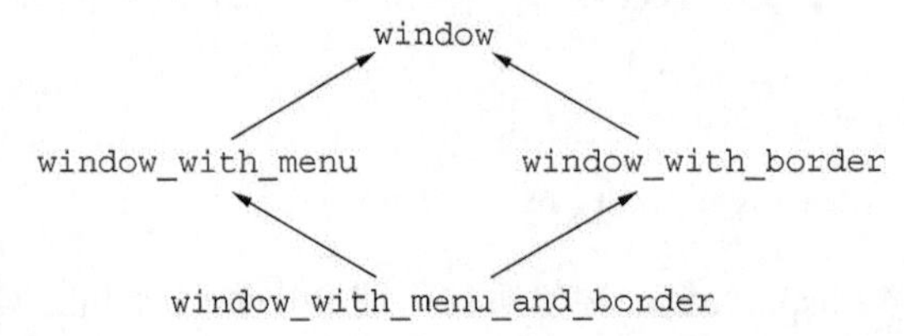

按我的经验，这样做好像有点弄巧成拙。但它基于实际例子，也很直观。在展示中这一点也非常重要。在标准 iostream 库里，还可以找到另一些例子 [Shopiro，1989]：

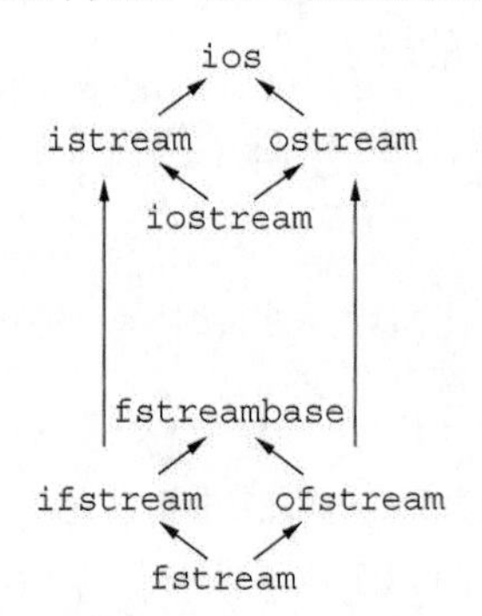

说虚基类比普通基类更有用或是更基本，或者是反过来，我都看不出有什么理由，所以我觉得两种东西都应该支持。选择普通基类作为默认情况，只是因为它们的实现比虚基类更节约运行时间和空间。也因为“使用虚基类的程序设计比使用非虚基类更多一点技巧性。问题是要防止对虚类里的函数的多次调用，如果实际中不希望这样的话”[2nd]；也参见 12.5 节。

因为实现方面的困难，我很想不把虚基类的概念包括到语言里。当然，我也考虑了另一种论点，那就是必须存在一种方式，以便能表示互不相关的兄弟类之间的依赖性。兄弟类只能通过一个共同的根类相互通信，或者通过全局性数据，或者是通过显式指针。如果没有虚基类，对于公共根类的需求就会引起过度使用“统一的”基类的情况。在 12.3.1 节中描述的混合子风格就是这种“兄弟通信”的一个例子。

如果要支持多重继承，那么就必然要包含一些这样的功能。然而，我认为多重继承的那些简单而又不出奇的应用，如将一个类定义为两个原本无关的类的属性之和，是最有用的东西。

虚基类和虚函数

抽象类和虚基类的组合，就是为了支持一种程序设计风格，它大致对应于某些 Lisp 系统里所使用的混合子风格。这种风格就是，用一个抽象类来定义接口，而用若干个派生类提供实现。每个派生类（每个混合子）为完整的类（混合体）提供某些东西。按照可靠的报道，术语**混合子**源自 MIT 附近某一家冰淇淋店，他们将坚果、葡萄干、胶糖块、小甜饼等加入冰淇淋中。

要想使用这种风格，就需要有两条规则：

——必须能在不同的派生类里覆盖基类里的函数，否则一个实现的基本部分就只能来自单个继承链，就像 13.2.2 节里的例子 `slist_set`；

——必须能确定哪些是覆盖了虚函数的函数，并能捕捉到从继承格上所有的不一致性问题；否则，我们就只能依赖于顺序相关性或者运行时的检查了。

考虑上面的例子。比如说 `W` 有虚函数 `f()` 和 `g()`：

```
class W {
    // ...
    virtual void f();
    virtual void g();
};
```

而 `AW` 和 `BW` 各覆盖了其中的一个：

```
class AW : public virtual W {
    // ...
    void g();
};

class BW : public virtual W {
    // ...
    void f();
};

class CW : public AW, public BW, public virtual W {
    // ...
};
```

然后 `CW` 可能被以如下方式使用：

```
CW* pcw = new CW;
AW* paw = pcw;
BW* pbw = pcw;

void fff()
{
    pcw->f(); // invokes BW::f()
    pcw->g(); // invokes AW::g()
```

```
    paw->f(); // invokes BW::f() !
    pbw->g(); // invokes AW::g() !
}
```

就像对虚函数一样，被调用的将是同一个函数，与对于该对象使用的指针无关。这件事的重要性，就在于它允许不同的类都加一些东西到一个公共基类上，以便能从每个类的贡献中获益。很自然，在设计那些派生类时，我们必须把这一点放在心里，组合它们的时候也需要小心，需要有关兄弟类的知识。

允许在不同的分支中覆盖，就要求有一条规则说明什么东西是能接受的，哪些覆盖的组合是错误的，应该拒绝。由一个虚函数调用的必须是同一个函数，无论类的对象如何描述。Andrew Koenig 和我发现，能保证这些的唯一规则是 [ARM]：

> “名字 `B::f` **支配** `A::f`，如果其类 `B` 以 `A` 作为基类。如果一个名字支配另一个，在两者之间不存在歧义性，那么当存在选择时，就使用那个支配着另一个的名字。例如：
>
> ```
> class V { public: int f(); int x; };
> class B : public virtual V { public: int f(); int x; };
> class C : public virtual V { };
>
> class D : public B, public C { void g(); };
>
> void D::g()
> {
>     x++;     // ok: B::x dominates V::x
>     f();     // ok: B::f() dominates V::f()
> }
> ```

图形是：

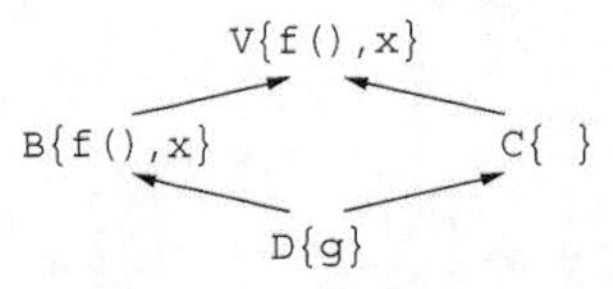

> 请注意，支配关系适用于所有的名字，而不只是函数。
>
> 对于虚函数，支配规则是必需的——因为它**也就是**关于在一个虚调用中究竟应该执行哪个函数的规则。经验还说明，这个规则同样能很好地用于非虚函数。曾经有过一个编译器，对非虚函数没有采用上述支配规则，在其早期使用中就引起许多程序员错误和扭曲的程序。”

从实现者的观点看，支配规则也就是一个常见的查找规则，用以确定是不是存在唯一的一个函数可以放进虚函数表里。更宽松的规则将无法保证这一点，而更严格的规则将不能允许某些合理的调用。

有关抽象类的规则和支配规则能够保证，只有那些提供了完整的、一致的服务的类，才能够创建对象。如果没有这些规则，如果程序员使用不太简单的框架，他们将很难避免严重的运行错误。

12.4 对象布局模型

多重继承从两个方面使对象模型更复杂了：

[1] 一个对象可以有多个虚函数表；

[2] 虚函数表必须提供一种方式，以便能够直到提供了这个虚函数的那个类所对应的那个子对象。

考虑：

```
class A {
public:
   virtual void f(int);
};

class B {
public:
    virtual void f(int);
    virtual void g();
};

class C : public A , public B {
public:
    void f(int);
};
```

类 C 的一个对象看起来可能是下面的样子：

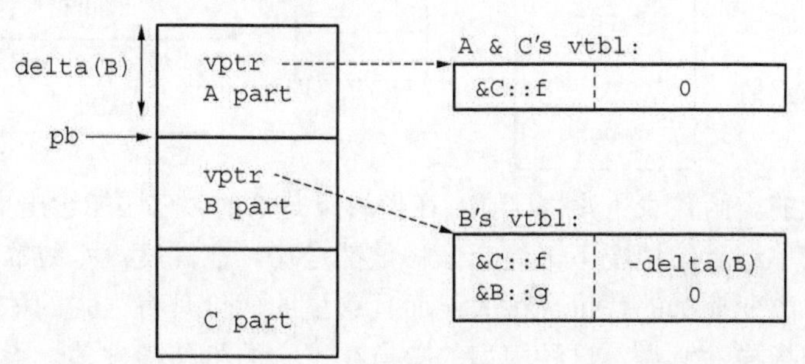

在这里必须有两个 vtbl，因为 A 和 B 除了可能作为一个 C 的组成部分外，你还可以有类 A 的对象和类 B 的对象。在得到了一个到 B 的指针时，必须能调用对应的虚函数，而不必知道到底这是一个“简单的 B”，还是一个 C 的“B 部分”，或是在别的什么对象里面包含的 B。这样，每个 B 都需要有一个 vtbl，在所有情况下都应该以同样的方式访问。

这里的偏移量（delta）是必需的，因为一旦找到了 vtbl，被调用的函数就必须针对它所定义的那个子对象进行调用。例如，对一个 C 对象调用 g()，就要求一个指向这个 C

里的 B 子对象的 this 指针。而在对一个 C 对象调用 f()时，则要求一个指向完整 C 对象的 this 指针。

有了上面建议的布局方式，调用：

```
void ff(B* pb)
{
    pb->f(2)
}
```

可以用类似下面的代码实现：

```
/* generated code */
vtbl_entry* vt = &pb->vtbl[index(f)];
(*vt->fct)((B*)((char*)pb+vt->delta), 2) ;
```

这也就是我第一次在 Cfront 里实现多重继承时所采纳的实现策略。它的优点是很容易在 C 语言里表示，所以也是可移植的。这样生成的代码有许多优点，其中不包含分支，所以在高度流水线的机器体系结构中执行速度非常快。

另一种实现方式可以避免在虚函数表里为 `this` 指针保存偏移值，而是存放一个指到要执行代码的指针。如果 `this` 不需要调整，`vtbl` 里的指针就指向虚函数执行时的那个相应的实例；当指针需要调整时，就让 `vtbl` 里的指针指向调整指针的代码，然后才是对应的虚函数的实例。如上面定义的类 `C`，此时应该具有如下形式：

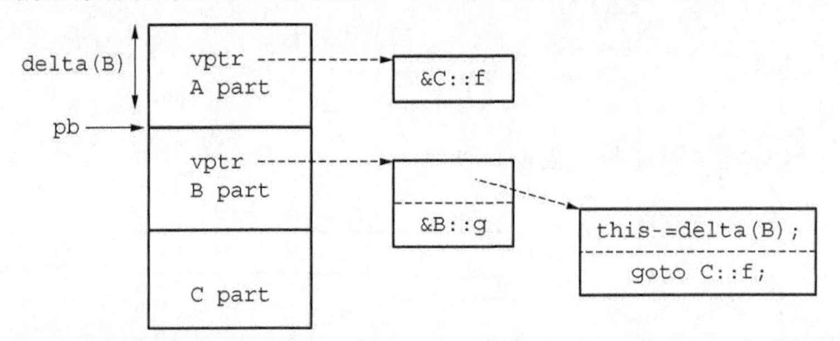

按这种模式产生的虚函数表更紧凑一些。在偏移量是 0 时，它还能给出更快的函数调用。请注意，在所有单继承的情况下，这个偏移量都是 0。在高度流水线的机器上，采用偏移量修改之后再改变控制的代价会很大，而且这里的代价具有很强的体系结构依赖性，无法给出一般的指导性意见。这种模型的缺点在于它的可移植性差一点。例如，并不是所有机器结构都允许跳进另一个函数的函数体内部。

调整 `this` 指针的代码通常称为一个**转换块**(thunk)，这个名字至少可以追溯到 Algol 60 的实现，在那里采用这样的小代码片段来实现按名字调用。

我在设计多重继承和第一次实现它的时候，就已经知道了上述两种实现策略。从语言设计的观点看，它们几乎就是等价的，但是采用代码转换块的实现方式有另一种引人注目的性质，对于只使用单继承的 C++ 程序，它不会引起任何时间或者空间代价——这恰好满足了零开销的“设计原则”（4.5 节）。在我考查的一些情况里，这两种实现策略所提供的性能都是可以接受的。

12.4.1　虚基布局

为什么“虚基类”被称为是 virtual？通常我只给出简短的解释“这个嘛，virtual 意味着一种魔力”，就继续去忙其他更紧急的事务了。但是，确实存在一个更好的解释，这个解释是在与 Doug McIlroy 的讨论中出现的，这是在 C++ 的多重继承的第一次公众演示之前发生的。一个虚函数是一个函数，你通过一个对象，经过间接找到了它。与此类似，在由一个虚基类派生的类中，表示这个虚类的对象并不位于某个固定位置，这样就必须通过一个间接才能访问。还有，一个基类被定义为一个无名成员。因此，如果允许有虚数据成员，那么虚基类就应该是虚数据成员的一个例子。我希望自己实现虚基类的方式确实遵循了这个解释。例如，在给定了一个具有虚基类 V 的类 X，以及一个虚函数 f 之后，我们应该有：

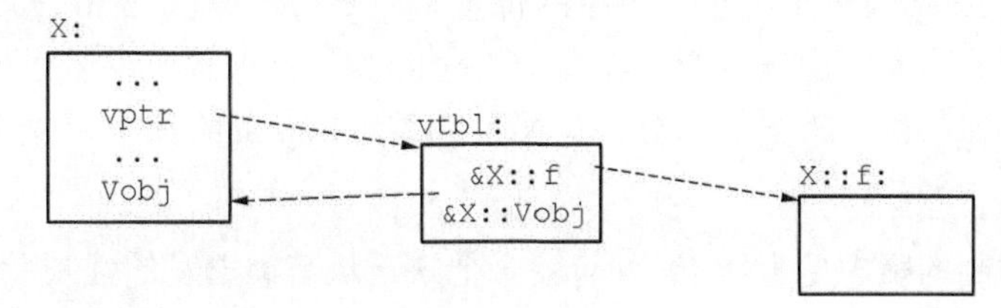

而不是我在 Cfront 里所使用的那种“优化”实现：

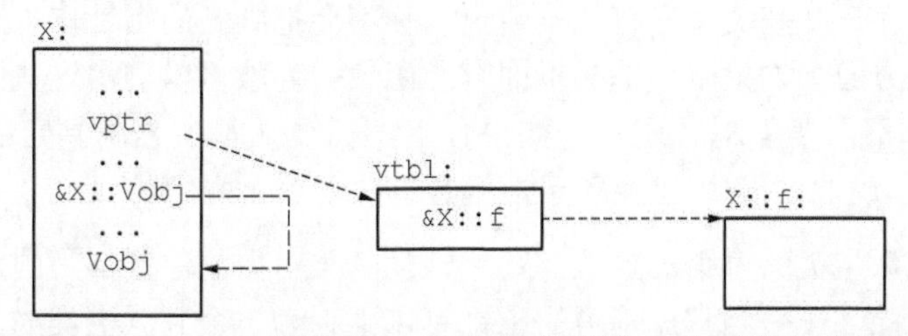

在这两个图里，写成 &X::Vobj 的是在 X 里代表虚基类 V 的对象的偏移量。前一个模型更清晰也更具一般性。与“优化”模型相比，它多用了一点时间，也省了一点空间。

虚数据成员是人们一直建议 C++ 的扩充之一。典型的，某个建议者只要求有“静态虚数据”“常量虚数据”，甚至“常量静态虚数据”，而不是更一般的概念。当然，根据我的经验，在人们心目中这个建议的应用就是一个：运行时的对象类型识别。存在着系统的方法得到这个东西，参见 14.2 节。

12.4.2　虚基类和强制

虚基类是一种派生时的性质，而不是基类自身的性质，看到这种情况时，人们或许会表示出一点惊讶。不管怎样，在上面讲述的对象布局模型里并没有提供足够的信息，如果只给了到对象里面的一个基类对象的指针，我们将无法找到相应的派生类对象，因为不存在到包在外面的对象的“回向”指针。例如：

```
class A : public virtual complex { /* ... */ };
class B : public virtual complex { /* ... */ };
class C : public A, public B { /* ... */ };

void f(complex* p1, complex* p2, complex* p3)
{
    (A*)p1; // error: can't cast from virtual base
    (A*)p2; // error: can't cast from virtual base
    (A*)p3; // error: can't cast from virtual base
}
```

对于调用：

```
void g( )
{
    f(new A, new B, new C);
}
```

在由 p1 所指的 complex 相对于 A 对象的位置与由 p2 所指的 complex 相对于 A 对象的位置未必相同。因此，由虚基类到派生类的强制实际要求做一个运行时动作，这个动作需要基于存储在基类对象里的信息。在简单的类对象布局约束下，根本没有这种信息可用。

如果我对强制的疑虑更少一点，可能就会把缺乏从基类出发的强制看得更严重一些。但是不管怎样，通过虚函数访问的类，以及只简单保存几个数据项的类，通常是最典型的虚基类。如果在一个基类里只有数据成员，你不会把到它的指针作为整个类的代表传来传去。在另一方面，如果一个基类里面有虚函数，你就可以调用这些函数。在这两种情况下，通常都不需要强制。还有，如果你真的需要从基类强制到它的派生类，那么 dynamic_cast（14.2.2 节）已经基于虚函数解决了这个问题。

在一个特定派生类的每个对象里，每个常规基类对象的位置都是固定的，编译器知道这个位置。因此，一个到常规基类的指针可以强制为一个到派生类的指针，在这里没有任何特殊的问题或者开销。

如果原来就希望能将一个类显式地声明为一个“潜在的虚基类”的话，那么就可以把某些特殊规则应用于这个虚基类。例如可以加入某些信息，允许从一个“虚基”强制到由它派生的类。我没有把“虚基类”做成一种特殊类，理由是，那样做将迫使程序员为一个概念定义两个不同的版本，一个作为常规的类，另一个作为虚基类。

另一种方式，我们也可以给每个类对象都增加为了最一般的虚基类而需要付出的额外开销。但那样做将给不使用虚基类的应用带来严重负担，也将导致布局的不兼容问题。

正因为此，我允许任何类被用作虚基类，并且接受了禁止对虚基使用强制的限制。

12.5 方法组合

派生类的函数常常是基于同一函数的基类版本综合出来的，这一般称作**方法组合**。某些面向对象的语言直接支持这种工作，但 C++ 不是这样——除了构造函数、析构函数和复制函数。或许我应该早就把 `call` 和 `return` 函数的概念救活（2.11.3 节），以模拟 CLOS 语言里的 `:before` 和 `:after` 方法。当然，人们早已在担心多重继承机制的复杂性问题，而我也很不情愿重新去打开这些老伤口。

换个角度，我也看到可以通过手工方式进行方法组合。但问题是，在不希望的时候，如何避免对基类里同一个函数的多次调用。下面是一种可能的风格：

```
class W {
    // ...
protected:
    void _f() { /* W's own stuff */ }
    // ...
public:
    void f() { _f(); }
    // ...
};
```

每个类提供了一个为派生类所用的保护函数 _f() 来做“这个类自己的事情”。这些类里还提供了一个公用函数 f()作为“一般公开”使用的接口。派生类里的 f()通过调用_f()做它“自己的事情”，调用其基类的_f()做它们“自己的事情”：

```
class A : public virtual W {
    // ...
protected:
    void _f() { /* A's own stuff */ }
    // ...
public:
    void f() { _f(); W::_f(); }
    // ...
};

class B : public virtual W {
    // ...
protected:
    void _f() { /* B's own stuff */ }
    // ...
public:
    void f() { _f(); W::_f(); }
    // ...
};
```

特别是，这种风格能允许从类 W（间接）派生两次的类里只调用 W::f()一次：

```
class C : public A, public B, public virtual W {
    // ...
protected:
    void _f() { /* C's own stuff */ }
    // ...
```

```
public:
    void f() { _f(); A::_f(); B::_f(); W::_f(); }
    // ...
};
```

与自动产生组合函数相比，这种方法不那么方便，但从某个方面说它又更灵活一些。

12.6 有关多重继承的论战

C++ 的多重继承问题变成一场大论战 [Cargill，1991] [Carroll，1991] [Waldo，1991] [Sakkinen，1992] [Waldo，1993]，这里面有许多原因。反对它的论点集中围绕着这个概念的实际的和想象中的复杂性、它的有用性、多重继承对其他语言特征的影响，以及对构造工具的影响等。

[1] 多重继承在那时被看作 C++ 的第一个主要扩充。一些 C++ 守旧派认为这是一种不必要的花哨装饰、一种节外生枝，很可能成为一个楔子，导致大门洞开而使新特征蜂拥进入 C++。例如，在圣菲最早的那次 C++ 会议上（7.1.2 节），Tom Cargill 开玩笑地，但却不是很不真实地建议说，任何人为 C++ 提出了新特征的建议也应该建议删除一个具有类似复杂性的旧特征。他的话赢得了热烈的喝彩。我也赞成这种说法，但也很难得出结论说没有多重继承 C++ 就会更好些，或者说 1985 年的 C++ 比它更大的 1993 年的实际情况更好一些。Jim Waldo 后来附议 Tom，提出了进一步的想法：对新特征的建议还应该被要求捐赠一个"肾脏"。这将迫使——Jim 指出——人们在提出建议之前认认真真地思考，而即使是没什么见识的人至少也能提出两条建议。我也注意到，并不是每个人都对新特征那么敏感，就像人们在读杂志、读网络新闻、在讲演后听问题时所想的那样。

[2] 我的多重继承实现方式确实强加了一些负担，会让只使用单继承的用户受到一些影响。这违反了"你不需要为没用的东西付出任何代价"的规则（4.5 节），也引出了一种（错误的）印象——好像多重继承本质上就是低效的。我认为这个负担是可以接受的，因为负担确实很小（每次虚函数调用做一次数组访问再加上一次加法），还因为我也知道另一种实现多重继承的简单技术，能保证在单继承范围内的虚函数调用的负担不变（12.4 节）。我之所以选择那个"次优的"实现方式，完全是因为它更容易移植。

[3] Smalltalk 不支持多重继承，而有些人把面向对象的程序设计等同于"好"和 Smalltalk。这种人经常这样推断："如果 Smalltalk 没有多重继承，那么它一定或者是不好的，或者就是不必要的。"当然，这个结论并没有必然性。有可能 Smalltalk 也会从多重继承中获益，也可能它不，但这并不是问题之所在。无论如何，我很清楚的是，Smalltalk 迷们建议作为多重继承替代品的几种技术根本无法用在 C++ 这样的静态类型语言中。语言的战争多半都有点蠢，而集中在一个孤立特征上就更愚

蠢了。对多重继承的攻击，实际上是错误地指向静态类型检查，或者是为保护 Smalltalk 抵御想象中的攻击的一种托词。这些东西还是忘掉最好。

[4] 我对多重继承的演示 [Stroustrup，1987] 是非常技术性的，关注点主要在实现方面，没有注意解释使用它的程序设计技术。这就使许多人得出了结论：多重继承的用处很少，并且非常难实现。我的疑问是，如果过去我对单继承的演示也采用同样的方式，莫非他们也会因此得出同样的结论？

[5] 有些人认为多重继承从根本上说就是个坏东西，因为“它太难用，因此将导致拙劣的设计和错误百出的代码”。多重继承当然可能被过度使用，但每个令人感兴趣的语言特征也都会那样。对我来说，更重要的是看到了一些实际程序，在那里采用多重继承将产生出一种新结构，程序员都会认为它优于采用单继承的方式。还有，在这种地方，我无法找到任何明显的替代品能简化程序的结构或简化它们的维护。我的疑问是，关于多重继承很容易出错的一些断言实际上都是基于在某些语言上的经验，而那里并没有提供 C++ 这种层次的编译时错误检查机制。

[6] 另一些人认为多重继承是一种太弱的机制，有时指出可以用委托机制来取代它。委托是一种在运行中将操作前推到另一个对象去的机制 [Stroustrup，1987]。我很喜欢委托的想法，也为 C++ 实现了它的一个变形，想试一试。但结果是意见一致的和令人失望的：每位用户都遇到了严重的问题，最后都归咎到了他们基于委托的设计中的缺陷（12.7 节）。

[7] 也有人断言说，多重继承本身还是可以接受的，但将它放进 C++，就会给语言的潜在特征（例如废料收集）增加困难，也会使工具的构造（例如数据库）变得过于困难。只有时间才能告诉我们，工具方面增加的困难是否会超过由于有了多重继承而给应用的设计和实现带来的益处。

[8] 最后，也有些意见说（多数是在多重继承引进 C++ 几年之后），多重继承本身是个好主意，但这个主意的 C++ 版本则是错误的。这种意见可能会使“C++++”的设计者们感兴趣，但我没有发现这些建议对自己改进 C++ 语言、与它相关的工具，以及程序设计技术的工作中有多少帮助。人们确实为他们所建议的各种改进提出实践性的证据，但这些建议都太缺乏细节，各种改进建议之间的差异太大，几乎都没有考虑从当前规则向它们的转变。

我认为——就像我那时所认为的——这些论断的根本缺陷在于把多重继承看得太严重了。多重继承不可能解决你的所有问题，它本来就不必这样，因为它是很便宜的东西。有时有了多重继承会非常方便。Grady Booch [Booch，1991] 表达了一种更强的情绪：“多重继承就像一顶降落伞，你并不经常需要它，但是在你需要的时候它就是最关键的了。”他的观点部分是基于他在 C++ 里重新实现 Ada 的 Booch 组件过程中得到的经验（8.4.1 节）。这是一个包含了容器类和关联操作的库，由 Booch 和 Mike Vilot 实现，是使用多重继承的最好例子之一 [Booch，1990] [Booch，1993b]。

我一直站在有关多重继承的争论之外：多重继承已经在 C++ 里面了，不会被去掉或者做剧烈的修改；我个人时时发现多重继承非常有用；有些人强调多重继承对于他们的设计和实现是最根本的东西；要说已经有了实在的数据或经验说明 C++ 的多重继承在大规模使用中的价值，那还为时太早。而且，最后，我也不喜欢在无益的讨论中耗费自己的时间。

按我的评价，多重继承最成功的使用具有如下几种简单的模式：

[1] 归并相互独立的，或者基本上互相独立的几个类层次；`task` 和 `displayed` 是这方面的例子（12.2 节）。

[2] 接口的组合；流 I/O 是这方面的例子（12.3 节）。

[3] 从一个接口和一个实现综合出一个类；slist_set 是这方面的例子（13.2.2 节）。

有关多重继承的更多例子，可以在 13.2.2 节、14.2.7 节和 16.4 节找到。

使用多重继承的大部分失误，出现在某些人想将某种外来的风格强加进 C++ 的时候。特别的，CLOS 的一个设计可能是基于歧义消解的线性化、在层次结构里为共享做名字匹配、用`:before` 和`:after` 方法建立组合操作，直接搬过来形成的东西很不令人喜欢，会增加大程序的复杂性。

12.7 委托

最早的多重继承设计是在 1987 年 5 月赫尔辛基的欧洲 UNIX 用户组织（EUUG）大会上演示的 [Stroustrup，1987]，其中包含了委托的概念 [Agha，1986]。

用户可以在一个类声明里描述一个指针，并使其指向这个类的基类中的某一个。被这样指定的对象用起来恰如它就是一个代表基类的对象。例如：

```
class B { int b; void f(); };
class C : *p { B* p; int c; };
```

这里的 :*p 意味着使用由 p 指向的对象时就像它表示的是 C 的一个基类一样：

```
void f(C* q)
{
    q->f();    // meaning q->p->f()
}
```

类 `C` 的一个对象在 `C::p` 初始化之后，看起来是下面的样子：

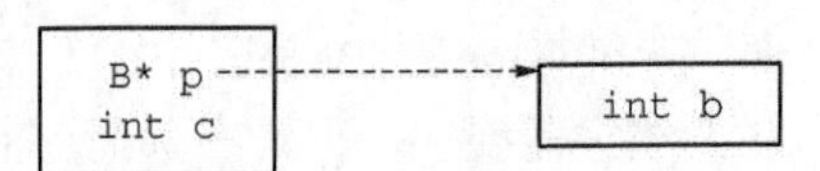

这个概念看起来确实很有吸引力，在表达要求更多灵活性的结构方面，这样做可能可以

比常规继承提供更多的东西。特别是，对委托指针进行赋值，就可能在运行中实现对象的重构。其实现也非常简单，运行时间和空间效率都很理想。随后我试着为几个用户做出了一个实现。特别是 Bill Hopkins 对这个问题贡献了许多经验，花了许多精力。不幸的是，该委托机制的每位用户都遭遇到严重的错误和混乱。正因为此，委托机制被从设计中和 Cfront 里删除了，这个 Cfront 就是后来发布的 Release 2.0。

这里出现的两个问题是造成错误和混乱的原因：

[1] 位于委托类里的函数不能覆盖被委托类里的函数；

[2] 被委托函数不能使用委托类里的函数，或者以其他方式“回到”委托对象那里。

自然，这两个问题是相关的。同样也很自然，我已经考虑到这些潜在问题并提醒用户注意它们。但是这种警告并没有起作用——甚至我自己也忘记了自己的规则而落入圈套。这就使这些问题看起来不属于小污点一类的东西，无法通过教育和编译警告的组合的方式加以处理。在那个时候，这些相关问题看起来是不可逾越的。即使我能找出一个好主意，也没有时间再用修正后的概念和实现去重复进行试验了。

回过头看，我认为其中的问题具有根本性。要解决问题 [1]，在一个被委托对象重新与某个委托对象建立约束时，就需要修改被委托对象的虚函数表。这一点已经超出了语言其他部分的界线，很难给出合理的定义。我们发现了这样的例子，其中希望两个对象委托同一个“共享的”对象。与此类似，我们还发现了另一些例子，在那里需要通过一个 `B*` 委托到一个被派生类 `D` 的对象。

由于委托不是 C++ 直接支持的东西，如果真的需要它，我们就需要能迂回地完成相关工作。最经常遇到的情况是，一个要求采用委托的问题的解决办法涉及灵巧指针（11.5.1 节）。另一种情况是让委托类提供一个完整的接口，而后可以“手工地”将请求向前推送到某些其他对象去（11.5.2 节）。

12.8　重命名

在 1989 年年末到 1990 年年初，好几个人都发现了由于多重继承层次结构中的名字冲突而引起的问题 [ARM]：

“通过两个基类派生一个类的方式合并了两个类层次结构，如果同样的名字在两个层次结构里都被使用了，而它们在不同结构中引用的操作又不同，那么就可能引起实际的问题。例如：

```
class Lottery {
    // ...
    virtual int draw();
};

class GraphicalObject {
```

```
    // ...
    virtual void draw();
};

class LotterySimulation
    : public Lottery , public GraphicalObject {
    // ...
};
```

在派生类 LotterySimulation 里，我们或许想要覆盖函数 Lottery::draw()和 GraphicalObject::draw()，但是却想同时使用两个不同的函数，因为 draw()在两个基类里的意思完全不同。我们或许还想在 LotterySimulation 用其他无歧义的名字来表示由基类继承的 Lottery::draw()和 GraphicalObject:: draw()。这个特征差一点就成了 C++ 接受的非强制扩充。

这个概念的语义非常简单，实现起来也很容易，问题就在于要为它找到一种适用的语法形式。下面是一种建议：

```
class LotterySimulation
    : public Lottery , public GraphicalObject {
    // ...
    virtual int l_draw() = Lottery::draw;
    virtual void go_draw() = GraphicalObject::draw;
};
```

这是以一种自然的方式扩充了纯虚函数的语法。"

经过在扩充工作组的邮件反馈系统里的一些讨论，以及 Martin O'Riordan 和我的几篇情况报告，这个建议被提交到 1990 年 7 月西雅图的标准会议上。看起来当时存在一个很大的多数，赞同将这个提议作为 C++ 的第一个非强制扩充。就在这时，来自 Apple 的 Beth Crockett 将委员会这辆车刹死在轨道上，提问说什么是"两周规则"。任何成员都可以将对一个建议的表决推迟到下次会议，如果这个建议在本次会议前两周还没有递交到各个成员手里的话。这个规则是为了防止人们过于急促地去处理某些他们还没有完全理解的事情，保证他们总能有时间向同事咨询。

正如你可能想象的，并没有人赞同 Beth 的质疑。但是，她的谨慎确实很有道理，她使我们避免了一个极糟的错误。谢谢！当我们在会后重新检查这个问题时，Doug McIlroy 发现，与我们的预期相反，这个问题确实在 C++ 内部有一种解决办法 [ARM]:

"重命名的问题可以通过对每个类另外引进一个类的方法解决，为每个需要覆盖的虚函数，使用一个具有不同名字的函数，再加上一个前推函数。例如：

```
class LLottery : public Lottery {
    virtual int l_draw() = 0;
    int draw() { return l_draw(); } // overrides
};
```

```
class GGraphicalObject : public GraphicalObject {
    virtual int go_draw() = 0;
    void draw() { go_draw(); } // overrides
};

class LotterySimulation
    : public LLottery , public GGraphicalObject {
    // ...
    int l_draw(); // overrides
    void go_draw(); // overrides
};
```

因此，专用于表示重命名的语言特征并不是**必需**的，除非这种解决名字冲突的需求很广泛，否则就不值得做这种语言扩充。”

在下一次会议上，我演示了这种技术。在随后的讨论中，大家都认为这种名字冲突情况不会很常见，不值得增加一个语言特征。我也看到，对于新手来说，合并大的类层次结构不可能成为他们的日常工作。而对那些最可能做这种合并的专家而言，采用这种迂回做法与使用专门的优雅语言特征，并没有太大差别。

对于重命名的另一个附加的也是更具普遍性的反对意见，就是我特别不喜欢在维护代码时追寻别名的链。如果我看到拼写为 f 的名字实际上是在头文件里定义的 g，而它又实际上是文档里描述的 h，还是在你代码里称作 k 的东西，那么我们确实遇到了问题。当然，这是最极端的情况，但也不出格，宏迷们已经给出了许多这样的例子。每次重命名，实际上就是提出了一个用户和工具都必须理解的映射。

同义词可能是有用的，但极少会是根本性的。无论如何，为了维护清晰性和代码在不同环境中使用的统一性，应该尽可能减少同义词的使用。多一个直接支持重命名的特征，就会进一步鼓励同义词的（错误）使用。这个论据后来又重新出现，作为不提供与名字空间相关的一般重命名特征的理由。

12.9　基类和成员的初始式

在引进多重继承时，初始化基类及其成员的语法也必须予以扩充。例如：

```
class X : public A, public B {
    int xx;
    X(int a, int b)
        : A(a), // initialize base A
          B(b), // initialize base B
          xx(1) // initialize member xx
    { }
};
```

这种初始化的语法与初始化类对象的语法完全是平行的：

```
A x(1);
B y(2);
```

在此同时，初始化的顺序已经由声明顺序确定。在 C++ 原来的定义中，将初始化顺序留下不予定义，实际上是在损害了用户的情况下，为语言实现者留下了不必要的自由度。

在大部分情况下，成员初始化的顺序并不重要，而在它起作用的大部分情况中，对顺序的依赖性实际上表明了设计的拙劣。只有很少的情况下（无论如何，还是有的），程序员绝对需要对初始化的顺序进行控制。例如，考虑在机器之间传送对象。接收方所进行的对象重构必须正好按传送方分解对象的相反顺序进行。除非语言明确规定构造的顺序，否则就无法保证不同提供商的编译器编译出来的程序之间能进行对象通信。我记得 Keith Gorlen（由于 NIH 库而出名，7.1.2 节）向我指明了这个问题。

C++ 原来的定义不要求，也不允许在基类初始式中指明基类。例如，给了类 vector：

```
class vector {
    // ...
    vector(int);
};
```

我们可能派生出另一个类 vec：

```
class vec : public vector {
    // ...
    vec(int,int);
};
```

vec 的构造函数必须调用 vector 的构造函数。例如：

```
vec :: vec ( int low, int high)
     : (high-low-1) // argument for base class constructor
{
    // ...
}
```

一些年来，这种记法引起了许多混乱。

在 2.0 里要求明确地给出基类的名字，这就使它变得很清楚了，即使新手也容易看清事情究竟是什么样子：

```
vec::vec(int low, int high) : vector(high-low-1)
{
    // ...
}
```

我现在认为，原来的语法，作为记法的一种典型情况，是合逻辑的、最小的，但是也过于紧凑了。采用了新语法之后，在教授初始化时遇到的问题就完全消失了。

作为一个转变期，老风格的基类初始式还将保留一段时间。它只能在单继承的情况下使用，因为在其他情况中是有歧义的。

13

第 13 章　类概念的精炼

请简单直接地说出你的意思。

——Brian Kernighan

抽象类——虚函数和构造函数——const 成员函数——const 概念的精炼——静态成员函数——嵌套的类——关于 inherited:: 的建议——放松覆盖规则——多重方法——保护成员——虚函数表分配——指向成员的指针

13.1　引言

由于类在 C++ 里的中心地位，我源源不断地接到了一些请求，要求对类的概念进行修改和扩充。几乎所有的修改都必须拒绝，这样才能保护现存的代码。大部分有关扩充的建议也都被拒绝了，因为不必要、不实际、与语言的其他部分不匹配，或者简单地就是"现在处理起来太困难"。在这里，我将给出若干个有关精炼的例子。这些都是我觉得非常基本的，需要考虑其中的细节，在大多数情况中是可以接受的。这里的核心问题是如何使类的概念变得足够灵活，以便使各种技术都能够在类型系统的范围内表达，而不必去使用强制或者其他低级结构。

13.2　抽象类

在 Release 2.0 发布前，最后加上来的概念就是抽象类。对一个发布的最后修改通常绝不会流行，对即将发售的东西的定义做最后修改的情况可能更差。按照我的印象，当我强调这个特征的时候，当时的几个管理成员都认为我丢掉了与真实世界的联系。幸运的是，Babara Moo 愿意支持我关于抽象类是如何重要的主张，说它们应该**现在**就发布出去，而不是再推迟一年或者更多的时间。

一个抽象类表示了一个接口。直接支持抽象类将能：

——有助于捕捉由于混淆了类作为接口的角色和它们表示对象的角色而引起的错误；

——支持一种基于将接口描述和实现分离的设计风格。

13.2.1 为处理错误而用的抽象类

抽象类直接处理了一种错误的根源 [Stroustrup，1989b]：

“静态类型检查的一个目的，就是在程序运行之前检查错误和不一致性。人们注意到，很大一类可检查错误逃过了 C++ 的检查。使事情雪上加霜的是，本语言实际上迫使程序员去写额外的代码，生成更大的程序，这些进一步促使了上述情况的发生。

考虑经典的有关“形状”的例子。在这里我们必须首先声明一个类 shape，以便表示形状的最一般概念，在这个类里需要两个虚函数 rotate()和 draw()。很自然，根本就没有 shape 类的对象，只会有各种特殊形状的对象。不幸的是，C++ 并没有提供一种方式，以便直接表达这一简单的观念。

C++ 规则规定虚函数，例如 rotate()和 drew()等，都必须在它们最先声明的类里定义。提出这个要求是为了保证传统的连接器可用于 C++ 程序的连接，并保证不会出现调用无定义虚函数的情况。所以程序员需要写下面这样的东西：

```
class shape {
    point center;
    color col;
    // ...
public:
    point where() { return center; }
    void move(point p) { center=p; draw(); }
    virtual void rotate(int)
        { error("cannot rotate"); abort(); }
    virtual void draw()
        { error("cannot draw"); abort(); }
    // ...
};
```

这就保证了对一些情况将产生运行错误，例如，在一个由 shape 派生的类里忘记定义 draw()函数的简单错误，或者想建立一个“普遍的” shape 并企图去使用它的愚蠢错误。即使是没有这些错误，存储器中也可能到处散布着像 shape 这样的类产生的不必要的虚函数表，或者像 rotate()和 drew()这样永远都不会调用的函数。这类东西造成的开销也可能变得很可观。

解决方案就是允许用户简单地说某个虚函数并没有定义，也就是说，它是一个“纯虚函数”。要做到这点，只需要写初始式=0：

```
class shape {
    point center;
    color col;
    // ...
public:
    point where() { return center; }
    void move(point p) { center=point; draw(); }
```

```
        virtual void rotate(int) = 0 ; // pure virtual
        virtual void draw() = 0 ;      // pure virtual
        // ...
    };
```

带有一个或几个纯虚函数的类就是一个抽象类。抽象类只能用作其他类的基类，特别是不可能建立抽象类的对象。从一个抽象类派生的类必须或者是给基类的纯虚函数提供定义，或者是重新将它们定义为纯虚函数。

选择纯虚函数的概念，就是想把将一个类声明为抽象类的思想明确化，而允许选择性地定义函数，则提供了更多的灵活性。”

如上面所显示的，在原来的 C++ 里也可能表示抽象类的概念，只是涉及多做一些人们不愿意做的工作。一些人早就认识到它是一个重要问题（如，参见[Johnson，1989]）。当然，我并不是直到 2.0 发布日期的前几周才忽然醒悟，才知道在 C++ 团体中只有很少数人真正理解这个概念。进一步说，我还认识到，对抽象类概念缺乏理解，也是很多人在自己的设计中遇到的许多问题的根源。

13.2.2 抽象类型

关于 C++，有一种不断听到的意见：私有数据也必须包含在类的声明中，这样，一旦某个类的私有数据改变了，使用这个类的代码也必须重新编译。这种抱怨的常见表达形式是“在 C++里，抽象类型并不真正就是抽象的”以及“数据并没有真正地隐藏起来”。我一直没有认识到，许多人这样认为，由于他们**有可能**把一个对象的表示放在某个类声明的私有部分，他们实际上**必须**把它放到那里。这里的错误太明显了（这也正是我多年来一直没有指出这个问题的原因）。如果你不希望某个表示出现在一个类里，那么就不要把它放到那里！请换个方式，把有关表示的描述推迟到某个派生类中。抽象类的概念使这件事变得非常清楚。例如，可以像下面这样定义 T 指针的 set（集合）：

```
class set {
public:
    virtual void insert(T*) =0;
    virtual void remove(T*) =0;

    virtual int is_member(T*) =0;

    virtual T* first() =0;
    virtual T* next() =0;

    virtual ~set() { }
};
```

这个定义给人们提供了有关如何使用 set 的所有信息。更重要的是，在这个上下文中，并没有包含任何有关表示或者实现的细节。只有实际建立 set 对象的人，才需要知道 set 是如何表示的。例如，给了：

```
class slist_set : public set, private slist {
```

```
        slink* current_elem;
    public:
        void insert(T*);
        void remove(T*);

        int is_member(T*);

        T* first();
        T* next();

        slist_set() : slist(), current_elem(0) { }
    };
```

而后我们就可以建立 slist_set 的对象，使那些根本不知道 slist_set 类的 set 用户们也可以使用它。例如：

```
void user1(set& s)
{
    for (T* p = s.first(); p; p=s.next()) {
        // use p
    }
}

void user2()
{
    slist_set ss;
    // ...
    user1(ss);
}
```

最重要的是，抽象 set 类的一个用户，例如 user1()，无须包含定义 slist_set 和 slist_set 类定义的头文件，就可以编译，而实际上它依赖那些东西。

如前所述，编译时能捕捉到所有建立抽象类对象的企图。例如：

```
void f(set&  s1)     // fine
{
    set s2;          // error: declaration of object
                     //         of abstract class set.
    set* p = 0;      // fine
    set& s3 = s1;    // fine
}
```

抽象类概念的重要性，就在于它使人能更清晰地划分用户和实现者，可以做得比没有它时更好。一个抽象类就是一个纯粹的接口，对应的实现通过由它派生的类提供。这样就可以限制修改后需要重新编译的范围，也可以限制编译一部分代码所需要的信息量。通过降低用户和实现者之间的耦合度，抽象类为抱怨太长编译时间的人们提供了一种解决方案。它也能服务于库的提供商，他们自然特别关心库实现的修改对用户的影响。我看到过很大的系统，由于将抽象类的概念引进到子系统接口里，编译时间缩短到原来的大约 1/10。我也曾经在 [Stroustrup，1986b] 里不大成功地试着解释这个概念。有了支持抽象类概念的明确的语言特征之后，我在 [2nd] 里就成功得多了。

13.2.3 语法

古怪的 =0 语法形式是从许多明显的选择（例如引进关键字 pure 或 abstract）中挑出来的，因为那时我觉得不可能再让人接受一个新关键字。如果我建议关键字 pure，Release 2.0 的发布就不会包含抽象类。在更好的语法和抽象类的选择中，我挑选了抽象类。与其说接受危险的拖延并挑起一场有关 pure 的战争，我还是采用了 C 和 C++ 的传统习惯，用 0 表示“不在那里”。这个 =0 的语法形式也符合我的一个观点：函数体可以看作对一个函数的初始式；也符合另一个（过于简单化，倒也常常合适的）观点，认为虚函数的集合用一个函数指针的向量实现（3.5.1 节）。事实上，将 =0 实现为在 vtbl 里放一个 0，并不是最好的方式。我的实现是在 vtbl 里放一个到函数_pure_virtual_called 的指针，可以将这个函数定义为提供某种合理的运行时错误信息。

我选择的是将个别函数描述为纯虚的方式，而没有采用将完整的类声明为抽象的形式，这是因为纯虚函数的概念更灵活一些。我很看重能分阶段地定义类的能力，也就是说，我发现预先定义好一些纯虚函数，并把另一些留给派生类去进一步定义，也非常有用。

13.2.4 虚函数和构造函数

如何由基类和成员对象构造出对象（2.11.1 节），这一情况对虚函数的工作方式有重要的影响。有时人们对这种影响中的某些东西比较困惑，甚至感到烦恼。下面让我来试着解释一下，为什么我认为 C++ 采用目前的工作方式几乎是必然的。

13.2.4.1 调用一个纯虚函数

怎样才能使最终被调用的是一个虚函数——而不是在派生类中覆盖它的函数？一个抽象类的对象只能作为其他对象的基而存在。一旦派生类的对象被构造起来，纯虚函数就已经被来自派生类的覆盖函数定义好了。当然，在构造过程中，也可能出现抽象类本身的构造函数错误调用纯虚函数的问题：

```
class A {
public:
    virtual void f() = 0;
    void g();
    A();
};

A::A()
{
    f();        // error: pure virtual function called
    g();        // looks innocent enough
}
```

对于 A::f()这类非法调用，编译器很容易检查。然而，A::g()也可能被定义为如下的形式：

```
void A::g() {f(); }
```

这类东西还可能出现在其他编译单位里。在这种情况下，只有那些真正做跨编译单位分析的编译器才能检查出错误。另一种方式就是产生一个运行错误。

13.2.4.2 基类优先的构造

与允许产生运行时错误的设计相比，我特别喜欢那些根本不开放这种可能性的设计。无论如何，我看不到能使程序设计具有绝对安全的可能性。特别是，构造函数就是要建立起一个环境，使其他成员函数能在其中操作（2.11.1 节）。在这个环境的构筑过程中，程序员必须意识到，这时有保证的东西是非常少的。考虑下面这个可能引起混乱的例子：

```
class B {
    int b;
    virtual void f();
    void g();
    // ...
    B();
};

class D : public B {
    X x;
    void f();
    // ...
    D();
};

B::B()
{
    b++;     // undefined: B::b isn't yet initialized.
    f();     // calls: B::f(); not D::f().
}
```

编译器很容易对这两个潜在问题提出警告。如果你真的希望调用 B 自己的 f()，那就应该将它明确地写成 B::f()。

这个构造函数的行为方式，与写常规成员函数可能方式成鲜明的对比，因为常规成员函数可以依靠构造函数的正确行为：

```
void B::g()
{
    b++;  // fine, since B::b is a member
          //        B::B should have initialized it.
    f();  // calls: D::f() if B::g is called for a D.
}
```

当一个调用出自某个 D 的 B 部分时，在 B::B() 和 B::g() 里的 f() 调用的是不同函数，这一情况可能使新手感到很吃惊。

13.2.4.3 换个方式会怎样

无论如何，让我们现在来考虑另一种设计选择所隐含的东西。现在，让对虚函数的**每个**调用都使用覆盖函数：

```
void D::f()
{
    // operation relying on D::X having been properly
    // initialized by D::D
}
```

如果在构造过程中也可以调用覆盖函数，那么虚函数将无法依靠构造函数的正确初始化。因此，在写覆盖函数时，我们就必须在某种程度上按通常保留给构造函数的（偏执的）方式去做。实际上，这些将使写覆盖函数时遇到的情况比写构造函数时还要糟，因为相对而言，在构造函数里比较容易确定什么已经做了初始化，什么还没有做。如果不能保证一定运行过构造函数，写覆盖函数的人就只有两种选择了：

[1] 简单地希望/假定所有必须的初始化都已经做过；

[2] 设法进行自我保护，抵御未经初始化的基或者成员。

第一种选择将会使构造函数不再有吸引力了。第二种选择则是根本无法处理的东西，因为一个派生类可能有许多直接的和间接的基类，也因为不存在运行时能用到任意变量上的检查手段，无法判断它们是否已经做过初始化。

```
void D::f() // nightmare (not C++)
{
    if (base_initialized) {
        // operation relying on D::X having
        // been initialized by D::D
    }
    else {
        // do what can be done without relying
        // on D::X having been initialized
    }
}
```

所以，如果让构造函数去调用覆盖函数，构造函数的用途将受到严重限制，以至于使我们根本就无法合理地编写覆盖函数了。

在这里，基本的设计要点是，直到对一个对象的构造函数的运行结束之前，这个对象就一直像一个正在建造之中的建筑物：你必须忍受结构没有完工所带来的各种不便，常常需要依靠临时性的脚手架，必须时时当心在与危险环境相处时的各种问题。一旦构造函数返回，构造完成的对象就能使用了，编译器和用户就都可以假定这一点。

13.3 const 成员函数

在 Cfront 1.0 里，“常”的概念并没有完全施行，但在收紧实现时，我们在语言定义里发现了一些漏洞。我们需要有一种方法，使程序员可以说明哪些成员函数可能更新对象的状态，而哪些并不更新：

```
class X {
    int aa;
public:
    void update() { aa++; }
    int value() const { return aa; }
    void cheat() const { aa++; } // error: *this is const
};
```

声明为 const 的成员函数，如 X::value()，称作 const 成员函数，并保证不会修改对象的值。const成员函数可以用于const对象和非const对象，而非const成员函数，如X::update()，就只能用于非 const 对象：

```
int g(X o1, const X& o2)
{
    o1.update();    // fine
    o2.update();    // error: o2 is const
    return o1.value() + o2.value(); // fine
}
```

从技术上说，要得到这种行为，就需要让 X 的非 const 成员函数里的 this 指针指向 X，而让其 const 成员函数里的 this 指针指向 const X。

由于 const 成员函数与非 const 成员函数间的这种差异，使我们可以在逻辑上区分修改对象状态的函数和不这样做的函数，C++ 里无法直接描述这个区分。const 成员函数以及其他一些语言特征从 Estes Park 的实现者研讨会（7.1.2 节）的讨论中获益甚多。

13.3.1 强制去掉 const

如常，C++ 关心的是检查偶然的错误，而不是防止刻意的欺骗。对我来说，这也就意味着可以允许一个函数通过“强制去掉 const”做出一个“骗局”。我们不认为编译器有责任去防止程序员**明确地**做突破类型系统的事。例如 [Stroustrup，1992b]:

“让一些对象在用户看起来是常量，而事实上它们的状态也可以改变，这种东西偶尔也是有用的。这样的类可以通过显式的强制写出来，

```
class XX {
    int a ;
    int calls_of_f;
    int f() const { ((XX*)this)->calls_of_f++; return a; }
    // ...
};
```

明确的类型转换就是想指明有些东西不很对头。改变一个 const 对象的状态可能不

大靠得住，在某些上下文中很容易出错。如果对象位于只读存储器里，那么根本就无法工作。一般说，更好的方式是将这种对象的可变部分描述为另一个独立对象，

```
class XXX {
    int a;
    int& calls_of_f;
    int f() const { calls_of_f++; return a; }
    // ...
    XXX() : calls_of_f(*new int) { /* ... */ }
    ~XXX() { delete &calls_of_f; /* ... */ }
    // ...
};
```

这正反映了 const 的基本目的，它是作为一种特殊的接口，而不是为帮助优化程序。也同时说明了另一个观点，尽管这种自由/灵活性偶尔也有用，但也可能被误用。”

引进 const_cast（14.3.4 节），就是为了程序员能区分有意的“强制去掉 const”的强制与有意做其他类型操作的强制。

13.3.2　const 定义的精炼

为了保证某些（并不是全部）const 对象能被放进只读存储器（ROM），我原来采纳了这样一个规则：任何具有构造函数的对象（它需要做运行时初始化）都不能放进 ROM，其他 const 可以放入。这种做法与我对什么能做初始化，怎样做以及什么时候做的长期关注有密切关系。C++语言提供了静态（连接时的）初始化和动态（运行时的）初始化（3.11.4 节）。这个规则既允许对 const 对象做动态初始化，也允许对无需动态初始化的对象使用 ROM。后一种情况的典型例子是简单对象的大数组，例如 YACC 的语法分析表。

将 const 概念与构造函数联系起来，也是一种折中，考虑了我对 const 的理想与可用硬件的现实，以及应该相信程序员在写明显类型转换时知道自己正在做什么的观点。在 Jerry Schwarz 的推动下，这个规则现在已经被另一个更接近我原来理想的规则取代了。将一个对象声明为 const，就是认为它具有从其构造函数完成到其析构函数开始之间的不变性。在这两点之间对这个对象进行写入，其结果应该认为是无定义。

我还记得，在开始设计 const 机制时，曾提出过一个论点。当时说，理想的 const 应该是这样一种对象，直到其构造函数完成之前它都是可以写的，而后通过某种硬件的法术变成了只读的，而最后到析构函数的入口点它又重新变成可以写的。你可以设想一种实际上就是这样工作带标记的系统结构，对于这种实现，如果某人企图向定义为 const 的对象写入，就会引起一个运行错误。在另一方面，则可以去写一个本身并没有定义为 const，但却是经过 const 指针或者引用传递过来的对象。在这两种情况下，用户都必须首先强制去掉这个对象的 const。这个观点意味着强制去掉一个原来就定义为 const 的对象的 const，而后对它做写操作，最好的情况就是无定义；而对一个原

来没有定义为 const 的对象做同样这些事情则是合法的，有清晰定义的。

请注意，按照这个精炼了的规则，const 的意义将不仅依赖于这个类型是否有构造函数；从原则上，说任何类都可能有构造函数。任何被声明为 const 的对象都可以放进 ROM，放到代码段里，或者通过存储控制进行保护，等等，以保证它在接受了初始值之后不再发生变化。这种保护并不是必须要求的东西，无论如何，当前的系统还不能保护每个 const，使它们避免任何形式的破坏。

对具体实现而言，在如何处理 const 上还是可以有很大程度的变化。让废料收集程序或者数据库系统修改一个 const 对象的值（例如将它移到磁盘或者移回来），不存在任何逻辑问题，只需要保证对用户而言这个对象并没有变化。

13.3.3 可变性与强制

有些人还是特别讨厌强制去掉 const，因为它是一个强制，甚至更因为这种东西并不保证对所有情况都能工作。那么，我们怎样才能既不用强制写一个像 13.3.1 节里 XX 那样的类，又不涉及像在类 XXX 里那样的间接呢？Thomas Ngo 建议说，应该能描述一种绝不应被认为是 const 的成员，即使它是某个 const 对象的成员时也是这样。这个建议在委员会里踢来踢去了许多年，直到 Jerry Schwarz 的成功拥护，使它的一个变形被接受了。初始建议提出用 ~const 作为“绝不能是 const”的记法。甚至这个概念的一些拥护者也认为这个记法太难看，所以把关键字 mutable（可变性）引进建议里，被 ANSI/ISO 委员会接受：

```
class XXX {
    inta ;
    mutable int cnt; // cnt will never be const
public:
    int f() const { cnt++; return a; }

    // ...
};

XXX var;                    // var.cnt is writable (of course)

const XXX cnst;             // cnst.cnt is writable because
                            // XXX::cnt is declared mutable
```

这个概念几乎还没有试验过。它确实能减少实际系统中对强制的需要，但是并不像一些人认为的那么有效。Dag Brück 和其他一些人审查了数量可观的实际代码，查看哪些强制实际上做的是强制去掉 const，哪些可以通过使用 mutable 而消除。这个研究证实了一个结论，一般地说，“强制去掉 const”不可能完全消除（14.3.4 节），用了 mutable 之后，可以从没有它时出现的所有“强制去掉 const”中消去不到一半。使用 mutable 的益处看起来与程序设计风格有密切关系。在有些情况中，借助于 mutable 可以消去所有的强制，而对另一些情况则一个强制都消不掉。

有些人曾经说过，希望修改后的 const 的概念和 mutable 一起，可以为一些重要的新优化打开大门。但看起来情况不像是那样。获益主要还是在代码的清晰性、能够预先计算出值因此可以放进 ROM 的对象数量的增加，以及代码分段等。

13.4 静态（static）成员函数

一个类的 static 数据成员是这样的一种成员，它只存在一个唯一的拷贝，而不像其他成员那样在每个对象中各有一个拷贝。因此，不需要引用特定对象就可以访问 static 成员。static 成员可用于减少全局名字的数量，并且能明确地表述某一个 static 成员在逻辑上属于哪个类，还能实现对这些名字的访问控制。这些特性为库的开发商提供了基本支持，使它们的库能更好地防止对全局名字空间的污染，简化库代码的书写，也使同时使用多个库变得更安全。

这些理由除了适用于对象外，也适用于函数。事实上，库的提供商最希望进行非全局化的大部分东西都是函数名。我看到过一些不能移植的代码，例如((X*)0)->f()，实际上就是想模拟 static 成员函数。这种计谋是一个时间炸弹，因为或迟或早可能会有某个人把以这种方式调用的某个 f()声明为 virtual。而后这个调用就会令人毛骨悚然的失败，因为在地址 0 根本不存在一个 X 对象。即使在 f()不是 virtual 的时候，在某些动态连接的实现中，这种调用也可能失败。

1987 年，我在赫尔辛基的 EUUG（欧洲 UNIX 用户组织）给的一个讲座的时候，Martin O'Riordan 向我指出，static 成员函数是一种很清晰很有用的组织方式。这可能是该想法的第一次提出来。Martin 当时在爱尔兰的 Glockenspiel 工作，而后去了 Microsoft，并成为那里 C++编译器的主要结构设计师。后来 Jonathan Shopiro 也支持了这个想法，并且确保了这一想法在 Release 2.0 的大量工作中没有迷失。

一个 static 成员函数也是一个成员，所以它的名字是在类的作用域里，一般的访问控制同样起作用。例如：

```
class task {
    // ...
    static task* chain;
public:
    static void schedule(int);
    // ...
};
```

一个 static 成员声明仅仅是一个声明，它所声明的对象或者函数必须在程序里的某个地方有唯一定义。例如：

```
task* task::chain = 0;
void task::schedule(int p) { / * ... * / }
```

由于 static 成员函数并不关联于任何特定对象，因此不需要用特定成员函数的语法进行调用。例如：

```
void f(int priority)
{
    // ...
    task::schedule(priority);
    // ...
}
```

在某些情况下，类被简单地当作一种作用域来使用，把不放进来就是全局的名字放入其中，作为它的 static 成员，可以使这些名字不会污染全局的名字空间。这也是名字空间概念的一个起源（第 17 章）。

static 成员函数也是从 Estes Park 的实现者研讨会（7.1.2 节）的讨论中获益甚多的语言特征之一。

13.5 嵌套的类

正如 13.2 节里所说的，嵌套类是由 ARM 重新引进 C++的。它使得作用域规则更加规范，并改进了信息局部化的能力。我们现在能写：

```
class String {
    class Rep {
        // ...
    };
    Rep* p; // String is a handle to Rep
    static int count;
    // ...
public:
    char& operator[] (int i) ;
    // ...
};
```

这样定义，就使 Rep 类成为局部的东西。不幸的是，这样做也会使放在类声明里的信息量进一步增加，由此导致编译时间延长，也会使重新编译更加频繁。人们往往把过多的东西放到嵌套类里，偶尔也把过多的经常需要改变的信息放进去。在许多情况下，有关类（例如 String）的用户实际上对这方面的信息并不感兴趣，因此这些信息应该与其他类似信息一起安置在别处。Tony Hansen 建议允许嵌套类的前向声明，按照与成员函数和 static 成员一样的方式处理：

```
// file String.h (the interface):

    class String {
        class Rep;
        Rep* p; // String is a handle to Rep
        static int count;
        // ...
    public:
        char& operator[](int i);
        // ...
```

```
    };

// file String.c (the implementation):

    class String::Rep {
        // ...
    };

    static int String::count = 1;

    char& String::operator[](int i)
    {
        // ...
    }
```

这个扩充已经被接受了，因为它非常简单地纠正了一个被忽视的问题。当然，这一概念所支持的技术也不应该低估。然而，人们还是在不断地将各种没必要的东西装入他们的头文件，从而受到过长编译时间的伤害。因此，每一种能帮助减少用户和实现者之间偶合程度的技术都是非常重要的。

13.6 Inherited::

在很早的一次标准化会议上，Dag Brück 递交了一份扩充建议，不少人都表示对它很有兴趣 [Stroustrup，1992b]：

"大量的类层次结构都是以'递增方式'建立起来的，通过在派生的类里增加函数，扩充基类的行为。一类典型的情况是在派生类里的函数调用基类的函数，而后再执行一些额外的操作：

```
struct A { virtual void handle(int); };
struct D : A { void handle(int); };
void D::handle(int i)
{
    A::handle(i);
    // other stuff
}
```

对 handle()的调用必须加上限定词[①]，以避免出现递归的循环。按照所建议的扩充，这个例子可以写成下面的形式：

```
void D::handle(int i)
{
    inherited::handle(i);
    // other stuff
}
```

① 写 A::...。——译者注

通过关键字 inherited 进行限定，可以看成是用类名字限定的一种推广形式，它能解决一些通过类名字限定可能引起的问题，对类库的维护是非常重要的。”

早在我设计 C++ 时就考虑过这个问题，但那时就拒绝了它，而转到采用基类名字限定的方式，因为这样限定能处理多重继承，采用 inherited::当然无法解决。但无论如何，Dag 研究了两种模式组合的问题，这样将能处理所有的问题又不会引进漏洞：

“大部分类层次结构都是在心里想着单继承的情况下开发出来的。如果我们改变了继承树，使类 D 转而由类 A 和 B 派生，我们将得到：

```
struct A { virtual void handle(int); };
struct B { virtual void handle(int); };
struct D : A, B { void handle(int); };

void D::handle(int i)
{
    A::handle(i);               // unambiguous
    inherited::handle(i);       // ambiguous
}
```

在这个情况下 A::handle()是合法的 C++ 结构，但同时也可能是错的。而将 inherited::handle()用在这里就有歧义，编译时将产生一个错误信息。我认为这种行为正是我们想要的，因为它迫使合并两个类层次结构的人去解决这个歧义性。从另一方面看，这个例子也说明多重继承可能进一步限制 inherited 的使用。”

由于这些论据，以及说明了其中有关细节的细致纸面工作，我终于被说服了。这个建议明显是非常有用的，很容易理解，也很容易实现。它也有真正的实际经验基础，因为它的一个变形已经由 Apple 基于他们在 Object Pascal 的基础上实现了。它也是 Smalltalk 里 super 机制的一种变形。

经过在委员会对这个建议的最后讨论，Dag 自愿把它提供出来，作为教科书上的一个例子，作为一个是好思想但是又不应该被标准接受的例子 [Stroustrup，1992b]：

“这个建议有很好的论据——就像大部分建议一样——委员会里有许多人是这方面的专家，也有许多实际经验。对于这个案例，Apple 的代表已经实现了本建议。在讨论中，我们很快就达成统一意见：该建议不存在重大缺陷。特别是与在这个方向上以前的一些建议不同（如某些早在 1986 年讨论多重继承时就出现过的建议），它正确地处理了由于使用多重继承而引起的歧义性问题。我们也同意，这个建议在实现上非常简单，应该能从正面对程序员有所帮助。

请注意，这些论据对于该建议被接受而言还是**不够**充分的。我们知道十多个与此类似的小改进，还有十来个更大些的东西。如果我们接受了所有这些东西，语言将由于其重量而沉没（请记住 Vasa！①）。当时我们还不知道这个建议能否通过，因为事情还在讨论之中，Michael Tiemann 走了进来，嘟囔着，大概是‘我们不需要这个扩充，因为我们早就能够写像这样的代码了。’当‘我们当然不能！’的嗡嗡声减退下去之后，Michael 告诉我们应该怎么做：

```
class foreman : public employee {
    typedef employee inherited;
    // ...
    void print();
};

class manager : public foreman {
    typedef foreman inherited;
    // ...
    void print();
};

void manager::print()
{
    inherited::print();
    // ...
}
```

有关这个例子的进一步讨论见 [2nd，205 页]。我们没有注意到的是，将嵌套的类重新引进 C++ 里，已经打开了控制作用域和解析类型名字的可能性，使我们有可能像处理其他名字一样处理它们。

有了这种技术后，我们决定把努力放到其他标准化工作上去。要作为一种内部功能 inherited::带来的利益不足以超过程序员使用现有机制能得到的利益，因此我们决定不把 inherited::作为能接受的极少数 C++ 扩充之一。”

13.7 放松覆盖规则

请考虑写一个函数，让它返回某个对象的一个拷贝。假定存在着复制构造函数，这件事情做起来非常简单：

```
class B {
public:
    virtual B* clone() { return new B(*this); }
    // ...
};
```

现在，在任何由 B 派生的类，只要它覆盖了 B::clone，这个类的对象也都能正确地克隆了。例如：

```
class D : public B {
public:
```

① 参见作者在 6.4 节对古代瑞典军舰 Vasa 命运的说明。——译者注

```
            // old rule:
            // clone() must return a B* to override B::clone():
        B* clone() { return new D(*this); }

        void h();
        // ...
};

void f(B* pb, D* pd)
{
    B* pb1 = pb->clone();
    B* pb2 = pd->clone(); // pb2 points to a D
    // ...
}
```

不幸的是，pd 指向的是一个 D（或者某个由 D 派生的东西）的事实却丢掉了：

```
void g(D* pd)
{
    B* pb1 = pd->clone();  //ok
    D* pd1 = pd->clone();  // error: clone() returns a B*
    pd->clone()->h();      // error: clone() returns a B*

    // ugly workarounds:

    D* pd2 = (D*)pd->clone();
    ((D*)pd->clone())->h();
}
```

在实际代码中，这种情况已经被证明非常讨厌。有些人研究了相关规则，在这里，覆盖函数的类型必须与被覆盖函数的类型**完全**相同，这个规则实际上可以放松而不会在类型系统中打开漏洞，也不会给实现带来严重的复杂性。例如，应该允许下面的例子：

```
class D : public B {
public:
        // note, clone() returns a D*:
    D* clone() { return new D(*this); }

    void h();
    // ...
};

void gg(B* pb, D* pd)
{
    B* pb1 = pd->clone();     // ok
    D* pd1 = pd->clone();     // ok
    pd->clone()->h();         // ok

    D* pd2 = pb->clone();     // error (as always)
    pb->clone()->h();         // error (as always)
}
```

这个扩充最初是由 Alan Snyder 建议的，碰巧也是第一个正式推荐给委员会的建议。该建议在 1992 年被接受。

我们在接受它之前提出了两个问题。

[1] 这里是否存在严重的实现问题(比如说，在多重继承或者到成员的指针的领域)?

[2] 在所有可能的处理覆盖函数返回类型的转换中，哪些(如果有的话)是值得做的?

从个人的角度来讲，我对问题 [1] 并不担心，因为我想我知道如何一般地去实现这种放松的规则。但 Martin O'Riordan 确实担心，并写了东西要求委员会演示实现的细节。

我的主要问题是想确定这个放松是否值得做，针对怎样的一集转换去做？对派生类的对象调用一个虚函数，又需要对以该派生类作为返回值的类型执行某种操作，这种情况究竟有多么常见？有几个人，特别是 John Bruns 和 Bill Gibbons，坚持认为这种需求非常广泛，并不局限于少量像 `clone` 这样的计算机科学的示例。最后使我认清这个问题的数据是 Ted Goldstein 的观察，在他参与的 Sun 的一个几百万行的系统里，所有强制中大约有 2/3 是某种迂回，通过这种放松的覆盖规则都可以删除掉。换句话说，我发现，最吸引人的是这种放松将使人能在类型系统内做一些重要的事情，而不必使用强制。这就把放松覆盖函数返回类型的问题带入了我的主要努力方向：使 C++ 程序设计更安全、更简单，也更具说明性。放松覆盖规则不仅能删除许多常规的强制，同时也能清除掉错误地使用新的动态强制的一种诱惑，该机制是与这个放松规则同时讨论的(14.2.3 节)。

经过对各种可能选择方式的一些讨论之后，我们决定，只要 B 是 D 的一个可以访问的基类，就允许用 D* 覆盖 B* 以及用 D& 覆盖 B&。此外，如果安全的话，还可以加上或者去掉 const。我们还决定不放松另外一些在技术上也可以处理的转换，例如从 D 到可以访问的基类 B，从 D 到一个存在着转换的 X，从 int* 到 void*，或者从 double 到 int 等等。我们认为，允许这些覆盖所产生的转换是得不偿失的，这样做，既会增加实现的代价，又存在迷惑用户的潜在可能性。

放松参数规则

我过去一直对放松有关返回类型的覆盖规则心存疑虑，其中的一个重要原因是，按照我的经验，这个放松毫无疑问地将伴随着一个不可接受的“等价的”放松参数类型规则的建议。例如：

```
class Fig {
public:
    virtual int operator==(const Fig&) ;
    // ...
};

class ColFig: public Fig {
public:
    // Assume that Coifig::operator==()
    // overrides Fig::operator==()
    // (not allowed in C++).
```

```
    int operator==(const ColFig& x ) ;
    // ...
private:
    Color col;
};

int ColFig::operator==(const ColFig& x)
{
    return col == x.col && Fig::operator==(x);
}
```

这一情况看起来好像也说得通，使人可以写出有用的代码。例如：

```
void f(Fig& fig, ColFig& cf1, ColFig& cf2)
{
    if (fig==cf1) { // compare Figs
        // ...
    } else if (cf1==cf2) { // compare ColFigs
        // ...
    }
}
```

可惜的是，这个东西也将导致隐含地违反类型系统的情况：

```
void g(Fig& fig , ColFig& cf)
{
    if (cf==fig) {// compare what?
        // ...
    }
}
```

如果 ColFig::operator==()能覆盖 Fig::operator==()，那么 cf==fig 就将用一个普通的 Fig 参数去调用 ColFig::operator==()。这将造成一个大灾难，因为在 ColFig::operator==()的操作里需要访问成员 col，而在 Fig 里根本没有这个成员。如果 ColFig::operator==()对它的参数写东西，结果就会造成存储的破坏。我在第一次设计虚函数的规则时，就考虑过这个情景，认定它是不可接受的。

如果允许这种覆盖，随之而来的将是对虚函数的每个参数都需要进行运行时检查。优化这些检查不会很容易。如果没有全局分析，我们将无法知道来自其他文件的某个对象是否恰好具有某个做过这种危险覆盖的类型。这种检查所造成的负担也将使有关规则缺乏吸引力。还有，如果每个虚函数调用都变成一个潜在异常的发源地，用户必须为它们做好准备，这个情况当然是无法接受的。

程序员可以采用的另一种方式是直接进行检测，看是否需要对一个派生类型的实际参数做其他处理。例如：

```
class Figure {
public:
    virtual int operator==(const Figure&);
    // ...
};
```

```
class ColFig: public Figure {
public:
    int operator==(const Figured x);
    // ...
private:
    Color col;
};

int ColFig::operator==(const Figure& x)
{
    if (Figure::operator==(x)) {
        const ColFig* pc = dynamic_cast<const ColFig*>(&x);
        if (pc) return col == pc->col;
    }
    return 0;
}
```

采用这种方式，运行时做检查的强制 dynamic_cast（见 14.2.2 节）恰好成了放松的覆盖规则的补充。放松的规则安全而又具有说明性地处理了返回类型的问题，而 dynamic_cast 运算符能够显式地、比较安全地处理参数类型。

13.8 多重方法

我还反复考虑过基于多个对象的一种虚函数调用机制，通常被人们称为**多重方法**。我拒绝多重方法的时候颇为遗憾，因为我喜欢这个想法，但是却无法找到一种可以接受的形式，并按照该形式来接受它。考虑：

```
class Shape {
    // ...
};

class Rectangle : public Shape {
    // ...
};

class Circle : public Shape {
    // ...
};
```

我们如何设计一个 intersect()，使它能对其两个参数正确地调用？例如：

```
void f(Circle& c, Shape& s1, Rectangle& r, Shape& s2)
{
    intersect(r,c);
    intersect(c,r);
    intersect(c,s2);
    intersect(s1,r);
    intersect(r,s2);
    intersect(s1,c);
    intersect(s1,s2);
}
```

如果 r 和 s 分别表示 Circle 和 Shape[①]，我们可能需要用 4 个函数来实现 intersect：

```
bool intersect(const Circle&, const Circle&);
bool intersect(const Circle&, const Rectangle&);
bool intersect(const Rectangle&, const Circle&);
bool intersect(const Rectangle&, const Rectangle&);
```

每个调用都能执行正确的函数，与虚函数的方式类似。但是，正确的函数选择必须基于两个实际参数的运行时类型。就我的看法，这里的基本问题是需要找到：

[1] 一种调用机制，它能够像虚函数所用的表查找那样简单而高效；

[2] 一集规则，使得歧义性消解成为一个纯粹的编译时的工作。

我并不认为这个问题是无法解决的，但也一直没有看到这个问题的压力变得足够大，以至使它上升到我的排着队的事务栈的最顶端，迫使我拿出足够长的时间，设法做出一个解决方案的细节。

我一直有一个担心，一个快速的解决办法看来需要大量存储，用于实现某种虚函数表的等价物；而任何不“浪费”大量空间去拷贝表项的方法可能都很慢，其性能特征使人无法接受；或者是两个缺点同时存在。例如，对于 Circle 和 Rectangle 的例子，任何无须考虑在运行时查找被调用函数的实现方法，大概都需要 4 个函数指针。再增加了另一个类 Triangle 后，看起来我们就需要 9 个函数指针了。从 Circle 类派生一个类 Smiley，指针需要增加到 16 个，虽然看起来我们有可能节约最后的这 7 个指针，方法是对所有 Smiley 都直接使用与 Circle 有关的项。

更糟的是，指向这些函数的指针数组应该与虚函数表等价，但在全部程序都已经知道之前，我们无法将其做出来，也就是说，它只能由连接器产生。其中的原因是，所有重载函数不会属于任何一个统一的类。不可能有这样一个类，恰恰是因为所需要的每个函数都依赖于两个或者更多参数的类型。当时这个问题是无法解决的，因为我不希望存在某种语言特征，它需要依赖不寻常的连接器的支持。经验告诉我，要得到这种支持恐怕还得等许多年。

另一个使我烦恼的问题是如何处理歧义性，虽然这个问题看起来能解决。一个明显回答是让多重方法的调用遵从与其他调用同样的有关歧义性的规则。然而我觉得这个回答很含糊。我曾一直在为调用多重方法寻找特殊的语法和规则，例如：

```
(r@s)->intersect(); // rather than intersect(r,s)
```

但这也是一条死胡同。

Doug Lea 曾经建议过一个更好的解决方案 [Lea，1991]：允许将参数明确声明为

① 原文如此。从上下文看应该是 Rectangle，而不是 Shape。——译者注

virtual。例如：

```
bool intersect(virtual const Shape&, virtual const Shape&);
```

此后，一个按名字匹配的函数，要按参数类型的放松之后的匹配规则，可以采用与返回类型覆盖相同的规则。例如：

```
bool intersect(const Circle&, const Rectangle&) // overrides
{
    // ...
}
```

最后，多重方法将用常规调用语法去调用，就像前面显示的那样。

多重方法是 C++ 的一个很有趣的“如果……怎么样”。我能按时将它设计和实现得足够好吗？它们的应用真那么重要，值得做出相关的努力吗？哪些其他工作可以放到一旁不做，为设计和实现多重方法提供时间？从大约 1985 年以来，我一直在为没有提供多重方法而感到某种遗憾和内疚。比如说，我在 OOPSLA 上给过的唯一的一次正式报告是在一个专题讨论中，讲的是反对语言偏执和无意义的语言战争 [Stroustrup，1990]。在报告中我提到 CLOS 中我喜欢的一点东西，还强调了多重方法。

绕过多重方法

那么，在没有多重方法的情况下，我们该如何写 instersect()这样的函数呢？

在引进运行时类型识别机制（14.2 节）之前，对于运行中基于类型进行解析的唯一支持就是虚函数。因为我们希望根据两个参数做解析，因此大概需要两次虚函数调用。对上面有关 Circle 和 Rectangle 的例子，调用中存在着三种可能的静态参数类型，因此我们可以提供三个虚函数：

```
class Shape {
    // ...
    virtual bool intersect(const Shape&) const =0;
    virtual bool intersect(const Rectangle&) const =0;
    virtual bool intersect(const Circle&) const =0;
};
```

在派生类里，也应该正确地覆盖这些虚函数：

```
class Rectangle : public Shape {
    // ...
    bool intersect(const Shape&) const;
    bool intersect(const Rectangle&) const;
    bool intersect(const Circle&) const;
};
```

这样，任何对 instersect()的调用都能正确地解析为 Circle 或者 Rectangle 的适当函数。我们还必须保证，那些使用了非特定的 Shape 参数的函数，将通过第二次虚函数调用解析到特定函数去：

```
bool Rectangle::intersect(const Shape& s) const
{
    return s.intersect(*this); // *this is a Rectangle:
                               // resolve on s
}
bool Circle::intersect(const Shape& s) const
{
    return s.intersect(*this); // *this is a Circle:
                               // resolve on s
}
```

其他 instersect()函数都可以很简单地处理两个已知类型的参数。请注意，只有第一个 Shape::instersect()函数是必需的，另外两个 Shape::instersect()函数不过是一种优化，如果在设计基类时已经知道有哪些派生类，就可以这样做。

这种技术称为**双重发送**，它第一次出现在 [Ingalls，1986]。在 C++ 的环境中做双重发送，也有其自身的弱点：在一个类层次结构中添加新类时，需要修改已有的类。一个派生类，例如 Rectangle，必须知道它的所有兄弟类，还要包含虚函数的完整集合。例如，如果增加一个新类 Triangle，就需要修改 Circle 和 Rectangle，如果还希望继续有上面谈到的优化，那么还需要修改 Shape：

```
class Rectangle : public Shape {
    // ...
    bool intersect(const Shape&);
    bool intersect(const Rectangle&);
    bool intersect(const Circle&);
    bool intersect(const Triangle&);
};
```

简单地说，在 C++ 里，双重发送是具有合理的效率和合理的优雅形式的技术，用于实现在层次结构中的漫游。它适合用在那些你能够修改类声明的地方，以便处理新加入的类，而且希望有关的派生类不经常变化。

替代技术涉及将某种类型标识符存储在对象里面，而后基于它们去选择被调函数。使用 typeid()做运行时类型识别（14.2.5 节），也是这类技术的一个简单例子。也可以采用其他方法，如维护一个数据结构，在其中保存指向有关函数的指针，并通过类型标识符访问这个结构。这种方法也有优点，因为这里的基类不需要有关派生类存在的任何知识。例如，有了合适的定义以后

```
bool intersect(const Shape* s1, const Shape* s2)
{
    int i = find_index(s1.type_id(),s2.type_id());
    if (i < 0) error("bad_index");
    extern Fct_table* tbl;
    Fct f = tbl[i];
    return f (s1,s2);
}
```

就能对任何一对可能类型的参数调用到正确的函数。简而言之，这种方式实际上就是以

手工方式实现了以前一直隐藏着的虚函数表。

多重方法的特殊情况都能比较简单地模拟实现，这也是导致多重方法一直不能出现在我的工作表最顶端的主要原因，因为这使我不想花足够的时间去做出它的细节。从最实际的观念上看，这个技术也就是人们在 C 语言里模拟虚函数所用的技术。如果用得不多，采用迂回方式也是可以接受的。

13.9 保护成员

当 C++ 被主要用作一种数据抽象程序设计语言，或者用到一大类使用继承机制的面向对象程序设计的问题时，简单的私有/公有数据隐藏模型，对于 C++ 就已经很合适了。但是，如果使用了派生类，那么就存在着类的两种用户：派生类和“一般公众”。类的成员和友员函数代表实际用户在类对象上进行操作，私有/公有机制使程序员可以清楚地描述实现和一般公众之间的划分，但却没有提供某种方式来迎合派生类的特殊需要。

在 Release 1.0 推出后不久，Mark Linton 顺便到我的办公室来了一下，提出了一个使人印象深刻的请求，要求提供第三个控制层次，以便直接支持斯坦福大学正在开发的 Interviews 库（8.4.1 节）中采用的风格。我们一起揣摩，创造出单词 `protected` 以表示类里的一些成员，它们对这个类及其派生类“像公有的”，而对其他地方则“像私有的”。

Mark 是 Interviews 的主要设计师。他的有说服力的论点是基于实际经验和来自真实代码的实例。他论证说，保护数据是一个高效的可扩充的 X 窗口工具包的设计中最关键的东西，而有可能替代保护数据的其他方式都可能导致低效，难以处理直接展开的接口函数，或者使数据公开等，因而是无法接受的。保护数据（一般说是保护成员）看起来更少有害。还有，自称为“纯粹”的语言，如 Smalltalk，也支持这种——保护弱一些的——概念，而不是 C++ 的 `private` 那样强的概念。我也写过一些代码，在其中把数据声明为 `public`，也就是为了能在派生类里用。我也看到过一些代码，在那里 `friend` 观念被笨拙地错误使用，以便将访问权授予明确命名的派生类。

这些都是很好的论据，非常重要，它们使我确信应该允许有保护成员。当然，我是把“很好的论据”看作是在讨论程序设计时值得高度关注的东西。看起来，对每个可能的语言特征及其每种可能使用，都存在“很好的证据”。我们还需要数据。如果没有数据和适当的评价试验，我们就会像那些希腊哲学家，他们确信宇宙中所有东西都是由某几种物质组成的，他们天才地辩论了几个世纪，然而却还是无法确定究竟是哪四种（或者是五种）基本物质。

大约五年之后，Mark 在 Interviews 里禁止了保护数据成员，因为它们已经变成许多程序错误的根源：“当新用户摸不着路时就到处乱碰，他们应该知道得更多一些。”它们也使维护大大复杂化了：“现在看起来应该改变这种情况，你认为除了在这里之外还有什么人使用它吗？”Barbara Liskov 在 OOPSLA 的主旨发言 [Liskov，1987] 中给出了一个细节解释，讨论了基于 protected 概念进行访问控制的理论和实践性问题。按我的经验，在把重要信息放在基类里，以便使派生类能够直接使用。这种问题总存在着许多可选的方案。实际上，我对 protected 的关心，正是在于它导致用一个基类变得太容易，就像人们可能因为懒惰而使用全局数据一样。

幸运的是，你不必在 C++ 里使用保护数据，private 是类里的默认情况，通常也是更好的选择。请注意，对保护成员**函数**来说，这些反对意见中没什么重要的东西。我还是认为，对于描述能在派生类里使用的操作来说，protected 是一种的极好方式。

保护成员是 Release 1.2 引进的，保护基类最早是在 ARM 里描述的，Release 1.2 提供了它。回过头看，我认为，protected 是一个例子，其中“好的论据”和时尚战胜了我的更好的判断和经验规则，使我接受一个新特征。

13.10 改进代码生成

对于一些人，Release 2.0 的最重要“特征”并不是某个特征，实际上就是空间优化。从一开始，Cfront 生成的代码质量就很不错。到了 1992 年，针对一个 SPARC 上用于评价 C++ 编译器的基准测试程序集，Cfront 生成了最快的运行代码。除了在 Release 3.0 里实现了 [ARM，§12.1c] 所提出的返回值优化外，在 Release 1.0 以后，由 Cfront 生成的代码在速度上没有重大改进。但无论如何，Release 1.0 非常浪费空间，因为对于在一个编译单位里使用的所有的类，需要为这个编译单位生成一套虚函数表。这可能引起成兆字节的浪费。那时（大约 1984 年）我认为，在缺乏连接器支持的情况下，这种浪费是不可避免的，并要求得到有关的支持。到了 1987 年，连接器的支持还是没有实现。这样，我只好重新考虑这个问题，并设法将其解决了，采用了一种简单的启发式方法：将一个类的虚函数表安放在它的第一个非纯虚也非 inline 的函数定义之后，例如：

```
class X {
public:
    virtual void f1() { /* ... */ }
    void f2();
    virtual void f3() = 0;
    virtual void f4(); // first non-inline non-pure virtual
    // ...
};

// in some file:

    void X::f4() { /* ... */ }

    // Cfront will place X's virtual function table here
```

我选择这个启发方法，是因为它不需要连接器的合作。这个启发方法并不完美，因为对于那些没有任何非 inline 虚函数的类，它还是会浪费空间，但是，虚函数表占用空间已经不再是实际问题了。Andrew Koenig 和 Stan Lippman 参与了有关这个优化的细节讨论。自然，其他 C++ 完全可以，而且有些也确实选择了它们自己对这个问题的解决办法，以适应它们的环境和工程方面的需求权衡。

作为另一种选择，我们也考虑了在每个编译单位里简单地生成一个虚函数表定义，而后再用一个预连接器删除所有多余的表，只留下一个。不管怎样，该方法也很难做成可移植的。它还是很低效的。为什么要生成所有这些表，只是为了后面花时间去丢掉大部分东西呢？希望支持自己的连接器人们可以使用其他技术。

13.11　到成员的指针

开始时，在 C++ 里，没有任何办法去表述指向成员函数的指针这一概念。在一些情况下，这种缺位也引发了一种欺骗类型系统的需要，例如在错误处理中，传统的方法是使用指向函数的指针。有了

```
struct S {
    int mf(char*);
} ;
```

人们会写出下面这样的代码：

```
typedef void (*PSmem)(S*,char*);

PSmem m = (PSmem)&S::mf;

void g(S* ps)
{
    m(ps,"Hello");
}
```

这种东西只能通过散布在各处的显式强制的方式工作，显然，这种方式根本就不应该使用。这种做法依赖于一个假设：成员函数总是按 Cfront 的实现方式，通过第一个参数得到其对象指针（“对应的 `this` 指针”），参见 2.5.2 节。

早在 1983 年，我就认为这是不可接受的，但又不觉得修正它是一件急迫的事情。我那时认为这只是一个纯粹的技术问题，需要回答它以封住类型系统上的一个漏洞，但在实践中它并不很重要。在完成了 Release 1.0 的工作后，我终于找到了一点时间去塞住这个漏洞，Release 1.2 实现了有关的解决方案。碰巧，把回调当作基本通信机制的系统不久就降临人世，这就使对该问题的解决方案变成非常关键的事情了。

指向成员的指针这个术语很容易使人误解，因为到成员的指针实际上比一个偏移量（标识对象中一个成员的值）还要多些东西。当然，由于我把它称作“偏移量”，人们可能已经做出了错误的假设，认为到成员的指针不过是到对象里面的一个简单指标，也或许会假定能够使用某种形式的算术运算。这些可能已造成比术语**指向成员的指针**

更多的混乱。我选择这个术语，是因为在设计这个机制时，采用的是很接近 C 指针的语法形式。

考虑 C/C++ 里最辉煌的函数语法：

```
int f(char* p) { / *...*/ } // define function.
int (*pf)(char*) = &f;      // declare and initialize
                            // pointer to function.
int i = (*pf)("hello");     // call through pointer.
```

将 S::和 p->插入其中适当的位置，我就为成员函数构造出一种平行的东西：

```
class S {
    // ...
    int mf(char*);
} ;

int S::mf(char*p) { /* ... */ } // define member function.
int (S::*pmf)(char*) = &S::f;    // declare and
                                // initialize pointer to
                                // member function.
S* p;
int i = (p->*pf)("hello");      // call function through
                                // pointer and object.
```

在语义和语法上，这种指向成员函数的指针都很有意义。我需要做的全部工作就是将它推广到数据成员，并找到一种实现策略。在 [Lippman，1988] 的致谢一节中这样说：

> “指向成员的指针概念的设计是与 Bjarne Stroustrup 和 Jonathan Shopiro 合作努力的结果，还有 Doug McIlroy 的许多很有意义的指教。Steve Dewhurst 对于重新设计指向成员的指针，使之适用多重继承概念做出了很大贡献。”

那时我很喜欢说我们是发现了指向成员的指针概念，而不是我们设计了它。对 2.0 的大部分东西，我都有这种感觉。

在很长一段时间里，我都认为指向数据成员的指针是为推广而做的一种人造物件，而不是什么真正有用的东西。我又一次被证明是错的。特别是实践已经证明，指向数据成员的指针是表达 C++ 的类布局方式的一种与实现无关的方式 [Hübel，1992]。

14

第14章　强制

明白事理的人不会去改变世界。

——萧伯纳

主要和次要扩充——对运行时类型信息（RTTI）的需求——dynamic_cast——语法——哪些类型支持 RTTI——从虚基出发的强制——RTTI 的使用和误用——typeid()——类 type_info——扩充的类型信息——一个简单的对象 I/O 系统——被拒绝的其他新强制——static_cast—reinterpret_cast—const_cast ——使用新风格强制

14.1　主要扩充

模板（第 15 章）、异常（第 16 章）、运行时类型信息（14.2 节）和名字空间（第 17 章）经常被人们说成是**主要**扩充。之所以称它们为主要的，是因为它们对程序的组织方式产生了重要影响——无论是看作扩充，还是看作 C++ 的集成特征。因为，从根本上说，创造 C++ 就是为了提供新的程序组织方法，而不是为表述传统设计提供另一种更方便的形式。所以，能在这方面起作用的就是主要特征。

次要特征之所以被认为是次要的，也是因为它们不影响程序的整体结构，不影响设计。其次要不在于在手册里定义它们用的行数不多，或者只需要不多几行编译器代码就能够实现。实际上，一些主要特征比某些次要特征更容易描述，或者更容易实现。

当然，并不是每个特征都能很好纳入这种简单的主要/次要分类。例如，嵌套函数就既可以看作次要特征，也可以看作主要特征，要看你对它们在表述迭代中重要性如何认识。不管怎样，我这些年在试着尽可能减少次要扩充的同时，一直在几个主要扩充方面努力工作。非常奇怪的是，人们感兴趣的程度和公众争论的量却似乎常常与特征的重要性成反比。个中缘由也很容易理解：与主要特征相比，对于次要特征，人们更容易有一种稳固的观点；次要特征常常直接顺应了当前的形势，而主要特征——按照定义就不是这样的。

由于支持库，支持从部分独立的部分出发组合软件，都是 C++ 的最关键目标，主要特征全都与这些东西有关：模板、异常处理、运行时的类型识别以及名字空间。当然，如果按照我的观点，模板和异常处理应该是在 Release 1.0 以前就提供的东西（2.9 节和 3.15 节）。运行时类型识别甚至在 C++ 的第一个草稿里就考虑过（3.5 节），但后来又推迟，是希望能证明它并不必要。名字空间是仅有的一个超出了 C++ 初始概念的主要扩充，然而即使是它，也是对我在 C++ 第一个版本中就想解决但却没有成功的一个问题的回答（3.12 节）。

14.2 运行时类型信息

关于在运行时确定对象类型的机制的讨论，在许多方面与关于多重继承（12.6 节）的讨论类似。多重继承被看作对原始 C++ 定义的第一个主要扩充。运行时类型信息（Run-time Type Information，RTTI），是在标准化过程中委托的，或者在 ARM 里发表的特征之外的第一个主要扩充。

在这里，C++ 又直接支持了一种新的程序设计风格。同样又有些人：

——声称这种支持是不必要的；

——声称这种新风格从本质上说就是罪恶的（“与 C++ 的精神相悖”）；

——认为它太昂贵；

——认为它太复杂、太混乱；

——将它看成是又一次新特征的雪崩的开始。

此外，RTTI 还吸引来许多对 C/C++ 强制机制的一般性批评。例如，许多人不喜欢（老风格的）强制可以用于越过对私有基类的访问控制，能够强制去掉 `const`。这些批评都很有根据、很重要（14.3 节）。

又一次，我为新特征辩护还是站在这样的基础上：它对于一些人是有用的，而对不使用它的另一些人则是无害的；如果我们不直接支持它，人们也会去模拟它。还有，就是它应该很容易实现。为支持最后这个断言，我用了两个上午做出了一个试验性实现。这就使 RTTI 至少比异常和模板简单两个数量级，比多重继承简单一个数量级。

把在运行时确定对象类型的机制加进 C++，其原始动力来自 Dmitry Lenkov [Lenkov，1990]。Dmitry 的想法转而来自一些重要 C++ 库的经验，例如 Interviews [Linton，1987]，NIH 库 [Gorlen，1990]，以及 ET++ [Weinand，1988]。档案（dossier）机制 [Interrante，1990]也是那时可以考查的东西。

由各种库提供的 RTTI 机制是互不兼容的，成了同时使用多个库的一种障碍。这种情况就要求基础类的设计师们很有远见。因此，确实需要有一种语言支持机制。

我逐渐涉足这个机制的细节设计中，和 Dmitry 一起作为提交给 ANSI/ISO 委员会的建议的合作者，同时也作为在委员会里精炼这个建议的负责人 [Stroustrup,1992]。在 1991 年 7 月的伦敦会议上，这个建议被第一次提交给委员会，在 1993 年 3 月俄勒冈的 Portland 会议上被接受。

运行时类型信息机制包括 3 个主要部分。

——一个运算符 dynamic_cast，给它一个指向某对象的基类指针，它能得到一个到这个对象的派生类指针。进一步说，只有当被指对象确实属于指明的派生类时，运算符 dynamic_cast 才给出这个指针，否则就返回 0。

——一个运算符 typeid，对一个给定的基类指针，它将识别出被指对象的确切类型。

——一个结构 type_info，作为与类型的更多运行时类型信息的挂接点（hook）。

为了节约篇幅，下面有关 RTTI 的讨论几乎完全限制在指针方面。

14.2.1 问题

假定某个库里提供了类 dialog_box，其接口都用 dialog_box 的方式表述。而我则同时使用 dialog_box 和我自己的 dbox_w_str：

```
class dialog_box : public window { // library class
    // ...
public:
    virtual int ask();
    // ...
};

class dbox_w_str : public dialog_box { // my class
    // ...
public:
    int ask();
    virtual char* get_string();
    // ...
};
```

在这种情况下，当系统/库传递给我一个到 dialog_box 的指针时，我怎么才能知道它是不是一个我的 dbox_w_str？

请注意，我无法去修改库，使之能知道我的 dbox_w_str 类。即使能我也不应该这样做，因为这样做之后我就要担心 dbox_w_str 类能不能在库的新版本里使用，还要担心我可能将错误引入“标准的”库里。

14.2.2 dynamic_cast 运算符

一个朴素解决办法是找出被指对象的类型，用它与我的 dbox_w_str 比较：

```
void my_fct(dialog_box* bp)
```

```
{
    if (typeid(*bp) == typeid(dbox_w_str)) { // naive

        dbox_w_str* dbp = (dbox_w_str*)bp;

        // use dbp
    }
    else {

        // treat *bp as a ' 'plain' ' dialog box
    }
}
```

如果给一个类型名作为运算对象，typeid()运算符将返回一个能标识该类型的对象。给它一个表达式运算对象，typeid()将返回一个对象，它标识了这个表达式表示的对象的类型。特别是，typeid(*dp)将返回一个对象，使程序员能提出有关 dp 所指对象的类型方面的问题。在上面情况中，我们想问的是这个类型是否为类型 dbox_w_str。

这是能提出的最简单问题，但它常常**不是**正确的问题。这里提问的原因，就是想知道能否安全地使用某个派生类的一些细节。而为了使用它，我们需要获得一个指向该派生类的指针。在上面例子里，我们在检测之后的程序行里用了一个强制。进一步说，实际中我们常常并不真正关心被指对象的**确凿**类型，而只是关心能否安全地做这个强制。这个问题可以直接通过 dynamic_cast 写出来：

```
void my_fct(dialog_box* bp)
{
    if (dbox_w_str* dbp = dynamic_cast<dbox_w_str*>(bp)) {

        // use dbp
    }
    else {

        // treat *pb as a ''plain'' dialog box
    }
}
```

如果 *p 确实是一个 T 或者是由 T 派生出的类的对象，dynamic_cast<T*>(p)运算符就将运算对象 p 转换到所需的 T* 类型；否则 dynamic_cast<T*>(p)的值就是 0。

将测试与强制合并为一个操作有许多优点：

——动态强制使测试和强制之间不可能出现错误匹配；

——通过利用在对象里可用的类型信息，我们可能将它转换到在这个强制的作用域里看不到完整定义的某个类型；

——通过利用在对象里可用的类型信息，我们经常可以从一个虚的基类强制到一个派生类去（14.2.2.3 节）；

——静态强制不能对所有这些情况都给出正确结果（14.3.2.1 节）。

对于我遇到过的各种强制，dynamic_cast 能处理大多数需求。我把 dynamic_cast 看作是 RTTI 机制中最重要的部分，也是用户最应该关注的结构。

dynamic_cast 运算符还可用于把运算对象强制到某个引用类型。如果到引用的强制操作失败，就会抛出一个 bad_cast 异常。例如：

```
void my_fct(dialog_box& b)
{
    dbox_w_str& db = dynamic_cast<dbox_w_str&>(b);

    // use db
}
```

我只会在有了一个关于被检查引用类型的假设，并认为如果这个假设错误，那就是失败的时候，才使用一个引用强制。如果情况不是这样，我希望在多种可能性中做出选择，那么就用一个指针强制并检查得到的结果。

我已经无法准确地回忆起，从什么时候起我就认定运行时检查的强制是处理运行时类型的最好方式，它将使语言直接支持运行时的类型检查变成了一种必需品。这个想法出自我在 Xerox PARC 访问时那里的某个人的建议，那是在 1984 年或者 1985 年。该建议提出让常规的强制去做检查。正如 14.2.2.1 节中论述的，那种方式在开销和兼容性方面存在一些问题。当时我也觉得某种形式的强制能有助于尽量减少错误使用，像 Simula 的 INSPECT 那样基于类型的开关机制就很有吸引力。

14.2.2.1 语法

dynamic_cast 运算符看起来应该是什么样子？有关的讨论既反映了纯粹语法上的考虑，也反映了对转换的性质方面的考虑。

强制是 C++ 里最容易引起错误的功能之一，它们在语法上也是最难看的东西。很自然，我也考虑过是否有可能：

——删除强制；

——设法使强制成为安全的；

——为强制提供一种语法形式，使正在使用一种不安全运算符的情况更容易看清楚；

——为强制提供一些替代品，不鼓励使用强制。

简单看，要说 dynamic_cast（动态强制）反映出 [3] 和 [4] 的组合还能说得通，另一方面，它与 [1] 和 [2] 就没有什么关系。

考虑第 [1] 点，我们注意到，没有任何一种支持系统程序设计的语言完全清除了强制的可能性，即使是为了有效支持数值计算，也需要某种形式的类型转换。这样，目标应该是尽可能减少强制的使用，并尽可能把这种东西的行为弄得好一些。从这个愿望出发，Dmitry 和我制定了一个方案，把动态强制和静态强制用老的强制语法形式统一到一起。看起来这是个好主意，但经过更细致的检查，却发现了几个问题。

[1] 从本质上，动态强制和常规的不加检查的强制就是不同的操作。动态强制需要查看对象内部以生成所需结果；它也可能失败并给出运行时信息，表明出现了失误。常规强制执行时的操作完全由所涉及的类型决定，并不依赖所操作的对象的值（除了偶尔需要做空指针检查之外）。常规强制绝不会失败，它只是简单地产生一个新值。为这两种动态和静态强制使用同样的语法，只能是引起混乱，使人弄不清一个强制到底做的是什么。

[2] 如果动态强制在语法上不能清楚辨认，那么就无法简单地找到它们（去 grep①它们，按照 UNIX 的说话方式）。

[3] 如果动态强制在语法上不能清晰辨认，编译器将无法拒绝错误使用动态强制的情况，我们必须能简单地根据类型去执行应该做的强制。如果能清晰辨认，企图对不支持运行时检查的对象做动态强制，编译器就能报告错误。

[4] 如果在一切可能的位置做运行时检查，使用常规强制的程序就可能改变意义。这方面的例子如强制到无定义的类，或是在多重继承的层次结构中做强制（14.3.2 节）。我们没办法肯定地说这种改变绝不会改变所有合理程序的意义。

[5] 即使是对早已仔细检查过的老程序，因为可能出现由于强制而改变了意义的情况，新的检查可能带来很大的代价。

[6] 有关允许“关闭检查”的方式（对转换到或转换出*void）不可能完全可靠，因为在某些情况下意义也会改变。这类情况很可能散布在许多地方，因此，判断哪些可以关闭需要理解代码，这将使关闭检查变成一种手工操作，极易出错。我们也反对任何给程序增加不加检查的强制的技术。

[7] 使某些强制变得“更安全”，能使强制受到更多尊重。然而，更长期的目标还是减少强制的使用（包括动态强制）。

经过许多讨论之后，我们找到了下面的说法：“在我们理想的语言里，允许出现多于一种类型转换的记法吗？”对于一个希望能通过语法形式去区分本质上不同的操作的语言，回答应该是允许。于是我们放弃了“劫持”老语法形式的企图。

我们认为，如果能不顾及原有的强制语法形式，下面的形式比较令人满意：

```
Checked<T*>(p); // run-time checked conversion of p to a T*
Unchecked<T*>(p); // unchecked conversion of p to a T*
```

① grep 是 UNIX 中最常用的一种工具，常被用于在文本文件（例如源程序文件）中检索包含某个字符串或字符串模式的行。由此 UNIX 的人们就把在文件里检索东西直称为 grep……——译者注

这将最终使所有转换都变得很明确，而且能清除由于传统强制在 C 和 C++ 程序里不易辨认而引起的问题。这样也给所有强制提供了一种共同的语法模式，它基于模板（第 15 章）中有关类型的记法。由这种思路引出的强制的另一种语法形式见 14.3 节。

并不是每个人都喜欢模板的语法，当然，也不是每个喜欢模板语法的人都乐于看到它被用作强制运算符。因此我们又讨论和试验了另外一些形式。

记法`(?T*)p`流行过一段时间，因为它直接模仿了传统的语法形式`(T*)p`。另一些人不喜欢它，也是因为同样的理由。许多人还认为`(?T*)p`“太像密码”。不对，我发现了最关键的失误之处：在使用`(?T*)p`时，最常见的错误将会是忘掉了其中的`?`。这样做实际上会使一个相对安全的、需要经过检查的转换变成了一个完全不同的、不安全的、根本不检查的操作。例如：

```
if (dbox_w_string* p = (dbox_w_string*)q) // dynamic cast
{
    // *q is a dbox_w_string
}
```

真糟糕！忘记写问号使这里的注释变成一句谎话，这种情况可能会很常见，太让人不舒服了。注意，我们不能通过用 grep 找出所有老风格强制的方式来防止出现这类错误，因为极强的 C 语言背景将使我们很容易犯这种错误，而在读代码时又会忽略它。

在考虑选择的各种形式中，记法

```
(virtual T*)p
```

最引人注目。它比较容易被人和工具辨认，单词`virtual`指出了这种强制与带虚函数的类的逻辑联系（多态类型），比较普通的语法模式也很像传统的强制。但许多人还是认为它“太像密码”。它还引起了那些根本不喜欢强制的老语法形式的人的敌意。从个人角度说，我有些同意这些批评，觉得`dynamic_cast`的语法形式能更好地放进 C++（许多对模板有较多使用经验的人们也这样认为）。我也认识到另一个优势：`dynamic_cast`提供了一种清晰的语法框架，使它有可能最终变成老强制的一种替代形式（14.3 节）。

14.2.2.2　何时能使用动态强制

引进了运行时的类型识别，实际上把对象划分为两种：

——一种了包含与之关联的类型信息，因此它们的类型（几乎）总能被确定，与上下文没有关系；

——另一种不能。

为什么？应为我们不可能把可以在运行时确定对象类型的负担强加到各种内部类型（例如`int`和`double`）上，同时又不在运行时间、空间、布局兼容性等方面付出无法接受的代价。类似的论断还适用于简单的类对象和 C 语言风格的`struct`。因此，从实现的观点看，第一条可以接受的分界线是在带虚函数的类对象与没有虚函数的类之间。前者很容易提供类型信息，后者就不容易。

进一步说，带虚函数的类也常被称为**多态类**，而只有多态类才能通过基类安全地进行操作。对于 “安全”，我这里想说的是，语言提供了一种保证，使这些对象只能按照它们的定义类型使用。当然，个别程序员也可能对一些特殊情况做出一些演示，说明对一些非多态类的操作也不违反类型系统。

从程序员的观点看，只对多态类型提供运行时类型识别机制，看起来也很自然：它们恰好就是 C++ 支持的能通过基类去操作的那些东西。为非多态类提供 RTTI，也就是为了支持一种基于类型域分情况的程序设计。当然，程序设计语言不应该反对这种程序设计，但我也完全看不出有必要为了迎合这种东西而使语言进一步复杂化。

经验说明，只为多态类型提供 RTTI 也是可以接受的。但不管怎样，人们还是可能在哪些对象是多态的问题上感到困惑，因此就弄不清楚能不能使用动态强制。幸运的是，如果程序员的猜测不对，编译器总能够捕捉到这里的错误。我找了很长时间，也很努力，想找一种可以接受的明显方式去说“这个类型支持 RTTI（无论它有没有虚函数）”，但却始终无法找到一个值得花精力去引进来的东西。

14.2.2.3 从虚基类出发的强制

引进了 dynamic_cast 运算符，也使我们有了一种方式去绕过一个老问题。使用常规强制不可能从虚基类强制到某个派生类。出现这种限制，就是因为对象里没有足够的信息，无法实现从虚基类到它的一个派生类的强制（12.4.1 节）。

但是，现在有了运行时类型识别，在为之提供的信息里，已经包含了实现从虚基类出发的动态强制所需要的信息。这样，无法从虚基类出发做强制的限制，不再适用于从多态虚基类出发的动态强制：

```
class B { /* ... */ virtual void f(); };
class V { /* ... */ virtual void g(); };
class X { /* no virtual functions */ };

class D: public B, public virtual V, public virtual X {
    // ...
};
void g(D& d)
{
    B* pb = &d;
    D* p1 = (D*)pb;                 //ok, unchecked
    D* p2 = dynamic_cast<D*>(pb); // ok, run-time checked

    V* pv = &d;
    D* p3 = (D*)pv; // error: cannot cast from virtual base
    D* p4 = dynamic_cast<D*>(pv);  // ok, run-time checked

    X* px = &d;
    D* p5 = (D*)px; // error: cannot cast from virtual base
```

```
    D* p6 = dynamic_cast<D*>(px);  // error: can't cast from
                                   // non-polymorphic type
}
```

当然，只有在能够无歧义地确定派生类的情况下，才能执行这种强制。

14.2.3 RTTI 的使用和误用

只有在必须用的时候，才应该明确地使用运行时类型信息。静态（编译时）的检查更安全，带来的开销更少，而且将——在所有可能使用的地方——导致结构更好的程序。例如，RTTI 完全可以被用于写出经过无聊伪装的开关语句：

```
    // misuse of run-time type information:

void rotate(const Shape& r)
{
    if (typeid(r) == typeid(Circle)) {
        // do nothing
    }
    else if (typeid(r) == typeid(Triangle)) {
        // rotate triangle
    }
    else if (typeid(r) == typeid(Square)) {
        // rotate square
    }
    // ...
}
```

我听到过有人讥讽这种风格，说它是“C 语言的优美语法与 Smalltalk 运行效率的组合”①，这种说法还是太客气了。这些代码的真正问题，在于它无法处理由这里正确描述的类进一步派生出的新类：只要有新类加进程序里，这些代码就必须修改。

这种代码通常都可以利用虚函数来避免。正是根据在 Simula 里写这类形式代码所得到的经验，我在刚开始设计 C++ 时才把运行时类型识别扔到一边（见 3.5 节）。

通过 C、Pascal、Modula-2、Ada 等语言训练出来的人们，几乎都有一种不可避免的倾向：把程序组织为一集开关语句的形式。在常见情况中，这种欲望都应该克制。请注意，虽然标准化委员会赞成在 C++ 里提供 RTTI，我们并没有通过类型开关语句的形式（像 Simula 的 `INSPECT`）来支持这种概念。我至今也不认为以类型开关语句的方式去组织程序应该得到直接支持。确实有适合这样组织的程序，但远不如大部分程序员开始时想的那么多——到了程序员们改变主意的时候，通常都需要做大量的重新组织工作。

正确使用 RTTI 的许多例子出自这类情况：在其中，服务性的代码用一个类表示，用户又希望通过派生为它增加新功能。14.2.1 节的 `dialog_box` 就是一个这样的例子。如果用户希望并能直接修改库类的定义，例如，假设能修改 `dialog_box` 的定义，那么

---

① C 语言的语法不优美，Smalltalk 语言程序的运行效率不高。这个话是反话。——译者注

就可以避免使用 RTTI；如果行不通，就必须通过这种机制了。即便用户希望去修改基类，这种修改也可能有其本身的问题。例如，修改时可能需要为 get_string() 一类函数引进哑的实现，而且还是把这种虚函数引进一些它们完全无用、也没有意义的类里。[2nd，13.13.6 节]里在“肥大的接口”的名目下讨论了这个问题的一些细节。在 14.2.7 节有一个用 RTTI 实现的简单对象 I/O 库的实例。

有些人在依靠动态类型检查的语言（如 Smalltalk）方面有深厚基础，他们会经常想去使用 RTTI，与此同时又使用过于一般的类型。例如：

```
    // misuse of run-time type information:

class Object { /* ... */ };

class Container : public Object {
public:
    void put(Object*);
    Object* get();
    // ...
};

class Ship : public Object { /* ... */ };

Ship* f(Ship* ps, Container* c)
{
    c->put(ps);
    // ...
    Object* p = c->get();
    if (Ship* q = dynamic_cast<Ship*>(p)) // run-time check
        return q;

    // do something else (typically, error handling)
}
```

这里的类 Object 就是一个完全没有必要实现的人造现象。它过于一般，因为它并不对应于实现领域中的任何抽象。它还迫使应用程序员在过低的抽象层次上操作。要解决这类问题，更好的方法是使用容器模板，在其中只保存一类指针：

```
template<class T> class Container {
public:
    void put(T*);
    T* get();
    // ...
};

Ship* f(Ship* ps, Container<Ship>* c)
{
    c->put(ps);
    // ...
    return c->get();
}
```

与虚函数配合使用，这种技术可以处理绝大部分情况。

14.2.4　为什么提供一个“危险特征”

那么，既然我能如此肯定地断言 RTTI 的误用，为什么我还要设计这个机制，并为它被接受而努力工作呢？

要得到好的程序，需要通过好的教育、好的设计、充分的测试，等等，不可能只通过提供一些在想象中只能支持“按正确方式”使用的语言机制。每个有用的特征都可能被误用，所以，问题并不在于一种特征能不能被误用（当然能），或者说是否将被误用（当然会）。真正的问题是，对一种特征的正确应用是否充分重要，值得为提供它去付出一些精力；用语言的其他机制来模拟这种特征是不是容易处理；能不能通过正确的教育，把对它的错误使用控制在合理的范围之内。

在考虑 RTTI 一段时间之后，我逐渐确信我们面对的确实是一个经典的标准化问题：

——大部分主要的库都提供了某种 RTTI 特征；

——提供这种特征的大部分形式，都要求用户做一些非常重要的、但是也很容易出错的配合，以便使这种特征能够正确工作；

——各种东西都以互不兼容的方式提供它；

——大部分都是以某种不够一般的形式提供它；

——大部分都以某种“好特征”的方式提供，希望用户去用它们；而不是作为一种危险的特征，只是希望作为一种最后的退路；

——看来在每个主要的库里都（并且仅仅）存在几种情况，对这些情况，RTTI 是极其关键的。也就是说，如果没有 RTTI，这个库就可能无法提供某种功能，或者只能通过给用户和实现者强加上一些明显负担的方式来提供这些功能。

通过提供标准的 RTTI，我们就能克服在使用不同来源的库时遇到的一个障碍（8.2.2 节）。我们可能给 RTTI 的使用提供一种统一观点，设法尽量将它做得更安全些，并通过提供警告信息的方式防止对它的误用。

最后，在 C++ 设计中有一条指导原则，那就是，无论什么做什么事情，都必须相信程序员。与可能出现什么样的错误相比，更重要得多的是能做出什么好事情。C++ 程序员总被看作是成年人，只需要最少的“看护”。

当然，并不是每个人都能被说服。有些人，特别是 Jim Waldo，就激烈地争辩说，需要 RTTI 的情况极少出现，而作为误用 RTTI 之根源的错误概念则散布广泛，RTTI 的最终影响必将成为在 C++ 里很有害的东西。只有时间能给出确切的结果。错误使用的最大危险可能来自某些程序员，他们自认为非常专业，根本看不到在使用 C++ 之前还需要去咨询一下 C++ 的教科书（7.2 节）。

14.2.5 typeid()运算符

我本来希望，仅要有 dynamic_cast 运算符就能满足所有的常见需要了。如果真是那样，就没有必要再为用户提供其他 RTTI 机制了。但是，大部分与我讨论这个问题的人都不同意这种看法，他们指出了另外两方面的需求。

[1] 可能需要确定一个对象的确切类型。也就是说，能说明这个对象就是 X 类的对象，而不是只说，它是 X 类的或者某个由 X 类派生的类的对象。dynamic_cast 做的是后一件事情。

[2] 需要以一个对象的确切类型作为过渡，得到描述该类型其他性质的信息。

找出一个对象的确切类型，有时被称作**类型标识**，因此我给该运算符起名为 typeid。

人们希望知道一个对象的确切类型，通常是他们因为想对这个对象的整体执行某种标准服务。理想情况下，可以通过虚函数提供这种服务，此时就不必知道对象的确切类型了；但是，如果因为某些原因而没有这样的函数可用，那么就必须找到对象的确切类型，而后执行有关操作。人们已经按这种方式设计了对象 I/O 系统和数据库。在这些情况下，根本无法假定对每种对象的操作能有一个公共接口，所以只能另辟蹊径，利用对象的确切类型就变得不可避免了。另一种更简单的使用是想取得类的名字，以便产生某些诊断输出。

```
cout << typeid(*p). name () ;
```

typeid()运算符需要明显地使用，在运行时获得有关类型的信息。typeid()是一个内部运算符。如果 typeid()是函数，那么它的声明大概是下面样子：

```
class type _info;
const type_info& typeid(type-name); // pseudo declaration
const type_info& typeid(expression); // pseudo declaration
```

也就是说，typeid()返回到某个未知类型 type_info 的引用[①]。给它一个 *type_name*（类型名）作为参数，typeid()返回到一个 type_info 的引用，该 type_info 表示这个 *type_name*。给一个 *expression*（表达式）参数，typeid()返回到一个 type_info 的引用，该 type_info 表示 *expression* 所指称的对象的类型。

让 typeid()返回一个 type_info 引用（而不是返回对应的指针），是因为我们不想允许在 typeid()的结果上使用通常的指针运算，如 == 和 ++ 等。例如，我们不清楚是否每个实现都保证类型识别对象的唯一性，这就意味着不能将 typeid()之间的比较简单地定义为到 type_info 指针之间的比较。让 typeid()返回一个 type_info&，这时定义 ==，就能同时处理一个类型对应到多个 type_info 的情况了。

---

① 标准化委员会现在还在讨论各种标准库类的命名规则问题。我这里写的是自己认为最可能成为这个讨论的结果的名字。

14.2.5.1 类 type_info

类 type_info 在标准头文件<type_info.h>里定义，如果想使用 typeid()的结果，就需要包含这个头文件。类 type_info 的确切定义与实现有关，但它应该是一个多态类型，提供了一些比较和另一个返回所表示的类型名的操作：

```
class type_info {
    // implementation-dependent representation

private:
    type_info(const type_info&);                // users can't
    type_info& operator=(const type_info&);     // copy type_info

public:
  virtual ~type_info();                         // is polymorphic

  int operator==(const type_info&) const;       // can be compared
  int operator!=(const type_info&) const;
  int before(const type_info&) const;           // ordering

  const char* name() const;                     // name of type
};
```

还可以提供更细节的信息，以下面将要说明的方式访问。但无论如何，由于不同的人对“更细节信息”的需要差异很大，也因为另一些人特别要求最小的空间开销，所以我们有意地把 type_info 提供的服务规定为最小的。

函数 before()是为了使 type_info 能够排序，以便能通过散列表等方式去访问它们。由 before()定义的顺序关系和继承关系之间没有任何联系（14.2.8.3 节）。进一步说，对不同的程序，或者同一个程序的不同运行，我们都不能保证 before()能产生同样的结果。在这个方面，before()与取地址运算类似。

14.2.5.2 扩充的类型信息

也有一些时候，知道了对象的确切类型，只不过是作为获取和使用有关该类型的更细节信息的第一步。

现在考虑一下，在运行时，一个实现或工具怎样才能将有关类型的信息提供给用户使用。比如说我们有一个工具，它生成一个 My_type_info 对象的表。要把这种东西表达给用户，最好的方式就是提供一个类型名与这种表的关联数组（映射、字典）。如果要对某个类型取得这样一个成员表，用户可能写：

```
#include <type_info.h>

extern Map<My_type_info,const char*> my_type_table;

void f(B* p)
{
    My_type_info& mi = my_type_table[typeid(*p).name()];
    // use mi
```

```
}
```

另一些人可能更喜欢直接用 typeid 作为下标，去访问对应的表，而不是要求用户去使用类型的 name() 串：

```
extern Map<Your_type_info,type_info*> your_type_table;

void g(B* p)
{
    Your_type_info& yi = your_type_table[&typeid(*p)];
    // use yi
}
```

采用这类方式，将 typeid 与有关信息建立关联，就能允许不同的人或工具给类型关联不同的信息，而又不会互相干扰：

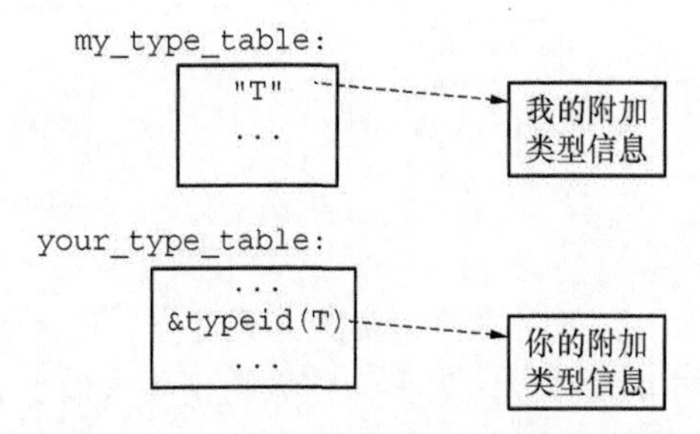

这是最重要的，因为，希望某个东西携带的信息能满足所有用户的情况，实际上是不大可能的。特别的，任何能满足大部分用户的信息集合都会非常大，对那些只需要最少的运行时信息用户而言，这种开销是绝不能接受的。

某个实现可以选择性地提供一些由实现确定的附加类型信息，这类特定系统提供的扩充类型信息能通过一个关联数组访问，恰如用户所提供的扩充信息一样。也可以换一种方式，通过一个由 type_info 派生的类 Extended_ type_info 给出扩充的类型信息：

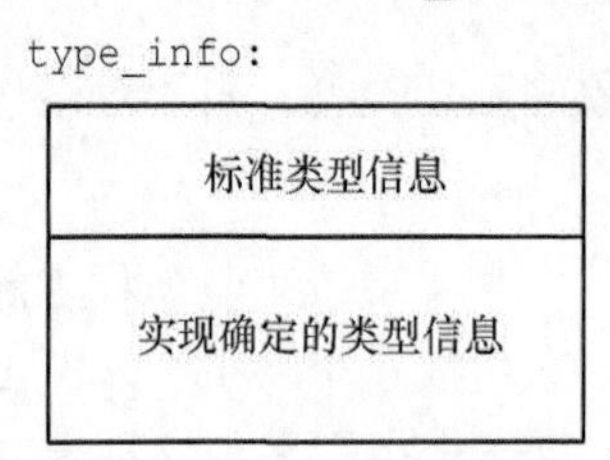

这样，我们就可以通过 dynamic_cast 确定能否使用某种扩充的类型信息：

```
#include <type_info.h>

typedef Extended_type_info Eti;

void f(Sometype* p)
{
    if (Eti* p = dynamic_cast<Eti*>(&typeid(*p))) {
        // ...
    }
```

```
}
```

工具或实现能为用户提供什么样的“扩充”信息呢？简单地说，这其中可以包括编译器能提供的，某些程序在运行时可能需要的任何信息。例如：

——为对象 I/O 或程序调试所需的对象布局信息；

——指向建立或复制对象的函数的指针；

——函数与它们的符号名字的关联表，以便在解释性代码中调用；

——给定类型的所有对象的列表；

——对成员函数的源代码的引用；

——类的在线文档。

这种东西需要通过库来提供，可能是通过标准库。产生这种情况的原因是存在太多的需求，太多的潜在具体实现的细节，太多的为支持语言本身的所有使用而需要的信息。还有，在这之中，有些使用可能打破语言提供的静态检查。另一些将给运行时间或空间添加很大的代价，我觉得这些都不合适作为语言的特征。

14.2.6 对象布局模型

下面是一个对象的可能存储布局，包括相关的虚函数表和类型信息对象：

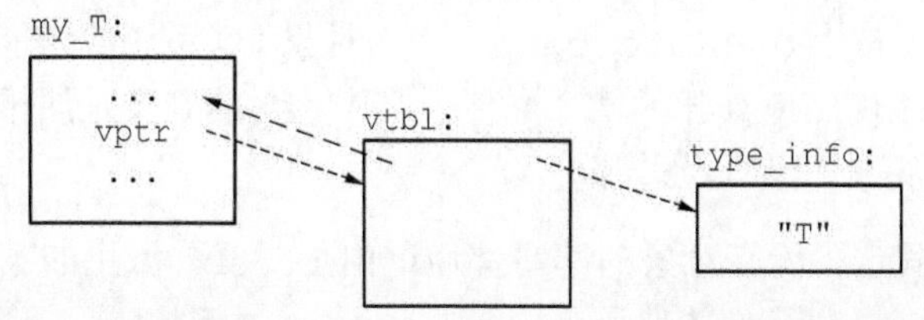

这里的短线箭头表示一个偏移量，有了它，只要有了指向多态子对象的指针，就能确定整个对象的开始位置了。它等价于虚函数实现中所用的偏移量（delta，12.4 节）。

对于每个有虚函数的类型，系统将生成一个 `type_info` 类型的对象，这种对象不必唯一。当然，好的实现应当尽可能唯一地生成这种 `type_info` 对象，而且只对那些在实际中真正用到运行时类型信息的类型生成对应的 `type_info` 对象。最容易的实现方法就是把一个类的 `type_info` 对象放在它的 `vtbl` 之后。

Cfront 的基本实现，以及那些直接借用了 Cfront 虚函数表布局方式的实现，都可以升级，使之支持 RTTI，甚至不需要重新编译老的代码。其中原因是，我在实现 Release 2.0 时已经考虑了提供 RTTI 的问题，在每个 `vtbl` 的开始处留下了两个空字，以便用于这种扩充。那时我没有加进 RTTI，因为还不能确定是否真正需要它，或者假定确实需要，但还没确定到底应该将什么功能展现给用户。作为试验，我实现了一个简单的版本，在其中每个有虚函数的类的各个对象都被做成能够打印类的名字。

做了这些之后我就感到满意了，知道在 RTTI 变为必需品时应该如何把它加进去，而后就删除了这个特征。

14.2.7 一个例子：简单的对象 I/O

让我勾勒出一个草图，说明用户可能如何使用 RTTI 与一个简单的对象 I/O 系统一起工作，并描述这样的对象 I/O 系统的可能实现方案。用户希望能从一个流里直接读对象，确定它们具有某种预期类型，而后使用它们。例如：

```
void user()
{
    // open file assumed to hold shapes, and
    // attach ss as an istream for that file
    // ...

    io_obj* p = get_obj(ss); // read object from stream

    if (Shape* sp = dynamic_cast<Shape*>(p)) {
        sp->draw(); // use the Shape
        // ...
    }
    else {
        // oops: non-shape in Shape file
    }
}
```

函数 user()仅根据抽象类 Shape 处理各种形状（shape），因此它可以使用任何形状。在这里，我们就必须使用 dynamic_cast，因为对象 I/O 系统应该能处理许多其他类型的对象，而用户可能偶然地打开了某个文件，其中包含的确实是属于某些类的完好的对象，但是用户可能从来都没听说过那些类。

这个 I/O 系统假定了所有对象的读写都通过由 io_obj 派生的某个类进行。io_obj 必须是一个多态类，以便我们能使用 dynamic_cast。例如：

```
class io_obj { // polymorphic
    virtual io_obj* clone();
};
```

对象 I/O 系统中最关键的函数就是 get_obj()，它从流中读入数据，并基于这些数据把对象建立起来。现在假定，由输入流获得的表示对象的数据总以一个标识对象类的字符串作为前缀。这样，get_obj()的工作就是读入这个串，而后调用一个适当的函数，该函数能正确地建立和初始化相应类的对象。例如：

```
typedef io_obj* (*PF)(istream&);

Map<String,PF> io_map; // maps strings to creation functions

io_obj* get_obj(istream& s)
{
    String str;
    if (get_word(s,str) ==0) // read initial word into str
```

```
        throw no_class;

    PF f = io_map[str]; // lookup 'str' to get function
    if (f == 0) throw unknown_class; // no match for 'str'
    io_obj* p = f(s); // construct object from stream
    if (debug) cout << typeid(*p).name() << '\n';
}
```

这里名为 io_map 的 Map 是一个关联数组，其中保存着一些名字串和对应函数的对偶，这些函数能建立起具有相应名字的类的对象。Map 类型是在任何语言里都最有用最有效的一种数据结构。在 C++ 语言里，该想法的第一个广泛使用的实现是 Andrew Koenig 写的 [Andrew，1988]；也见 [2nd，8.8 节]。

请注意，这里的 typeid()仅用于程序调试。在目前的特定设计中，这是实现里唯一真正用到 RTTI 的地方。

我们当然可以像平常一样定义 Shape，除了应该令它从 io_obj 派生之外。这也是函数 user()所需要的：

```
class Shape : public io_obj {
    // ...
};
```

如果能够不加修改地使用前面已经定义的 Shape 类层次结构，那当然是更有意思的（在许多情况下，也是更实际的）：

```
class iocircle : public Circle, public io_obj {
public:
    iocircle* clone() // override io_obj::clone()
        { return new iocircle(*this); }

    iocircle(istream&); // initialize from input stream

    static iocircle* new_circle(istream& s)
    {
        return new iocircle(s);
    }
    // ...
};
```

这里，iocircle(istream&)的构造函数用从自己的 istream 参数得到的数据去初始化相应的对象。new_circle 就是应该被放进 io_map 里，使对象 I/O 系统能够知道这个类的函数。例如写：

```
io_map["iocircle"]=&iocircle::new_circle;
```

其他形状对应的东西都按同样方式构造：

```
class iotriangle : public Triangle, public io_obj {
    // ...
};
```

如果觉得建立对象I/O的框架太冗长乏味，那么可以用一个模板：

```
template<class T>
class io : public T, public io_obj {
public:
    io* clone() // override io_obj::clone()
        { return new io(*this); }

    io(istream&); // initialize from input stream

    static io* new_io(istream& s)
    {
        return new io(s);
    }
    // ...
};
```

有了这些，我们就能如下地定义 iocircle 了：

```
typedef io<Circle> iocircle;
```

我们当然还需要明确地定义 io<Circle>::io(istream&)，因为它必须知道 Circle 的实现细节。

这个简单的对象 I/O 系统可能没有包含人们想要的所有东西，但它几乎可以放进一页纸里，其中许多地方使用了各种关键机制。一般地说，这种技术可以用到基于用户提供的字符串调用函数的任何地方。

14.2.8 考虑过的其他选择

这里提供的 RTTI 采用了一种“洋葱式设计”。当你剥去这个机制的一层皮后，你将发现另一种更强有力的功能——如果用得不好，也能叫你痛哭流涕。

这里描述的 RTTI 机制，其基本概念是最容易用于程序设计的，也是最少可能依赖于具体实现的。当然，我们还是应该尽量减少 RTTI 的使用。

[1] 最可取的是根本就不用运行时的类型信息机制，完全依靠静态的（编译时的）类型检查。

[2] 如果这样做不行，我们最好是只用动态强制。在这种情况下，我们甚至不必知道对象的具体类型，也不必包含任何与 RTTI 有关的头文件。

[3] 如果必须的话，我们可以做 typeid()的比较。但是，在这样做时，我们至少需要知道所涉及的某些类型的名字。这里假定“常规的用户”不需要进一步检查运行时的类型信息。

[4] 最后，如果确实需要知道关于一个类型的更多信息——比如说我们要实现一个调试系统，一个数据库系统，或者其他形式的对象 I/O 系统——那么我们就需要使用定义在 typeid 上的操作，以获得更详细的信息。

这里采用的方式是提供一系列功能，逐步深入地去接触类的运行时特性。这种方式正好与采用元对象的方式相反，在那种方式里，只给出了一个关于类的运行时类型特性的唯一的标准观点。C++ 的方式是鼓励尽可能依靠（更安全更可靠的）静态类型系统，要求用户付出的最小代价更小一些（无论在时间方面还是可理解性方面），提供的功能也更具一般性。因为能对一个类提供多种不同观点，可能提供更详细的信息。

这种“洋葱式设计”的另一些替代方式也经过了认真考虑。

14.2.8.1 元对象

上述“洋葱式设计”与 Smalltalk 和 CLOS 所采用的方式截然不同，实际上，人们也反复以建议的方式，将那些系统所用的途径提给 C++。那些系统里用一个“元对象”取代 type_info，这种元对象能在运行中接受请求，可以要求它去执行对这个语言里的对象能要求做的任何操作。从本质上说，建立这种元对象机制，相当于在运行环境里嵌入了一个针对整个语言的解释器。我把这看作对语言基本执行效率的一种严重威胁，是颠覆保护系统的一条地下通道，与静态类型检查有关的基本设计理念及文档水火不容。

反对把 C++ 置于元对象之上，并不意味着元对象无用。它们当然可以很有用，扩展的类型信息的概念能打开一扇门，使真正需要这种东西的人可以通过库的方式提供这种东西。当然，我确实是拒绝了给**每个** C++ 用户加上这种机制的负担，而且我也不会为一般的 C++ 程序设计推荐这种设计和实现技术，更多的细节参见 [2nd，第 12 章]。

14.2.8.2 类型查询运算符

对许多人来说，如果某个运算符能回答问题：“*pd 的类型是 D 还是某个从 D 派生的类？”那么该运算符似乎比执行强制的 dynamic_cast 更自然些，当然，当且仅当有关回答是肯定。也就是说，他们希望能写下面这样的代码：

```
void my_fct(dialog_box* bbp)
{
    if (dbp->isKindOf(dbox_w_str)) {

        dbox_w_str* dbsp = (dbox_w_str*)dbp;

        // use dbsp
    }
    else {

        // treat *dbp as a ''plain'' dialog box
    }
}
```

这里存在着几个问题。其中最严重的是，强制可能无法给出预想的结果（14.3.2.1 节）。这又是一个例子，说明从其他语言输入一个概念有多么困难。Smallkalk 提供了 isKindOf，用于类型获取，但 Smalltalk 并不需要随后再做强制，因此也就不会受到上述问题的损害。无论如何，引进 isKindOf 概念将导致技术上和风格上的问题。

事实上，正是关于风格的论述把这一问题放到了我的面前，它们似乎说明了某种形式的条件强制更可取一些。直到我发现了上面这种“判决性的”例子，才彻底否定了像 isKindOf 一类的类型获取运算符。将检测和类型转换分离，不但累赘，也可能出现检测与强制之间不匹配的情况。

14.2.8.3 类型关系

一些人建议在 type_info 对象上定义<、<= 等运算符，用以描述类层次中的关系。这种想法很简单也很聪明，但也存在类似 14.2.8.2 节所描述的显式类型比较运算符的问题。我们需要的是在任何情况中只做一次强制，因此还是只能用动态强制。

14.2.8.4 多重方法

RTTI 更有希望的应用是支持“多重方法”，也就是说，基于不止一个对象选择虚函数。对于写定义在多种对象上的二元运算处理代码，这个语言功能是很有用的，参见 13.8 节。看起来，利用 type_info 对象很容易保存为建立这种功能所需要的信息，这使多重方法更有可能成为未来的一种扩充。

我一直没提出这样的建议，因为我还不能清楚地把握这种变化的实际内涵，也不希望没在 C++ 的环境里取得经验之前就去建议一个主要扩充。

14.2.8.5 非受限方法

有了 RTTI，人们就可以支持“非受限方法”，也就是说，能在 type_info 对象里为某个类保存运行时检查所需要的充分信息，无论特定的函数是否支持它。这样，人们就可以写出具有 Smalltalk 风格的运行时检查的函数调用。当然，我并不认为有这样做的需要，也认为这种扩充与我的一贯想法背道而驰，我希望鼓励高效的类型安全的程序设计。动态强制使我们可以采用一种检查并调用的策略：

```
if (D* pd = dynamic_cast<D*>(pb)) { // is *pb a D?
    pd->dfct(); // call D function
    // ...
}
```

而不是 Smalltalk 的调用并附带调用检查的策略：

```
pb->dfct(); // hope pb points to something that
            // has a dfct; handle failed calls
            // somewhere (else)
```

调用并检查的策略使我们有可能做更多的静态检查（在编译时，我们已经知道在类 D 里 dfct 是否有定义），对绝大部分（不需要检查的）调用不会增加任何负担，也为某些超出常规的东西提供了可见的线索。

14.2.8.6 带检查的初始化

我们也考虑了采用类似 Beta 或者 Eiffel 等语言所用的方式，处理带检查的赋值和/或初始化的问题。例如：

```
void f(B* pb)
{
    D* pd1 = pb;    // error: type mismatch
    D* pd2 ?= pb;   // ok, check if is *pb a D at run time

    Pd1 = pb;       // error: type mismatch
    pd2 ?= pb;      // ok, check if is *pb a D at run time
}
```

但是我认为，这里的问号（?）在实际代码里太难看清楚，也太容易出错，因为它并没有与一个检测组合在一起。此外，要这样做，有时还必须引进本来不必要的变量，另一种形式是只允许在条件里面用 ?=，看起来很诱人：

```
void f(B* pb)
{
    D* pd1 ?= pb;              // error: unchecked
                               // conditional initialization

    if (D* pd2 ?= pb){         // ok: checked
                               // conditional initialization
        // ...
    }
}
```

但是，你或许还必须能区分出一些情况，例如在哪里失败将导致抛出了异常，哪里返回的是 0。还有，由于 ?= 运算符没有强制的恶名声，因而也更可能鼓励错误使用。

通过允许放在条件里的声明（3.11.5.2 节），我就能用 dynamic_cast 写出下面这种替代风格建议的东西：

```
void f(B* pb)
{
    if (D* pd2 = dynamic_cast<D*>(pb)) { // ok: checked
        // ...
    }
}
```

14.3 强制的一种新记法

无论从语法上还是从语义上看，强制都是 C 和 C++ 里最难看的特征之一。这也就导致了一种持续的努力，即为强制探寻各种替代品：函数声明带来参数的隐式转换（2.6 节）；模板（14.2.3 节）、对于虚函数的放松的覆盖规则（13.7 节）等，每个都清除掉一些对于强制的需要。另外，dynamic_cast 运算符（14.2.2 节）也是针对一类特殊情况，为原有强制提供的一种替代品。这些构成了一套互补的方法，设法把在逻辑上不同的各种强制的应用分开，通过类似 dynamic_cast 的运算符分别支持它们：

```
static_cast<T>(e)        // reasonably well-behaved casts.
reinterpret_cast<T>(e)   // casts yielding values that must
                         // be cast back to be used safely.
const_cast<T>(e)         // casting away const.
```

这一节同时有两方面作用，既可以看作是对老风格强制的各种问题的分析，也可以看作是一种新特征的综合。定义这些运算符主要是扩展工作组的努力，在那里总可以听到很强烈的支持和反对的声音。Dag Brück、Jerry Schwarz 和 Andrew Koenig 做出了特别具有建设性的贡献。这些新的强制运算符是在 1993 年的 San Jose 会议上被接受的。

为节约篇幅，下面的讨论将完全限于最困难的情况：指针。对于算术类型、到成员的指针、引用等情况的处理，都留下作为读者的练习。

14.3.1 问题

C 和 C++ 的强制是一把长柄大锤：(T)expr 从基于 expr 的值出发，按某种方式产生出一个 T 类型的值，除了极少的例外情况。在强制中，可能涉及对 expr 的二进制位重新做出解释；也可能需要做某些指针算术，或者需要在类的层次中穿行；强制的结果还可能与实现有关；可能除掉了有关的 const 或者 volatile 属性；等等。仅仅根据强制表达式本身，读者很难确定写程序的人的真实意图。例如：

```
const X* pc = new X;
// ...
pv = (Y*)pc;
```

程序员是想获得一个到与 X 无关的类型的指针吗？还是想强制除掉 const？或是两者皆有？还是意在取得对 X 的基类 Y 的访问权？能把人搞糊涂的各种可能性真是没完没了。

进一步说，对于声明的一个看起来完全无害的修改，也完全可能默不做声地、非常剧烈地改变了表达式的意义。例如：

```
class X : public A, public B { / * ... * / };

void f(x* px)
{
    ((B*)px)->g();     // call B's g
    px->B::g();        // a more explicit, better, way
}
```

如果改变 X 的定义，使 B 不再是它的一个基类，(B*)px 的意义就完全改变了，与此同时，没给编译器留下任何诊断问题的机会。

除了有语义问题之外，老的强制在记法上也很不幸。这个记法接近于某种最小化，只使用了括号——这是 C 语言里最过度使用的一种语法结构。因此，人们很难看清楚程序里所有的强制，用 grep 一类的工具也很难把它们检索出来。强制的语法也是使 C 语言的语法分析程序复杂化的一个重要原因。

总结一下，老风格的强制：

[1] 是理解方面的一个大问题：它们提供了一种单一的记法，被用于多种互相之间关系并不大的操作；

[2] 很容易引起错误，几乎每种类型组合都有某种合法的解释；

[3] 在代码里难以辨别，难以用简单的工具检索；

[4] 使 C 和 C++ 的语法复杂化。

新的强制运算符实际上是对老的强制功能做了一种分类。为了能有机会得到用户的广泛接受，它们还必须能完成老强制能做的所有操作，否则就会给老强制的继续使用提供理由。我只发现了一个例外：老风格的强制能从一个派生类强制到它的一个私有基类。提供这个操作没有任何理由，因为它是危险而且无用的。根本不应该有这样的机制，为自己获取对一个对象的完全私有表示的访问权，也不需要有这个东西。老风格强制能用于获得这种权利，去访问表示自己的私有基类的那个部分，完全是一种不幸的历史偶然。例如：

```
class D : public A, private B {
private:
    int m;
    // ...
};

void f(D* pd) // f() is not a member or a friend of D
{
    B* pb1 = (B*)pd;                    // gain access to D's
                                        // private base B.
                                        // Yuck!
    B* pb2 = static_cast<B*>(pd);      // error: can't access
                                        // private. Fine!
}
```

除了把 pd 按指向未加工存储区的指针去操作，f()无法从任何其他方法得到 D::m。这样，新的强制运算符封闭了访问规则里的一个漏洞，提供了更强的一致性。

新强制采用很长的名字和类似模板的语法，就是为了提醒用户：强制是一种危险的事情。它还强调在使用不同运算符时可能涉及不同种类的危险。在我的体验中，最强烈的不满来自那些主要把 C++ 作为 C 语言的一种方言而使用的人们，他们也经常需要用强制。还有那些至今还没怎么用过模板的人，他们也会觉得这种记法有些奇怪。随着他们逐渐取得对模板的经验，不喜欢这种类似模板的记法的情绪就会逐渐消退。

14.3.2 static_cast 运算符

记法 static_cast<T>(e)是想取代(T)e，用于例如从 Base*到 Derived*的转换。这种转换未必总是安全的，但经常是安全的，即使没有运行时的检查，这个操作也是良好定义的。例如：

```
class B {/*...*/} ;

class D : public B { /* ... */ } ;

void f(B* pb, D* pd)
{
    D* pd2 = static_cast<D*>(pb);    // what we used
                                     // to call (D*)pb.
    B* pb2 = static_cast<B*>(pd);    // safe conversion
    // ...
}
```

有一种理解 static_cast 的方式，就是把它看成隐含转换的显式的逆运算。除了不能处理常量性之外，只要 T->S 能隐式完成，static_cast 就能做 S->T。这也就意味着，在大部分情况下 static_cast 的结果可以直接使用，不必再做进一步强制。这个方面，是它与 reinterpret_cast 不同的地方（14.3.3 节）。

此外，所有可以隐式执行的转换——例如，各种标准转换和用户定义的转换——都可以通过调用 static_cast。

与 dynamic_cast 不同，static_cast 对 pb 转换时，并不要求执行任何运行时检查。被 pb 指向的对象完全可能不是一个 D 对象，在这种情况下，对 *pd2 的使用就是无定义的，完全可能造成大灾难。

与老风格的强制不同的是，在这里指针和引用的类型必须是完全的。也就是说，如果想用 static_cast 把在一个指针和一个类型之间转换，看不到指针或类型的声明，就当作是一个错误。例如：

```
class X; // X is an incomplete type
class Y; // Y is an incomplete type

void f(X* px)
{
    Y* p = (Y*)px;   // allowed, dangerous
    p = static_cast<Y*>(px);     // error:
                                 // X and Y undefined
}
```

这样规定又清除了另一类错误。如果你需要强制到一个不完全的类型，那就应该使用 reinterpret_cast（14.3.3 节），明确说你并不是想在类层次上穿行；或者就应该用 dynamic_cast（14.2.2 节）。

静态强制和动态强制

对于指向类的指针做 dynamic_cast 和 static_cast，都是要求在类层次上穿行。当然 static_cast 完全依赖静态信息（因此可以欺骗它）。考虑：

```
class B { / * ... * / };

class D : public B { /*...*/ };

void f(B* pb)
{
    D* pd1 = dynamic_cast<D*>(pb);
    D* pd2 = static_cast<D*>(pb);
}
```

如果 pb 真的指向一个 D，那么 pd1 和 pd2 将取得同样的值，当 pd==0 时也是这样。但是，如果 pb 指向的（只）是一个 B，那么 dynamic_cast 由于知道足够的信息将返回 0，而 static_cast 则一定按程序员对于 pb 确实指向 D 判断，返回一个指向假定的 D 对象的指针。更糟的情况，请考虑：

```
class D1 : public D { /* ... */ };
class D2 : public B { / * ... * / };
class X : public D1, public D2 { /* ... */ };

void g()
{
    D2* pd2 = new X;
    f(pd2);
}
```

这里的 g() 将用一个 B（它并不是 D 的子对象）调用 f()。因此，dynamic_cast 将能正确发现类型 D 的一个兄弟子对象。而 static_cast 则返回一个指针，指向 X 的某个不适当的子对象。在我的记忆里，是 Martin O'Riordan 第一次使这种情况引起了我的注意。

14.3.3 **reinterpret_cast** 运算符

记法 reinterpret_cast<T>(e) 是想取代 (T)e，用在某些地方，例如需要做 char*到 int*，或者 Some_class*到 Unrelated_class*的转换，这些东西从本质上说就是不安全的，与实现有关的。简单说，reinterpret_cast 将返回一个值，对其参数做生硬、粗鲁的重新解释。例如：

```
class S;
class T;

void f(int* pi, char* pc, S* ps, T* pt, int i)
{
    S* ps2 = reinterpret_cast<S*>(pi);
    S* ps3 = reinterpret_cast<S*>(pt);
    char* pc2 = reinterpret_cast<char*>(pt);
    int* pi2 = reinterpret_cast<int*>(pc);
```

```
    int i2 = reinterpret_cast<int>(pc);
    int* pi3 = reinterpret_cast<int*>(i);
}
```

允许用 reinterpret_cast 运算符将任意指针转换到其他指针类型，也允许做任意整数类型和任意指针类型之间的转换。从本质上说，所有这些转换都是不安全的，或是依赖于实现的，或者是既不安全又依赖于实现。除非所希望的转换本身就是低级的不安全的，否则程序员还是应该使用其他强制。

与 static_cast 不同，reinterpret_cast 的结果不能安全地用于其他目的，除非是转换回原来类型。即使在最好的情况下，其他使用也是不可移植的。这就是为什么到函数的指针或到成员指针的转换都是 reinterpret_cast，而不是 static_ cast。例如：

```
void thump(char* p) { *p = 'x'; }

typedef void (*PF)(const char*);
PF pf;

void g(const char* pc)
{
    thump(pc); // error: bad argument type

    pf = &thump; // error

    pf = static_cast<PF>(&thump); // error!

    pf = reinterpret_cast<PF>(&thump);  // ok: on your
                                        // head be it
    pf(pc); // not guaranteed to work!
}
```

很清楚，让 pf 去指向 thump 是很危险的，因为这样做就是想欺骗类型系统，使它能允许将一个 const 的地址传到某个试图修改它的地方。这也就是为什么我们必须使用强制的地方，特别是为什么必须使用“肮脏的” reinterpret_cast 的情况。许多人可能感到很意外，因为通过 pf 对 thump 的调用不保证一定能工作的（在 C++ 里，就像在 C 中一样）。这里的原因是，一个实现可以对不同函数类型使用不同的调用序列。特别是，实现常常有很好的理由，对 const 和非 const 参数使用不同的调用序列。

请注意，reinterpret_cast 并不在类的层次中穿行。例如：

```
class A { /* ... */ };
class B { / * ... * / } ;
class D : public A, public B { /* ... */ } ;

void f(B* pb)
{
    D* pd1 = reinterpret_cast<D*>(pb);
    D* pd2 = static_cast<D*>(pb);
}
```

在典型情况下，这里 pd1 和 pd2 将得到不同的值。在调用：

```
f(new D);
```

pd2 将指向传来的 D 对象的开始位置，而 pd1 将指向该 D 对象的 B 子对象的开始。

reinterpret_cast<T>(arg) 几乎与 (T)arg 同样糟糕。但是，无论如何，reinterpret_cast 看得更清楚些，而且绝不在类层次中穿行，不会强制去掉 const，因为其他强制提供了那些东西。reinterpret_cast 是（仅有的）一个为执行低级操作而提供的运算符，通常用于做依赖于实现的转换。

14.3.4 const_cast 运算符

在为老风格强制寻找替代品的过程中，最痛苦的就是要为 const 找到一种可以接受的处理方式。理想情况是要保证这种“常性”绝不能不声不响地删除掉。为了这个原因，reinterpret_cast、dynamic_cast 和 static_cast 都被描述为保持常性的，也就是说，它们都不能用于“强制去掉 const”。

记法 const_cast<T>(e) 就是想取代 (T)e 的这个方面功能，用于通过转换获得对描述为 const 或 volatile 的数据的访问权。例如：

```
extern "C" char* strchr (char*, char);

inline const char* strchr(const char* p, char c)
{
    return strchr(const_cast<char*>(p), char c);
}
```

在 const_cast<T>(e) 里，类型 T 必须与参数 e 的类型一致，除了 const 或 volatile 修饰符之外。转换的结果与 e 一样，只是类型变成 T。

请注意，从一个原本就定义为 const 的对象出发，强制去掉 const 的结果是无定义的（13.3 节）。

与 const 保护有关的问题

不幸的是，在类型系统里总存在一些微妙的东西，它们能在防止隐含地违背“常性”的保护上打开某种漏洞。考虑：

```
const char** pec = &ch;
void* pv = pec; //no cast needed:
                // pec isn't a const, it only points to one
char** pc = (char**)pv;

void f()
{
    **pc = 'x'; // Zap!
}
```

不管怎样，允许 void* 不安全可以认为是能接受的，因为每个人都知道 —— 至少是应该知道——从 void* **出发的**强制，本质上就是很难弄的事情。

如果你准备开始构造一些能保存各种指针类型的类（例如，为了使生成的代码最小化，15.5 节），这种例子就会变得很有趣。

联合，以及通过省略号抑制对函数参数的类型检查，都是在防止隐式违反“常性”的保护上的漏洞。不管怎样，我希望一个系统里遗留的漏洞能更少一些，不喜欢根本不提供保护的东西。像 void* 一样，程序员也应该知道，联合和不检查的函数参数，本质上就是很危险的，只要可能就应该避免使用。如果真需要，用时也必须特别小心。

14.3.5 新风格强制的影响

新风格的强制也是清除 C++类型系统漏洞的长期努力的一部分，目标是尽可能减少不安全因素和容易出错的程序设计实践，并且将它们局部化。在这里，我要讨论怎样处理与之相关的问题（老风格的强制、隐含的窄强制，以及函数风格的强制等），怎样将现有代码转换为使用新强制运算符的代码。

14.3.5.1 老风格强制

我的希望是，新风格的强制能完全取代(T)e 记法。我已经建议贬斥(T)e 记法，希望委员会能给用户一个警告，说(T)e 将很可能不再是 C++ 标准的某个未来版本的组成部分。我看到有两件事非常相像：这一件事情，还有就是将 C++ 风格的函数原型引进 ANSI/ISO C 标准，并打压不加检查的调用。但是上述想法并没有获得大多数的赞同，所以对于 C++ 的清理可能永远也不会发生。

当然，更重要的是，新强制运算符为程序员个人和组织提供了一个机会，在类型安全性比与 C 语言的向后兼容性更重要的情况中，使他们能避免老风格强制的不安全性。新强制风格还可以进一步得到编译的支持，方式是对老风格的强制提出警告。

新强制运算符开辟了一条指向程序设计的更安全风格的坦途，又没带来任何效率损失。随着日月的流逝，随着代码的普遍质量改进和保证类型安全的工具的普遍使用，这种东西的重要性应该能不断增长——无论对 C++，还是对其他语言。

14.3.5.2 隐式窄转换

尽可能减少违反静态类型系统的情况，尽可能把这种违反的情况做得明显，这些想法都是新强制工作的基本点。很自然，我也重新考虑了删除隐式的窄转换的可能性，例如从 long 到 int，从 double 到 char（2.6.1 节）。可惜，一般地禁止这些强制是不可行的，只会产生相反的效果。主要问题在于算术运算可能溢出：

```
void f(char c, short s, int i)
{
    c++; // result might not fit in a char
    s++; // result might not fit in a short
    i++; // might overflow
```

```
}
```

如果我们禁止隐式的窄转换，c++和 s++都将变成非法的，因为在执行算术运算之前 char 和 short 都被提升到 int。如果要求显式的窄转换，这些东西都需要重写为：

```
void f(char c, short s, int i)
{
    c = static_cast<char>(c+1);
    s = static_cast<short>(s+1);
    i++;
}
```

我觉得，如果没有**重大**利益，强加上这种记法负担是没有任何希望的。但是，可能带来哪些益处呢？代码中到处散布显式的强制不会使代码更清晰，也不会减少错误量，因为人们将会不假思索地加上许多强制。i++同样也不安全，因为它也可能出现溢出。增加强制还可能产生相反的效果，因为原来实现有可能在运行时自动捕捉溢出情况，显式使用强制就会抑制这种检查。另一种更好的方式应该是定义 dynamic_cast，让它对数值运算对象都执行运行时的检查。按这种方式，那些认为检查很重要的用户就可以根据自己的经验，在认为做这种检查很重要的地方，加上 dynamic_cast。换一种方式，人也可以直接写一个检查函数，并在需要时使用之，例如（15.6.2 节）：

```
template<class V, class U> V narrow(U u)
{
    V v = u;
    if (v!=u) throw bad_narrowing;
    return v;
}
```

虽然禁止窄强制并不可行（因为那将需要彻底翻查所有的指导算术运算的规则），但也确实存在一些应该反对的转换，实现中应该通过警告的方式要求进一步的确认：例如浮点类型到整数类型，long 到 short，long 到 int 以及 long 到 char 的转换。Cfront 总发出这方面的警告。按照我的经验，其他潜在的窄转换，例如 int 到 float 和 int 到 char，则经常是无害的，反复发警告会使用户感到无法接受。

14.3.5.3 构造函数调用的记法

C++ 支持把构造函数记法 T(v)作为老强制记法(T)v 的同义词。一种更好的解决办法是把 T(v)重新定义为合法对象构造的同义词，例如：

```
T val(v);
```

（对这种东西，我们没有好的名字）。这种改变也需要一个转变过程——就像有关贬低(T)v 的建议一样——它将打破许多现存的代码。与贬低(T)v 一样，这个建议也没有被委员会的大多数人接受。还好，那些希望使用显式形式（避免隐式转换）的人，比如说为消除歧义性，可以采用写类模板的方式做这件事情（15.6.2 节）。

14.3.5.4 新强制的使用

如果没理解这里提出的各种微妙细节，也能使用新的强制吗？能将原来使用老风格强制的代码转换到采用新风格的强制，而不会使程序员由于语言规则而陷入困境吗？为了使新强制比老强制更广泛地为人们所爱，对这两个问题的回答都必须是肯定的。

一种简单的转换策略，就是对所有强制都用 static_cast，然后再看编译器会说些什么。如果对其中的某些情况，编译器不欢迎 static_cast，那么这些情况就值得检查。如果问题是违反了 const，那就应该去看强制结果是否真正引起了违反的情况；如果不是，就说明这里应该用 const_cast。如果问题是不完全的类型，指向函数的指针，或者不相干的指针之间的强制，则应该首先试着弄清结果指针在使用之前确实已经强制回来了。如果问题是某些类似于指针与 int 之间转换的情况，就要努力去想究竟应该如何继续下去。如果无法删除一个强制，那么，在这种情况下，reinterpret_cast 将恰好能完成老风格强制所做的那种事情。

在大多数情况下，这些分析及其删除老风格强制的结果，都能用一个不太复杂的程序完成。当然，对所有情况，最好是能删除掉所有强制——无论是老的还是新的。

15

第15章　模板

没有任何事情，比为事物建立新秩序更困难，获得成功的希望更渺茫，处理起来更危险。

——尼科罗·马基雅维利[1]

支持参数化类型——类模板——对模板参数的限制——避免额外的存储开销——函数模板——函数模板参数的推断——函数模板参数的显式描述——模板中的条件——语法——组合技术——模板类之间的关系——成员模板——模板的实例化——模板里的名字约束——专门化——显式实例化——文件中模板的模型——模板的重要性。

15.1　引言

在关于"什么是"的文章 [Stroustrup，1986b]（3.15 节）里已经明确提出，模板和异常是C++ 语言需要的特征，这两个特征的设计出现在 [Stroustrup，1988b] [Koenig，1989b] [Koenig，1990]，以及 ARM 里。在有关C++ 标准化的建议书里已明确包含了将它们放进语言中的内容。因此，虽然在 C++ 里，模板和异常处理的实现和使用都是开始标准化工作之后的事，它们的设计以及对它们的渴求，在C++ 的历史中可以回溯到很久以前。

模板的概念植根于对描述参数化容器类的愿望；异常来自于渴望为运行时错误的处理提供一种标准化方式。对这两种情况，从C 语言继承来的机制，在实际应用中都显得过于基本也过于简单。程序员不能用C 的机制直接表达自己的目的，C 机制也不能很好地与 C++ 的各种关键特征互相协调使用。在 C with Classes 的初期，我们曾经用宏机制实现过参数化的容器类（2.9.2 节），但是，C 语言的宏根本不遵守作用域规则和类型规则，也不能与工具友好相处。用在早期 C++ 里处理错误的机制，例如 `setjmp/ longjmp` 以及错误指示（如 `errno`），也不能与构造函数和析构函数很好地相互配合。

---

[1] Niccolo Machiavelli，1469—1527，意大利政治家兼历史学家。——译者注

缺乏这些特征，导致了一些包装性的设计、不必要的低级编码风格，最终导致在综合使用来自不同提供商的库时出现问题。换句话说，没有这些特征，将使人们在维持具有某种一致性的（高层）抽象方面遇到不必要的麻烦。

在我的心里，模板和异常是一个硬币的两面：模板机制可以扩展静态类型检查能够处理的问题的范围，并因之减少运行时出错；而异常，也就是为处理这些错误而专门提供的一种机制。模板使人有可能管理异常处理问题，方式是将运行时处理错误的需要减少到一些最基本的情况。异常使人们能够管理一般性的基于模板的库，因为它提供了一种方式，使这些库可以报告错误。

15.2 模板

在 C++ 的初始设计中，就已经考虑了带参数类型的问题，但是后来这件事被推迟了，由于没时间去做彻底试验，去探究有关的设计和实现方面的问题；也由于害怕它们可能给实现增加新的复杂性。特别是我很担心某种不良设计可能导致极慢的编译和连接。我还认为，即使是一种能很好支持参数化类型的机制，也可能使移植系统的时间显著增加。不幸的是，我的这些担心都被证明是有道理的。

模板被认为是在设计真正的容器时最关键的东西。我第一次是 1988 年在丹佛召开的 USENIX C++ 会议发表了有关模板的设计[Stroustrup，1988b]。我将问题总结如下。

“在 C++ 的上下文环境中，问题是：

[1] 类型的参数化能不能很容易使用？

[2] 使用参数化类型的对象，能不能像‘手工编码’的类的对象一样高效？

[3] 能不能将参数化类型的一般形式集成到 C++ 里？

[4] 能不能将参数化类型实现好，使得其编译和连接的速度能够达到类似于不支持类型参数化的编译器的水平？

[5] 能不能使这种编译器比较简单，容易移植？”

这些是我对于模板设计的检验准则。当然，我对所有这些问题的回答都是肯定的。我还用如下方式陈述了有关的基本设计选择。

“对许多人而言，使用 C++ 最大的问题就是缺乏一个扩充的标准库。要做出这种库，遇到的最主要问题就是 C++ 没有提供一种充分一般的机制，支持我们定义‘容器类’，如表、向量和关联数组等。存在两种提供这些类/类型的途径：

[1] Smalltalk 的途径——基于动态类型和继承；

[2] Clu 的途径——基于静态类型和一种为**类型**提供类型参数的功能。

前一种方式更灵活，但也会带来严重的运行时间代价，更重要的是，它将会使通过静态检查捕捉接口错误的所有企图完全落空。后一种方式在传统上也带来一些问题，使语言功能复杂了许多，也使编译/连接时的环境更慢、更费事。这种途径在灵活性方面也有局限性，因为在使用了它的语言里（值得提出的是 Ada）根本就没有继承。

理想上，我们最希望 C++ 能够有一种机制，其结构类似于 Clu 的方式，具有理想的运行时间和空间需求，编译时开销又很低。另一方面，又能具有像 Smalltalk 那样的灵活性。前者是可能的，而对于许多重要情况，后者也是很接近的。”

这样，最关键的问题看起来就是记法上的方便性、运行时效率和类型安全性。最主要的限制是可移植性、合理的编译和连接效率——包括模板类和模板函数的实例化，无论是直接还是间接地在程序里使用。

要确定到底需要什么样的参数化类型功能，我们做的关键工作就是用宏写出了一些伪装的参数化类型。除了我之外，Andrew Koenig、Jonathan Shopiro 和 Alex Stepanov 都写了许多模板风格的宏，以帮助确定，为支持这种风格的程序设计到底需要什么样的语言机制。Ada 的特征不太符合我对模板机制的想法，它只是成为我所讨厌的模板实例化运算符的一个根源（15.10.1 节）。Alex Stepanov 对 Ada 有深入的了解，因此，某些 Ada 风格有可能通过他的例子进入了我们的思想中。

将模板机制集成到编译器中的最早实现，是 Object Design 公司的 Sam Haradhvala 在 1989 年集成到 Cfront 的一个版本里，其中（只）支持了类模板。这个版本后来被 Stan Lippman 扩展为一个完整的实现，采用 Glen McCluskey 设计的模板实例化机制支持，有关机制从 Tony Hansen、Andrew Koenig、Rob Murry 和我 [Glen McCluskey，1992] 得到了一些意见。Texas Instruments 的 Mary Fontana 和 Martin Neath 写出了一个公开域的预处理器，实现了模板的一种变形 [Fontana，1991]。

这些东西和其他实现使我们取得了许多经验。但无论如何，我和许多其他人对于把一种并没有完全理解的东西放进标准里还是感到神经很紧张，因此，在 ARM 里定义的模板机制就有意地弄得尽可能最小。在那时，我们已经认识到这个东西可能是**太**小了，但是也知道，要删除一些不幸的特征远比增加一些需要的特征更困难得多。

在 ARM 里表述的模板机制于 1990 年被 ANSI C++ 委员会接受。对于将模板机制接受到标准草稿中有一个重要的论据，那就是委员会成员在一个工作组里讨论有关问题时，看到在我们中间已经有了多于 50 万行采用模板和“伪造模板”的 C++ 代码，而且它们正在实际使用中。

回过头看，模板恰好成为精炼一种新语言特征的两种策略之间的分界线。在模板之前，我一直是通过实现、使用、讨论、再实现的过程去精炼一个语言特征。而在模板之后，各种特征首先在委员会里进行广泛而深入的讨论，而实现通常是和这些讨论并行的。有关模板的讨论并没有像对它实际应该做的那样广泛，我也缺乏批判性的实现经验。这种情况，导致后来又基于实现和使用经验对模板进行了多方面修订。在有关异常处理的扩充中，我又重新捡起了获得个人实现经验的实践，作为一种关键性的设计活动。

除了还有某些毛刺需要进一步修整外，模板确实能完成我们预计它应该做的事情。特别是，模板使人能够设计出高效的、紧凑的、类型安全的 C++ 容器类，使用起来也很方便。如果没有模板，实现的选择就将不得不推到弱类型的，或者是动态类型的方式上去，这些将对程序的结构和效率诸方面都造成伤害。

我确实认为，在开始描述模板机制时，自己是过于谨慎和保守了。我们原来就应该把许多特征加进来，例如对函数模板参数的显式描述（15.6.2 节）、有关非类型函数模板参数的推导（15.6.1 节）、嵌套模板（15.9.3 节）等。这些特征并没有给实现者增加多少负担，但是对用户却特别有帮助。在另一方面，我也没有在模板实例化的领域（15.10 节）里给实现者提供足够的指导和支持。我无法知道的是，如果我继续进行模板设计，而没有参考那些初始设计实现和使用取得的经验，是否就一定会做得更糟而不是更好。

这里的描述反映了事情的当前状态，反映了经过许多试验获得的经验，以及由 ANSI/ISO 标准化委员会通过的反映了这些经验的解决方案。这里的名字约束规则、显式的实例化机制、对于描述的限制、对模板函数的显式量化，都已经于 1993 年 11 月在 San Jose 通过，已经放进 C++ 里，作为对模板定义的更普遍清理的一个组成部分。

有关模板的讨论按下面的方式组织：

15.3 节　类模板

15.4 节　对模板参数的限制

15.5 节　避免代码重复

15.6 节　函数模板

15.7 节　语法

15.8 节　组合技术

15.9 节　模板类之间的关系

15.10 节　模板的实例化

15.11 节　模板的作用

15.3 类模板

对于这里的关键结构有如下解释 [Stroustrup，1988b]:

“一个 C++ 的参数化类型将被称为一个**类**模板。类模板描述了可以如何构造出一些个别的类，其方式很像在类里描述如何构造起个别的对象。一个向量的模板类可以像下面这样声明：

```
template<class T> class vector {
    T* v;
    int sz;
public:
    vector(int);
    T& operator[](int);
    T& elem(int i) { return v[i]; }
    // ...
};
```

前缀 template<class T> 说明这里声明的是一个模板，它有一个类型为 T 的参数**类型**，将声明中使用。引入之后，T 就可以像其他类型名一样用在模板的作用域里。向量模板可以像下面这样使用：

```
vector<int> v1(20);
vector<complex> v2 (30) ;

typedef vector<complex> cvec;    // make cvec a synonym
                                 // for vector<complex>.
cvec v3(40);   // v2 and v3 are of the same type.

void f()
{
    v1[3] = 7;
    v2[3] = v3.elem(4) = complex(7,8);
}
```

很清楚，类模板的使用并不比类更困难。类模板实例的完整名字读起来也很容易，例如 vector<int> 或者 vector<complex>。人们甚至被认为，它们比语言内部的数组类型更容易读，例如 int[]或者 complex[]等。如果认为完整的名字太长，那么就可以通过 typedef 引进缩写形式。

与类声明相比，声明一个类模板并不复杂多少。关键字 class 用于指明类型参数的**类型**部分，部分地是因为它以很清楚的词的形式出现，部分地也是因为这样可以节约一个关键字。在这个上下文环境里，class 的意思是‘任意类型’，而不仅是‘某种用户定义类型’。

在这里使用尖括号<...>而不是圆括号(...)，是为了强调模板参数具有不同的性质（它们将在编译时求值）。也是因为圆括号在 C++ 里已经过度使用了。

引进关键字 template 使模板声明很容易看清楚，无论是对人还是对工具。同时也为模板类和模板函数提供了一种共有的语法形式。”

模板是为生成类型提供的一种机制。它们本身并不是类型，也没有运行时的表示形式，因此，它们对于对象的布局没有任何影响。

要强调在运行时具有与宏一样的效率，一个原因是因为我希望模板在时间和空间上效率都足够高，也能用于数组或者表这样的低级类型。为了这些，我把 inline 机制作为一种最关键的东西。我特别把标准的数组和表模板看成能将 C 语言的低级数组概念禁闭起来的最现实的途径，这样才能将它放到实现的层次里去，在那里它能工作得很好。要想使高层次的另一些选择——比如说带有 size() 运算的检查范围的数组、多维数组、带有完善的数值向量运算和复杂语义的向量类型等——能够被用户接受，在运行时间和空间，以及记法的方便性等方面，它们都必须能接近语言内置数组的各对应方面。

换句话说，支持参数化类型的语言机制，应该使最谨慎的用户也能负担得起，愿意用标准库类（8.5 节）代替数组的使用。自然，语言内置的数组还在那里，供需要它们的人之用，也是为了千百万行上使用到它们的老代码。无论如何，我的意图是，要为那些把方便和安全看得比兼容性更重要的人提供一种高效的替代品。

还有，C++ 支持虚函数，以它们作为一种变形，用于替代那种最明显的实现方式就是转跳表的概念。例如，一个 T 的“真正抽象的”集合可以实现为一个模板，做成一个抽象类，带有一组在 T 对象上操作的虚函数（13.2.2 节）。由于这个原因，我感到应该将注意力集中到基于源代码正文的，集中于编译时间的解决方案上，这样才能提供接近最优的运行时间和空间性能。

非类型模板参数

除了类型参数之外，C++ 也允许非类型的模板参数。这种机制基本上被看作为容器类提供大小和限界所必需的东西。例如：

```
template<class T, int i> class Buffer {
    T v[i];
    int sz;
public:
    Buffer() :sz(i) {}
    // ...
};
```

在那些运行时间效率和紧凑性非常要紧的地方，为了能与 C 语言的数组和结构竞争，这样的模板就非常重要了。传递大小信息将允许实现者不使用自由空间。

如果不能用非类型参数，用户就必须把有关大小的信息编码到数组类型里。例如：

```
template<class T, class A> class Buf {
```

```
    A v;
    int sz;
public:
    Buf() :sz(sizeof(A)/sizeof(T)) {}
    // ...
};

Buf<int,int[700]> b;
```

这样看起来很不直接，也容易出错，而且很明显地无法拓展到整数之外的类型。特别是，我还希望有指向函数模板参数的指针，以便提供进一步的灵活性。

在模板的初始设计中，不允许用名字空间或模板作为模板的参数。这些限制是过于谨慎的又一个案例。我现在看不出任何理由去禁止这种参数，它们无疑是很有用的。以类模板作为模板参数在 1994 年 3 月的圣迭戈会议上获得通过。

15.4　对模板参数的限制

对模板参数并没有提出任何限制。相反，所有类型检查都被推迟到模板实例化的时刻进行 [Stroustrup，1988b]：

> “‘应该要求用户去描述一集操作，用以说明什么样的**类型**能用作某个模板类型的参数吗？’例如：
>
> ```
>     // The operations =, ==, <, and <=
>     // must be defined for an argument type T
>
> template <
>     class T {
>         T& operator=(const T&);
>         int operator==(const T&, const T&);
>         int operator<=(const T&, const T&);
>         int operator<(const T&, const T&);
>     };
> >
> class vector {
>     // ...
> };
> ```
>
> 不！要求用户提供这种信息会降低参数机制的灵活性，不会使实现变得更简单，也不能使这种功能更安全……曾有意见说，如果对类型参数给出完整的运算集合，阅读和理解参数化类型会更容易些。我看这里面有两个问题：这种列表通常会变得很长，以至变得很不容易阅读和理解；此外，在许多应用中都将需要大量的模板。”

回头再看，我现在理解了这些限制对于可读性和早期错误检测的重要性，但是我也发现了表述限制的另外一些问题：函数类型对于有效的限制而言显得太特殊了。如果从字面上看，函数类型将对解决方案生产过强的限制。以 vector 为例，人们或许认为任何能接受两个 T 类型参数的 < 都可以接受。但是，除了内部的 < 运算符之外，我们还可能

有许多其他候选者，例如：

```
int X:: operator<(X);
int Y::operator<(const Y&);
int operator<(Z,Z);
int operator<(const ZZ&,const ZZ&);
```

如果从字面上看，好像只有 ZZ 能成为 vector 可接受的参数。

限制模板的想法总是被重复地提出：

——有些人认为，如果模板参数是受限制的，那么就可能生成更好的代码——我不相信这一点；

——有些人认为，如果缺乏限制，静态类型检查将会受到影响——不会，但是某些静态类型检查将被推迟到连接时，而这确实是一个实际问题；

——有些人认为如果有了限制，模板声明将更容易理解——经常，确实有这种情况。

在 15.4.1 节和 15.4.2 节里将给出描述限制的另外两种方式。只有在实际需要时才产生成员函数（15.5 节）和特殊化（15.10.3 节）是另外的能在某些情况下提供限制的方法。

15.4.1 通过派生加以限制

Doug Lea、Andrew Koenig、Philippe Gautron、我和其他许多人都独立地发现了采用继承的语法描述限制的技巧。例如：

```
template <class T> class Comparable {
    T& operator=(const T&);
    int operator==(const T&, const T&);
    int operator<=(const T&, const T&);
    int operator<(const T&, const T&);
};

template <class T : Comparable>
    class vector {
        // ...
    };
```

这确实很有意义。虽然不同的建议在细节上有一些差异，但它们都能起到意想中的作用：能把检查错误和报告的时间提前到对独立编译单元进行编译的时候。沿着这个思路走下去的建议还在 C++ 标准化组里讨论。

然而，我从根本上反对通过派生去描述限制。因为它会鼓励程序员按这种方式组织程序，任何能成为限制的东西都可能变成一个类，这就会鼓励通过继承描述所有的限制。例如，不是去说“T 必须有一个小于函数”，而是必须说“T 必须是从 Comparable 派生的”。这是一种间接的相当灵活的描述限制的方式，但也很容易导致对继承的过度使用。

因为内部类型（例如 int 和 double）之间不存在继承关系，这就使派生方式不能用于描述对这些类型的限制。类似地，也无法通过派生描述同时适用于用户定义类型和内部类型的限制。例如，int 和 complex 常常同时是可以接受的模板参数，这一情况就无法通过派生的方式描述。

进一步说，写模板的人不可能预见到模板的全部应用。这就导致程序员在初始时给模板参数强加了过分的限制，而到了后来——由于经验——又需要放松对它们的限制。通过派生加以限制的逻辑推论，就是引进一个最一般的基类，用于描述“没有任何限制”。而无论如何，这样的一个基类将成为许多邋遢代码的发源地，无论是在模板的上下文里，还是在其他的许多地方（14.2.3 节）。

通过派生去限制模板参数，也无法处理另一个已被发现是非常讨厌的问题：派生限制将不允许程序员写出两个具有同样名字的模板，以便用一个去处理指针类型，用另一个处理非指针类型。Keith Gorlen 的提醒第一次使我注意到了这个问题。这个问题可以通过模板函数重载的方式去处理（15.6.3.1 节）。

对这种途径还有另一个更具根本性的批评，因为它将继承机制用到了某些本质上并不是子类型的事情上。我把用继承表述限制的技术看成是一个例子，在这里，使用继承机制只是因为它是一种时尚，而没有什么更本质的理由。继承关系并不仅仅是一种有用的关系，换句话说，也不是类型之间的任何关系或者有关类型的所有陈述，都应该削足适履，硬塞进继承的框架中。

15.4.2 通过使用加以限制

开始考虑模板的实现时，我就采纳了人们通常用在 inline 函数里的描述方式，去解决限制的问题。例如：

```
template<class T> class X {
    // ...
    void constraints(T* tp)
    {                           // T must have:
        B* bp = tp;             //   an accessible base B
        tp->f();                //   a member function f
        T a(1);                 //   a constructor from int
        a = *tp;                //   assignment
        // ...
    }
};
```

不幸的是，这种方式借助了某些局部的实现细节：在实例化模板声明时，Cfront 将对所有 inline 函数做完全的语法和语义检查。但实际上，如果不调用，那么就根本不需要对一集特定的模板参数生成相应的函数版本（15.5 节）。

这种方式使写模板的人能描述一个限制函数，如果模板的用户觉得这种检查很方便，也可以通过调用这个函数去检查有关的限制。

如果写模板的人不想打搅用户，那么也可以从每个构造函数里调用 constraints()。当然，如果构造函数很多，而且这些函数又不能正常地做 inline 处理的话，这种做法就可能变得非常讨厌了。

如果需要，也可以把这个概念形式化为一个语言特征：

```
template<class T>
    constraints {
        T* tp;          // T must have:
        B* bp = tp;     //   an accessible base B
        tp->f();        //   a member function f
        T a(1);         //   a constructor from int
        a = *tp;        //   assignment
        // ...
    }
    class X {
        // ...
    };
```

这种技术能用于对函数模板的模板参数附加限制。不过我还是很怀疑这种扩充的价值。这也是我见到过的唯一比较接近我的想法的限制系统，它能在保留了充分一般、比较紧凑、容易理解和容易实现的同时，又不给模板参数加上过分的限制。

参见 15.9.1 节和 15.9.2 节，那里有通过使用模板函数表示基本限制的一些例子。

15.5 避免代码重复

应该避免由于大量的实例化而造成不必要的空间开销，这件事一直被当作最要紧的问题——也就是说，是设计和语言层的问题——而不是实现的细节问题。规则要求模板函数（15.10 节和 15.10.4 节）的"迟"实例化，以保证当不同编译单元里使用了同样模板参数时不会出现重复代码。说那些较早（甚至很晚）的模板实现都应该能查看一个类对不同模板参数的实例化，确定哪些实例代码的全部或部分是可以共享的，我认为可能性不大。然而，我还是认为这是最关键的问题，能避免由代码重复造成的肿胀——在宏展开或者其他采用了实例化机制原语的语言里，都会出现这种肿胀的情况 [Stroustrup，1988b]：

> "除了其他东西，派生（继承）还保证了不同类型之间的代码共享（非虚基类的函数代码由它的派生类所共享）。但一个模板的不同实例不能共享代码，除非采用了某种更聪明的编译策略。我现在还看不到最近会出现能投入使用的这类聪明东西。那么，派生能用于削减由于使用模板而产生的代码重复问题吗？这就涉及从常规的类派生出一个模板的问题。例如：

```
template<class T> class vector { // general vector type
    T* v;
    int sz;
public:
    vector(int);
    T& elem(int i) { return v[i]; }
    T& operator[](int i);
    // ...
};
```

```
template<class T> class pvector : vector<void*> {
        // build all vector of pointers
        // based on vector<void*>
public:
    pvector(int i) : vector<void*>(i) {}
    T*& elem(int i)
        { return (T*&) vector<void*>::elem(i); }
    T*& operator[](int i)
        { return (T*&) vector<void*>::operator[](i); }
    // ...
};

pvector<int> pivec(100);
pvector<complex> icmpvec(200);
pvector<char> pcvec(300);
```

这三个指针的向量类的实现将完全是共享的。它们的实现，完全是通过派生和基于类 vector<void*>的实现的 inline 展开。vector<void*>的实现将是标准库的一个极好的候选者。”

已经证明，这种技术能在实际使用中约束代码的肿胀。没使用这类技术的人（无论是在 C++ 里，还是在其他有类似的类型参数化功能的语言里）都发现，即使是对中等大小的程序，重复代码也能造成兆字节的代码空间付出。

面对这种忧虑，我认为，能够让实现只去实例化那些实际使用的模板函数是非常重要的事情。例如，给了一个带有函数 f 和 g 的模板 T，如果某个给定实例根本不会使用模板参数 g，实现就应该设法做到只完成 f 的实例化。

我也觉得，对于模板函数，根据实际函数调用情况所需的模板参数，只为其生成相应的实际版本，又增加了另一个层面上的重要灵活性 [Stroustrup，1988b]:

“考虑 vector<T>，为了提供一个排序操作，我们必须要求类型 T 具有某种顺序关系。并不是所有的类型都有这种东西。如果在 vector<T>的声明中必须描述 T 的运算集合，那么就必须定义两个向量类型：一种针对那些带有序关系的类型的对象；另一个则针对那些没有序关系的类型。如果在 vector<T>的声明中不必描述 T 的运算集合，那么就可以只有一个向量类型。很自然，如果某个类型 glob 里没有一个序关系的话，使用者就没办法对这个类型的对象的向量排序。如果要试图这样做，编译器应该拒绝生成对应的排序函数 vector<glob>::sort()。”

15.6　函数模板

除了类模板之外，C++ 还提供了函数模板。引进函数模板，一方面是因为我们已经很清楚，模板类需要有成员函数；还因为，如果没有这种东西，模板的概念看起来就不够完全。很自然，在这里我们也要引用几个教科书性质的例子，例如 sort() 函数等。

Adrew Koenig 和 Alex Stepanov 是这些要求函数模板的例子的主要贡献者。数组排序被看作是最简单的例子：

```
// declaration of a template function:
template<class T> void sort(vector<T>&);

void f(vector<int>& vi, vector<String>& vs)
{
    sort(vi);   // sort(vector<int>& v );
    sort(vs);   // sort(vector<String>& v );
}

// definition of a template function:
template<class T> void sort(vector<T>& v)
/*
    Sort the elements into increasing order

    Algorithm: bubble sort (inefficient and obvious)
*/
{
    unsigned int n = v.size();

    for (int i = 0;i < n-1; i++)
        for ( int j = n-1; i<j; j -- )
            if (v[j] < v[j-1]) {// swap v [j] and v [j-1]
                T temp = v[j];
                v [j] = v [j-1];
                v [j-1] = temp;
            }
}
```

正如我们的预期，事实已经证明函数模板本身也是很有用的，也证明了它们是支持类模板的重要机制，对某些服务而言，采用非成员函数比用成员函数更合适（例如友元，3.6.1 节）。

下面将考察与模板函数有关的技术细节。

15.6.1 函数模板参数的推断

对于函数模板，不需要明确地描述模板参数。如上所示，编译器能根据调用的实际参数把它们推导出来。自然，每个没有显式描述的模板参数（15.6.2 节）都必须能由某个函数参数唯一确定，这就是原来手册里所说的全部东西。在标准化过程中，一些事情变得很清楚了：在从实际函数参数推断出模板参数类型方面，必须把编译器应该多么能干这件事情严格描述清楚。例如，下面这个程序合法吗？

```
template<class T, int i>
    T lookup<Buffer<T,i>& b, const char* p );

int f(Buffer<int,128>& buf, const char* p)
{
    return lookup(buf,p); // use the lookup() where
                          // T is int and i is 128
}
```

过去的回答一直是否定的，因为非类型参数无法推断。这也是一个实际问题，因为这将意味着你不能定义非 inline 的非成员函数，让它在一个模板类上操作，而这个类又有一个非类型的模板参数。例如：

```
template<class T, int i> class Buffer {
    friend T lookup(Buffer&, const char*);
    // ...
};
```

这要求一个模板函数定义，按原先的规则，它明显是非法的。

根据修改后的规则，在模板函数的参数表里可以接受下面这些结构：

```
T
const T
volatile T
T*
T&
T[n]
some_type[I]
CT<T>
CT<I>
T (*)(args)
some_type (*)  (args_containing_T)
some_type (*)  (args_containing_I)
T C::*
C T::*
```

这里的 `T` 是模板的一个类型参数，`I` 是模板的一个非类型参数，`C` 是一个类名字，`CT` 则是一个前面已声明的类模板，`args_containing_T` 是一个参数表，根据它应用这些规则，应该能确定 `T`。这就使 `lookup()` 例子变得合法了。幸运的是，用户并不需要记住这个表，因为它不过是形式地写出的一些很明显的推导。

再看一个例子：

```
template<class T, class U> void f(const T*, U(*)(U));

int g(int);

void h(const char* p)
{
    f(p,g); // T is char, U is int
    f(p,h); // error: can't deduce U
}
```

请注意 `f()` 的第一个调用的参数，我们很容易推导出有关的模板参数。再看 `f()` 的第二个调用，可以看到 `h()` 与模式 `U(*)(U)` 不匹配，因为 `h()` 的参数和返回值的类型不同。

在弄清这个问题和其他类似的问题方面，John Spicer 提供了很多帮助。

15.6.2 描述函数模板的参数

在刚开始做模板的设计时，我觉得应该允许明确地为模板函数描述模板参数，可以采用与为模板类提供模板参数的同样方式。例如：

```
vector<int> v(10); // class, template argument 'int'
sort<int>(v);      // function, template argument 'int'
```

但我后来拒绝了这个想法，因为对大部分例子，根本不需要去显式描述模板参数。我也害怕“含糊”和语法分析中的问题。例如，我们该如何对下面例子进行语法分析？

```
void g( )
{
     f <1>(0); //(f)<(1>(0)) or (f<1>) (0) ?
}
```

我现在不再认为这是个问题了。如果 f 是个模板名，f< 就是一个量化模板名的开始，随后的东西就必须根据这一点进行解释；如果 f 不是，那么 < 就是小于。

这里说显式的描述有用，是因为我们可能无法从一个模板函数调用出发推导出函数的返回类型：

```
template<class T, class U> T convert(U u) { return u; }
void g(int i)
{
    convert(i);                    // error: can't deduce T.
    convert<double>(i);            // T is double, U is int.
    convert<char,double>(i);       // T is char, U is double.
    convert<char*,double>(i);      // T is char*, U is double
                                   // error: cannot convert
                                   // a double to a char*.
}
```

就像函数的默认参数一样，在一个显式的模板参数表里，只有最后的参数是可缺省的。

能够显式地描述模板参数，将使我们可以定义一些转换函数和对象创建函数。即使有些显式转换函数能做的事情隐式转换函数都能做，例如 convert()，它们经常也是很有用的东西，这种转换函数也适合作为库的候选。这类东西的另一种变形是执行一种检查，保证缩窄转换将产生运行时的错误（14.3.5.2 节）。

新强制运算符（14.3 节）的语法形式和显式量化模板函数调用的语法相同，这也是有意做出的选择。新强制表示的是一种不能用其他语言特征表述的操作。与它们类似的操作，例如 convert()，可以表示为函数模板，因此不必再作为内部运算符。

显式描述函数模板参数还有另一个应用，那就是通过描述有关的类型或者局部变量的值，去控制某些需要使用的算法。例如：

```
template<class TT, class AT> void f(AT a)
{
    TT temp = a;      // use TT to control
                      // precision of computation
```

```
    // ...
}

void g(Array<float>& a)
{
    f<float>(a);
    f<double>(a);
    f<Quad>(a);
}
```

函数模板参数的显式描述在 1993 年 11 月 San Jose 被通过。

15.6.3　函数模板的重载

有了函数模板之后，我们必须重新解决重载的处理问题。为了避免引起语言定义的麻烦，我的选择是对模板参数只允许准确的匹配，而且在解析重载问题时，更偏向于具有同样名字的常规函数。

"具有同样名字的模板函数和其他函数的重载解析分三个步骤进行 [ARM]。

[1] 在函数中查找准确的匹配 [ARM，13.2 节]；如果找到就调用它；

[2] 查找这样的函数模板，从它出发能够生成出可以通过准确匹配进行调用的函数；如果找到就调用它；

[3] 试着去做函数重载的解析 [ARM，13.2 节]，如果能找到这样的函数就调用它。

如果无法找到一个能调用的函数，这个调用就是错误。在上述各种情况中，如果在某一步发现了多于一个能匹配的候选者，这个调用就是歧义的，因此也是错误的。"

回头看，这个规定大概是限制得过分了，也太专用。虽然这一规定可行，但它也为许多小的使人诧异和烦恼的问题打开了大门。

即使在那时，事情也已经很清楚，最好是能采用某种方式，把对常规函数和模板函数的规则统一起来，只是我不知道怎么做。下面是 Andrew Koenig 提出的一种替代方式的梗概：

"对于一个调用，首先找到可能被调用的所有函数的集合，一般地说，其中也可能包括从不同模板生成的函数。而后将普通的重载解析规则应用到这集函数上。"

这种方法就能允许对模板函数参数的类型转换，也为所有的函数重载提供了一种共同框架。例如：

```
template<class T> class B { /* ... */ } ;
template<class T> class D : public B<T> { /* ... */ };

template<class T> void f(B<T>*);

void g(B<int>* pb, D<int>* pd)
{
    f(pb);   // f<int>(pb)
```

```
    f(pd);   // f<int>((B<int>*)d); standard conversion used
}
```

必须让模板函数与继承之间能够正确地相互作用。还有：

```
template<class T> T max(T,T);

const int s = 7;


void k()
{
    max(s,7); // max(int(s),7); trivial conversion used
}
```

在 ARM 里，实际上已经预料到需要放松有关规则，允许模板函数的参数转换。现在的许多实现都允许上面这种例子。但无论如何，这个问题还留在那里，等待正式的解决方案。

模板里的条件

在写模板函数时，常常会感到有一种诱惑，希望写出的定义能够依赖模板参数的某些性质。例如下面这段话 [Stroustrup，1988b]：

> “让我们考虑为向量类型提供一个打印函数，如果向量能排序的话，就先将它排好序，而后再打印。可以考虑提供一种机制，它能询问对于给定类型的对象是否能够执行某种操作（比如说 < 操作）。例如：
>
> ```
> template<class T> void vector<T>::print()
> {
>     // if T has a < operation sort before printing
>
>     if (?T::operator<) sort();
>     for (int i=0; i<sz; i++) { /* ... */ }
> }
> ```
>
> 如果待打印向量的元素可以比较，那么就在打印向量的元素之前调用 sort()，对于不能比较的对象就不这么做。”

我决定反对提供这种类型询问功能，因为我在那时——现在依然——明确认为，这种做法会导致结构上极坏的代码。这种技术是宏爱好者们最坏的方面，再加上对类型获取操作的过分信赖（14.2.3 节）。

与此相反的方法是实现一些专门化，也就是说，针对一些特殊的模板参数类型，分别提供几个版本（15.10.3 节）。还有一种方法是把不能保证每个模板参数类型都有的操作孤立出来，放到另外的成员函数里，只在有关类型支持这些操作时才调用它们（15.5 节）。最后，还可以采用重载模板函数的方法，为不同的类型提供不同实现。作为一个例子，下面我给出一个 reverse() 模板函数，给了它两个遍历器，分别标定要求考虑的第一个和最后一个元素，它就能翻转容器里元素的顺序。用户代码将具有下面的样子：

```
void f(ListIter<int> l1, ListIter<int> l2, int* p1, int* p2)
{
    reverse(p1,p2);
    reverse(l1,l2);
}
```

这里将用 ListIter 访问某种用户定义容器的元素，用 int* 访问常规整数数组的元素。为了做到这些，必须设法为这两种调用选择 reverse() 的不同实现。

函数模板 reverse() 简单地基于其参数的类型去选择实现：

```
template <class Iter>
inline void reverse(Iter first, Iter last)
{
    rev(first,last,IterType(first));
}
```

通过重载解析选择 IterType：

```
class RandomAccess { };

template <class T> inline RandomAccess IterType(T*)
{
    return RandomAccess();
}

class Forward { };

template <class T> inline Forward IterType(ListIterator<T>)
{
    return Forward();
}
```

在这里，int* 将选择 RandomAccess，而 ListIter 将选择 Forward。通过这些遍历器的类型，反过来又能确定应该使用的 rev() 版本：

```
template <class Iter>
inline void rev(Iter first, Iter last, Forward)
{
    // ...
}

template <class Iter>
inline void rev(Iter first, Iter last, RandomAccess)
{
    // ...
}
```

请注意，rev() 的第三个参数实际上根本不用，其作用就是为重载机制提供帮助。

这里的基本观点是：类型或算法的任何性质都可以用一个类型表示（或许需要为此目的而专门定义）。做好了这些之后，这样的类型就可以用于指导重载解析，可以通过它们把依赖于有关性质的函数选出来。当然，除非用于选择的类型本身表示了一个基本性质，否则这种技术就不够直接，但它是普遍可用也很有效的。

请注意，借助于 inline 机制，这种解析完全能在编译中完成，使程序执行中能直接调用正确的 rev() 函数，不存在任何运行时开销。还请注意，这种机制还具有可扩充性，当我们需要增加新的 rev() 实现时，完全不必触动老的代码。这个例子是基于从 Alex Stepanov [Stepanov，1993] 那里来的一些思想。

如果所有其他方式都不行，有时还可以借助于运行时类型识别机制（14.2.5 节）。

15.7 语法

同样，语法总是一个问题。开始时，我的目标是采用一种语法形式，把模板参数直接放在模板名字的后面：

```
class vector<class T> {
    // ...
};
```

但这种方式无法清晰地扩展到模板函数 [Stroustrup，1988b]：

“初看起来，不另外使用一个关键字的函数语法似乎更好一些：

```
T& index<class T>(vector<T>& v, int i) { /*...*/ }
```

但函数模板的使用不能与类模板平行，因为它们的参数通常不需要显式描述：

```
int i = index(vi,10);
char* p = index(vpc,29);
```

然而，这种‘比较简单’的语法也存在恼人的问题——它过于精巧，在程序里很难看清这种形式的模板声明，因为模板参数深嵌在函数和类声明的语法中，对某些函数模板做语法分析，有可能成为小小的噩梦。当然，我们有可能写出一个 C++ 分析程序，使之能处理上面 index() 这样的函数模板声明，其中模板参数的使用出现在定义之前。我知道这一点，因为我已经写过一个这种东西。但这件事不好做，而且看起来，在传统编译技术中解决问题也不太容易。回过头看，我觉得要是不使用关键字，不要求模板参数总在使用之前声明的话，结果一定会造成一系列问题，与那些过于精巧、互相缠绕的 C 和 C++ 声明语法造成的问题类似。”

用最后确定的模板语法，index() 的声明变成：

```
template<class T> T& index(vector<T>& v, int i) { /* ... */ }
```

在那个时候，我也曾很严肃地讨论过，认为有可能提供一种语法，使函数的返回值类型可以放在参数表之后，例如：

```
index<class T>(vector<T>& v, int i) return T& { /* ... */ }
```

或者

```
index<class T>(vector<T>& v, int i) : T& { / * ... * / }
```

这将能很好解决语法分析问题。但是大部分人宁愿要一个关键字来帮助识别模板，这种意见使得向那个方向的考虑都成为多余的了。

选择尖括号<...>而不用圆括号，是因为用户发现这样写法更容易读，也因为圆括号在 C 和 C++ 里已经使用过度。Tom Pennello 证明，在这个地方用圆括号，做语法分析也不困难。但这并没有改变人们的观点，因为（作为人的）读者①喜欢<...>。

还有一个问题也很讨厌：

```
List<List<int>> a;
```

这个描述看起来是声明了一个整数表的表，而实际上它却是一个语法错误，因为 >>（右移或者输出）与两个单独的 > > 是不一样的。当然，通过一个简单的词法技巧就可以解决这个问题，但我还是希望保持语法和词法分析的清晰性。现在我看到这种错误出现得太频繁，也听到了太多对于类似这种东西的抱怨：

```
List<List<int>> a;
```

这就使我很希望能通过某些努力彻底消除这个问题。我觉得，听到用户的抱怨远比听到语言专家的抱怨更使人感到痛苦。

15.8 组合技术

模板能支持一些安全而又威力强大的组合技术。例如，模板可以递归地使用：

```
template<class T> class List { /* ... */ };

List<int> li;
List< List<int> > lli ;
List< List< List<int> > > llli;
```

如果需要特定的“组合类型”，可以通过派生，以专门化的方式把它们定义出来：

```
template<class T> class List2 : public List< List<T> > { };
template<class T> class List3 : public List2< List<T> > { };

List2<int> lli2;
List3<int> llli3;
```

这是派生的一种不太寻常的应用，因为在这里并不增加成员。这种派生的应用不会造成

---

① reader，在英文中说一定指人（读者），同样可以用于指处理源文件的分析程序等。作者在这里强调的是因为人们不喜欢，而不是处理程序做不出来。这是一种诙谐的说法。——译者注

任何时间或者空间开销，它仅仅是一种组合技术。如果不能在组合中使用派生技术，那么就必须用某些特定的组合技术去扩大模板，否则这个语言就太可怜了。派生和模板之间平滑的交互作用一直是我感到惊喜的一个源泉。

这种组合类型的变量可以像对应的具有显式定义的类型一样使用，但反过来却不行：

```
void f()
{
    lli = lli2; // ok
    lli2 = lli; // error
}
```

这是因为公用派生定义的是一种子类型关系。

要想允许在两个方向上的赋值，就需要对语言做一种扩充，引进真正的参数化同义词。例如：

```
template<class T> typedef List< List<T> > List4;

void (List< List<T> >& lst1, List4& lst2)
{
    lst1 = lst2;
    lst2 = lst1;
}
```

这种扩充在技术上非常简单，但是我却无法确定，再引进一种只不过是重命名的新机制是否为一个明智之举。

在定义新类型时，派生机制也允许只给出部分的模板参数描述：

```
template<class U, class V> class X { /* ... */ };
template<class U> class XX : public X<U,int> { };
```

一般地说，从模板类出发的派生提供了一种可能性，使人可以剪裁基类的信息，以适应派生类的需要。这提供了一些特别有力的组合模式。例如：

```
template<class T> class Base { /* ... */ };

class Derived : public Base<Derived> { /* ... */ };
```

通过这种技术，我们可以将派生类的信息回馈到基类之中（又参见 14.2.7 节）。

15.8.1 表述实现策略

派生和模板在组合方面的另一应用是作为一种给对象传递实现策略的技术。例如，有关排序中所需要的比较的意义、对于一个容器类的分配/释放存储的意义等，都可以通过模板参数提供 [2nd]：

"一种方式是用一个模板，基于所需要的容器的界面和一个采用了[2nd，6.7.2 节] 中描述的放置技术的分配器类，组合出一个新类：

```
template<class T, class A> class Controlled_container
    : public Container<T>, private A {

    // ...
    void some_function()
    {
        // ...
        T* p = new(A::operator new(sizeof(T))) T;
        // ...
    }
    // ...
};
```

在这里使用一个模板是必需的，因为我们是在设计一个容器。需要从 Container 出发做派生，以便使 Controlled_container 能作为容器使用。模板参数 A 的使用也是必需的，这样才能允许使用各种各样的分配器。例如：

```
class Shared : public Arena { /* ... */ };
class Fast_allocator { /* ...*/ };
class Persistent : public Arena { /* ... */ };

Controlled_container<Process_descriptor,Shared> ptbl;

Controlled_container<Node,Fast_allocator> tree;

Controlled_container<Personnel_record,Persistent> payroll;
```

这是为派生类提供比较复杂的信息的一种通用策略。它的优点是非常系统化，而且允许以 inline 的方式使用。当然，这样做也倾向于产生出极长的名字。当然，我们还可以用 typedef，为过长的类型名引进同义词。”

在 Booch 组件 [Booch，1993] 中广泛使用了这些组合技术。

15.8.2 描述顺序关系

现在考虑一个排序问题：假定我们有一个容器模板，有一个元素类型，有一个能基于元素值对容器排序的函数。

我们不能把排序中使用的比较准则直接编码到容器类里，因为一般说，容器不应该把自己的需要强加到元素类型上。我们也不能把排序用的比较准则直接编码到元素类型里，因为被处理的元素可能存在多种排序方式。

这样，排序准则就需要既不在容器里编码，也不在元素类型里编码。与这些相反，这个准则应该在要求执行特定的操作时提供。例如，给定了一些表示瑞典人名字的字符串，什么是我应该用于整理名字的比较准则呢？常用的对瑞典人名排序的整理方式有两种。自然，无论是一个通用的字符串类型，还是一个通用的排序算法，要求在定义它们的时候就必须知道对瑞典人名字排序的规则是不合适的。

因此，任何一个涉及排序算法的一般性解决方案，都应该以某种通用的方式描述，使其定义不但能处理任意一个特定类型，还能处理任何特定类型的特定使用。举个例子，让我们看看如何将标准库函数 strcmp()推广到能用于任何类型 T 的串：

我首先定义一个模板类，其中给出类 T 的对象比较的默认意义：

```
template<class T> class CMP {
public:
    static int eq(T a, T b) { return a==b; }
    static int lt(T a, T b) { return a<b; }
};
```

模板函数 compare()比较 basic_string 时以下面形式的比较作为默认方式：

```
template<class T> class basic_string {
    // ...
};

template<class T, class C = CMP<T> >
int compare(const basic_string<T>& str1,
        const basic_string<T>& str2)
{
    for(int i=0, i<str1.length() && i< str2.length(), i++)
        if  (!C::eq(str1[i],str2[i]))
            return C::It(str1[i],str2[i]);
}

typedef basic_string<char> string;
```

有了成员模板（15.9.3 节）之后，我们也可以换一个方式，将 compare()定义为 basic_string 的成员。

如果有人希望一个 C<T>忽略大小写，或者希望它能反映某种本地化的情况，或者是想返回两个元素用 !C<T>::eq()比较时较大一个的 unicode 值，等等，这些都可以通过基于 T 的“本地”操作来完成，只需要给出 C<T>::eq()和 C<T>::lt()的适当定义。这样就使我们可以通过由 CMP 提供的操作表达任何（比较、排序等）算法，也就能够表示我们所需要的容器了。例如：

```
class LITERATE {
    static int eq(char a, char b) { return a==b; }
    static int lt(); // use literary convention
};
void f(string swede1, string swede2)
{
    compare(swede1,swede2); // ordinary/telephone order
    compare(swede1,swede2,LITERATE); // literary order
}
```

我在这里用模板参数传递比较准则，因为这是一种不增加任何运行时间代价的传递方法。特别是，比较操作 eq()和 lt()很容易做成 inline。我还用了一个默认参数，以免给所有用户增添记法上的代价。这种技术还有一些变形，可以在 [2nd，8.4 节] 找到。

另一个不那么深奥的例子（对非瑞典人来说）是做关心或不关心大小写的比较：

```
void f(string s1, string s2)
{
    compare(s1,s2); // case sensitive
    compare(s1,s2,NOCASE); // not sensitive to case
}
```

请注意，这里的 CMP 模板类绝不会用于定义对象，它的所有成员都是 static 和 public，因此它应该是个名字空间（第 17 章）：

```
template<class T> namespace CMP {
    int eq(T a, T b) { return a==b; }
    int lt(T a, T b) { return a<b; }
}
```

可惜的是，名字空间模板（还）不是 C++ 的组成部分。

15.9 模板类之间的关系

把模板理解为一个规范，认为它说明了一些特定的类将如何创建，这种观点也很有价值。换句话说，模板实现也就是一种基于用户的需求描述去生成类型的机制。

在 C++ 语言规则所关心的范围里，由同一个类模板生成的两个类之间没有任何关系。例如：

```
template<class T> class Set { /* ... */ } ;

class Shape { /* ... */ } ;
class Circle : public Shape { /* ... */ };
```

有了这些声明后，人们有时会想把 Set<Circle>当作 Set<Shape>，或者把 Set<Circle*>当作 Set<Shape*>。例如：

```
void f(Set<Shape>&);

void g(Set<Circle>& s)
{
    f(s) ;
}
```

这种代码不能通过编译，因为不存在从 Set<Circle>&到 Set<Shape>&的内部转换，也不应该有这类转换：将 Set<Circle>当作 Set<Shape>考虑是一个根本性的概念错误，但这种错误也相当常见。特别是，Set<Circle>能保证自己的成员一定是 Circle，因此用户可以对其成员安全而高效地使用 Circle 的特殊操作，例如去确定它们的半径等。如果我们允许把一个 Set<Circle>当作一个 Set<Shape>看待，那么就不再有这些保证了，因为按照假定，将任何 Shape 放进 Set<Shape>都可以接受，例如 triangle。

15.9.1 继承关系

上面的讨论说明，在同一个模板生成出的类之间不能有任何**默认**的关系。当然，有时我们可能真的希望它们之间存在某种关系。我考虑过是否需要有一个特殊操作来表述这类关系，但最后还是决定不要它，因为许多有用的转换都可以表示为继承关系，或者可以通过常规的转换运算符表述。但是，无论如何，也确实存在一些非常重要的这种关系，但是我们无法表示。例如，有了：

```
template<class T> class Ptr { // pointer to T
    // ...
};
```

大家都已经习惯了内部指针之间的继承关系，我们可能常常会希望把这类关系也提供给用户定义的 Ptr。例如：

```
void f(Ptr<Circle> pc)
{
    Ptr<Shape> ps = pc; // can this be made to work?
}
```

我们当然希望允许这种东西，只要 Shape 确实是 Circle 的直接的或者间接的公用基类。特别地，David Jordan 代表着一个面向对象数据库提供商的共同体，向标准化委员会提出了对灵巧指针的这种性质要求。

成员模板——目前还不是 C++ 的组成部分——为此提供了一种解决方案：

```
template<class T1> class Ptr { // pointer to T1
    // ...
    template<class T2> operator Ptr<T2> ();
};
```

我们需要定义一种转换操作符，使得，当且仅当 T1*可以赋值给 T2*时，就可以接受从 Ptr<T1>到 Ptr<T2>的转换。为 Ptr 另外提供一个构造函数就能做到这一点：

```
template<class T> class Ptr { // pointer to T
    T* p;
public:
    Ptr(T*);
    template<class T2> operator Ptr<T2> () {
        return Ptr<T2>(p);  // works iff p can be
                            // converted to a T2*
    }
    // ...
};
```

这种解决方案有一个极好的性质：它不使用任何强制。当且仅当 p 可以是 Ptr<T2>的构造函数的参数时，这个返回语句能被编译。现在 p 是 T1*，而构造函数期望一个 T2*参数。这是通过使用技术来增加限制（15.4.2 节）的一个巧妙应用。如果你更喜欢将这种额外的构造函数保持为私有的，那么可以使用 Jonathan Shopiro 建议的技术：

```
template<class T> class Ptr { // pointer to T
    T* tp;
    Ptr(T*);
    friend template<class T2> class Ptr<T2>;
public:
    template<class T2> operator Ptr<T2> ();
    // ...
};
```

有关成员模板的讨论参见 15.9.3 节。

15.9.2　转换

与此密切相关的另一个问题是，不存在一种通用方法，可以用于定义从一个模板类产生出的不同的类之间的转换。例如，考虑下面的 complex 模板，它能够从各种标量类型出发定义出复数类型：

```
template<class scalar> class complex {
    scalar re, im;
public:
    // ...
};
```

有了这个定义，我们就可以使用 complex<float>、complex<double>等。不管怎样，在做这些事情的时候，我们会希望能做从一个具有较低精度的 complex 到一个具有较高精度的 complex 的转换。例如：

```
complex<double> sqrt(complex<double>);

complex<float> c1(1.2f,6.7f);
complex<double> c2 = sqrt(c1); // error, type mismatch:
                               // complex<double> expected
```

我们当然想有一种方法，能使这里的 sqrt 调用合法化。上面情况导致程序员放弃 complex 的模板定义途径，转而去使用重复的类定义：

```
class float_complex {
    float re, im;
public:
    // ...
};

class double_complex {
    double re, im;
public:
    double_complex(float_complex c) :re(c.re), im(c.im) {}
    // ...
};
```

采用这种重复定义，也就是为了通过构造函数定义有关的转换。

与前面的情况类似，我能想到的所有解决办法都要求嵌套的模板和某种限制形式的组合。同样，实际限制可以是隐含的：

```
template<class scalar> class complex {
    scalar re, im;
public:
    template<class T2> complex(const complex<T2>& c)
        : re (c.re), im(c.im) { }
    // ...
};
```

换句话说，你可以从一个 complex<T2>构造出一个 complex<T1>，当且仅当你可以用 T2 去参数化 T1。这种规定看起来也很合理。非常有趣的是，这种定义方式实际上把常规的复制构造函数也包含在内了。

这个定义使上面 sqrt()的例子变成合法的了。但是，不幸的是，这种定义方式也会允许各种 complex 值之间的窄转换，因为 C++ 允许标量类型的窄转换。很自然，对于 complex 的这个定义，如果一个实现能够对标量的窄转换做出警告的话，它也将自动地对 complex 值的窄转换产生警告。

我们可以通过 typedef 重新给出“传统的”名字：

```
typedef complex<float> float_complex;
typedef complex<double> double_complex;
typedef complex<long double> long_double_complex;
```

我个人认为，不使用 typedef 的形式更容易读。

15.9.3 成员模板

按照 ARM 的定义，C++ 不允许把模板作为类的成员。做这样的规定，唯一原因是我无法在使自己满意的程度上确认这种嵌套不会成为严重的实现问题。成员模板出现在模板的原始定义里，因为我在原则上赞成所有作用域结构的嵌套（3.12 节和 17.4.5.4 节），也不怀疑成员模板一定会有用处。此外，我从来也没有任何有关可疑的实现问题的确凿证据。万幸的是我犹豫了。如果我真的将成员模板接纳到 C++，不加任何限制，就会在无意中打破 C++ 的对象布局模型，而后将不得不撤销该特征的一部分东西。请考虑下面这个看起来很有前途的想法，这是想作为双重发送（13.8.1 节）的一个更优雅一些的变形：

```
class Shape {
    // ...
    template<class T>
        virtual Bool intersect(const T&) const =0;
};


class Rectangle : public Shape {
    // ...
    template<class T>
        virtual Bool intersect(const T& s) const;
};
```

```
template<class T>
virtual Bool Rectangle::intersect(const T& s) const
{
    return s.intersect(*this);  // *this is a Rectangle:
                                // resolve on s
}
```

绝不能让这种东西合法化，否则，每当有人用一个新参数类型调用 Shape::intersect()时，我们就必须再给 Shape 的虚函数表增加一个项。这意味着，只有连接器才可能去构造虚函数表，在表中设置有关的函数。因此，成员模板绝不能是虚的。

我一直到了 ARM 出版以后才发现了这个问题，也因为将模板限制为只能定义在全局作用域里而得到了拯救。另外，如果没有成员模板，15.9 节提出的转换问题就没办法解决。成员模板是 1994 年 3 月在圣迭戈的会议上被接受进 C++ 的。

请注意，在许多情况下，显式地描述模板函数的模板参数，可以作为替代嵌套模板类的另一种方式（15.6.2 节）。

15.10 模板的实例化

在 C++ 里，原来 [Stroustrup，1988b][ARM] 并没有“实例化”模板的运算符。也就是说，不存在这样的操作，通过它能够用一集特定的模板参数去显式地产生类声明或者函数定义。这样规定的原因是，只有到了程序已经完成，才能知道到底需要对哪些模板进行实例化。许多模板是在库里定义的，而许多实例化是由用户直接或间接引起的，他们甚至根本不知道那些模板的存在。这样看起来，要求用户提出做实例化的请求似乎并不合理（例如，通过某种像 Ada 里的“new”运算符那样的东西）。更糟的是，如果存在模板实例化运算符，那么就必须能正确处理一些情况，在这些情况中，程序里互不相干的若干部分都要求以同样的模板参数集对同样模板函数进行实例化。解决这个问题的方式必须能避免代码重复，同时还不能阻碍动态连接。

ARM 里讨论了这个问题，但是没给出一个确定的答案：

> “这些规则意味着，究竟应该从函数模板定义生成哪些函数，这个决策只有到程序完成后才能做出，换句话说，在知道了哪些函数能使用之前，无法做出这个决策。
>
> 如前所述，检查错误的问题已经被推迟到有可能做的最后时刻：在开始连接之后，模板函数的定义都已生成了的那一点。按照许多人的体验，这实在是太晚了。
>
> 如前所述，有关规则也将最大限度地依靠程序设计环境。找到模板类、模板函数，以及那些为产生这些模板函数所需要的类的定义，完全是系统的责任。对于某些系统而言，这种情况会使事情变得过于复杂而无法接受。
>
> 如果引进一种机制，允许程序员去说‘对于这些模板参数生成出这些模板函数’，上

面这两个问题都可以得到缓解。在任何环境里都很容易做到这些，也能保证只要提出了要求，就可以去检查与某些特定模板函数定义有关的错误。

但是，这种机制究竟应该被看作是语言的一部分，还是程序设计环境的一部分，这个问题现在还不太清楚。看来还需要更多的经验，由于这个原因，这种机制一直属于环境——至少暂时是这样。

采用最简单的机制去保证模板函数定义的正确生成，实际上是把问题留给了程序员。连接器将告诉我们到底需要哪些定义，包含非 inline 模板函数定义的文件可以与关于需要使用哪些模板参数的指示一起进行编译。更复杂的系统可以在这种完全手工方式的基础之上构造起来。”

现在已经有了许多能使用的实现。经验表明，这个问题至少是像原来预期的那么困难，因此需要某些比现存的实现更好的东西。

Cfront 实现 [McCluskey，1992] 完全按照原来的模板定义 [Stroustrup，1988b] [ARM]，完全自动地做模板的实例化。简单说，在连接器运行时，如果缺少了某些模板函数实例，它就会调用编译器，从模板的源代码生成所缺的目标代码。这个过程反复进行，直到所有用到的模板都完成了实例化。模板和参数类型定义根据文件命名规则找出来（如果需要）。在需要的地方，这些规则由用户提供的目录文件作为补充，这种文件把模板和类的名字映射到包含有关定义的文件。编译器有一种处理模板实例化的特殊模式。这种策略通常都工作得很好，但是在某些上下文中，也发现了三个很恼人的问题。

[1] 糟糕的编译和连接时的性能：一旦连接器确定了需要做实例化，它就会调用编译器去生成所需函数。这件事做完后又需要重新调用连接器去连接新的函数。某些系统里可能无法让编译器和连接器一直处在运行中，这样就会带来很大开销。一种好的库机制有可能大大减少编译器需要运行的次数。

[2] 与某些源代码控制系统之间的很糟糕的交互关系：有些源代码控制系统对于源代码是什么，如何由这些源代码产生目标代码都有非常明确的看法。这种系统将不能与上面所说的编译器很好地相互作用。因为上述编译过程需要通过编译器、连接器和库的相互作用，才能产生出完整的程序（如在 [1] 中给出的梗概）。虽然这并不是语言的错误，但对于那些必须与上述这类源代码控制系统一起生活的程序员而言，这个情况就不是一种安慰了。

[3] 很难隐蔽实现的细节：如果我用模板实现了一个库，那么这些模板的代码就必须包含在库中，以便用户能连接我的库。需要这样做的原因是，只有到了最后连接的时候才能看清模板实例生成的需要。要想绕过这个问题，仅有的办法就是（设法）使生成的目标代码能包含我的实现中使用的模板的每个版

本。这必然会导致目标代码的膨胀，因为实现者要试着去覆盖所有可能的需要——而任何一个应用都只会用到可能模板实例的一个小子集。还应该注意到，如果模板实现的实例化直接依赖于用户实际实例化了哪些模板的话，就必须采取延迟实例化的方式。

15.10.1　显式的实例化

看起来，缓和这些问题的最有前途的途径就是可选的显式实例化。这种机制可以通过额外的语言工具，或者通过依赖于实现的 #progma，或者通过语言内部的某种指示符。所有这些方式都试验过，也都取得了一些成功。在这些方式中，我最不喜欢的是 #progma。如果在语言里需要有一种显式实例化的机制，我们就应该要求一种最普遍的东西，它应该具有完好定义的语义。

如果有一个可选的实例化运算符，我们能获得哪些利益呢？

[1] 用户将可能描述实例化的环境。

[2] 用户将能以一种与实现相对无关的方式，预先建立起库的某些常用实例。

[3] 这些预先建立的库将能与使用它们的那些程序的运行环境的改变无关（它们只依赖于实例化的上下文）。

下面将要描述的有关实例化请求的机制已经在 San Jose 会议中被采纳了，它起源于 Erwin Unruh 的一个建议书。语法形式被选择成与其他显式描述模板参数的形式一致，就像使用类模板时（15.3 节）、模板函数调用时（15.6.2 节）、新的强制运算符（14.2.2 节和 14.3 节），以及模板的专门化（15.10.3 节）一样。实例化请求具有如下形式：

```
template class vector<int>;                    // class
template int& vector<int>::operator[](int);    // member
template int convert<int,double>(double);      // function
```

关键字 template 被又一次地用到了这里，因为不希望引进新关键字 instantiate。模板声明与实例化请求是很容易区分的，模板定义的开始总是模板参数表 template<，仅有 template 就表示是实例化请求。对于函数，用的是完全的描述形式，没有采用下面这种简写形式：

```
    // not C++:

template vector<int>::operator[];     // member
template convert<int,double>;         // function
```

这样做也是为了避免重载模板函数带来歧义性，为编译器进行一致性检查提供一些冗余信息。因为实例化请求比强制出现得更少，强调记法紧凑的价值不大。还有，与模板函数调用一样，如果能从函数参数推导出模板参数，那就可以省略掉它们（15.6.1 节）。例如：

```
template int convert<int>(double);    // function
```

当一个类模板被显式实例化时，提供给编译器的每个成员函数（15.10.4 节）也都会被实例化。这就意味着显式的实例化可以用作限制检查（15.4.2 节）。

实例化请求机制有可能显著改进连接和重新编译的效率。我看到过这样的例子，将其中所有模板实例捆绑起来放进一个编译单元，能使编译的时间从若干个小时缩短到同样数目的分钟。如果有一种手工优化机制能有这样显著的提速，我将会愿意去接受它。

如果一个模板被显式地用同一集模板参数做了两次实例化，那么又会出现什么情况呢？这个问题（很正当，按我的想法）相当棘手。如果将它作为一种无条件的错误，显式实例化就可能成为一个严重障碍，阻碍从分别开发的一个个部分出发去组合出整个程序。这也是原来不想引进显式实例化运算符的初始原因。而在另一方面，想一般性地抑制多余的实例化又是非常困难的事情。

委员会决定对这个问题退后一步，给实现留下一些自由：将多重实例化作为一种并不要求做的诊断。这样规定，实际上是允许一个聪明的实现忽略掉冗余的实例化，以避免在从库出发组合程序时可能出现的各种问题，如果这些库已经采用了如上所述的实例化。但是，无论如何，这个规则并不要求一个实现必须是聪明的。使用“不太聪明的”实现的用户就自己必须去避免多重实例化，但是如果他们没有这样做，可能出现的最坏情况就是他们的程序无法装载①，不会出现不声不响地改变程序意义的情况。

如前所述，语言并不要求显式的实例化。显式实例化只不过是一种对编译和连接过程进行手工优化的机制。

15.10.2 实例化点

在模板定义中有一个最困难的方面，那就是精确判定模板定义中使用的名字引用的到底是哪个定义。这种问题通常被称为“名字约束问题”。

这一小节将描述经过修订的名字约束规则，这是许多人最近几年工作的结果，特别应提出扩充工作组的成员，Andrew Koenog、Martin O’Riordan、Jonathan Shopiro 和我。这些规则能够被接受（1993 年 11 月，San Jose），也是得益于实现方面的大量经验。

考虑下面例子：

```
#include<iostream.h>

void db(double);
                                        // #1
template<class T> T sum(vector<T>& v)
{
    T t = 0;
```

① 作者想说的是，因为出现过多重复代码而导致结果程序极度膨胀，以至无法装入和运行。——译者注

```
    for (int i = 0; i<v.size(); i++) t = t + v[i];
    if (DEBUG) {
        cout << "sum is " << t << '\n';
        db(t);
        db(i);
    }
    return t;
}

// ...

#include<complex.h>
                                                // #2
void f(vector<complex>& v)
{
    complex c = sum(v);
}
```

原来的定义说，在模板里使用的名字，都将在实例化的位置点上建立起约束，而实例化点恰在第一次使用这个模板的那个全局定义之前（上面的#2 位置）。这样做，至少会出现三个我们并不希望的性质。

[1] 在模板的定义点无法进行任何错误检查。例如，即使 DEBUG 在那一点无定义，也不能产生任何错误信息。

[2] 在模板定义**之后**定义的名字也可以被找到和使用。这经常（不一定总是）使阅读模板定义的人感到很吃惊。例如，人们通常会期望调用 db(i)能被解析为在其前面定义的 db(double)，但是如果在 ... 处包含了一个 db(int)声明，按照常规的重载解析规则，上述位置使用的就应该是 db(int)，而不是 db(double)。另一方面，如果在 complex.h 里定义了一个 db(complex)，我们就需要 db(t)被解析为调用 db(complex)，而不应该根据在模板定义里看不见合法的 db(double)调用，而认为这里是一个错误。

[3] 当 sum 被用在两个不同的编译单位时，在实例化点上可以使用的名字集合很可能不同。如果 sum(vector<complex>&)因此而取得了两个不同的定义，所生成的程序在唯一定义规则（2.5 节）之下就是非法的。当然，在这些情况下，检查唯一定义规则已经超出了传统 C++ 实现的范围。

进一步说，原来的规则并没有明确概括另一种情况，模板函数的定义完全有可能不在这个特定的编译单位里。例如：

```
template<class T> T sum(vector<T>& v);

// ...

#include<complex.h>
                                    // #2
void f(vector<complex>& v)
{
```

```
    complex c = sum(v);
}
```

关于应该如何去找到 sum()函数模板，有关规则没有给实现者或用户任何指导性的意见。因此，不同的实现者采用了不同的启发方式。

这里的一般性问题是，在一个模板实例化中，实际涉及 3 个上下文，它们又无法清晰地相互分离：

[1] 模板定义的上下文；

[2] 参数类型声明的上下文；

[3] 模板使用的上下文。

模板设计的全部目标，就是为了保证确实存在可用的充分的上下文信息，以便模板定义对它的实际参数真正有意义，而不会从调用点的环境中“随便”取来一些什么东西。

原设计完全依靠唯一定义规则（2.5 节）来保证它合乎情理。在这里采用的假定是，如果出现了某些偶然的东西，影响到所产生函数的定义，那么这种事情不大可能一致地出现在所有使用这个模板函数的地方。这是一个很好的假定，但是——也是由于很好的理由——实现通常并不检查这种一致性。最终的效果就是只有合理的程序才能工作。但无论如何，希望模板实际上就是宏的人们又可以从这里叉开去，去写出某些程序，使它们能以不适当的方式（按我的观点）去利用调用的环境。还有，实现者如果想为一个模板定义集成起一个环境，以便提高实例化的速度，那么他们就又遇到了难题。

对**定义点**的定义加以精炼，要求它既要比原来的规则更好，又不打破合理的程序，这项工作是非常困难的，但又是必须做的。

作为第一个考虑，我们想要求所有在模板里使用的名字都必须在模板的定义点有定义。这样规定也能使定义更容易读，保证不可能出现任何不想要的东西被随便捡进来的情况，并允许做早期的错误检查。可惜的是，这样做将阻止模板在本模板类的对象上进行操作。在上面例子里，+、f()和 T 的构造函数在模板的定义点都没有定义。我们不可能在模板里声明它们，因为无法描述它们的类型。例如，+可能是个内部运算符，或者是成员函数，或者是全局函数。如果它是个函数，它的参数可能具有类型 T、T&等。这也是在描述参数限制（15.4 节）时遇到的同一个问题。

既然模板的定义点和模板的使用点都不能为模板实例化提供足够好的上下文，我们必须找到一种解决方案，在其中组合这两方面的情况。

这个解决方案是把模板定义中使用的名字分成两大类：

——依赖于模板参数的那些名字；

——不依赖的那些名字。

第二类名字可以在模板定义的上下文里约束，而前者将在实例化的上下文中约束。只要我们能把其中的“依赖于模板参数”说清楚，这个概念就很清楚了。

15.10.2.1 定义“依赖于 T”

考虑“依赖于模板参数 T”的定义时，作为第一个候选的是“T 的成员”。当 T 是内部类型时，我们应该把内部的运算符都看作其成员。可惜的是这样做还不够。考虑：

```
class complex {
    // ...
    friend complex operator+(complex,complex);
    complex(double);
};
```

要使这段代码能工作，至少也必须把“依赖于模板参数 T”扩展到包括 T 的友员。但是，即使这样做也还是不够的，因为重要的非成员函数并不都需要作为友员：

```
class complex {
    // ...
    complex operator+=(complex);
    complex(double);
};

complex operator+(complex a ,complex b)
{
    complex r = a;
    return r+=b;
}
```

要求类的设计者提供将来所有使用模板的人可能需要的全部函数，这样做既不合理，也太受限制了。要做到百分之百的前瞻性几乎是不可能的。

因此，“依赖于模板参数 T”就必须依据实例化点的上下文来确定，至少是在确定使用了 T 的全局函数方面。这样就不可避免地会出现一些可能性，其中用到了某些不希望的函数。但无论如何，这种可能性非常小。我们给了“依赖于模板参数 T”一个最一般的定义，那就是，说一个函数调用**依赖于**某个模板参数，如果将这个实际模板参数从程序里去掉，这个调用的解析就会变化，或者将无法解析了。对于编译器的检查而言，这个条件是直截了当的。调用依赖于参数类型 T 的例子如下。

[1] 该函数调用有一个形式参数，按照类型推导规则（15.6.1 节），这个形参依赖于 T。这方面的例子如 `f(T)`、`F(vector<T>)`、`f(const T*)` 等。

[2] 按照类型推导规则，实际参数的类型依赖于 T。这方面的例子如 `f(T(1))`、`f(t)`、`f(g(t))`、`f(&t)` 等。这里假定 t 的类型是 T。

[3] 在对一个调用的解析中用到了到类型 T 的转换，而按照[1]和[2]的定义，被调用函数的形式参数或者实际参数都不是依赖于 T 的类型。

最后一种情况的例子在实际代码中也可以看到。调用 f(1) 看起来不依赖 T，它调用的函数 f(B)也是如此，但是如果模板参数类型 T 有一个来自于 int 的构造函数，而它又能派生出 B，因此 f(1)的解析就将是 f(B(T(1)))。

这三类依赖性已经囊括了我所见到过的所有例子。

15.10.2.2 歧义性

如果查找 #1（在模板的定义点，15.10.2 节的例子里的 #1 点）和查找 #2（在使用点，15.10.2 节例子里的#2 点）找到的函数不同，又该怎么办？简单说，我们可以：

[1] 偏向于查找 #1；

[2] 偏向于查找 #2；

[3] 认为这是个错误。

请注意，只有对非函数和那些所有参数类型在函数定义时都已知的函数，才可能做查找 #1；而对其他名字的查找都必须推迟到点 #2 进行。

本质上说，原来的规则就是“偏向于查找 #2”，这也就意味着使用常规的歧义性消解规则，因为只有在查找 #2 找到更好的匹配时，才可能是发现了一个与查找 #1 不同的函数。不幸的是，这样做将使你在读模板定义的正文时很难相信自己看到的东西。例如：

```
double sqrt(double);

template<class T> void f(T t)
{
    double sq2 = sqrt(2);
    // ...
}
```

看起来 sqrt(2)很明显的是要调用 sqrt(double)。但是，很可能在查找 #2 处确定的恰好是 sqrt(int)。在大部分情况下，这种现象可能都不是问题，因为“必须依赖于某个模板参数”的规则将能保证被使用的是 sqrt(double)，因为它是最明显的解析。但是，如果 T 本身就是 int，那么调用 sqrt(int)也将依赖于模板参数，这样，调用就应该被解析为 sqrt(int)了。这是把查找 #2 考虑进来之后的一种不可避免的推论。无论如何，我认为这种情况极其混乱，希望能避免这一类情况。

然而，我又认为必须偏向于查找 #2，因为，只有这样才能解决在把基类成员作为一种常规的类使用时可能出现的问题。例如：

```
void g () ;

template<class T> class X : public T {
    void f() { g ( ) ; }
    // ...
};
```

如果 T 有一个 g()，那么 g() 就应该按照非模板类匹配的方式调用：

```
void g() ;

class T { public: void g(); }

class Y : public T {
    void f() { g(); } // calls T::g
    // ...
};
```

换句话说，在通常的“无曲解”的情况里，坚持查找 #1 找到的东西，看来是正确的。这正是 C++ 里查找全局名字时采用的方法，正是这种规则使得大量的早期检查得以进行，能允许大量的模板预编译。也正是它能够提供最大的保护，防止在写模板的人不知道的上下文中出现“偶然的”名字劫持现象。多年来我已经意识到这些事情的重要性。有些实现者，特别是 Bill Gibbons，为偏向查找 #1 做了很有说服力的辩护。

有一段时间，我更喜欢将两个查找中发现两个不同函数的情况作为一种错误，但是这样做会给实现者带来很大麻烦，又不能给用户带来显著的利益。此外，这样做还可能导致一个模板的某个使用上下文里的名字“打破”了另一程序员写的模板代码，如果该程序员的意图就是想使用位于模板定义点的作用域中的名字，而且这段代码在其他方面都很好。最后，经过在扩充工作组很长时间的工作以后，我改变了自己的看法。那些明显倾向于查找 #1 的论据实际上是一些非常技巧性的例子，很容易由写模板的人解决。例如：

```
double sqrt(double);

template<class T> void f(T t)
{
    // ...
    sqrt(2);        // resolve in lookup #1
    sqrt(T(2));     // clearly depends on T
                    // bind in lookup #2
    // ...
}
```

和

```
int g() ;

template<class T> class X : public T {
    void f()
    {
        g() ;           // resolve in lookup #1
        T::g();         // clearly depends on T
                        // bind in lookup #2
    }
    // ...
};
```

从本质上看，这实际上是说，如果写模板的人真希望去使用某些在模板定义处无法看到的函数，他就需要做一些事情，需要更明确地表达自己的意图。这样做，看来是把负担放到了最合适的地方，而且能产生正确的默认行为。

15.10.3 专门化

一个模板描述了如何对任意模板参数给出一个函数或者一个类的定义。例如：

```
template<class T> class Comparable {
    // ...
    int operator==(const T& a, const T& b) { return a==b; }
};
```

这里描述的是对每个 T 都用 == 运算符做元素比较。可惜的是，这样做太限制了一点。特别的，对于 C 语言中用 char*代表的字符串，一般说最好是用 strcmp()做比较。

在开始设计 C++ 时，我们就发现这种例子到处都是，而且，这些“特殊情况”对于通用性常常是最本质的东西，或者是由于性能的原因而极其重要。C 风格的字符串就是这类情况的最好实例。

因此，我的总结是，需要有一种能将模板“专门化”的机制。可以通过接受一般的重载而达到这个目的，或是通过某种更特殊的机制。我选择用一种特殊机制，因为在本质上，这里要处理的是由于 C 的不规范带来的不规范问题，也因为采用重载必然会引起保护主义者的怒吼。当时我想尽量谨慎和保守，现在我已经认为这是个错误了。专门化，按照其本来的定义，也就是重载的一种受限的不规则的形式，不能与语言的其他机制很好配合。

一个模板类或者函数能被“专门化”。例如，有了模板：

```
template<class T> class vector {
    // ...
    T& operator[](int i) ;
};
```

人们可以给出专门化的东西，作为分离的声明，例如，可以定义 vector<char>和 vector<complex>::operator[](int)：

```
class vector<char> {
    // ...
    char& operator[] (int i) ;
};

complex& vector<complex>::operator[](int i) { /* ... */ }
```

这就使程序员能为自己需要的类提供更专用的实现。这件事特别重要，无论是从性能的角度，还是从与默认方式不同的语义的角度看。这种机制是生硬的，但也是极其有效的。

按照我原来的看法，这样的专门化最好是放到库里，只要需要就能够自动地使用，从而无须程序员的干预。这一做法已被证明是一种代价昂贵而且问题很多的服务方式，可能给理解和实现带来许多麻烦，因为，这样就无法确知一个模板对于一集特定的模板参数究竟意味着什么——甚至在仔细考察模板的定义之后——因为这个模板可能已经在某个另外的编译单元里做了专门化。例如：

```
template<class T> class X {
    T v;
public:
    T read() const { return v; }
    void write (int vv) : v(vv) { }
};

void f(X<int> r)
{
    r.write(2);
    int i = r.read();
}
```

在这里，假定 `f()` 使用上面定义的成员函数是很合理的，但是我们却又无法保证。因为在另外的某个编译单元里，也可能将 `X<int>::write()` 定义为其他与此完全不同的东西。

可以认为，专门化是在 C++ 保护机制上打开的一个漏洞，因为一个专门化的成员函数可以访问模板类的私有成员函数，而且可能是以一种从阅读模板定义本身无法看清楚的方式。这里还有更多的技术问题。

我的总结是，原来设计的那种专门化就像是一个瘤子，但同时也提供了有本质意义的功能。我们怎样才能做到既提供了这种功能，又消灭了这个瘤子呢？经过许多很复杂的讨论，我提出了一个特别简单的解决方案，这个方案在 San Jose 会议上获得通过：**一个专门化必须在使用之前就已经声明**。这样就简单地将专门化放进类似常规重载规则的管理之下。如果在使用点的作用域里没有专门化，那么就采用一般的模板定义。例如：

```
template<class T> void sort(vector<T>& v)
  {/* ... */}
void sort<char*>(vector<char*>& v ) ; // specialization

void f(vector<char*>& v1, vector<String>& v2)
{
    sort(v1);    // use specialization
                 // sort(vector<char*>&)

    sort(v2);    // use general template
                 // sort(vector<T>&), T is String
}

void sort<String>(vector<String>& v ) ; // error: specialize
                                        // after use

void sort<>(vector<double>& v);  // fine: sort<double>
                                 // hasn't yet been used
```

我们曾考虑为请求专门化提供一个明显的关键字，例如：

```
specialise void sort(vector<String>&);
```

但是 San Jose 会议上的情绪是坚决反对新关键字。在这种国际性会议上，我也没有办法

使人们在采用拼写 *specialize* 还是 *specialise* 的问题上达成一致意见[①]。

15.10.4 查找模板定义

按照传统，C++ 程序和 C 程序一样都是由一集文件构成的。这些文件被组合进一个个编译单位，许多文件依据规定被编译后连接到程序里。例如，`.c` 文件是源文件，它们通过包含`.h` 文件以获得程序其他部分的信息。编译器从一些`.c` 出发去生成目标文件，常常称为`.o` 文件。程序的可执行版本就是简单地通过连接这些`.o` 而得到的。档案（archive）和动态连接库使问题进一步复杂化了，但是并没有改变这一整体画面。

模板并不能很好地放进这个画面里，这也正是与模板实现有关的许多问题的根源。一个模板不仅仅是一段源代码（通过模板实例化而产生的东西更像传统意义上的源代码），一些模板定义也不像是属于`.c` 文件。从另一方面看，模板并不正好就是类型和界面信息，因此它们也不像是属于`.h` 文件。

ARM 并没有为实现者提供充分的指导（15.10 节），这已经导致出现了各种各样的实现模式，也变成了移植的障碍。有些实现要求把模板放进`.h` 文件里。这样做会引起一些性能问题，因为需要为每个编译单位提供的信息太多，也因为每个编译单位都要依赖于它的`.h` 文件里的所有模板。简单地说，模板函数定义并不属于头文件。另一些实现则要求将模板函数定义放在`.c` 文件里。这也引起了在需要做实例化时如何找到模板函数定义的问题，它还使得难以有效地组合出实例化所需要的上下文。

我想，对这些问题的任何合理解决办法都需要基于一种新认识，就是说，一个 C++ 程序不仅仅是一集相互无关的分别编译单位，虽然在编译期间这个观点是对的。实际上，必须认识到这里有一个居于中心的概念，与模板以及其他事项有关的信息会影响多个编译单位。在这里，我将这个中心称为**陈列台**（repository），因为它的作用就是存放编译器处理程序的各独立部分时所需要的信息。

可以把陈列台想象成是一个始终存在的符号表，编译器用它来维护声明、定义、专门化、使用等等的轨迹，每个模板对应于其中的一个项。给出了这个概念之后，我就可以勾勒出一个实例化模型，它能支持所有的语言功能，顺应`.h` 和`.c` 文件的当前使用，不要求用户知道这个陈列台里的任何东西，并为错误检查、优化和编译连接效率等实现中必须考虑的问题提供另外一些可能方式。请注意，这是一个实例化系统的模型，而不是一条语言规则或者一种特定实现。仍然可以有多种不同的实现，但是我想，用户可以忽略掉那些细节（在大部分时间），并按这种方式去考虑有关的系统。

让我从一个编译器的观点来描绘有关的情况。如常，`.c` 文件被送给编译器，它们包含了一些使用`.h` 文件的`#include` 指令。编译器只知道已提供给它的代码，也就是说，

① 作者的意思是在这里牵涉英国英语与美国英语之争。——译者注

它绝不到文件系统里去翻找，试图去发现还没有提供给它的模板定义。当然，编译器需要用陈列台去“记录”已经见过的模板，以及这些模板的出处。这个模式很容易扩充，以便包含通常的档案概念等。下面是编译器在一些关键点上应该做什么的简单描述。

——遇到一个模板声明：这个模板现在可以用了。将这个模板放进陈列台。

——在一个 .c 文件里遇到一个函数模板定义：尽可能地处理这个模板，并把它放进陈列台。如果它已经在那里了，除非现在遇到的是同一模板的一个新版本，否则就给出一个**重复定义**错误。

——在一个 .h 文件里遇到一个模板的定义：尽可能地处理这个模板并把它放入陈列台。如果它已经在那里了，就检查那个已经放在里面的模板是否来自同一个头文件。如果不是就给出一个**重复定义**错。然后检查是否违反了唯一定义规则，即检查当前的定义是否与原来的定义一模一样。如果不一样，除非它是同一模板的一个新版本，否则就给出一个**重复定义**错误。

——遇到一个函数模板专门化声明：在需要的时候给出一个**专门化之前使用**的错误。这个专门化现在可以使用了，将这个声明放进陈列台。

——遇到一个函数模板专门化定义：在需要的时候给出一个**专门化之前使用**的错误。这个专门化现在可以使用了，将这个定义放进陈列台。

——遇到一个使用：把这个模板以这集模板参数的方式被使用的事实记入陈列台。在陈列台里查找是否已经有了一个一般的或一个专门化的模板定义。如果有，就可以进行错误检查和/或优化。如果该模板以前尚未以这一集模板参数的方式使用过，则可以生成对应的代码，也可以将代码生成推迟到连接时进行。

——遇到一个显式的实例化请求：检查该模板是否已经有定义；如果没有就给出一个**模板无定义**错误。检查是否有了一个专门化的定义；如果有，则给出一个**实例化和专门化**错误。检查这个模板是否已经用这一集模板参数做过实例化；如果是，可以给出一个**重复实例化**错误，或者也可以忽略掉这个实例化请求；如果不是，则可以生成代码，也可以将代码生成推迟到连接时。在这两种情况下，每个模板类成员函数都提供给编译器，要求为其生成代码。

——程序连接：为所有还没有生成代码的模板使用生成对应的代码。重复这个过程，直到已完成所有的实例化。对缺少的每个模板函数给出**使用但无定义**错误。

对一个模板和一集模板参数生成代码，涉及在 15.10.2 节里提出的查找 #2。很自然，这里还必须执行对非法使用、不能接受的重载等的检查。

在有关唯一定义规则和反对多重实例化规则的检查方面，具体实现可以做得严格些或者宽松些。这方面并没有必须做的诊断，所以，具体行为方式可以看作实现的质量问题。

15.11 模板的作用

在早期的C++ 里没有模板，这一情况对C++ 的使用方法产生了重要的负面影响。现在模板已经有了，我们可能把那些事情做得更好些呢？

因为缺乏模板，在C++ 里无法实现容器类，除非是广泛地使用强制，并且总通过通用基类的指针或者 void*去操作各种对象。原则上说，这些现在都可以删去了。但是我想，无论如何，由于误导，将 Smalltalk 技术应用到 C++ 里（14.2.3 节）而产生的对继承的错误使用，以及来源于C语言的弱类型技术的过度使用，都是极难根除的。

在另一方面，我也希望能慢慢地摆脱涉及数组的许多不安全的实践。ANSI/ISO 标准库里有 dynarray 模板类（8.5 节），所以人们可以使用它，或者使用其他“家酿”的数组模板，以尽量地减少不加检查的数组使用。人们经常批评 C 和 C++ 不检查数组的边界。这种批评中的大多数是一种误导，因为人们忘记了，这只是说在对C数组的使用中可能出现越界错误，而不是说必须出错。数组模板使我们可以把低级的C数组贬黜到实现的“内脏部分”去，那里才真是它的属地。一旦C风格数组的使用频率降下去，它们的使用就将在类和模板的内部变得更加程式化，由C数组引起的错误也将急剧减少。在这些年里，这种情况已经在慢慢地发生，而模板正在加速这种趋势，特别是库里定义的模板。

模板的第三个重要方面，在于它们为库的设计打开了许多全新的可能性，可以使派生和组合相结合（15.8 节）。长远看这可能成为最重要的一个方面。

虽然支持模板的实现已经比较常见了，但它们还不是广泛可用的。进一步说，大部分实现还处在不够成熟的阶段，这种情况也限制了模板对人们思考 C++ 和设计程序时可能产生的影响。ANSI/ISO 对各种黑暗角落的解决方案应该设法处理这两方面的问题，以使我们能看到模板在 C++ 程序员的工具箱里取得中心地位，这也正是设计它的目标。

15.11.1 实现与界面的分离

模板机制完全是编译时和连接时的机制。模板机制的任何部分都不需要运行时支持。这当然是经过深思熟虑的，但也遗留下一个问题：如何让从模板产生的（实例化出来的）类和函数能够依靠那些只有到了运行时才能知道的信息？与 C++ 的其他地方一样，回答是使用虚函数。

许多人都表达了一种担心：模板好像过分地依靠了源代码的可用性。这被认为可能带来两种很糟糕的副作用：

[1] 你无法将自己的实现作为你的商业秘密；

[2] 如果模板的实现改变了，用户的代码就必须重新编译。

如果采用明显的实现方法，多半会遇到这种情况。实际上，利用提供界面的类派生出模板类的技巧，就可以限制这些问题的影响。模板经常被用来为某些可能“秘密的”东西提供接口，使那些东西可以修改又不会对用户产生任何影响。15.5 节的 pvector 是这方面的一个简单例子，而 13.2.2 节中 set 例子的模板版本是另一个例子。我的观点是，关心这些事项的人应该用虚函数概念作为自己的另一种选择，我们不需要再提供另一种跳步表[①]。

同样可能创造出模板的一种半编译的形式，这将使实现者的秘密可以像目标代码一样的安全——或者说是一样的不安全。

对一些人而言，遇到的问题主要是如何保证对那些需要保持秘密的模板，用户不能（无论直接还是间接地）通过实例化产生出新的版本。这可以通过不提供源代码的方式去保证。只要提供商能够预先通过实例化（15.10.1 节）产生所有需要的版本，这个方法就可行。这些版本（也只有这些版本）被作为目标代码库发布。

15.11.2 灵活性和效率

由于模板的竞争矛头直接指向宏，对它的灵活性和效率的要求就非常严格。回过头看，通过有关的工作，我们得到的是一种没有抑制灵活性和效率的机制，也没有在静态类型检查方面做出任何让步。在用它去描述算法时，我偶尔希望有高阶函数，但极少会想到运行时的类型检查。我怀疑，大部分通过限制或者约束“改进”模板的建议将会严重限制模板的用途，又不能提供任何进一步的安全性、简单性或者效率作为补偿。下面引用的是 Alex Stepanov 在总结开发和使用一个重要的数据结构和算法库中所获得的经验：

> “C++ 是一个足够强有力的语言——是我们的经验中的第一个这样的语言——它使人能构造出泛型的程序设计部件，在其中结合了数学的精确、美丽和抽象性，再加上非类属的手工编制代码的效率。”

将模板、抽象类和异常处理等机制组合起来，将可能产生出什么样的巨大能量？我们现在还没有完全认识。我并不认为在 Booch 的 Ada 和 C++ 组件 [Booch，1993b] 之间在规模上十倍的差异是一个反常的例子（8.4.1 节）。

15.11.3 对 C++ 其他部分的影响

一个模板参数可以是一个内部类型，也可以是一个用户定义类型。这样就产生了一种持续的压力，要求用户定义类型尽可能与内部类型相仿，无论是在外观还是在行为上。可惜，用户定义类型和内部类型不可能做成具有完全一样的行为，因为我们无法清除 C 语言内部类型的不规范性，而又不严重地影响与 C 语言的兼容性。在许多相对较为次要的方面，内部类型也由模板带来的进步中有所获益。

---

① 跳步表，指代码地址表，用于实现间接跳入适当代码段的动作。虚函数通过与类相关的虚表实现的，虚表就是一种跳步表。作者的意思很清楚，C++ 提供了虚函数，这是一种隐含的跳步表机制。如果你需要这种机制，就应该用它，不要再要求另一套本质上类似的机制。——译者注

我在第一次考虑模板问题以及后来使用它们的时候，都发现了一些情况，在其中内部类型的处理与类的处理之间有一些细微差别，这些也成为描述既能用于类参数、又能用于内部类型参数的模板的一种障碍。我因此开始工作，设法保证那些次要的语法和语义也能一致地应用于所有类型。这个努力一直持续到今天。

考虑：

```
vector v(10); // vector of 10 elements
```

对内部类型采用这种初始化形式是非法的。为了允许这种东西，我为内部类型引进了记法，使之也像有构造函数和析构函数。例如：

```
int a(1); // pre-2.1 error, now initializes a to 1
```

我考虑过进一步扩充这种概念，允许从内部类型出发做派生，允许为内部类型写内部运算符的显式声明。但是我撤回来了。

与采用 int 成员相比，允许从 int 出发做派生，实际上不能给 C++ 程序员提供任何重要的新东西。从本质上说，这是因为 int 根本没有可以通过派生类覆盖的虚函数。更严重的是，C 语言的类型转换规则实在是一塌糊涂，假装 int、short 等是行为良好的类，根本就行不通。它们可以或者是与 C 语言兼容的，或者是遵循 C++ 对于类的相对良好的行为规范，但不可能同时满足这两个要求。

允许重新定义内部的运算符，例如 operator+(int,int)，会使语言成为不稳定的东西。无论如何，如果能加进这样的函数，使人可以给它们传递指针值，或者用其他方式直接访问它们，看起来也是很诱人的。

从概念上说，内部类型确实也有构造函数和析构函数。例如：

```
template<class T> class X {
    T a;
    int i;
    complex c;
public:
    X() : a ( T ( ) ) , i ( int ( ) ) , c(complex()) { }
    // ...
} ;
```

X 的构造函数将对它的每个成员做初始化，方式是调用它们各自的默认构造函数。类型 T 的默认构造函数被定义为产生类型 T 的同一个值，这个值与类型 T 的没经过显式初始化的全局变量一样。这也是对 ARM 规定的一个改进，按照那里的定义，X()将产生一个无定义值，除非 X 有默认的构造函数。

16

第 16 章　异常处理

不要慌！

——《去银河系的搭便车指南》

异常处理的目标——有关异常处理的假定——语法——异常的结组——资源管理——构造函数出错——唤醒与终止语义——异步事件——多层异常传播——静态检查——实现问题——不变式

16.1　引言

在 C++ 的初始设计中就已经考虑了异常，但后来这件事推迟了，因为没有足够时间去做彻底的工作，探究有关的设计实现问题，也因为担心它给实现带来的复杂性（3.15 节）。特别是，那时我已经理解，设计不良的异常机制会导致很大的运行时开销，并使移植的代价显著增加。对于由多个分别设计的库出发综合而成的程序，人们都认为异常处理是处理这种程序里的错误的重要机制。

C++ 异常机制的实际设计持续了许多年（1984—1989），它是 C++ 里第一个在公众的密切关注下完成设计的新特征。除了不计其数的在黑板上的反复工作，如每个 C++ 特征都需要经历的那样，一些设计还被写成了文章，经过了广泛讨论。Andrew Koenig 深陷到这里的最后工作，是几篇文章的合作者（与我一起）[Koenig，1989a] [Koenig，1990]。在 1987 年 11 月去参加 Santa Fe 的 USENIX C++ 会议的路上，Andy 和我做出了最后模型中最重要的部分。我还参加了在 Apple、DEC（Spring Brook）、Microsoft、IBM（Almaden）、Sun 以及其他一些地方的会议，做了有关设计草案的报告，并得到了很有价值的反馈。特别是，我找到了一些对于提供了异常处理机制的系统有很多实践经验的人，弥补了我个人在这个领域的经验不足。我能记起来的第一次有关异常处理的严肃讨论是 1983 年在牛津，当时与来自 Rutherford 实验室的 Tony Williams 讨论，重点是容错系统的设计以及静态检查在异常处理机制中的价值。

在 ANSI C++ 委员会开始有关 C++ 异常处理的讨论时，对 C++ 异常处理的经验主要局限在 Apple 的 Mike Miller [Miller，1988] 基于库的实现和其他一些工作；还有 Mike Tiemann 唯一的基于编译器的实现 [Tiemann，1990]。这是很令人担心的，虽然当时大家已有很广泛的共识，认为某种形式的异常处理机制对 C++ 是很好的想法。特别是 Dmitry Lenkov 基于自己在 HP 的经验，表达了对异常处理的强烈愿望。对这个共识也有值得注意的例外，Doug McIlroy 认为，能使用异常处理会使系统更不可靠，因为写库的人和程序员都会抛出异常，而不是想办法去理解和处理问题。只有时间才能告诉我们，Doug 的预测在什么程度上是真实的。当然，没有任何语言特征能防止程序员写出坏代码。

像 ARM 里定义的异常处理的第一个实现是在 1992 年春天开始出现的。

16.2 目标和假设

在异常处理的设计中，我们做了如下的假定：

——异常基本上是为了处理错误；

——与函数定义相比，异常处理器是很少的；

——与函数调用相比，异常出现的频率低得多；

——异常是语言层的概念——不仅是实现问题，也不是错误处理的策略问题。

这些说法以及下面列出的有关想法，都是从用于说明自 1988 年开始的设计演变的投影胶片上摘录下来的。

这些意味着，异常处理：

——并不是想简单地作为另一种返回机制（有些人曾这样建议，特别是 David Cheriton），而特别是想作为一种支持容错系统构造的机制；

——并不是想把每个函数都转变为一个容错的实体，而是想作为一种机制，通过它能够给子系统提供很强的容错能力，即使人们在开发其中一些独立函数时并没有关心全局的错误处理策略；

——并不是想把设计者们都约束到一个“正确的”错误处理概念上，而只是希望使语言有更强的表达能力。

纵观这个设计努力的全过程，所有不同类别的系统的设计师们的影响越来越大，而从语言设计社团来的意见则逐渐减少。回过头看，在 C++ 语言异常处理的设计中，产生影响最大的工作是英格兰的 Newcastle 大学的 Brian Randell 和他的同事们从 20 世纪 70 年代开始，后来在许多地方继续进行的有关容错系统的工作。

下面这些有关 C++异常处理的思想逐渐发展起来了：

[1] 允许从抛出点以类型安全的方式把任意数量的信息传递到异常处理器；

[2] 对于不抛出异常的代码没有任何额外的（时间或空间）代价；

[3] 保证所引发的每个异常都能被适当的处理器捕获；

[4] 提供一种将异常结组的方式，使人不但可以写出捕获单个异常的处理器，还可以写出捕获一组异常的处理器；

[5] 是一种按默认方式就能对多线程系统正确工作的机制；

[6] 是一种能够与其他语言合作的机制，特别是与 C 语言合作；

[7] 容易使用；

[8] 容易实现。

这里的大部分目标都达到了，其他一些（如 [3] 和 [8]）由于后来认识到或者是太昂贵，或者是太限制，只是接近达到。错误处理是一项很困难的工作，程序员需要在这方面得到帮助，我认为，C++ 的机制已经提供了所有可能的帮助。一个过分热心的语言设计者可能提出更多特征和/或限制，而实际上它们可能使容错系统的设计和实现进一步复杂化。

我关于容错系统的观点是：这种系统必须是多层次的，这帮助我抵御了要求各种“高级”特征的喧嚣。在一个系统里，不可能有这样的独立单元，它们能从其内部可能发生的所有错误，或者“外界”对它的所有可能侵害中恢复。在最极端的情况下，电源可能出故障，存储单元的值可能无明显原因地被改变了。

到了某一点，一个单元就必须放弃，而把进一步的清理工作留给“更高层次”的单元。例如，函数可能向调用处报告一个灾难性失误；进程可能必须以非正常的方式结束，让其他进程去完成恢复工作；一个处理器可能要求其他处理器的帮助；一个完整的计算机系统可能必须请求操作员的帮助。按照这种观点，强调这样的看法很有意义：在每个层次上，只使用相对较简单的异常处理特征去设计错误处理机制，这样做实际上也能工作。

要想提供一些功能，使一个单独的程序就能从所有错误中恢复，显然完全是误导，这样想会使错误处理策略变得非常复杂，本身还会成为新的错误根源。

16.3 语法

与常见的情况一样，语法总能吸引到比其实际重要性更多的注意力。到了最后，我停止在一种相当啰嗦的语法形式上，其中用了三个关键字和许多花括号：

```
int f()
{
```

```
    try {                    // start of try block
        return g () ;
    }
    catch (xxii) {          // start of exception handler

            // we get here only if 'xxii' occurs
        error("g() goofed: xxii");
        return 22;
    }
}

int g()
{
    // ...
    if (something_wrong) throw xxii(); // throw exception
    // ...
}
```

这里的 try 关键字完全是多余的，那些花括号{}也是一样，除非真正需要在 try 块里或异常处理器中使用多个语句的情况。例如，允许下面的写法，描述更简单些：

```
int f()
{
    return g() catch (xxii) { // not C++
        error("g() goofed: xxii");
        return 22;
    };
}
```

引进那些多余描述，只不过是为减少用户的困惑提供一些支持。但是我发现，想解释清楚这件事非常困难。因为 C 语言社团在传统上就厌恶关键字，我一直试图避免为了异常处理而增加三个新关键字。但是，当时我拼凑起来的每一种少用关键字的模式，看起来都过于精巧和/或含混。例如，我曾尝试用 catch 表示抛出和捕捉两种操作，这完全可以做得符合逻辑，也具有内在的一致性，但是在给人们解释这种模式时却没有成功。

选择关键字 throw，部分原因是因为比它更鲜明的词，如 raise 和 signal，都已经被 C 语言的标准库函数使用了。

16.4 结组

通过与十来个不同系统（它们都支持某种形式的异常处理）的几十个用户讨论，我得出一个结论，能定义异常结组也是一种很关键的能力。例如，用户应能捕捉“所有 I/O 库异常”，而不必确切地知道其中到底包括哪些异常。如果没有结组功能，我们就必然要做某种迂回工作。例如可以通过编码，把原本不同的异常变成某个异常携带的数据，或者简单地在需要捕捉该组异常的每个位置都列出这个组中所有异常的名字。但无论如何，大部分人（如果不是全部的话）的经验都说明，这些迂回方式最终都将成为维护中的问题。

Andrew 和我首先试验了一种模式，基于异常对象的构造函数来动态地构造结组。但是，看来这种方式背离了 C++ 其他部分的风格，许多人——包括 Ted Goldstain 和 Peter Deutsch 等——都注意到，这种结组实际上等价于类分层。我们最后采纳的模式是从 ML 获得的灵感，其中抛出的是对象，通过声明接受这个类型的对象的处理器去捕捉它。按 C++ 正常的初始化规则，一个类型为 B 的处理器将捕捉任何由 B 派生的类 D 的对象。例如：

```
class Matherr { };
class Overflow: public Matherr { };
class Underflow: public Matherr { };
class Zerodivide: public Matherr { };
// ...


void g()
{
    try {
        f();
    }
    catch (Overflow) {
        // handle Overflow or anything derived from Overflow
    }
    catch (Matherr) {
        // handle any Matherr that is not Overflow
    }
}
```

后来发现，多重继承（第 12 章）机制为其他方式很难处理的分类问题提供了一种很优雅的解决方案。例如，人们可以像下面这样声明一个网络文件错误：

```
class network_file_err
    : public network_err , public file_system_err { };
```

一个 network_file_error 类型的异常既能被考察网络错误的软件处理，也能被考察文件系统错误的软件处理。我认为是 Dniel Weinreb 第一次指出了这种应用。

16.5 资源管理

设计异常处理机制的核心实际上是资源管理。特别是，如果一个函数掌握着某项资源，执行中发生了异常情况，语言应该如何帮助用户保证在函数退出时能正确释放这项资源呢？考虑下面从 [2nd] 里取来的简单例子：

```
void use_file(const char* fn)
{
    FILE* f = fopen(fn,"w"); // open file fn

    // use f

    fclose(f); // close file fn
}
```

这段代码看起来可行。但是，如果正好在 fopen() 调用之后和 fclose() 调用之前什么东西出毛病了，一个异常就可能导致 use_file() 直接退出而没有调用 fclose()。请注意，在不支持异常处理的语言里，也可能出现同样的问题。例如，调用 C 语言标准库函数 longjmp() 也会产生同样的坏作用。如果我们想开发能容错的系统，就必须解决这类问题。一种基本解决方案大致具有下面的形式：

```
void use_file(const char* fn)
{
    FILE* f = fopen(fn,"r");   // open file fn
    try {
        // use f
    }
    catch (...){     // catch all
        fclose(f);  // close file fn
        throw;      // re-throw
    }
    fclose(f);      // close file fn
}
```

把使用这个文件的所有代码都包在一个 try 块里，让它捕捉到所有异常，关闭文件，然后重新抛出原来的异常。

这种解决方案的缺点是有些啰嗦，冗长乏味，而且可能代价昂贵。进一步说，一个啰嗦而冗长乏味的解决方案总很容易出错，因为它会使程序员感到厌倦。我们可以提供一种特殊终结机制，以避免重复地写释放资源的代码（在这里是 fclose()），这样做，有可能把这种解决办法弄得稍微简洁一点，但不能对解决其中的根本性问题起任何作用：写出有弹性的程序，通常需要写的代码比传统代码更特殊，也更复杂。

幸运的是，存在一个更优雅的解决方案。这种问题的一般形式大致具有下面的样子：

```
void use()
{
    // acquire resource 1
    // ...
    // acquire resource n

    // use resources

    // release resource n
    // ...
    // release resource 1
}
```

资源应该以它们被获取的相反顺序释放，在许多典型情况下这一点很重要。这与局部对象通过构造函数创建，而后由析构函数销毁的行为方式极其相似。因此，我们可以用一个带有构造函数和析构函数的类的对象，非常恰当地处理资源的请求和释放问题。例如，我们可以定义一个类 FilePtr，它在行为上很像 FILE*：

```
class FilePtr {
    FILE* p;
```

```
public:
    FilePtr(const char* n, const char* a) { p = fopen(n,a); }
    FilePtr(FILE* pp) { p = pp; }
    ~FilePtr() { fclose(p); }

    operator FILE*() { return p; }
}
```

而后我们就可以构造 FilePtr，或者给它一个 FILE*，或者给它 fopen()所需要的参数。在任何情况下，FilePtr 都将在自己作用域结束处销毁，其析构函数将关闭有关的文件。现在，我们的程序收缩到了最小的程度：

```
void use_file(const char* fn)
{
    FilePtr f(fn,"r"); // close file fn
    // use f
} // file fn implicitly closed
```

无论函数是正常退出，还是由于抛出异常而退出，都会调用这个析构函数。

我把这种技术称为“资源获取就是初始化”，它还可以扩展到其他具有特殊构造的对象。这种技术可以用于处理在构造函数中出现错误应该做什么的问题，采用其他方式是很难处理好这类问题的，参见 [Koenig，1990] 或 [2nd]。

构造函数里出错

对某些人而言，异常处理最重要的一概方面，就是作为一种一般性的机制，报告在构造函数里发生的错误。考虑 FilePtr 的构造函数，它并没有检查文件是否正常地打开。更细心的编码应该是：

```
FilePtr::FilePtr(const char* n, const char* a)
{
    if ((p = fopen(n,a)) == 0) {
        // oops! open failed - what now?
    }
}
```

因为构造函数没有返回值，如果没有异常处理机制，就没有报告出错的直接方法了。这一情况将导致人们采用一些迂回方式，例如把所构造的对象设置为某种错误状态，或者将返回值指示字存入某个约定好的变量等。令人吃惊的是，这些很少成为重要的实际问题。但无论如何，异常处理提供了一种具有普遍性的解决办法：

```
FilePtr::FilePtr(const char* n, const char* a)
{
    if ((p = fopen(n,a)) == 0) {
        // oops! open failed
        throw Open_failed(n,a);
    }
}
```

更重要的是，C++异常处理机制能保证部分构造起来的对象也能正确销毁，也就是说，只销毁那些已经构造完成的子对象，还没有构造的子对象不做。这就使写构造函数的人能集中注意力，做好对那些检查到失误的对象的错误处理。进一步细节见 [2nd，9.4.1 节]。

16.6 唤醒与终止

在异常处理机制的设计期间，引起最大争议的问题是它究竟应该支持哪种语义，是终止语义还是唤醒语义。也就是说，异常处理器是否应该能提出请求，要求从异常的抛出点重新唤醒程序的执行。例如，由于存储耗尽而调用的一个例程在找到某些存储之后返回，这是不是个好主意？让因为除零错误而调用的例程返回一个用户定义的值？让因为发现软盘驱动器空而被调用的例程在要求用户插入软盘而后返回？

我个人开始时的观点是："为什么不呢？这些看起来都是很有用的特征。我真的能看到一些地方，在那里确实应该采用唤醒语义。"后来的四年里，我学到了许多其他东西，因此，C++的异常处理机制采纳了相反的观点，通常被称作**终止模型**。

有关唤醒对终止的主要辩论一直在 ANCI C++ 委员会里进行着，该委员会作为整体讨论了这个问题，有关的讨论还在扩充工作委员会、晚间技术论坛以及委员会的电子邮件表里进行。这个争论从 1989 年 12 月开始（是时 ANSI C++ 委员会成立），一直延续到 1990 年 11 月。很自然，这个问题也成为 C++ 社团最感兴趣的一个论题。在委员会里，Martin O'Riordan 和 Mike Miller 是唤醒观点的最主要的倡导者和辩护士，而 Andrew Koenig、Mike Vilot、Ted Goldstein、Dag Brück、Dmitry Lenkov 和我通常是终止语义意见的保护人。我在大部分时间主要是扮演扩充工作组主席的角色，引导着这个讨论。经过了一个很长的会议之后，在 DEC、Sun、TI 和 IBM 的代表给出了许多经验数据之后，扩充工作组投票以 22∶1 通过了终止语义。随后，在 ARM 里描述的异常处理机制（它遵循终止语义）在整个委员会里以 33∶4 被接受。

经过 1990 年 7 月西雅图会议长时间的辩论之后，我对唤醒语义的论点做了如下总结：

——更通用（功能强，包含了终止语义）；

——能统一起类似的概念与实现；

——对于更复杂、非常动态的系统（如 OS/2）是关键性特征；

——对实现而言，并没有明显更大的复杂性/代价；

——如果没有，你必须设法去伪造它；

——为资源耗尽问题提供了一种简单的解决方案；

类似地，我也对支持终止语义的论点做了总结：

——更简单、更清晰、更廉价；

——会导致更易管理的系统；

——对所有东西都足够强有力；

——能避免可怕的编码诡计；

——对唤醒语义的一些重要的负面经验。

这两个意见表将争论过分简单化了。实际上这些争论是非常技术性的、精确而全面的。争论有时会变得异常激烈，主要是要求减少约束的辩护士们表达了这样的观点，说终止语义的拥护者想要给他们强加一些很随意、很限制人的程序设计观点。很清楚，终止/唤醒的问题触到了有关软件应该如何设计的深层次问题。争论从来都不是在两个势均力敌的小组之间进行的，在每次论坛中，终止语义的拥护者通常都有 4∶1 或者更大的多数。

有关唤醒方式的反复出现且最有说服力的论点如下。

[1] 因为唤醒是比终止更一般的机制，应该接受它，即使对于其有用性有所怀疑。

[2] 实际中存在着一些重要的情况，在那里程序因为缺乏资源而被卡住（例如存储耗尽、空的软盘驱动器等）。对这些情况，唤醒方式使例行程序可以抛出一个异常，由异常处理器提供所欠缺的资源，而后再唤醒执行，就像根本没有发生异常一样。

有关终止方式反复出现且最确凿（对我而言）的论据如下。

[1] 终止比唤醒简单得多。事实上，唤醒将要求一些为继续点（continuation）和嵌套函数服务的关键性机制，而又不能得到提供这些机制的实际效益。

[2] 有关唤醒所提出的论据 [2] 中资源耗尽的处理方法本身就很不好，它将导致库与用户之间过于紧密的约束，容易引起错误，也很难理解。

[3] 在许多应用领域里实际使用的主要系统，都是采用终止语义写出的，因此，唤醒语义并不是必需的东西。

最后这一点还得到了理论论据的支持，Flaviu Cristian 证明，有了终止语义之后，唤醒就不必要了 [Cristian，1989]。

经过几年的讨论，给我留下最深刻印象的是，一个人可以站在任何位置，编制出一套能使人信服的逻辑论据。在论述异常处理的开创性论文 [Goodenough，1975] 里就是这样做的。我们现在是站在古希腊哲学家的位置，在争论着宇宙的本质，如此的激烈而敏锐，以至根本就忘记去研究它了。因此，我一直在要求那些有着大系统上的实际经验的人们，请在来的时候提供数据。在唤醒方面，Martin O'Riordan 报告说“Microsoft 对于唤醒式异常处理有了若干年的正面经验。”但是缺乏特殊例子。此外，人们对把 OS/2 版本 1 作为技术有效性证明的价值的怀疑，也减弱了他的论点的力量。在 PL/I 中 ON-条件方面的经验也被提出来，作为对唤醒方式支持和反对两方面的论据。

再后来，在 1991 年 11 月 Palo Alto 会议上，我们听到了 Jim Mitchell（来自 Sun，以前在 Xerox PARC）基于他个人的经验和数据为终止语义所做的绝妙的总结。在过去 20 年间，Jim 在好几个语言里使用异常处理，他也是唤醒语义最早的支持者，是 Xerox 的 Cedar/Mesa 系统的主要设计师和实现者。他的信息是：

> “终止比唤醒更好，这不是一种观点的问题，而是许多年的经验。唤醒是非常诱人的，但却是站不住脚的。”

他用来自几个操作系统的经验支持自己的论断。最关键的例子是 Cedar/Mesa：这个系统原来是由喜欢并使用唤醒的人们写出的，但是经过十年使用，在大约 500000 行的系统里只留下了一个唤醒——做上下文的询问。由于这个上下文询问实际上并不需要采用唤醒，他们删除了它，并发现系统里这部分的速度显著提高了。而在这十年期间，以前使用唤醒的每个地方都变成了问题，最后被用更适合的设计所取代。简单说，唤醒的每个使用都表现出一个失误，没有保持相互分离的层次间的抽象不相交性。

Mary Fontana 从 TI 的 Explore 系统中得到了类似的数据，他在那里发现，唤醒语义只在调试中使用。Aron Insinga 提供了另一些证据，说明在 DEC 的 VMS 里，唤醒只有非常有限的很不重要的应用。Lim Knuttilla 基于 IBM 两个大的长期项目，给出了与 Jim Mitchell 如出一辙的故事。Dag Brück 转告我们的基于在 L.M.Ericsson 的经验也偏向于终止语义，这些又增强了我们的信念。

这样，C++ 委员会最终采纳了终止语义。

迂回地实现唤醒

很明显，可以通过组合起函数调用和（终止的）异常，可以获得唤醒语义中最重要的利益。考虑一个函数，用户想调用它，以获得某种资源 X：

```
X* grab_X() // acquire resource X
{
    for (;;) {
        if (can_acquire_an_X) {
            // ...
            return some_X;
        }

        // oops! can't acquire an X, try to recover:

        grab_X_failed();
    }
}
```

grab_X_failed()的工作就是尽可能地使所请求的 X 能够使用，如果它无法做到这一点，那就抛出一个异常：

```
void grab_X_failed()
{
    if (can_make_X_available) { // recovery
        // make X available
        return;
    }

    throw Cannot_get_X; // give up
}
```

这个技术正是对存储耗尽的 new_handler 方法（10.6 节）的推广。当然，这种技术还存在着许多变形。我最喜欢的是在某个地方用一个指向函数的指针，以便使用户可以“定制”有关恢复机制。这种机制不会给系统带来实现唤醒牵涉到的复杂性。一般来说，它也不会给系统结构带来负面的影响，不像一般性的唤醒机制那样。

16.7 非同步事件

很明显，C++ 异常处理机制**无法**直接处理非同步事件：

> “异常能用于处理信号一类的东西吗？在大部分 C 环境里，几乎可以肯定说不行。麻烦在于 C 所使用的一些函数不是可重入的，如 malloc。如果中断出现在 malloc 里并导致一个异常，那么将无法防止异常处理器重新执行 malloc。
>
> 如果在一个 C++ 实现里，调用序列及整个运行库都是围绕着可重入的要求设计的，那么就能允许信号抛出一个异常。在这种实现变成常见的东西之前（如果真有那一天），从语言的角度看，我们必须建议严格分离异常和信号。在许多情况下按下面方式让信号与异常交互是合理的：让信号将信息存在一旁，而常规地由某个函数检查（轮询）这里，可能根据信号存储的信息去抛出适当的异常 [Koenig，1990]。”

我的观点也恰好反映了 C/C++ 社团里关心异常处理的人们中大多数的观点。这个观点就是：为了做出可靠的系统，你需要尽快地把非同步事件映射到某种形式的进程模型里。由于异常可能发生在执行中的任意一点，再者说，把对一个异常的处理停下来，转去处理另一个与之无关的异常，实际上就是要求混乱。低级中断系统应该尽可能与普通程序分离。

这种观点就排除了直接使用异常去表达某些东西，如按 Del 键；或者是用异常去取代 UNIX 里的信号。在这些情况里，某个低级中断例程必须按某种方式完成自己最少的工作，并尽可能把事件映射到某种东西，而这种东西能够在程序执行中某个定义良好的点上激发一个异常。请注意，按 C 语言的定义，信号不能去调用函数，因为在处理信号期间不能保证机器状态具有某种一致性，因此无法处理函数的调用和返回问题。

与此类似，其他低级事件，如算术溢出和除零，也假定是由专用的低级机制处理的，而不该由异常来处理。这就使 C++ 在做算术时的行为方式也能与其他语言匹配。这样也避免了在超流水线体系结构中出现问题，在那里除零这样的错误也是非同步的。要求对除零等事件进行同步，这件事未必在所有机器上都能做到。而在那些能做到这一点的地方，也需要刷新流水线，以保证这种事件在其他与之无关的计算开始前被捕捉到，这样就会大大减慢机器速度（通常要差几个数量级）。

16.8 多层传播

存在着一些很好的理由，要求在一个函数里发生的异常只能隐式地传播到它的直接调用处。但是 C++ 没有采用这种选择。

[1] 现存成百万的 C++函数，期望去修改它们以便传播和处理异常是不合理的。

[2] 把每个函数做成一个防火墙并不是一种好想法，最好的错误处理策略是在其中确定一些主要接口，让它们关注非局部的错误处理问题。

[3] 在混合语言环境里，不可能要求某个函数一定能具有某种行为，因为它完全可能是用另一种语言写的。特别是，一个抛出异常的 C++ 函数可能是由一个 C 函数调用的，而这个 C 函数转而又是由另一个打算捕捉异常的 C++ 函数调用的。

第一个理由完全是实用性的，另两个则是根本性的：[2] 讨论的是系统的设计策略；而 [3] 则是关于 C++可能在什么环境里工作的论断。

16.9 静态检查

由于允许异常的多层传播，C++ 就丧失了一方面的静态检查。你无法简单看看一个函数，就确定它可能抛出什么异常。事实上，它可能抛出任何异常，即使在这个函数的体里连一个 throw 语句也没有，因为被它调用的函数可能做某些抛出。

一些人对此非常不满，特别是 Mike Powell，他们试着去弄清楚 C++ 的异常究竟能提供多强的保证。在理想情况下，我们希望保证每个被抛出的异常都能被用户提供的适当处理器捕获。一般说，我们希望保证，只有那些明显地列在某个表里的异常可以逃出一个函数。C++ 提供了为描述一个函数可能抛出的异常而用的列表机制，这是由 Mike Powell、Mike Tiemann 和我于 1989 年的某个时候在 Sun 的一块黑板上开始设计的。

“在效果上，写下面的东西：

```
void f() throw (e1, e2)
{
    // stuff
}
```

等价于写：

```
void f()
{
    try {
        // stuff
    }
    catch (e1) {
        throw; // re-throw
    }
    catch (e2) {
        throw; // re-throw
    }
    catch (...) {
        unexpected();
    }
}
```

与在代码中直接检查相比，明确地声明函数可能抛出的与之等价的异常，优点不仅在于可以节省类型检查。这样做，最重要的优点是函数**声明**属于用户可以看见的接口。而在另一方面，函数的**定义**并不是一般可见的，即使我们可以直接看到所有库的源代码，我们也强烈希望不要经常去阅读它。

另一个优点，就在于它使在编译时检查出许多未捕捉异常的错误有了实际的可能性 [Koenig，1990]。”

理想情况是，这种异常描述应该在编译时进行检查，但这就要求每个函数都必须与这一模式合作，而这又是不可行的。进一步说，这种静态检查很容易变成大量重新编译的根源。更糟糕的是，这种重新编译只有在用户掌握着所有需要重新编译的源代码时才可能进行：

“例如，如果被一个函数（直接或间接地）调用的另一个函数修改了自己所捕捉或抛出的异常，那么这个函数就可能需要修改和重新编译。对那些（部分地）使用了多个来源的库组合起来而生产的软件产品，这种修改和重新编译可能导致很大的时间延误。因为这些库必须在所采用的异常方面达成**事实上的**一致。例如，如果子系统 X 处理从子系统 Y 来的一个异常，而 Y 的提供商为 Y 引进了一类新异常，那么就必须修改 X 的代码去迎合这种情况。而在 X 的修改完成之前，X 和 Y 的用户将无法升级到 Y 的新版本。在使用了许多子系统的地方，这种情况会造成瀑布式的延迟。即使在不存在‘多供应商’问题的地方，这个情况也可能引起瀑布式的代码修改和大量的重新编译。

这种问题将导致人们避免使用异常描述机制，或是去颠覆它 [Koenig，1990]。”

这样，我们就决定只支持运行时检查，将静态检查的问题留给其他工具去做。

“使用动态检查时也有一个等价的问题。在有关的情况下，无论如何，这个问题可以通过 16.4 节讨论的异常结组机制解决。异常处理机制有一种朴素的使用方式，就是把子系统 Y 新增的异常都留下来不予处理，或者是通过某个明显的调用接口，将它们转换为对 unexpected() 的调用。定义得更好的子系统 Y 应该将其所有异常都定义为由一个类 Yexception 派生的。例如：

```
class newYexception : public Yexception { /* ... */ } ;
```

这就意味着如下声明的函数

```
void f() throw (Xexception, Yexception, IOexception);
```

将能处理一个 newYexception，方法是将它传递给 f() 的调用者。”

进一步的讨论参见 [2nd，第 9 章]。

1995 年，我们发现了另一种模型，它能够允许对一些异常描述做静态检查，而且能改进代码生成，同时又不会引起上面所说的问题。因此，现在已经对异常描述做检查了，这也使函数指针的赋值、初始化和虚函数重载等不会引起类型违规问题。某些未预期的异常还是可能发生的，它们像以往一样在运行中捕捉。

实现问题

效率仍然是最重要的担心。很明显，人完全可以这样设计异常处理机制，使它的实现在函数调用序列方面产生显著的直接代价，或者由于需要防止可能出现的异常而在优化方面付出间接的代价。看起来我们成功地处理了这些担心，至少在理论上，C++ 异常处理机制可以这样实现，使不抛出异常的程序不付出任何时间代价。可以把实现安排成将所有的运行时间代价都集中到异常抛出的时候 [Koenig，1990]。也可能限制空间的开销。但却很难同时避免运行时间开销和代码规模的增大。一些实现现在已经能支持异常了，所以这种折中将变得更清楚。有关例子参见 [Cameron，1992]。

很奇妙，异常处理并没有在任何实际程度上影响对象的布局模型。在运行时表示类型是必需的，以便能在抛出点和处理器之间进行通信。但无论如何，这件事可以通过专用的机制完成，它不会影响到普通对象。换一种方式，也可以利用支持运行时类型识别（14.2.6 节）的数据结构。更关键的是，保持每个自动对象的确切生存时间轨迹现在变成了极重要的问题。直截了当地实现这种机制可能导致某种代码肿胀，即使实际被执行的附加指令数目很少。

我的理想实现技术是根据人们对 Clu 和 Modula-2+实现所做的工作 [Rovner，1986] 导出的。最基本的思想是放置一个代码地址范围的表，将计算状态和与之相关的异常处理对应起来。对其中的每个范围，记录所有需要调用的析构函数和可能调用的异常处理器。当某个异常被抛出时，异常处理机构将程序计数器与范围表中的地址做比较。如果发现程序计数器位于表中某个范围里，就去执行有关的动作；否则就脱一层堆栈，使程序计数器退到调用程序中，再去查找范围表。

16.10　不变式

作为一种新的、正在演化中的然而又是大量使用的语言，C++ 吸引来了比平均份额更多的改进和扩充建议。特别是，任何语言中的在某种意义上时髦的任何特征最终都会提到 C++ 里来。Bertrand Meyer 将前条件和后条件的传统想法更大众化了，在 Eiffel 里对它提供了直接的语言支持 [Meyer，1988]。人们很自然地也建议 C++ 也提供直接的支持。

C 社团中的一部分人一直广泛地依靠 assert()宏，但在运行中，却没有好的办法报告断言被违背的情况。异常提供了处理这个问题的一种方式，而模板提供了一种避免依赖于宏的途径。例如，你可以写一个 Assert()模板，用它模仿 C 语言的 assert()宏：

```
template<class T, class X> inline void Assert(T expr,X x)
{
    if (!NDEBUG)
        if (!expr) throw x;
}
```

如果 expr 是假，而且我们没有通过设置 NUDEBUG 关闭检查，它就会抛出一个异常 x。例如：

```
class Bad_f_arg { };

void f(String& s, int i)
{
    Assert(0<=i && i<s.size(),Bad_f_arg());
    // ...
}
```

这是这种技术的一个最不结构化的变形。我个人更喜欢将类的不变式定义为成员函数，而不是直接使用断言。例如：

```
void String::check()
{
    Assert(p
            && 0<=sz
            && sz<TOO_LARGE
            && p[sz-1]==0 , Invariant);
}
```

由于很容易在现有的 C++ 语言里定义、使用断言和不变式，这就使要求为特别支持程序验证特征而扩充语言的吵嚷减到了最小。随之，针对这些技术的大部分努力现在都转到标准化的建议方面[Gautron，1992]，或者更野心勃勃的验证系统方面 [Lea，1990]，或者就是在现有的框架内部简单地使用。

17

第 17 章　名字空间

总在下一个更大的上下文里考虑设计问题。

——*伊利尔·沙里宁*

全局作用域的问题——解决方案的思想——名字空间，使用声明，以及使用指引——如何使用名字空间——名字空间与类——与 C 语言的兼容性

17.1　引言

对于所有不适合放进某个函数、某个 struct 或者某个编译单位的名字，C 语言提供了一个统一的全局名字空间。这就带来了名字冲突的问题。我第一次与这个问题搏斗是在开始设计 C++ 时，那时是想让所有名字都默认地属于编译单位，而要求用显式的 extern 声明使名字变成其他编译单位可以看见的。正如在 3.2 节所说的，这个想法既不足以解决问题，又无法提供能接受的兼容性，它失败了。

我在设计类型安全的连接机制时（11.3 节），又重新考虑了这个问题。我注意到，对

```
extern "C" { /* ... */ }
```

的语法、语义和实现技术稍微做些修改，就能允许我们用

```
extern XXX { /* ... */ }
```

表示在 XXX 里声明的名字位于另一个作用域 XXX 里，要从其他作用域中访问，就需要用带限定的 XXX::形式，和在类之外访问静态类成员完全一样。

由于一些原因，最主要是缺少时间，这个想法就休眠在那里，直到 1991 年早期，在一次 ANSI/ISO 委员会讨论中，它又重新浮出水面。首先，来自 Microsoft 的 Keith Rowe 提出了一个建议书，建议采用记法：

```
bundle XXX { /* ... */ };
```

作为定义名字作用域的机制，用运算符 use 把位于一个 bundle 里所有的名字引进另一个作用域。这个建议引起扩充工作组的几个成员之间一场不那么热烈的讨论，包括 Steve Dovich、Dag Brück、Martin O'Roedan 和我。最后，来自 Siemens 的 Volker Bauche、Roland Hartinger 和 Erwin Unruh 将讨论中的思想加以精炼，提出了一个不使用关键字的建议：

```
:: XXX :: { /* ... */ };
```

这在扩充工作组引起了一场更严肃的讨论。特别是，Martin O'Riordan 演示了这种::记法将导致歧义，因为::既用于类成员，也用于全局性的名字。

到了 1993 年早期，借助于成兆字节的交换电子邮件的帮助以及标准化委员会的讨论，我综合出一个具体的建议。按我的回忆，对名字空间做出技术贡献的有 Dag Brück、John Bruns、Steve Dovich、Bill Gibbons、Philip Gautron、Tony Hansen、Peter Juhl、Andrew Koenig、Eric Krohn、Doug McIlroy、Richard Minner、Martin O'Riordan、John Skaller、Jerry Schwarz、Mark Terribile 和 Mike Vilot。此外，Mike Vilot 论证说应该立即将这个想法开发成一个确定性的建议，使这种机制能用于处理 ISO 库中不可避免的名字问题。名字空间是在 1993 年 7 月的慕尼黑会议上通过加入 C++ 的，在 1993 年 11 月 San Jose 会议上，决定用名字空间来控制标准 C 库和 C++ 库的名字问题。

17.2 问题

如果只有一个名字空间，要写出程序片段，使它们可以连接到一起而无须害怕出现名字冲突，实际上存在着一些不必要的困难。例如：

```
// my.h:
    char f ( char );
    int f ( int );
    class String { /* ... */ };

// your.h:
    char f(char);
    double f(double);
    class String { /* ... */ };
```

由于这些定义，第三方将很难同时使用 my.h 和 your.h。

请注意，这些名字中的一部分将出现在最终的目标代码里，而某些程序将以不带源代码的方式销售。这就意味着，不实际地修改程序里的名字，仅仅通过宏定义方式改变程序的表面形式，然后把这种东西提供给连接器的方法根本就行不通。

迂回方法

也有一些迂回的解决方案。例如：

```
// my.h:
    char my_f(char);
```

```
        int my_f(int);
        class my_String { /* ... */ };

    // your.h:
        char yo_f(char);
        double yo_f(double);
        class yo_String { /* ... */ };
```

这种方法很常见，但也很难看。除非作为前缀的串很短，否则用户是不会喜欢它们的。另一个问题是，实际上只有几百个两字符的前缀，而现在已经有了成百的C++库。这是书中最常见的一个最老的问题。C 语言的老程序员应该记得那个年代，当时需要给 struct 成员名加一个或两个字符的前缀，以防与其他 struct 成员的名字发生冲突。

宏机制可能把这种东西弄得更污浊（或者更美妙，如果碰巧你喜欢宏的话）：

```
    // my.h:
        #define my(X) myprefix_##X

        char my(f)(char);
        int my(f)(int);
        class my(String) { /* ... */ };

    // your.h:
        #define yo(X) your_##X

        char yo(f)(char);
        double yo(f)(double);
        class yo(String) { /* ... */ };
```

这里的想法就是让连接时的名字带有很长的前缀，但在程序里仍然使用短的名字。与其他所有宏模式一样，这种东西将给工具带来问题：或者要求工具记录所有映射的轨迹（使工具更复杂），或者要求用户自己做（使程序设计和维护的工作更加复杂）。

另一种替代方式——受到那些不喜欢宏的人们的偏爱——就是把相关的信息都包裹进一个类里：

```
    // my.h:
        class My {
        public:
            static char f(char);
            static int f(int);
            class String { /* ... */ };
        };

    // your.h:
        class Your {
        public:
            static char f(char);
            static double f(double);
            class String { /* ... */ };
        };
```

不幸的是，这种方式也受到许多小小的不方便的困扰。并不是所有全局性的声明都能很

要求有**使用指示**或者其他机制，以便能将常规的短名字映射到名字空间里。

我同情这两种观点的不那么极端的形式。因此名字空间允许了每一种风格，并不强求任何一种东西。局部的风格指南可以——像往常一样——用于强调某些约束，但是以语言规则的方式对全部用户提出要求就很不明智了。

大部分人——相当合理地——担心常规的未限定的名字可能被“劫持”，也就是说，被约束到某个并不是程序员所期望的对象或者函数上。每个 C 程序员都在这个或那个时间受到过这种现象的伤害。显式限定可以大大缓解这类问题。另一个类似的，但又很不同的担心是，找到一个名字的声明可能变得非常困难，猜测一个包含它的表达式的意义也可能很困难。显式限定能提供很有力的线索，使人们经常不需要再去找有关的声明：库的名字加上函数的名字，常常能使表达式的意义变得非常清楚。由于这些原因，在使用不常见的或使用不频繁的非局部名字时，最好采用显式限定形式。这样将显著增强代码的清晰性。

在另一方面，对于每个人都知道（或者说是应该知道）的和频繁使用的名字，显式限定也会变成很讨厌的事情。例如，写 `stdio::printf`、`math::sqrt` 和 `iostream::cout`，对任何了解 C++ 的人都不可能有任何帮助。这些外加的可见杂物很容易变成错误的根源。这个论据强烈要求类似**使用声明**和**使用指示**的机制。在这两者中，**使用声明**更易辨别也更少危险性。而**使用指示**：

```
using namespace X;
```

将使不清晰的一集名字变得可以用了。特别是，这个指示在今天是使某一集名字可以使用了，但如果 X 被修改，明天能用的可能就是另一组不同的名字。那些认为这种情况值得担忧的人们更喜欢明确地用**使用声明**，列出 X 里的他们想用的那些名字：

```
using X::f;
using X::g;
using X::h;
```

无论如何，取得对某个名字空间里每个名字的访问权而不点明它们，让可用名字的集合随 X 的定义而改变，又不必修改用户代码，这种能力通常不大会恰好是人们所希望的。

17.4.2　使名字空间投入使用

由于已经有了成百万行依赖于全局名字和现存库的 C++ 代码，因此，我认为关于名字空间最重要的问题是：如何使名字空间能投入使用？如果没有一条简单的转变途径，使用户和库的提供商能沿着它去引入名字空间，那么无论基于名字空间的代码有多么优雅，它从根本上就是无关紧要的。要求大范围重写绝不是一种选择。

考虑经典的第一个 C 程序：

```
#include <stdio.h>

int main()
{
    printf("Hello, world\n");
}
```

打破这种程序绝不是一个好主意。我也不认为将标准库弄成一种特殊情况是好主意。我认为，最重要的就是保证名字空间机制能足够好地为标准库服务。在这种方式中，标准化委员会不能为他们自己的库要求任何特权，如果不想把同样的东西扩展开提供给其他库。换句话说，如果你不是也想生活在某些规则之下，就不要将它们强加给别人。

使用指示是达到这种目标的非常关键的东西。例如，stdio.h 将被包裹在下面这样的名字空间里：

```
// stdio.h:

    namespace std {
        // ...
        int printf(const char* ... );
        // ...
    }
    using namespace std;
```

这样就达到了向后的兼容性。另外还定义了一个新的头文件 stdio，提供给那些不希望这些名字能够隐含地可用的人们：

```
// stdio:

    namespace std {
        // ...
        int printf(const char* ... );
        // ...
    }
```

担心重复定义的人们当然可以通过包含 stdio 的方式定义 stdio.h：

```
// stdio.h:

    #include<stdio>
    using namespace std;
```

按照个人的观点，我认为**使用指示**基本上是一种转变工具。如果需要引用来自其他名字空间的名字，通过用显式限定和**使用声明**可以把大部分程序表达得更清晰。

很自然，来自本名字空间的名字不需要限定：

```
namespace A {
    void f();
    void g()
    {
        f(); // call A::f; no qualifier necessary
        // ...
```

```
    }
}

void A::f()
{
    g(); // call A::g; no qualifier necessary
    // ...
}
```

在这个方面，名字空间的行为正好和类完全一样。

17.4.3　名字空间的别名

如果用户为他们的名字空间采用了很短的名字，那么不同名字空间的名字也可能发生冲突：

```
namespace A { // short namespace name:
              // will clash (eventually)
    // ...
};

A::String s1 = "asdf";
A::String s2 = "lkjh";
```

但无论如何，长的名字空间名也可能令人生厌：

```
namespace American_Telephone_and_Telegraph{ // too long
                                            // to use in
                                            // real code
    // ...
}

American_Telephone_and_Telegraph::String s3 = "asdf";
American_Telephone_and_Telegraph::String s4 = "lkjh";
```

这种两难问题可以通过为长的名字空间提供短别名的方法来解决：

```
// use namespace alias to shorten names:

namespace ATT =  American_Telephone_and_Telegraph;

ATT::String s3 = "asdf";
ATT::String s4 = "lkjh";
```

这个特征还允许用户引用“某个库”，而不必准确地说出每次实际上使用的是哪个库。事实上，名字空间也能用于从多个名字空间组合出包含某些名字的界面：

```
namespace My_interface {
    using namespace American_Telephone_and_Telegraph;
    using My_own::String;
    using namespace OI;
      // resolve clash of definitions of 'Flags'
      // from OI and American_Telephone_and_Telegraph:
    typedef int Flags;
```

```
    // ...
}
```

17.4.4 利用名字空间管理版本问题

作为名字空间的一个实例，我将显示一个库提供商可以如何利用名字空间管理版本间互不兼容的变化。这个技术最先是 Tanj Bennett 给我指出来的。下面是我的 `Release1`：

```
namespace release1 {
    // ...
    class X {
        Impl::Xrep* p;
    public:
        virtual void f1() = 0;
        virtual void f2() = 0;
        // ...
    };
    // ...
}
```

这里的 `Impl` 是某个名字空间，我在那里放实现的细节。

用户可能以如下方式写代码：

```
class XX : public release1::X {
    int xx1;
    // ...
public:
    void f1();
    void f2();
    virtual void ff1();
    virtual void ff2 ();
    // ...
};
```

这就意味着我，作为库的提供商，不能改变 `Release1::X` 对象的大小（例如增加数据成员），增加或重排虚函数等。因为这些将隐含地要求用户必须重新编译，以便能重新调整对象的布局来满足我的修改。也存在一些 C++ 实现能将用户与这种修改隔离开，但是，这样的实现并不常见，所以如果作为库提供商的我要依靠这种编译器，实际上就是把自己与某个编译器提供商绑到一起了。我可能会用这种方式促使用户不脱离我的库类，但是他们最终还是会那样做。此外，即使给他们提出警告，他们也会对重新编译提出疑义。

我需要一种更好的解决方案。利用名字空间来区分不同的版本，我的 `Release2` 可能具有下面这种样子：

```
namespace release1 { // release1 supplied for compatibility
    // ...
    class X {
        Impl::Xrep* p;     // Impl::Xrep has changed
                           // to accommodate release2
    public:
        virtual void f1() = 0;
```

```
        virtual void f2() = 0;
        // ...
    };
    // ...
}

namespace release2 {
    // ...
    class X {
        Impl::Xrep* p;
    public:
        virtual void f2() = 0 ;    // new ordering
        virtual void f3() = 0 ;    // more functions
        virtual void f1() = 0;
        // ...
    };
    // ...
}
```

老的代码继续使用 Release1，而新代码使用 Release2。新老代码不仅都可以工作，而且还可以共存。Release1 和 Release2 的头文件也分开，这就使用户只需要 #include 最少的东西。为了使升级的工作更简单，用户可以通过名字空间别名将版本变化的影响局部化。一个简单文件：

```
// lib.h:
    namespace lib = release1;
    // ...
```

就能以与版本无关的方式包含所有的东西，以下面的形式用在任何地方：

```
#include "lib.h"

class XX : public lib::X {
    // ...
};
```

通过一个简单修改就可以升级到新版本了：

```
// lib.h:
    namespace lib = release2;
    // ...
```

只是到了某个时候，由于需要使用 Release2，或是要做重新编译，或是需要去处理某些版本间的源代码不兼容问题，才需要去做实际的升级。

17.4.5　细节

本节将讨论作用域解析、全局作用域、重载、嵌套的名字空间，以及从一些分离的部分组合起名字空间等，并讨论它们的一些技术细节。

17.4.5.1　方便性与安全性

使用声明向局部作用域里添加一些东西。而**使用指示**并不添加任何东西，它只是使一些名字能够被访问，例如：

```
namespace X {
    int i, j, k;
}

int k;

void f1()
{
    int i = 0;
    using namespace X; // make names from X accessible
    i++;               // local i
    j++;               // X::j
    k++;               // error: X::k or global k ?
    ::k++;             // the global k
    X::k++;            // X's k
}

void f2()
{
    int i = 0;
    using X::i; // error: i declared twice in f 2 ()
    using X:: j ;
    using X::k; // hides global k

    i++;
    j++;        // X::j
    k++;        // X::k
}
```

这样也就维持了一种非常重要的性质：局部声明的名字（无论是通过正常的局部声明所声明的，还是通过**使用声明**）都将遮蔽名字相同的非局部声明，而名字的任何非法重载都将在声明点被检查出来。

如上所示，在全局作用域中，在可访问方面并不给全局作用域任何超越名字空间的优先权，这也就为防止偶然的名字冲突提供了某种保护。

在另一方面，非局部的名字在它们的声明所在的上下文里查找和处理，就像其他非局部名字一样，特别是与**使用指示**有关的错误，都只在使用点检查。这样就能帮助程序员，不会因为潜在错误而造成程序失败。例如：

```
namespace A {
    int x;
}

namespace B {
    int x;
}

void f()
{
    using namespace A;
    using namespace B;     //ok: no error here
```

```
    A::x++;     //ok
    B::x++;     //ok
    x++;        // error: A::x or B::x ?
}
```

17.4.5.2 全局作用域

引进了名字空间之后，全局作用域就变成了另一个名字空间。全局名字空间的独特之处仅在于你不必在显式限定方式中写出它的名字。`::f` 的意思是“在全局作用域里声明的那个 f”，而 `X::f` 意味着“在名字空间 X 里声明的那个 f”。考虑：

```
int a;

void f()
{
    int a = 0;
    a++;          // local a
    ::a++;        // global a
}
```

如果我们把它包裹到一个名字空间里，再加上另一个名字为 a 的变量，得到的是：

```
int a;

namespace X {
    int a;

    void f()
    {
        int a = 0;
        a++;           // local a
        X::a++;        // X::a
        ::a++;         // X::a or global a ? -- the global a!
    }
}
```

也就是说，用`::`限定意味着“全局”，而不是“外面包裹的最近名字空间”。如果采用后一种规定，确实能保证将任意代码包裹到一个名字空间里的时候不会改变代码的意义。但是那样，做全局名字空间就不会有名字了，这将无法与下面观点保持一致：全局名字空间也是一个名字空间，只不过是有一个奇特的名字。因此我们还是采用了前一个意思，令`::a` 引用的是全局作用域里声明的 a。

我期望能够看到全局名字的使用急剧减少。有关名字空间的规则都做了特别的加工，以保证，与那些细心地防止污染全局空间的人们相比，随意使用全局名字的“懒散”用户将不可能得到更多的利益。

请注意，**使用指示**并不在它所出现的作用域里声明任何名字：

```
namespace X {
    int a;
    int b;
    // ...
```

```
}

using namespace X;  // make all names from X accessible
using X::b;         // declare local synonym for X::b

int i1 = ::a;  // error: no ''a'' declared in global scope
int i2 = ::b;  // ok: find the local synonym for X::b
```

这就意味着，如果把一个全局的库放进名字空间里，就可能打破那些显式地用`::`去访问库函数的老代码。解决的方法或者是修改代码，显式提出新库名字空间的名字；或者是引进适当的全局**使用声明**。

17.4.5.3 重载

在有关名字空间的建议中，最有争议的部分就是决定按照常规的重载规则，允许跨名字空间的重载。考虑：

```
namespace A {
    void f(int);
    // ...
}
using namespace A;

namespace B {
    void f(char);
    // ...
}
using namespace B;

void g()
{
    f('a'); // calls B::f(char)
}
```

如果一个用户没有仔细查看名字空间`B`,就可能期望被调用的是`A::f(int)`。更糟的是，一个去年曾经仔细查看过这个程序的用户，如果没有注意到在后一个版本里的`B`中增加了一个`f(char)`声明，也可能会大吃一惊。

但无论如何，这种问题只出现在你维护一个程序，其中在同一个作用域里显式地两次使用`use namespace`——对于新写的软件，这是一种不应推荐的方式。一个函数调用在不同名字空间里存在两个合法的解析，一个优化的编译器明显应该对这种情况提出警告，即使是按常规重载规则，其中的某个解析比另一个更好一些。我基本上把**使用指示**看作是一种转变的辅助手段，理论上说，写新代码的人可以避免大部分这类东西，剩下的若干实际问题可以尽量通过显式限定或**使用声明**去处理。

对于允许跨名字空间重载的问题，我的理由是存在着最简单的规则（“使用常规的重载规则”），而且它也是我所能想到的，使我们能从现存的库迁移到使用名字空间，而且只需要对代码做最少修改的唯一规则。例如：

```
// old code:
```

```
void f(int); // from A.h
// ...

void f(char); // from B.h
// ...

void g()
{
    f('a'); // calls the f from B.h
}
```

很容易升级到上面所示的使用了名字空间的版本，除了头文件之外什么都不需要修改。

17.4.5.4 嵌套的名字空间

名字空间的一个明显用途就是将完整的一集声明和定义包裹到一个名字空间里：

```
namespace X {
    // all my declarations
}
```

一般说，在这些声明里也可以包括名字空间。这样，为了某些实际的原因——可能是最简单的原因，我们应该允许各种结构的嵌套，除非有特别强的理由说明不应该这样做。在这里就是应该允许嵌套的名字空间。例如：

```
void h();

namespace X {
    void g();
    // ...
    namespace Y {
        void f();
        void ff();
        // ...
    }
    // ...
}
```

常规的作用域和限定规则照常适用：

```
void X::Y::ff()
{
    f();g();h();
}

void X::g()
{
    f();        // error: no f() in X
    Y :: f();
}
```

```
void h( )
{
    f();          // error: no global f(
    Y::f();       // error: no global Y
    X::f();       // error: no f() in X
    X: Y::f();
}
```

17.4.5.5 名字空间是开放的

名字空间是开放的，也就是说，你可以在多个名字空间声明中将各种名字加进一个名字空间里。例如：

```
namespace A {
    int f();    // now A has member f()
};

namespace A {
    int g();    // now A has two members f() and g()
}
```

这样做的目的，就是为了允许在一个名字空间里有一些大的程序片段，其方式与当前许多库或者应用都生存在同一个全局名字空间里一样。为了达到这个目的，就应该允许一个名字空间的定义散布在多个头文件和源程序文件里。这种开放性也被看作是一种支持转变的辅助手段。例如：

```
// my header:
    extern void f(); // my function
    // ...
    #include<stdio.h>
    extern int g(); // my function
    // ...
```

可以重新写成下面形式，不必调换声明的顺序：

```
// my header:

    namespace Mine {
        void f(); // my function
        // ...
    }

    #include<stdio.h>

    namespace Mine {
        int g(); // my function
        // ...
    }
```

当前流行的口味（包括我自己）是喜爱用许多小的名字空间，而不是将大量代码片段放进同一个名字空间。可以通过要求将所有成员都在一个名字空间声明里的方式去强制要求这种风格，就像所有类成员都必须写在一个类声明里一样。但是，我看不到提供这么多小规矩的理由。与迎合某些当前口味的限制更多的系统相比，我还是更喜欢开放的名字空间。

17.5　对于类的影响

也有人建议将名字空间作为一种特殊的类。我不认为这是个好主意，因为类的许多功能之所才存在，就是为了把类作为一种用户定义类型的概念。例如，为创建和操作这种类型的对象所定义的那些功能与作用域问题毫无关系。

反过来说，把类看作一种名字空间，看起来更像是对的。一个类在某种意义下就是一个名字空间，对名字空间可以做的所有操作，都能在同样的意义下应用于类，除非某个操作是类所明确禁止的。这也意味着简单性和普遍性，而且能使实现工作减到最小。我认为，这种观点已经由名字空间机制的平滑引入而得到了证明。但也很明显，这种解决方案与随着基本名字空间机制而产生的长远问题无关。

17.5.1　派生类

考虑一个老问题，一个类的成员将遮蔽其基类里具有同样名字的成员：

```
class B {
public:
    f(char);
};

class D : public B {
public:
    f(int);   // hides f(char)
};

void f(D& d)
{
    d.f ('c') ; // calls D::f(int)
}
```

自然，引进名字空间并不会改变这个例子的意义，但是却可能为它做出一种新解释：由于 D 是类，它所提供的作用域是一个名字空间。由于名字空间 D 嵌套在名字空间 B 里面，所以 D::f(int)将遮蔽 B::f(char)，所以被调用的是 D::f(int)。如果这个解析不是我们所希望的，那么就可以通过一个**使用声明**，将 B 的 f()引入到作用域：

```
class B {
public:
    f(char);
};

class D : public B {
public:
    f(int);
    using B::f; // bring B::f into D to enable overloading
```

```
    };

    void f(D& d)
    {
        d.f('c');          // calls B::f(char) !
    }
```

我们突然有了一种新选择①。

与其他地方一样，来自不同兄弟类的名字可能造成歧义（与它们的名字无关）：

```
struct A { void f(int); };
struct B { void f(double); };

struct C : A, B {
    void g() {
        f(1);     // error: A::f(int) or B::f(double)
        f(1.0);   // error: A::f(int) or B::f(double)
    }
};
```

然而，如果我们想消解这种歧义性，现在已经能够做了：只要加上一对使用声明，将 A::f 和 B::f 都引入作用域 C 中：

```
struct C : A, B {
    using A::f;
    using B::f;

    void g() {
        f(1) ;     // A::f(1)
        f(1.0);    // B::f(1.0)
    }
} ;
```

在过去几年里，反复出现过有关这个方向上的显式机制的建议。我还记得在 Release 2.0 工作期间，我与 Jonathan Shopiro 讨论了关于这方面的可能性，但最后因为将它包括进来"太特殊而且唯一"而将之拒绝了。而在另一方面，**使用声明**是一种一般性机制，正好又为这个问题提供了一种解决方案。

17.5.2 使用基类

为了避免混乱，作为类成员的**使用声明**必须用名字（直接或间接地）指明基类的一个成员。为避免与支配规则（12.3.1 节）发生问题，不允许将**使用指示**作为类成员。

```
struct D : public A {
    using namespace A; // error: using-directive as member
    using ::f; // error: ::f not a member of a base class
};
```

直接指明基类成员名的**使用声明**，可以在调整访问方面起重要作用：

① 上面程序段最后函数注释里的 D::f(char)应该是 B::f(char)，原书有误。——译者注

```
class B {
public:
    f(char);
};

class D : private B {
public:
    using B::f;
};
```

这就得到了一种更一般也更清晰的方式，完成了引入**访问声明**（2.10 节）要做的事情：

```
class D : private B {
public:
    B::f; // old way: access declaration
};
```

这样，**使用声明**实际上已经使**访问声明**成为多余的了。因此**访问声明**将受到抑制，也就是说，将**访问声明**贬低为在不久的将来，在用户有充沛时间升级之后就要删除的东西。

17.5.3　清除全局的 static

将一集声明包裹到一个名字空间里，简单地说，就是为了避免与头文件里的声明互相干扰，或者是为了避免自己使用的名字与其他编译单元里的全局声明相互干扰，这些都很有意义的。例如：

```
#include <header.h>
namespace Mine {
    int a;
    void f() { /* ... */ }
    int g() { /*...*/ }
}
```

在许多情况下，我们对名字空间本身采用什么名字并不在意，只要它不与其他名字空间的名字相互冲突。为了更漂亮地服务于这种用途，我们也允许匿名的名字空间：

```
#include <header.h>
namespace {
    int a;
    void f() { /* ... */ }
    int g() { /*...*/ }
}
```

除了不会与头文件里的名字产生重载之外，这种写法等价于：

```
#include <header.h>

static int a;
static void f() { /* ... */ }
static int g() { /* ... */ }
```

而这种重载通常都不是人们所希望的。如果真需要的话也很容易做到：

```
namespace {
```

```
#include <header.h>
    int a;
    void f() { /* ... */ }
    int g() { /*...*/ }
}
```

这样，名字空间概念就使我们可以抑制 static 在控制全局名字的可见性方面的使用。这将使 static 在 C++ 里只剩下一个意义——静态分配，而且不重复。

在其他方面，这种匿名名字空间与别的名字空间完全一样，只是我们不需要去说它的名字罢了。简单地说：

```
namespace { /* ... */ }
```

等价于

```
namespace unique_name { /* ... */ }
using namespace unique_name;
```

在一个作用域里的各个匿名名字空间都共享同样的唯一名字。特别是，在一个编译单元中的所有全局匿名名字空间，都是同一个名字空间的一部分，而且它们又与其他编译单元的匿名名字空间不同。

17.6 与 C 语言的兼容性

具有 C 连接的函数也可以放进一个名字空间里：

```
namespace X {
    extern "C" void f(int);
    void g(int)
}
```

这就使具有 C 连接的函数的使用就像是该名字空间的另一个成员。例如：

```
void h()
{
    X::f();
    X::g();
}
```

当然，在同一个程序里，不能在两个不同名字空间里存在两个具有 C 连接的同名函数，因为它们将被解析到同一个 C 函数。C 语言不安全的连接规则将使这种错误很难发现。

我们换一种方式设计，就是不允许在名字空间里出现具有 C 连接的函数。这将导致人们不使用名字空间，因为这实际上迫使需要与 C 函数接口的人们去污染全局的名字空间。这种根本不是解决办法的东西，当然是无法接受的。

另一种选择，就是保证在两个不同名字空间里的同名函数总是不同的实际函数，即使它们具有 C 连接。例如：

```
namespace X {
    extern "C" void f(int);
}

namespace Y {
    extern "C" void f(int);
}
```

这样做的问题是如何从一个 C 程序里调用这种函数。因为 C 语言里没有基于名字空间的歧义性消解机制，我们将只能依赖于某种（肯定是与实现有关的）命名规则。例如，这个 C 程序可能不得不去访问`__X__f`和`__Y__f`。这种解决方法也被认为是不可接受的，我们被 C 语言的不安全的规则卡住了。C 语言将污染连接器的名字空间，但不会影响 C++ 编译单位的全局名字空间。

请注意，这是 C 语言的一个问题（一个兼容性的窘境），而不是 C++ 名字空间的问题。连接到一个具有类似于 C++ 名字空间机制的语言，一切都是显然的和安全的。例如，我期望下面的东西

```
namespace X {
    extern "Ada" void f(int);
}

namespace Y {
    extern "Ada" void f(int);
}
```

这是从 C++ 程序映射到不同 Ada 程序包里有关函数的方式。

18

第18章　C语言预处理器

而且，我还持有这样的观点：Cpp 必须被摧毁。

——老加图（Marcus Porcius Cato[①]）

C 语言预处理器（Cpp）的问题——Cpp 结构的替代品——禁止 Cpp

Cpp

在 C++ 从 C 语言继承来的功能、技术和思想中，也包括 C 的预处理程序 Cpp。我原来就不喜欢 Cpp，现在也不喜欢它。这个预处理程序具有字符和文件的本性，从根本上说，这些与一个围绕着作用域、类型和界面等概念设计出来的程序设计语言是格格不入的。例如，考虑下面看起来完全无害的代码片段：

```
#include<stdio.h>
extern double sqrt(double);

main()
{
    printf("The square root of 2 is %g\n",sqrt(2));
    fflush(stdout);
    return(0);
}
```

它会做些什么？打印出

```
The square root of 2 is 1.41421
```

可能吗？看起来是可能的。但如果我实际上这样编译它：

```
cc -Dsqrt=rand -Dreturn=abort
```

① 老加图，公元前234—149，古罗马政治家。Cato 的一句名言是“Delenda est Carthage”，意为“迦太基必须被摧毁”，迦太基是当时北非的一个奴隶制国家，在今天突尼斯境内。老加图自然不关 Cpp 的任何事情。作者在这里是模仿老加图的这句名言。——译者注

它就会打印出

```
The square root of 2 is 7.82997e+28
abort - core dumped
```

并留了下来一个内核映象[①]。

这个例子可能有些极端，你可能认为，用编译选项去定义 Cpp 的宏不那么光明正大。但是这种例子并不是不实际的。宏定义可能潜伏在环境、编译指示和头文件里，宏替换可以穿透所有的作用域边界，能改变程序作用域的结构（通过插入花括号或引号等），也允许程序员在根本不接触源代码的情况下改变编译器真正看到的东西。即使是 Cpp 最极端的使用，有时可能也是有用的。但是，它的功能是如此的非结构化、如此生涩强硬，这就使它永远是使程序员、维护者、移植代码和建造工具的人们头疼的问题。

回过头看，Cpp 最坏的方面，可能就是它击垮了 C 语言程序设计环境的开发。Cpp 无政府主义的字符层次的操作，使任何不太简单的 C 和 C++ 工具都必须比人们可能设想的更大、更慢、更不优雅，也更低效。

Cpp 甚至也不是一个好的宏处理器。因此我早就定下目标，要使 Cpp 成为多余的东西。后来发现这个工作比自己所期望的要困难得多。Cpp 可能是极其丑陋的，但却很难为它的丰富应用方式找到具有更好结构而又高效的替代品。

C 预处理器最基本的指示字有四个[②]：

[1] `#include` 从其他文件里复制源程序正文；

[2] `#define` 定义宏（有参数的或没有参数的）；

[3] `#ifdef` 根据某个条件确定是否应该包括一些代码行；

[4] `#progma` 以某种与实现有关的方式影响编译过程。

这些指示字被用于表述各种各样的基本程序设计工作：

`#include`

——使我们可以使用接口定义；

——组合源程序正文。

`#define`

——定义符号常量；

① 在 UNIX 等系统里，程序的非正常终止，将导致系统自动把当时的内存现场（成为内存映象）保存为一个文件，供人检查。C 标准库函数 abort 将导致程序非正常终止。——译者注

② #if、#line 和#undef 指示字可能也很重要，但是并不影响这里的讨论。

——定义开子程序；

——定义泛型子程序；

——定义泛型“类型”；

——重命名；

——字符串拼接；

——定义专用的语法；

——一般性的宏处理。

`#ifdef`

——版本控制；

——注释掉一些代码。

`#progma`

——布局控制；

——为编译器提供非常规控制流的信息。

对所有这些工作，Cpp 做得都很不好，常常是通过某种间接的方式，但是却很廉价，常常也恰如其分。最重要的是，在任何有 C 的地方 Cpp 都能用，而且人人皆知。这就使它比那些虽然更好，但却不那么广泛可用、广泛知晓的宏处理器更有用。这个方面是如此重要，以至于 C 预处理器常常被用于一些与 C 语言没什么关系的事项。但这不是 C++ 的问题。

C++ 为`#define`的主要应用提供了如下的替代方式：

——`const`用于常量（3.8 节）；

——`inline`用于开子程序（2.4.1 节）；

——`template`用于以类型为参数的函数（15.6 节）；

——`template`用于参数化类型（15.3 节）；

——`namespace`用于更一般的命名问题（第 17 章）；

C++ 没有为`#include`提供替代形式，但名字空间提供了一种作用域机制，它能以某种方式支持组合，利用它可以改善`#include`的行为方式。

我曾经建议可以给 C++ 本身增加一个 `include` 指示字，作为 Cpp 中`#include`的替代品。C++ 的这种 `include` 可以在下面三个方面与 Cpp 的`#include`不同。

[1] 如果一个文件被 include 两次，第二个 include 将被忽略。这解决了一个实际问题，目前该问题是通过#define 和#ifdef，以非常低效而笨拙的方式处理的。

[2] 在 include 的正文之外定义的宏将不在 include 的正文内部展开。这就提供了一种能够隔离信息的机制，可以使这些信息不受宏的干扰。

[3] 在 include 的正文内部定义的宏，在 include 正文之后的正文处理中不展开。这保证了 include 正文内部的宏不会给包含它的编译单位强加某种顺序依赖性，并一般性地防止了由宏引起的奇怪情况。

对采用预编译头文件的系统而言，一般说，对那些需要用独立部分组合软件的人们而言，这种机制都将是一个福音。请注意，无论如何这还只是一个思想而不是一个语言特征。

留下的是#ifdef 和#progma。没有#progma 我也能活，因为我还没有见过一个自己喜欢的#progma。看起来#progma 被过分经常地用于将语言语义的变形隐藏到编译器里，或被用于提供带有特殊语义和笨拙语法的语言扩充。我们至今还没有#ifdef 的很好的替代品。特别是用 if 语句和常量表达式还不足以替代它。例如：

```
const C = 1;

// ...

if (C) {
    // ...
}
```

这种技术不能用于控制声明，而且一个 if 语句的正文必须语法正确，满足类型检查，即使它处在一个绝不会被执行的分支里。

我很愿意看到 Cpp 被废除。但无论如何，要想做到这件事，唯一现实的和负责任的方法就是首先使它成为多余的，而后鼓励人们去使用那些更好的替代品，再后——在许多年之后——将 Cpp 放逐到程序开发环境里，与其他附属性的语言工具放到一起，那里才是它应该待的地方。